# Le Changement climatique POUR LES NULS

# Le Changement climatique POUR LES NULS

**Olivier Nouaillas**
*Journaliste spécialisé*
*Coordonné, au WWF, par* **Gaëlle Bouttier-Guérive**
*et* **Béatrice Jouenne**



*Avec la participation de* **Jean-Stéphane Devisse**
*Expert en politiques climat-énergie*



FIRST Editions

**Le Changement climatique pour les Nuls**
Pour les Nuls est une marque déposée de Wiley Publishing, Inc.
For Dummies est une marque déposée de Wiley Publishing, Inc.



ISBN : 978-2-7540-3896-6
Dépôt légal : octobre 2014

Imprimé en Espagne sur papier 100 % recyclé Cocoon Offset FSC
Direction éditoriale : Marie-Anne Jost-Kotik
Édition : Laure-Hélène Accaoui
Préparation de copie et correction : Benjamin Peylet
Indexation : Muriel Mékiès
Couverture : KN Conception
Mise en page : Catherine Kédémos
Illustrations d'ouverture de partie : Marc Chalvin
Schémas et cartes intérieures : Pascal Herbert - WWF
Production : Emmanuelle Clément
Fabrication : Antoine Paolucci

Éditions First, un département d'Édi8
12, avenue d'Italie
75013 Paris
Courriel : firstinfo@editionsfirst.fr
Site internet : www.pourlesnuls.fr

# À propos des auteurs

Né en 1956, diplômé du Centre de formation des journalistes (CFJ) de Paris, **Olivier Nouaillas** est journaliste à l'hebdomadaire *La Vie* depuis 1981. Actuellement chef de service et chef des informations, il s'occupe plus particulièrement des questions d'environnement. Il a ainsi suivi le sommet de Copenhague en 2009 et le sommet de la Terre Rio + 20 en 2012. Il rédige également des articles sur l'environnement pour les Atlas La Vie/Le Monde.

Le **WWF** est l'une des toutes premières organisations indépendantes de protection de l'environnement dans le monde. Avec un réseau actif dans plus de 100 pays et fort du soutien de 5,8 millions de membres, le WWF œuvre pour mettre un frein à la dégradation de l'environnement naturel de la planète et construire un avenir où les humains vivent en harmonie avec la nature, en conservant la diversité biologique mondiale, en assurant une utilisation soutenable des ressources naturelles renouvelables et en faisant la promotion de la réduction de la pollution et du gaspillage.

Ornithologue de formation, **Jean-Stéphane Devisse** agit au côté des ONG (notamment le WWF) depuis une trentaine d'années. Expert en politiques climat-énergie, il exerce ses activités au sein de Médiation & Environnement et Equalogy, cabinets de conseil stratégique en environnement, dont il est cofondateur.

# Remerciements

Merci tout d'abord à Marie-Anne Jost-Kotik des éditions First pour la confiance accordée au début et tout au long de la rédaction de ce livre.

Merci à Gaëlle Bouttier-Guérive (WWF), Béatrice Jouenne (WWF) et Laure-Hélène Accaoui (First) pour leur relecture attentive et exigeante.

Merci à Jean-Stéphane Devisse pour le « coup de main », les nombreux conseils et l'indépendance d'esprit.

Merci à Jean Jouzel et à tous les scientifiques du GIEC qui nous disent dans leurs rapports tant de choses depuis tant d'années.

Merci à ma famille – Isabelle, Yannick, Loïc et Tanguy – pour leurs encouragements et leurs soutiens sans faille durant les moments de doute et d'interrogations.

Merci enfin à la Creuse – notamment les chemins de la vallée de la Brézentine – qui m'a accueilli plusieurs fois pour l'écriture au long cours de ce livre. Puisse-t-elle, elle aussi, s'adapter sans trop de dommages au changement climatique. Un souhait que je formule pour l'ensemble des habitants de la planète Terre. À nous d'agir…

Olivier Nouaillas

Le WWF tient à remercier pour leurs relecture et collaboration : Dominique Arrouays, INRA, Pierre Cannet, Julie Delcroix, Cyrille Deshayes, Arnaud Gauffier, Jean Jouzel, Nathalie Luzeiro, Sandrine Mathy (CNRS), Denis Oddy, Jean-Baptiste Roelens, Christine Sourd, Florent Taberlet, Daniel Vallauri et Christian Vincent.

*À la mémoire de René Dumont qui, en 1974,*
*m'éveilla à la prise de conscience des enjeux écologiques.*

Olivier Nouaillas

# Sommaire

## Préface

# Agir pendant qu'il est encore temps…

Nous sommes début mars 2030. Les chiffres officiels viennent de tomber. Quelques semaines après les annonces faites par la Nasa à New-York et par l'Université d'East Anglia à Norwich, le diagnostic livré à Genève par l'Organisation Météorologique Mondiale, l'OMM, est sans appel et sans surprise. Certes, 2029 n'a pas battu le record de chaleur toujours détenu par l'année 2024 marquée par un événement El Niño exceptionnel avec des eaux très chaudes sur une large partie de l'Océan Pacifique. 2029 était une année chaude, sans plus. Mais la décennie 2020-2029 qui vient de se terminer est quant à elle plus chaude que la précédente : 0,2 °C de plus que les années 2010 qui elles-mêmes ont été d'un dixième de degré plus chaudes que les années 2000. Il en est systématiquement ainsi depuis les années 1970.

Cette confirmation de l'OMM a un impact énorme. Certes, même s'il reste peu de véritables climato-sceptiques, les faits sont là, très inquiétants. Car, pour beaucoup de gens le climat n'était jusque-là pas un véritable sujet de préoccupation. C'est l'indifférence qui prévalait malgré quelques sécheresses très sévères sur les bords de la Méditerranée, des inondations hivernales plus fréquentes sur la façade atlantique, les glaciers des Pyrénées qui ont presque disparu et ceux des Alpes qui rétrécissent. Et la canicule de 2028 qui a laissé loin derrière elle celle de 2003 mais a heureusement été beaucoup moins meurtrière. Après tout, un ou deux dixièmes de degré, c'est tout juste perceptible et on s'y adapterait si ce n'était l'augmentation d'événements extrêmes et dévastateurs. Et puis notre terre n'a-t-elle pas déjà connu cela et n'est-elle pas sujette à des cycles climatiques ? Tout est bon pour ceux qui ne souhaitent pas reconnaître que les activités humaines – l'utilisation des combustibles fossiles en premier lieu et les pratiques agricoles – sont en train de modifier notre climat et que chacun d'entre nous en est un peu responsable.

Mais ces températures qui grimpent décennie après décennie, cette courbe en escalier dont se sont emparés tous les médias, marquent les esprits. Dans sa grande majorité, l'opinion bascule, cherche à s'informer, et s'intéresse tout à coup aux conclusions du 7e rapport du GIEC, le Groupe Intergouvernemental d'experts sur l'Évolution du Climat, paru il y a deux ans, en 2028. Et, réalisant que celles-ci sont devenues réalité, tous crient d'une seule voix : « Pourquoi ne pas nous l'avoir dit plus tôt » ? Ils se rendent enfin compte de la gravité de la situation et du risque que leurs enfants et petits enfants ne puissent pas s'adapter à un climat qui deviendra progressivement de plus en plus difficile à vivre. D'autant que les Conférences Climat, organisées chaque fin d'année par les Nations-Unies depuis 1995, n'ont pas réussi à nous mettre sur une trajectoire telle, qu'à long terme, le réchauffement n'excède pas 2 °C par rapport à la période pré-industrielle. C'est l'objectif auquel pourtant tous les pays ont souscrit lors de la conférence de Copenhague en 2009. Et le 7e rapport du GIEC de conclure qu'en 2100 le réchauffement dépassera 3 °C, voire plus, si nous ne réussissons pas à passer d'un développement toujours largement tributaire des combustibles fossiles à une société sobre en carbone.

Tout ceci n'est qu'un mauvais rêve. Nous ne sommes qu'en 2014. Et c'est aujourd'hui que l'opinion doit basculer et que nous devons, collectivement, prendre notre destin climatique en mains. Les conclusions du 5e rapport du GIEC sont suffisamment claires et déjà sans appel. Le réchauffement récent est non seulement sans équivoque mais sans précédent depuis au moins un millénaire. Pour une part importante, il est – à plus de 95 % – lié aux activités humaines qui conduisent à une augmentation de l'effet de serre de plus en plus rapide résultant pour les trois-quarts de notre utilisation croissante de charbon, pétrole et gaz. Si nous continuons sur cette trajectoire, nous pourrions atteindre, d'ici la fin du siècle, un réchauffement moyen voisin de 4 °C auquel il sera très difficile, voire impossible de s'adapter. Pour respecter l'objectif 2 °C, la réduction des émissions de gaz à effet de serre est urgente et doit être de grande ampleur : nous devons laisser à jamais inexploitées environ 80 % de nos réserves de combustibles fossiles, nous orienter délibérément vers une société sobre en carbone et être également ambitieux vis-à-vis des émissions autres que celles du gaz carbonique, méthane et protoxyde d'azote en particulier. Mais, et je l'admets bien volontiers, nous n'avons pas réussi à faire passer ce message d'urgence vers le grand public.

Chercheur dans le domaine de l'évolution du climat depuis plus de 45 ans, impliqué depuis une vingtaine d'années dans les rapports successifs du GIEC, j'en suis tout à fait conscient même si j'ai fait de la transmission de nos connaissances un de mes objectifs de scientifique.

Ce dont nous avons besoin, ce sont de véritables « passeurs » qui, tout en gardant l'essence des conclusions des chercheurs – remarquablement présentées dans les rapports du GIEC mais de façon encore trop complexe – sachent toucher cette majorité de gens pour qui seule compte la sortie de la crise économique. Et qui ne se rendent pas encore compte qu'un développement harmonieux de notre monde passe impérativement par la prise en mains de notre futur climatique. Sensibiliser le plus grand nombre, les inciter à participer à la lutte contre le réchauffement climatique, est l'objectif de ce *Changement climatique pour les Nuls* qui explique de façon limpide et convaincante les arguments qui font mouche et devraient engager tous ses lecteurs à désormais prendre au sérieux le diagnostic des scientifiques et s'engager dans l'action.

Le jeu en vaut la chandelle. À l'invitation de la France, la Convention Climat se réunira à Paris en novembre 2015. Olivier Nouaillas, avec le concours de Jean-Stéphane Devisse et l'apport documentaire du WWF, précise l'ambition et les enjeux de cette conférence et le véritable défi auquel tous les pays seront confrontés. Car, malgré la tension internationale qui s'est aggravée en 2014, c'est à la réussite de cette conférence que nous devrons d'échapper à ce mauvais rêve de 2030 et d'être alors sur une trajectoire qui nous permettra de respecter l'objectif de 2 °C. Une forte adhésion de notre pays aux objectifs de cette conférence « Paris Climat 2015 » – avec la mobilisation des grandes ONG environnementales comme le WWF, des entreprises de toute taille et secteur, de toute la société civile et aussi de chacun et chacune d'entre nous – contribuerait à son succès. La lecture de cet ouvrage est de nature à la faciliter.

**Jean Jouzel**

*Glaciologue et climatologue, directeur de recherches au CEA et vice-président du groupe scientifique du GIEC, co-lauréat du prix Nobel de la Paix 2007*

# Introduction

Cher lecteur, chère lectrice,

Lorsque la maison d'édition des « Nuls » vous demande d'écrire l'introduction d'un de ses ouvrages, la consigne est claire : le ton est délibérément léger, on est là pour apprendre dans la détente ! Inutile de dire que le challenge est de taille lorsque le sujet de l'ouvrage en question est… le changement climatique. On a bien en réserve quelques blagues sur les gaz à effet de serre, mais, en règle générale, on n'a pas vraiment de quoi rigoler.

Il y a un demi-siècle seulement, seuls quelques visionnaires soupçonnaient que la vie sur Terre serait menacée à ce point à la surface du globe et, pour la plupart des autres, l'écologie (discipline pourtant scientifique), assourdie par l'écho du progrès en marche, semblait réservée à quelques hurluberlus aux cheveux gras et au fumet de sueur revendiqué.

Il est vrai que le changement climatique nous est le plus souvent invisible : pourtant, si les gaz à effet de serre avaient la couleur du charbon, nous vivrions dans la nuit noire ! Invisible à l'œil nu, donc, mais pourtant bien présent. Les témoins sur la scène de crime sont déjà nombreux : agriculteurs, scientifiques de toutes disciplines, médecins… se font les porte-parole du phénomène à l'œuvre. Et a fortiori les ONG de protection de l'environnement comme le WWF.

Il est loin le premier sommet de la Terre, en 1972, où la scène internationale adoptait une déclaration centrée sur les dégâts causés par la pollution sans que le terme de « réchauffement climatique » n'y apparaisse une seule fois… Depuis, la création du Programme des Nations Unies pour l'environnement (PNUE) et la répétition de ces sommets de la Terre tous les dix ans ont ancré cette préoccupation dans l'agenda des États du monde entier. En ce qui concerne la bonne tenue des engagements, c'est autre chose…

Mais revenons-en à l'histoire. C'est au sommet de 1992 (le 3ᵉ, si vous comptez bien), à Rio, qu'un tournant majeur fut marqué : les négociations entre un nombre élevé et inédit de chefs d'États et de gouvernements mais aussi d'ONG ont abouti à une déclaration qui constitue toujours le socle fondateur des politiques environnementales mondiales.

En 2012, back to Rio de Janeiro ! Bilan, réactualisation et renouvellement des engagements sont nécessaires, dans un contexte encore plus « brûlant » que le dernier. En effet, les derniers travaux du GIEC, ce groupe d'experts scientifiques internationaux mis en place par l'ONU, ont montré que le réchauffement climatique avait tendance à s'accélérer. 2015 est l'année de la COP 21, grande conférence internationale sous l'égide des Nations Unies, une étape cruciale dans les négociations pour lutter contre le changement climatique.

## A propos de ce livre

Déjà se pose la question du titre : « Changement climatique pour les nuls » ou « Réchauffement climatique pour les nuls » ? Depuis son entrée fracassante sur la scène médiatique, de nombreux médias et ouvrages ont, en effet, réduit le changement climatique à son aspect le plus spectaculaire et sensitif : l'élévation des températures. Un fait indéniable mais trop réducteur. Car le changement climatique c'est non seulement une hausse globale du thermomètre, et donc des épisodes de sécheresse, mais aussi, dans certaines parties du globe, des pluies plus abondantes, des cyclones plus violents, une montée du niveau des océans, etc. Paradoxalement, cela peut se traduire aussi par des hivers plus froids. Comme durant l'hiver 2013/2014 où, en même temps, l'Australie brûlait sous une canicule intense, le nord-est des États-Unis grelottait sous un épais manteau de neige et la Grande-Bretagne et l'ouest de la France étaient noyés sous un déluge de pluie. D'où l'utilisation par certains d'un nouveau terme que vous entendrez de plus en plus souvent : « dérèglement climatique ».

Ensuite, le fond. En matière de changement climatique, en matière de réchauffement climatique, il n'y a que trois cas de figure. Soit vous n'y connaissez ni n'en pensez pas grand-chose : ce livre est alors fait pour vous ! Soit vous êtes convaincu que notre bonne vieille planète est entrée dans un dangereux cycle et vous bouillez d'impatience que les dirigeants des pays prennent des mesures pour limiter les émissions de gaz à effet de serre. Ce livre sera votre compagnon de route ! Soit, au contraire, vous êtes ce qu'on appelle un « climato-sceptique » et vous prenez les écologistes pour de dangereux illuminés catastrophistes. Dans ce cas, la lecture de ce livre vous est absolument nécessaire ! Eh oui, ce livre a la prétention de s'adresser à tous les publics. Non pas que ses auteurs soient « neutres » (en $C0_2$ !) – ils partagent sans état d'âme les convictions de 95 % des scientifiques rassemblés dans le Groupe d'experts intergouvernementaux sur l'évolution du climat (GIEC) mis en place par l'ONU – mais ils pensent aussi que :

- le changement climatique est un concept compliqué, beaucoup plus que la météo, et qu'il gagnerait à la fois à être expliqué dans un langage accessible et à être confronté à la critique, quand elle est argumentée.

- le catastrophisme décourage les meilleures volontés d'agir et qu'il faut aussi présenter des solutions et des alternatives pour que les dirigeants des pays mais aussi les citoyens puissent lutter efficacement contre les émissions de gaz à effets de serre.

Bref, il s'agira dans ce *Changement climatique pour les Nuls* de vulgariser pour agir.

## Les conventions utilisées dans ce livre

Nous essaierons de ne pas utiliser de mots compliqués (ou tout au moins de les expliquer), mais on ne vous garantit pas d'éviter les notions complexes. Après tout, vous avez acheté ce livre pour les comprendre. Alors on ne vous propose qu'une convention : on explique le mieux possible et, si vous ne comprenez pas, vous pouvez écrire à : `wwf-contact@wwf.fr` ou au WWF-France, 1, carrefour de Longchamp, 75016 Paris, et on essaiera de faire mieux.

Bien sûr cette adresse postale accueille aussi les dons pour les missions du WWF…

## Comment ce livre est organisé

Ce livre, préfacé par le célèbre climatologue français Jean Jouzel, vice-président du GIEC, est divisé en cinq parties qui vont de l'explication du climat aux propositions concrètes pour agir contre le réchauffement climatique.

### Première partie : Le climat et le réchauffement climatique

Tout d'abord, posons et éclaircissons les grands débats qui agitent la science concernant le climat. Alors que certains confondent climat et météo, d'autres pensent que le réchauffement climatique sera perçu de façon uniforme sur l'ensemble du globe. D'autres encore espèrent connaître un été tout au long de l'année ! Certains, de plus ou moins de bonne foi, estiment même que le réchauffement climatique n'existe pas… Si si, il y en a. Revenons donc aux bases pour bien comprendre comment ça marche.

## Deuxième partie : Des milieux, des espèces et du climat

Après avoir taillé un costume bien chaud aux idées reçues, faisons le point sur la planète : ses écosystèmes (océans, forêts, eau, sol), et le rôle des activités humaines dans tout ça. Les différents climats ont forgé des paysages et des écosystèmes très différents où des espèces végétales et animales se sont développées et adaptées. Mais aujourd'hui les premiers indices de dégradation de ces écosystèmes par le réchauffement climatique sont visibles, ainsi que la disparition de nombreuses espèces, incapables de s'adapter à de nouvelles conditions de vie dans un laps de temps aussi court… L'homme lui-même commence à sentir les premiers effets de ces changements climatiques.

## Troisième partie : Comment lutter contre le changement climatique ?

Ces premiers chapitres vous ont fait peur ? Nous aussi. On n'est pas rassurés. Heureusement, l'être humain a encore – et toujours ! – la capacité de prendre son destin en main. À côté des grandes conférences internationales des Nations-Unies et des mesures à prendre par les États, d'autres outils, économiques notamment, sont à proposer et à bâtir dès à présent. Le changement climatique peut aussi être une chance de construire un monde plus juste et plus solidaire.

## Quatrième partie : Et maintenant, comment on fait ?

Vous n'osez pas y croire ? Et pourtant, vous aussi pouvez agir ! Cher lecteur, Bruce Willis et Will Smith n'ont qu'à bien se tenir. Cette quatrième partie propose ni plus ni moins de vous donner les moyens de sauver le monde ! Une façon un peu mélodramatique de recenser les différentes solutions à mettre en œuvre, des entreprises plus « vertes » en passant par la réinvention des villes et l'introduction de nouvelles habitudes alimentaires. Tout un programme !

## Cinquième partie : La Partie des Dix

Cette cinquième partie débutera par les propositions de 10 grands témoins qui ont accepté de nous donner leur point de vue sur la situation et sur les actions à mener pour que les choses changent au plan international. On s'intéressera ensuite à 10 espèces particulièrement sensibles au réchauffement climatique. Nous tenterons également de mener la vie dure à 10 idées reçues sur le changement climatique et vous pourrez faire votre propre bilan carbone en répondant à 10 questions toutes simples sur vos habitudes quotidiennes. Enfin, nous terminerons en nous intéressant à 10 villes pilotes du changement dans le domaine de la lutte contre le dérèglement climatique, et vous pourrez enfin découvrir 10 gestes simples pour réduire votre consommation énergétique au jour le jour.

# Les icônes utilisées dans ce livre

Au fil de l'ouvrage, nous avons ajouté au texte principal des informations supplémentaires en les signalant à l'aide de quatre icônes.

Cette icône indique que nous vous proposons de faire le point sur une question importante mais parfois un peu complexe, qui nécessite que l'on retourne sur les bancs de l'école en reprenant quelques cours de science.

Une information amusante, décalée, surprenante, concernant le changement climatique et/ou ses conséquences !

Que de fausses bonnes idées, que de clichés, que de contre-vérités circulent concernant le changement climatique. Il est temps de leur tordre le cou !

On parle, on parle, mais agir, c'est mieux ! C'est pourquoi nous vous proposons quelques gestes simples pour réduire votre impact sur le climat.

Certaines solutions pour venir à bout du changement climatique peuvent prêter à sourire. Ce n'est pas tous les jours que l'on peut rire de ce sujet : autant en profiter.

Disséminés au fil des pages de l'ouvrage, découvrez les témoignages édifiants de personnes habitant aux quatre coins de la planète, qui ont vu leur environnement modifié par les caprices du climat.

# Et maintenant par où commencer ?

En fait, vous pouvez commencer par le chapitre que vous souhaitez : certains préféreront lire la « partie des dix », d'autres uniquement les encadrés et les anecdotes. Nous espérons que, quelle que soit votre méthode de lecture, vous aurez envie de le lire en entier, car la compréhension de la machine climatique et de ses interactions avec les écosystèmes et les sociétés humaines n'est pas chose simple. Chaque brique compte dans ce vaste mais fragile édifice qu'est notre planète.

# Première partie

# Le climat et le réchauffement climatique

### Dans cette partie…

Certains confondent climat et météo, tandis que d'autres pensent que le « réchauffement » climatique sera perçu de manière uniforme sur l'ensemble du globe et que d'autres encore espèrent l'été toute l'année ! Certains pensent même que le réchauffement climatique n'existe pas…

Cette première partie pose et éclaircit les grands débats qui agitent la science concernant le climat, son rôle, son évaluation et sa prospective. Bonne lecture !

# Chapitre 1

# Le climat, ce n'est pas la météo !

### *Dans ce chapitre*

- Les grandes familles du climat
- De la prévision météorologique à la prévision climatique
- Les rouages de la « machine » climatique : soleil, océans, continents, courants, atmosphère…
- Le « bon » et le « mauvais » effet de serre !

« Si le monde se réchauffe, pourquoi les deux derniers hivers ont été si froids ? », s'interrogeait un quotidien faisant pourtant référence en matière d'informations environnementales. Cette interrogation, faussement naïve, traduisait en fait une idée couramment répandue dans l'opinion publique (et parfois entretenue par certains) : la confusion entre la météo et le climat.

Nos sensations immédiates – « j'ai froid », « j'ai chaud » – ne doivent pas l'emporter sur un raisonnement approfondi. Qu'est-ce qui différencie la météo du climat ? Les prévisions météorologiques sont fiables à… cinq jours, alors que la climatologie, la science qui étudie les climats, dispose quant à elle d'une vision à long terme du temps sur au moins une saison, une année, une décennie, voire beaucoup plus.

Les Français sont de grands consommateurs de bulletins météo. Vous êtes aussi sans doute souvent ou ponctuellement dans ce cas, que ce soit grâce à la télévision ou à votre journal préféré – c'est souvent la rubrique la plus regardée ou lue, surtout quand on est en vacances. Ce premier chapitre va donc tenter de vous rendre accessibles tous les mystères du climat.

# Qu'est-ce que le climat ?

Dans un précédent ouvrage intitulé « Climat et météo pour les Nuls », les auteurs donnent ce point de repère aussi précieux qu'indiscutable : « La différence entre le climat et le temps, c'est l'échelle de temps ». Ainsi le temps qu'il fait (la météo) peut être extrêmement variable suivant les jours, alors que le climat donne des moyennes saisonnières, stables sur plusieurs années, voire des décennies (le minimum admis étant 30 ans), et même des siècles… Enfin, c'était avant le changement climatique qui caractérise notre début de XXIe siècle.

D'une façon générale, le climat de la Terre résulte principalement de trois facteurs : l'énergie solaire, le fameux « effet de serre » et les circulations atmosphérique et océanique. Mais pour étudier le climat, il faut du concret et, de ce côté, la climatologie est bien armée. Elle utilise les précipitations (pluie ou neige) et les températures moyennes, ventilées sur nos bonnes vieilles saisons : hiver, printemps, été, automne.

## Les cinq grandes familles de climat

Bien sûr, c'est une évidence : les quatre saisons (hiver, printemps, été, automne) telles que nous les connaissons principalement en Europe n'existent pas sous toutes les latitudes. Beaucoup d'autres régions ne connaissent que deux périodes très marquées (hiver et été) et deux autres saisons (le printemps et l'automne) que de façon très courte, voire inexistante. Certaines mauvaises langues diront qu'il n'y a que deux saisons en Bretagne, celle de l'imperméable et celle du parapluie, mais les Bretons vous répondront qu'il ne pleut que sur les Parisiens…

Bon gré mal gré, on définit quand même cinq grandes familles de climat :

- **le climat équatorial** : sortez les éventails et les antimoustiques, le climat équatorial est chaud et humide, avec une température moyenne de 26 °C, et ça ne change pas beaucoup tout au long de l'année. Il s'observe, comme son nom l'indique, à proximité de l'équateur. « Caliente » !
- **le climat tropical** : dans ce type de climat, la moyenne du mois le plus « froid » est de l'ordre de 18 °C ; difficile de parler d'hiver ! En revanche, on distingue une saison sèche et une saison humide, voire très très humide puisque se dégage une sous-catégorie, le « climat de moussons », particulièrement marquée en Inde.
- **le climat subtropical** : contrairement à son cousin tropical, il connaît une amplitude thermique élevée avec une saison chaude et longue, et une saison froide, pluvieuse et plutôt douce. Le « climat méditerranéen » en est un exemple.

- **le climat tempéré** : le climat rêvé de tout être humain ! Quatre saisons, plutôt douces, à mi-distance de la chaleur du climat subtropical et de la froideur du climat polaire. Mais entre ses trois variantes « tempéré océanique » (ex. : la France), « tempéré continental » (la Scandinavie) et « hypercontinental » (Sibérie, Alaska), il y a beaucoup d'épaisseurs de manteau de différence…
- **le climat polaire** : au-delà du 65° de latitude, c'est le règne des hivers longs et rudes, renforcés par des vents puissants et glaçants. Durant l'été, très court, le mois le moins froid y atteint péniblement une moyenne de + 10 °C quand la moyenne hivernale annuelle plonge en dessous de – 30 °C. Brrr…

À noter qu'il existe une sixième variante : **le climat aride**, que nous appelons plus communément « désertique », et qui emprunte des caractéristiques aux précédents climats. Suivant l'altitude et la latitude où ils se trouvent, ces déserts peuvent être froids (désert de Gobi) ou carrément très chauds (Sahara, déserts d'Australie). La vie végétale et animale, sans en être absente, y subit des contraintes très dures.

En France, nous sommes sacrément gâtés : chose rare pour un si petit pays, notre territoire national (métropolitain et ultramarin) connaît cinq grandes familles de climat ! Et une grande variété de paysages associés. « Oui, mais chez moi, il y a un microclimat ! » ajouterez-vous, tout fier de la spécificité de votre lieu de vie. En fait, c'est ce qu'un climatologue appellerait un « climat local ». Il en existe un grand nombre. En effet, le climat, même s'il dépend de grands facteurs (latitude, présence d'un océan), est toujours influencé par d'autres, plus modestes et néanmoins essentiels : le relief, la végétation, des lacs, un cours d'eau…

## L'écozone, c'est quoi ?

En dehors de cette définition générale des grandes familles de climat, les nuances sont grandes. Notamment, certains climats sont plus ou moins propices à la vie. Leurs habitants nous en fournissent les indices. C'est en observant des oiseaux (des pinsons) que Darwin avait compris l'évolution. Et il en fut de même pour Miklos Udvardy et les écozones ! C'est en effet grâce à l'observation des oiseaux nicheurs en Colombie-Britannique et d'une façon générale sur la façade pacifique des États-Unis, que cet ornithologue et universitaire hongrois comprend qu'il existe sur Terre de grandes régions homogènes caractérisées par l'unité de la vie qui s'y trouve.

Les écozones, au nombre de huit, regroupent les mêmes caractéristiques au niveau du climat, de la géologie, la nature des sols, la végétation, la faune, la population et l'utilisation des terres. Vous retrouverez donc sur la carte :

- l'afrotropical (22,1 millions de km²)

- l'antarctique (0,3 million de km²)
- l'australasien (7,7 millions de km²)
- l'indomalais (7,5 millions de km²)
- le paléarctique (54,1 millions de km²)
- le néarctique (22,9 millions de km²)
- le néotropique (19,0 millions de km²)
- l'océanien (1,0 million de km²)

UN PEU DE TECHNIQUE

C'est en croisant les écozones avec des critères de variété et de rareté des espèces nées sur place, de richesse spécifique, et de phénomènes écologiques ou d'évolution originaux, que le WWF a mis en évidence l'existence d'écorégions à l'intérieur de ces écozones. Il en existe environ 1 500. Mais en analysant plus finement ces données, le WWF a répertorié 238 écorégions prioritaires, particulièrement représentatives des différents types d'habitats de notre planète. Nommées les « Global 200 », elles recouvrent les régions qui sont à la fois les plus riches en biodiversité (mangroves, toundras, forêts subtropicales, deltas, mers intérieures, récifs coralliens…) – soit par leur nombre élevé d'espèces, soit au contraire par leur rareté et originalité – mais aussi les plus menacées, et qui représentent donc un intérêt majeur de conservation.

LE SAVIEZ-VOUS ?

## Le « climat », patrimoine de l'humanité ?

La France a déposé un dossier de candidature pour inscrire un « climat » sur la liste du patrimoine mondial de l'UNESCO (Organisation des Nations-Unies pour l'éducation, la science et la culture) !

Le terme de « climat » est en fait ici la traduction bourguignonne du mot « terroir ». Il désigne une parcelle de terre dédiée à la vigne et précisément délimitée, connue sous le même nom depuis plusieurs siècles, et dont l'emplacement précis, le sol, le sous-sol, l'exposition, le microclimat et l'histoire forment la personnalité unique d'un cru. La décision finale d'inscription sur la liste du patrimoine de l'UNESCO sera connue en 2015. Dommage que le climat mondial ne soit pas, quant à lui, considéré comme un véritable patrimoine de l'humanité. Il le mérite pourtant…

## Une brève histoire de la météorologie

Nul doute que nos ancêtres préhistoriques étaient déjà curieux du temps qu'il ferait le lendemain, et encore plus les premiers agriculteurs ! Aristote, en 350 avant Jésus-Christ, ne se satisfaisait pas de la mythologie (Zeus et compagnie), et étudiait les éléments naturels, écrivant ce qui fut sans doute le premier manuel de météorologie.

Au Moyen Âge sont nés nos fameux dictons agricoles qui émaillent si bien nos jours, et le bulletin de la présentatrice météo : « à la Sainte-Catherine, tout arbre prend racine », « s'il pleut à la Saint-Médard, il pleut 40 jours plus tard », etc. Plus personne n'appelle son enfant Médard, et ces dictons se révèlent malheureusement souvent peu scientifiques, mais ils sont restés comme autant de repères rassurants. Ils forment une sorte d'héritage de nos ancêtres agriculteurs, déjà anxieux face aux caprices du climat. Ceux-ci se fondaient sur des observations locales, difficilement généralisables, et ne disposaient pas des instruments de mesure leur permettant d'étayer ou de vérifier leurs théories. En effet, c'est grâce à l'invention des premiers instruments (le thermomètre en 1641 en Toscane, puis le baromètre, le pluviomètre et l'anémomètre) que naquit cette science qui rendit célèbre Albert Simon, Alain Gillot-Pétré ou la miss Météo de Canal Plus : la météorologie.

Mais avant de donner naissance à ces vedettes médiatiques, la France vit naître Urbain Le Verrier (1811-1877), un polytechnicien, titulaire de la première chaire d'astronomie à la Sorbonne, puis directeur de l'Observatoire de Paris en 1852, qui allait révolutionner l'histoire du bulletin météo en lui donnant ses lettres de noblesse. En effet, à cette époque, l'Observatoire ne mesure que la température, la pression atmosphérique, l'aspect du ciel et la direction du vent. Mais Urbain Le Verrier, non content d'avoir déjà découvert la planète Neptune, a d'autres ambitions. Une succession de naufrages va l'y aider.

En effet, alors que la guerre de Crimée fait rage opposant une coalition franco-anglo-turque à la Russie, le navire *Henri IV*, puis la *Sémillante* l'année suivante, feront naufrage. Et c'est en démontrant que ces funestes tempêtes auraient pu être prévues – car elles avaient d'abord traversé une partie de l'Europe avant d'atteindre la mer Noire – que Napoléon III décide d'accorder des crédits importants à notre cher Urbain, qui va transformer l'Observatoire en un service opérationnel, capable d'établir chaque jour la carte du temps en France. En quelque sorte, l'ancêtre de Météo France. Pour cela, il est aidé par une invention qui va révolutionner les transmissions : le télégraphe. En effet, quand une tempête arrive à Brest, il vaut mieux en être informé à Paris grâce à ce système de messages ultrarapides qu'à la vitesse du galop d'un cheval !

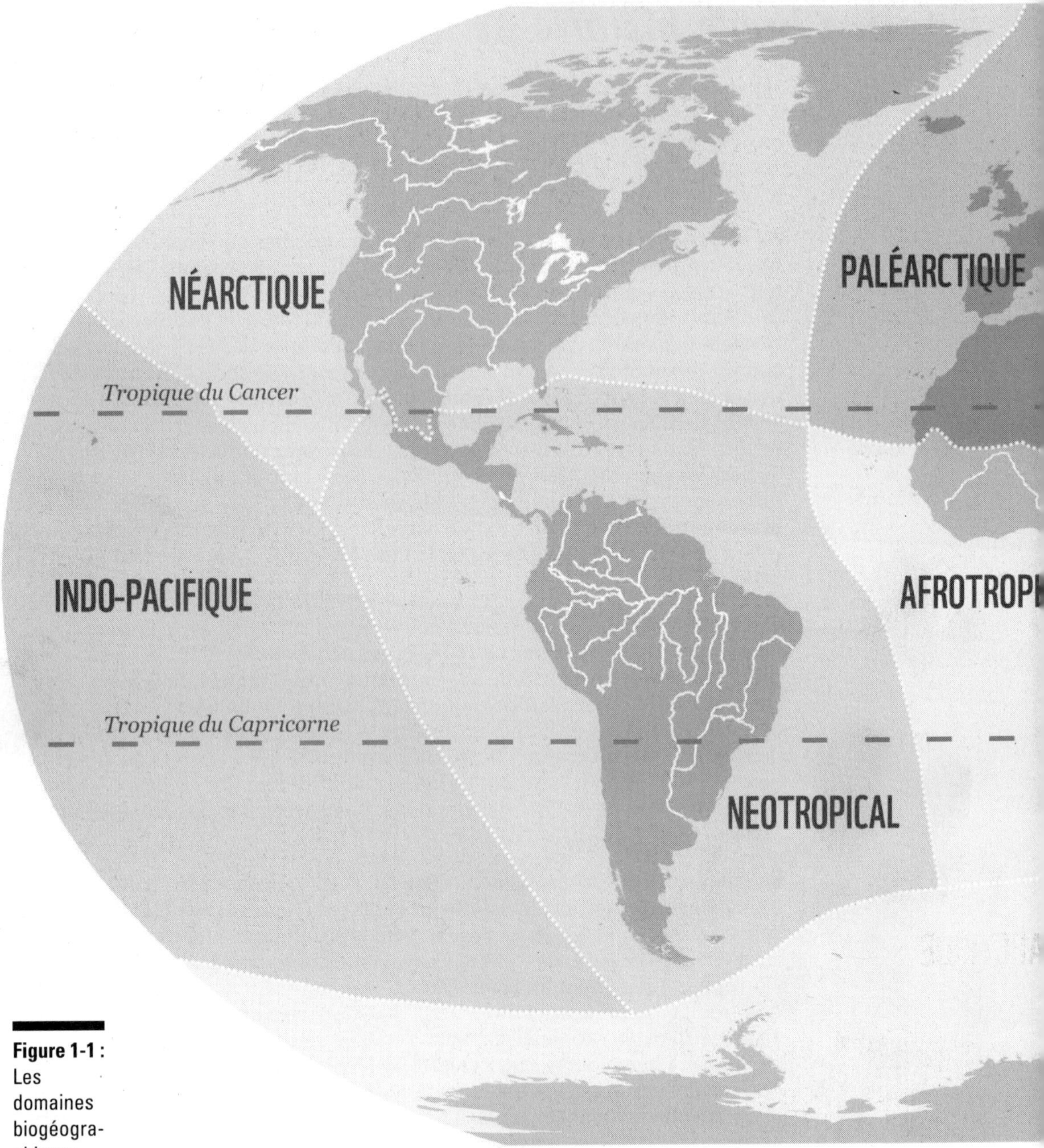


**Figure 1-1 :** Les domaines biogéographiques du globe

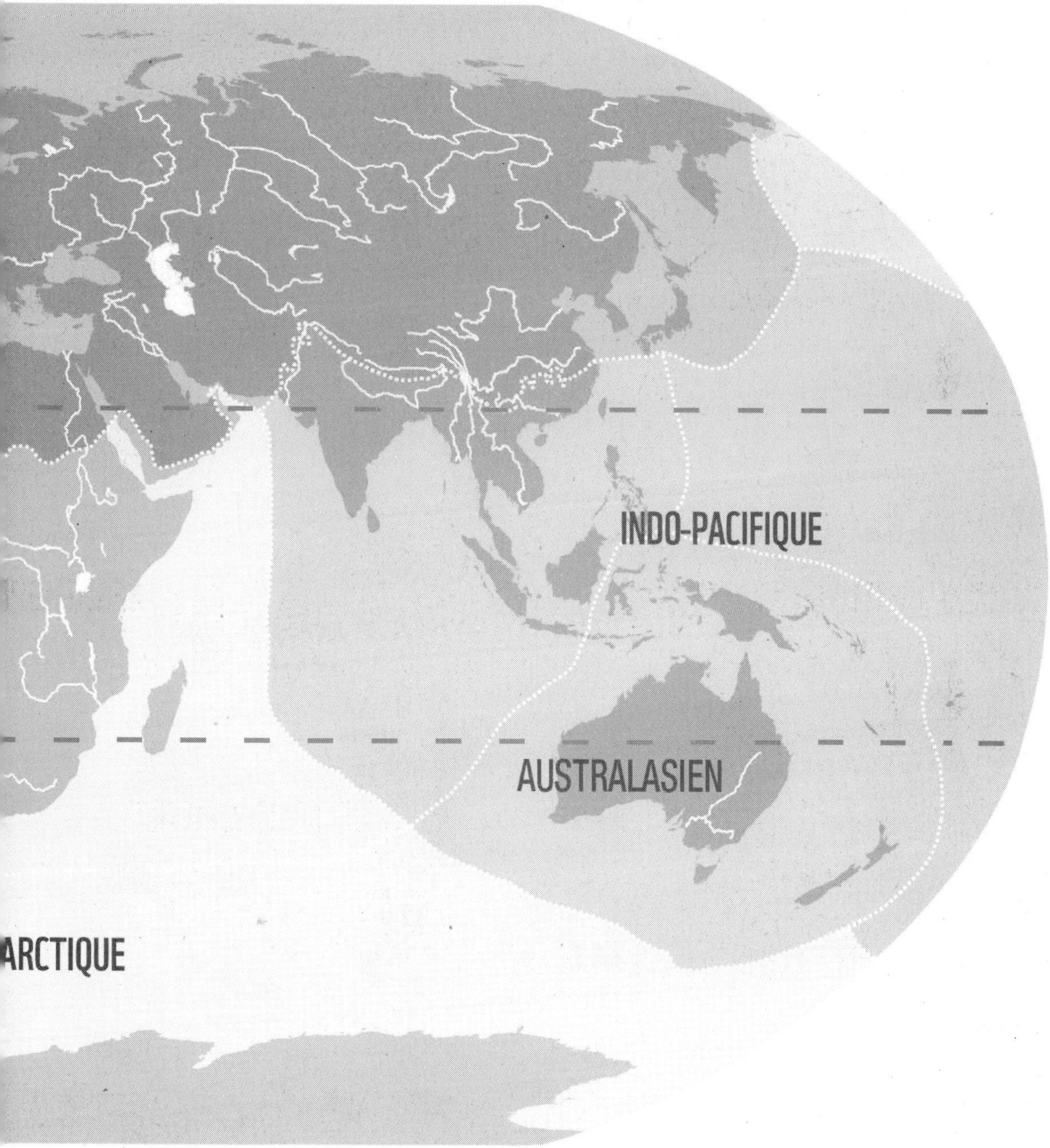
INDO-PACIFIQUE
AUSTRALASIEN
ARCTIQUE

**Figure 1-2 :** Ensemble des 238 écorégions terrestres, marines et d'eau douce prioritaires pour la conservation de la nature identifiées par le WWF

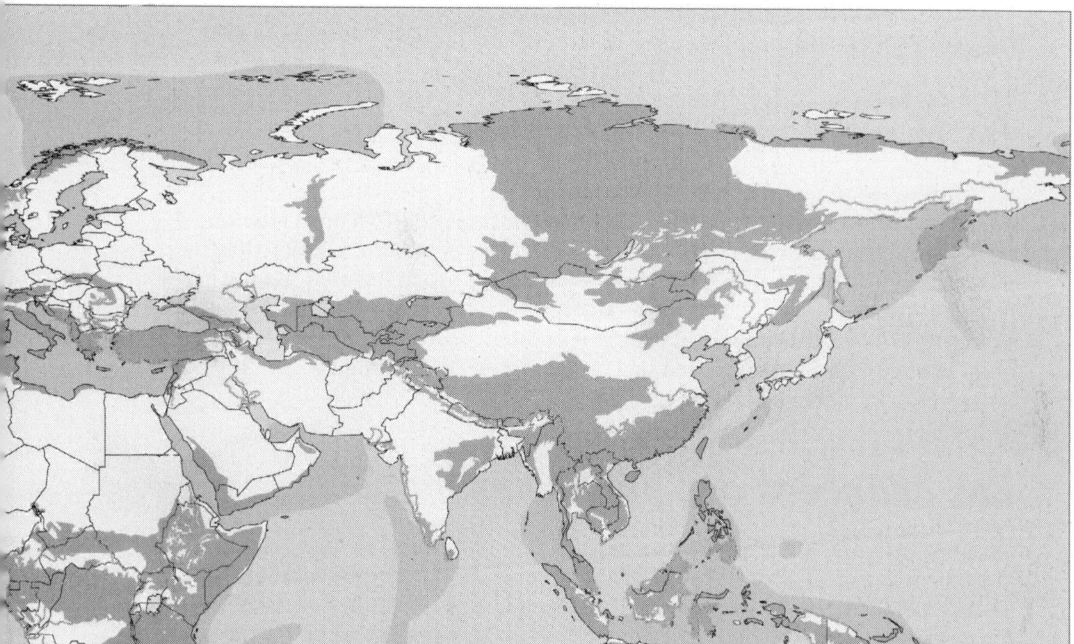

Très vite, ces inventions bénéficient à l'ensemble du continent européen et le premier congrès météorologique a lieu en 1873 à Vienne. Cocorico !

## De la météorologie à la climatologie

Si, dans ses fondements, la météorologie est une science relativement ancienne, la climatologie est, elle, beaucoup plus récente. Il aura fallu que se développent les archives pour cela ! En effet, comment connaître les variations du temps sur le long terme sans elles ? La mémoire humaine ne remonte pas à plus de deux à trois générations en la matière. Edward Lorenz, grand théoricien du chaos mais surtout éminent météorologue, résumait ainsi la complémentarité de ces deux disciplines : « La climatologie dit ce que l'on attend, la météo donne ce que l'on aura ».

## Les avancées des prévisions météos...

On peut affirmer, en schématisant, qu'il y a eu trois âges de la prévision météorologique, puis climatique. D'abord, une très longue période allant jusqu'au XVII^e siècle basée essentiellement sur l'observation humaine. Puis deux siècles d'innovations continues reposant sur des instruments de mesure de plus en plus perfectionnés jusqu'à l'utilisation des montgolfières, ballons et autres engins volants. Enfin, à partir de la fin de la Seconde Guerre mondiale, avec l'utilisation des premiers ordinateurs et satellites, le début d'une révolution informatique puis numérique qui n'a pas dit son dernier mot.

Tout s'accélère en 1950 à partir d'une expérience conduite par l'Américain Jules Charney et son équipe. Sur une base militaire installée à Aberdeen (Écosse), une merveille de technologie de l'époque, qui ressemble surtout à une grosse machine grise constituée de 42 armoires, va mettre 33 jours et 33 nuits pour effectuer des prévisions météo avec vingt-quatre heures d'avance. Pas mal pour une première fois.

En 1960, la guerre froide profite à la météo, car les Américains mettent sur orbite le premier satellite météo, Tiros 1. Le coup d'envoi de la course de vitesse entre le processus de calcul et la vitesse des vents et des nuages est définitivement donné.

Dès lors, tous les grands services météorologiques du monde vont s'équiper de puissantes machines : la dernière acquisition de Météo France en 2013 ressemble quant à elle à un gros frigidaire d'une précision de calcul incroyable : il est capable de traiter un million de milliards d'opérations par seconde, le tout appuyé par les non moins puissants satellites géostationnaires. Grâce à cela, l'animation satellite est devenue aujourd'hui une illustration banale de la carte du ciel. Vous pouvez même sélectionner votre satellite préféré sur internet et suivre ses clichés !

## ... et leurs limites !

On pourrait conclure que, grâce à ces innovations technologiques sans fin, la prévision météorologique est devenue une science exacte, capable de prédire s'il pleuvra sur ma terrasse à 15 h 15 le 3 juillet, parce que j'ai invité des amis ce jour-là à prendre le thé. Malheureusement, il faudra quand même prévoir de prendre le thé dans le salon, car les phénomènes étudiés sont complexes. Ainsi, Météo France estime qu'au-delà de 3 jours, les prévisions ne sont majoritairement plus fiables. Si, pour ces trois premiers jours, l'indice de réalisation des prévisions reste élevé (98 % pour le jour + 1 ; 89 % pour le jour + 2 ; 64 % pour le jour + 3), il devient négatif à partir du 4e jour : 46 % de pourcentage de mauvaises réalisations pour J + 4 ; 61 % pour J + 5 ; et même 86 % pour J + 6 ! Autant dire que vous avez autant de chance que la prévision du dimanche suivant, donnée le lundi précédent, soit fiable que vous avez de chance de gagner à la tombola. D'où, depuis 1998, l'utilisation pour le grand public d'un indice de confiance gradué de 1 (peu élevé) à 5 (très élevé).

Mais, non seulement vous aurez des difficultés pour connaître à quelle heure la pluie va tomber, mais vous ne saurez pas si elle tombera sur votre thé ou dans la ville d'à côté !

Les modèles de prévisions de plus en plus perfectionnés permettent d'obtenir des données plus fines sur le périmètre (géographique) de l'Hexagone passant de 15 km à 2,5 km. Quant à la fiabilité dans le temps des prévisions météorologiques, elle est ainsi estimée par Météo France :

- De quelques heures à un jour : orages, lignes de grains, rafales, averses, brouillards.
- De 1 à 4 jours : l'arrivée d'une tempête.
- De 5 à 10 jours : une tendance, le type de temps.
- À plus de 10 jours : un signal sur les conditions moyennes (température et précipitations) pour les deux semaines à venir.

## Et les prévisions climatiques dans tout cela ?

Devant cette modestie des prévisions météorologiques au-delà de trois/quatre jours, certains pourraient se demander si la climatologie, qui prétend donner des grandes tendances par tranches de 30-50 ans, est digne de leur confiance… Là encore, au risque de vous décevoir, vous ne connaîtrez pas le temps dans ses moindres détails grâce à cette science ! En revanche, vous pourrez prévoir des conditions moyennes. En effet, le climat de la Terre est un tout organique qui oblige à mettre en équation des éléments aussi différents que la circulation de l'océan et de l'atmosphère, avec les échanges de rayonnement solaire et les grands courants marins, la végétation et l'hydrologie des continents mais aussi les calottes de glace. Rien que ça… Face au climat, un peu de modestie prévaut : on est tous un peu des « Nuls » devant cette machine démesurément complexe.

Heureusement, les plus grands spécialistes de la planète ont bien compris qu'à plusieurs, on réfléchit mieux que tout seul. Ils se sont réunis dès 1988 à l'invitation des Nations-Unies dans le Groupe d'experts intergouvernemental sur le climat (GIEC) afin d'y répondre. Grâce à cette coopération internationale de haut niveau, ces super-scientifiques ont quand même besoin de supercalculateurs pour parvenir à modéliser des super-données, telles que le couple océans/atmosphère, la comparaison des données climatiques passées, ou le cycle du carbone. Mais les « top » modèles qui en résultent, comme les plus belles filles, ne peuvent jamais donner que ce qu'ils ont, comme l'affirme le bon sens populaire ! En l'occurrence, les modèles obtenus ne peuvent intégrer l'ensemble des facteurs intervenant sur le climat et de fait ne peuvent restituer l'exacte vérité.

Forts de leur grande connaissance de la complexité du climat, les rapports des scientifiques du GIEC restent très prudents (et c'est peu dire). Difficile pour les climatologues de transmettre un « diagnostic » aux décideurs, aux médias, ou au quidam comme vous et moi, sans verser dans le catastrophisme mais sans non plus minorer les risques, dont ils doivent être prévenus ! C'est aussi pourquoi ils utilisent toutes les précautions sémantiques nécessaires pour qualifier les multiples scénarios de l'évolution du climat à échéance de la fin de ce siècle, avec des adverbes comme *probably* (probablement), *very probably* (très probablement), mais jamais *certainly* (certainement) ! Au grand dam de certains journalistes en quête de sensationnel et de simplification…

## Le GIEC et les climato-sceptiques

Parmi les scientifiques, l'existence d'un réchauffement climatique n'est plus mise en doute. Seules des questions de méthode, d'origine précise et d'ampleur subsistent. Normal, me direz-vous : la science naît de la controverse. Il est aussi sain que les scientifiques débattent des conséquences attendues et des actions à mener.

Les « climato-sceptiques » quant à eux ne s'intéressent guère aux solutions mais remettent en question l'idée même d'un réchauffement climatique et de son origine humaine. Parlez du GIEC à l'un de ces climato-sceptiques et il verra tout de suite rouge. Pour Claude Allègre et ses (quelques) disciples, c'est « un organisme totalitaire », une sorte de « big brother » du climat. La réalité est heureusement tout autre.

Le GIEC, mis en place sous l'égide de l'Organisation Météorologique Mondiale et le Programme des Nations Unies pour l'Environnement – deux autres organisations des Nations-Unies – réunit plus de 2 000 scientifiques de toutes nationalités, tous très pointus dans leur spécialité. Il est chargé de fournir des rapports aux décideurs politiques sur une base scientifique fonctionnant sur le consensus. Pour ce faire, il est organisé en trois groupes de travail qui étudient les principes physiques du changement climatique (Groupe 1), les impacts, la vulnérabilité et l'adaptation au changement climatique (Groupe 2) et les moyens d'atténuer ces effets (Groupe 3). Le GIEC a déjà publié cinq rapports « globaux » (1990, 1995, 2001, 2007 et 2013).

C'est, « bizarrement », après avoir obtenu le prix Nobel de la Paix en 2007 (avec Al Gore) que le GIEC a commencé à être attaqué, surtout lorsque ses travaux ont mis de plus en plus en évidence la responsabilité « très probable » de l'homme dans le réchauffement climatique. Attaques bien pratiques pour brouiller l'opinion publique et empêcher de prendre des décisions fortes de lutte contre le changement climatique. L'affaire du « Climategate » – le vol à la veille du sommet de Copenhague (2009) de plusieurs milliers de courriers électroniques de chercheurs britanniques du Climatic Research Unit de l'université d'East Anglia – puis son erreur (reconnue) de surévaluation de la fonte des glaciers de l'Himalaya ont relancé les critiques contre le GIEC. Mais plusieurs enquêtes indépendantes menées notamment aux Pays-Bas et en Grande-Bretagne ont lavé en 2010 ces experts de tout soupçon. D'autant plus que les processus de relecture et de correction ont été renforcés à l'occasion de son cinquième rapport rendu public en 2013 et 2014.

# Comment fonctionne la « machine climatique » ?

On l'a dit : c'est un phénomène extraordinairement complexe qui met en interaction une foule d'éléments, tels que les océans, les continents, les glaciers, les courants marins, la biosphère, les vents, l'atmosphère... Auxquels il faut ajouter, comme si cela ne suffisait pas : l'action de l'homme ! Or, tout cela est tellement imbriqué qu'agir de façon même minime sur l'un des rouages de cette « machine » pourrait provoquer une réaction en chaîne, modifiant l'équilibre du tout. En quelque sorte la théorie du « battement d'aile du papillon » chère à Edward Lorenz qui se demandait : « Le battement d'aile d'un papillon au Brésil peut-il déclencher une tornade au Texas ? ». Prenons un exemple : la fonte des glaciers du Groenland ! Finira-t-elle à la longue par modifier le trajet du Gulf Stream et donc le climat général en Europe ? Difficile d'y répondre de façon catégorique car les éléments peuvent avoir des conséquences inattendues. Il existe des « effets de seuils » difficiles à prévoir et la réaction de ces différents éléments ne se situe pas forcément dans les mêmes échelles de temps : l'atmosphère peut réagir sur des délais relativement courts (de la semaine à une centaine d'années) alors que l'océan, avec sa lourde et colossale masse d'eau salée, mettrait au moins 1 000 ans !

## L'énergie solaire, « moteur » du climat

Dans toute machine, y compris la « machine climatique », il y a un moteur. Et dans le système solaire, le moteur principal... c'est le Soleil. La température de son cœur dépasse les 10 millions de degrés Celsius ! Dans l'état actuel des connaissances, parmi les planètes entourant cette étoile, seule la Terre, à bonne distance de ce réacteur monumental et donc à bonne température (une douce moyenne de 15 °C) permet la présence d'eau liquide et, par conséquent, de la vie.

Si le centre du soleil est si chaud, c'est parce qu'il s'y déroule une véritable fusion nucléaire ! Et l'énergie formidable qui en découle nous parvient chaque jour en de telles quantités que l'humanité tout entière consomme en une année une énergie qui représente moins de 3 % de celle que le soleil nous envoie chaque jour. En comparaison, l'énergie géothermique – celle qui provient de la chaleur interne de la terre – représente moins d'un millième de cette énergie solaire. Mais pas de panique, toute cette énergie véritablement nucléaire ne nous arrive pas directement sur le sommet du crâne ! Après plus de 150 millions de kilomètres à travers le vide, les rayons du soleil se heurtent d'abord aux nuages puis à la surface terrestre, laquelle va en renvoyer directement un tiers à son expéditeur. Mais quid des deux tiers restants ? Même si certains adeptes du bronzage ressortent de leurs vacances avec la sensation d'avoir largement participé à cette absorption, la majorité sera quand même plus sûrement absorbée par notre atmosphère…

## À propos de l'albédo

L'albédo n'a rien à voir avec une figure de tango : le terme vient d'un mot latin qui signifie « blancheur » et désigne la part d'énergie réfléchie. Une sorte d'effet « miroir ».

Ainsi, sur une échelle de 0 à 1, une prairie recouverte de neige a un albédo très élevé (de 0,7 pour une neige tassée à 0,9 pour une neige fraîche), une plage de sable ou une forêt de conifères à un albédo moyen (de 0,2 à 0,4) alors qu'un champ de lave a un albédo très faible (moins de 0,1). En moyenne, on estime que l'albédo planétaire est de l'ordre de 0,3, ce qui signifie que 30 % de l'énergie rentrante repart sous forme de rayonnement direct vers l'espace.

Or, certains glaciers – qui possèdent donc un albédo très fort – fondent, du fait de l'augmentation de l'effet de serre, ce qui modifie l'albédo global de la planète et donc les échanges d'énergie. C'est d'ailleurs un cercle vicieux qui se met en place car l'énergie qui n'est pas renvoyée par la Terre augmente encore les températures !

## *La Terre et le Soleil : une histoire d'orientation*

Mais l'énergie solaire dépend aussi de la position de la Terre par rapport au Soleil ! Galilée nous l'avait bien dit : « Elle tourne », mais ce qu'il ne savait pas, c'est qu'elle ne tourne pas rond… Notre planète est aplatie au niveau des pôles et tournerait plutôt sur une orbite ovale, en fait. Et non seulement notre planète ne suit pas toujours le même parcours autour du soleil, mais elle n'a pas toujours la même rotation (la direction de son axe, notamment, varie) ! Vous commencez peut-être à ressentir un léger « mal de terre » en imaginant notre planète se baladant comme une toupie folle… Respirez et reprenez-vous : la variation de ces paramètres orbitaux est relativement faible, heureusement, et s'étale sur des millénaires. Cette variation est suffisante néanmoins pour modifier la part de l'énergie qui arrive sur Terre, et entraîner des différences de température. Ce qui explique les grands changements climatiques naturels qui se sont étalés sur ces deux derniers millions d'années sur notre planète.

Car l'humanité a eu très froid à certaines périodes de son histoire. Elle a en effet alterné une série de longues périodes glaciaires (de l'ordre de 100 000 ans) et des périodes interglaciaires plus courtes (entre 10 000 et 12 000 ans).

Nous sommes dans une de ces périodes intermédiaires, qui aurait débuté voici déjà 11 000 ans… Autrement dit, notre planète est censée se refroidir, et c'est le contraire qui se déroule !

## Quand le rayonnement solaire crée les saisons

Avant de vous exclamer que, de toute façon, « y a plus d'saison ma bonne dame », continuons plutôt à suivre la course immémoriale de notre planète pour comprendre ce que sont ces fameuses « saisons », chères aux vendeurs de calendriers en tout genre.

Depuis nos cours de « sciences nat' » pour certains, de « bio » pour d'autres, et de « SVT » (Sciences de la Vie et de la Terre) pour les plus jeunes d'entre nous, nous savons que la Terre effectue un tour complet autour du soleil en une année. Bien avant Galilée, les Grecs avaient observé la rotondité de la planète : la Terre est « ronde » et les rayons du soleil n'arrivent donc pas avec la même intensité à sa surface. À l'équateur, ils sont perpendiculaires, puissants et donc particulièrement chauds, tandis qu'aux pôles (nord et sud), ils sont obliques, faibles et donc beaucoup (beaucoup) moins chauds. D'où des écarts de températures considérables : de – 80 °C au plus fort de l'hiver polaire en Antarctique à + 60 °C dans certaines zones désertiques en plein été ! Cela s'explique aussi par le fait que la distance que les rayons doivent parcourir pour atteindre les pôles est plus grande que celle nécessaire pour atteindre l'équateur : la quantité d'énergie solaire reçue aux pôles est ainsi deux fois inférieure à celle reçue à l'équateur.

« C'est bien joli, mais je n'ai toujours pas compris d'où viennent les saisons », me direz-vous. Normal ; ces deux premiers phénomènes ne sont pas éclairants sans le troisième : la ligne de l'équateur n'est pas perpendiculaire à l'axe qui relie les pôles. La planète tourne donc bien autour du soleil mais légèrement inclinée ! Une inclinaison de 23,5° pour être précis. Si elle n'existait pas, la quantité d'énergie solaire reçue par votre maison serait la même toute l'année, et les rayons du soleil arriveraient avec la même inclinaison. Or, force est de constater que ce n'est pas le cas : en décembre, les rayons du soleil arrivent très inclinés et la quantité d'énergie solaire est faible. C'est l'hiver. En revanche, en juin, à la même latitude, les rayons du Soleil arrivent beaucoup plus perpendiculairement. La quantité d'énergie est forte. C'est l'été !

## Effet de serre naturel et additionnel

Si les saisons rythment la vie sur Terre, elles n'en sont pas l'élément constitutif primordial. La vie sur Terre est d'abord et avant tout liée à l'effet de serre. L'effet de serre, c'est un peu comme le cholestérol : il y a le bon et le mauvais. Et comme le cholestérol, il est aussi question de quantité.

Parlons tout d'abord du meilleur, de l'effet de serre dit « naturel ». Sans lui, la vie sur Terre serait beaucoup plus difficile. Pourquoi ? On l'a vu précédemment : les rayons du soleil, après un long voyage, réchauffent la surface de la Terre et, en retour, celle-ci renvoie dans l'atmosphère une partie de cette chaleur, sous forme principalement de vapeur d'eau et de « $CO_2$ » (le petit nom du dioxyde de carbone, autrefois appelé gaz carbonique). Elle forme ainsi une sorte de cloche naturelle au-dessus de la Terre, un peu comme une vitre dans une pièce conserve une partie du chauffage, ou une serre conserve la chaleur pour les plantes qu'elle protège. Sans cet « effet de serre », la température moyenne chuterait à - 18 °C et nos matins d'été seraient on ne peut plus « frisquets ». Nos 15 °C moyens sont beaucoup plus propices au développement de la vie !

Un peu de chaleur ne nuit pas mais le surplus peut être destructeur : certains gaz ont la capacité d'intensifier l'effet de serre « naturel » en interceptant les rayons de chaleur de type infrarouges émis par la surface terrestre. Or, ces gaz peuvent être produits par les activités humaines. C'est là qu'intervient un effet de serre aujourd'hui dévastateur.

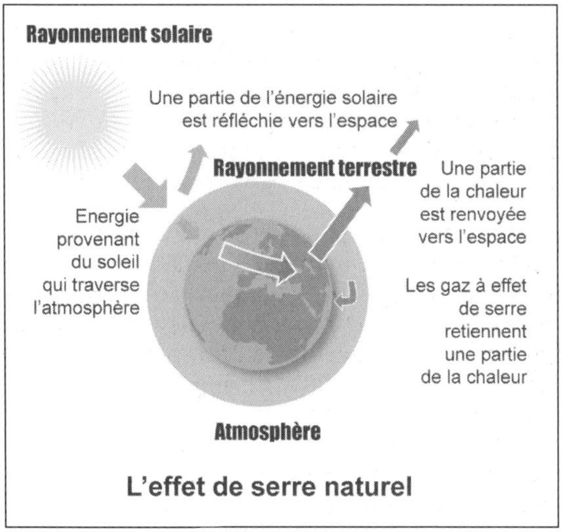


**Figure 1-3 :** L'effet de serre naturel

## « Atmosphère, atmosphère… »

« … Est-ce que j'ai une gueule d'atmosphère ? » Arletty, dans cette célèbre réplique du film *Hôtel du Nord* (1938) de Marcel Carné, n'avait pourtant pas de crainte à avoir : il est quand même bien difficile de ressembler à l'épaisse couche gazeuse qui entoure notre globe terrestre. Épaisse, mais pas si grande que ça : même s'il est difficile de savoir où se trouve réellement la frontière entre l'atmosphère et l'espace, on estime que « la ligne de Kármán », à 100 km d'altitude, correspond à un repère fiable. Cette ligne doit son nom à un physicien qui cherchait à connaître l'effet de l'atmosphère sur les applications aéronautiques : en effet, plus on monte, plus l'atmosphère perd de sa densité et de ses effets. Arletty, quant à elle, n'a jamais perdu les siens !

L'atmosphère est composée de plusieurs couches : d'abord la troposphère dans laquelle nous vivons et respirons, puis la stratosphère, la mésosphère, et enfin la thermosphère, à la limite de l'espace. La composition chimique de chacune de ces couches est différente. La météo est principalement déterminée par ce qui se passe dans la couche la plus basse et la plus proche de la terre : la troposphère, où se forment les nuages qui gâchent nos pique-niques ou nous font rêver. Le climat est, lui, davantage concerné par l'interaction de ces différentes couches entre elles. Ainsi, la stratosphère comporte une forte concentration d'ozone qui forme la fameuse « couche d'ozone » qui protège la Terre des rayonnements ultraviolets nuisibles en provenance du soleil.

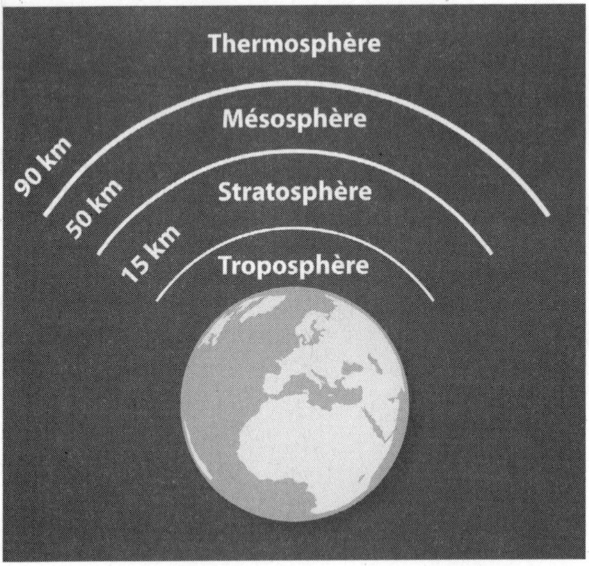


**Figure 1-4 :** L'atmosphère

## La couche d'ozone et le climat

Contrairement aux idées reçues ou aux propos simplistes, lutter contre le trou dans la couche d'ozone n'a aucun lien avec la lutte contre les changements climatiques. Les deux processus n'ont pas cours dans les mêmes couches atmosphériques. Le phénomène de l'effet de serre se produit dans les basses couches de l'atmosphère (la troposphère, de 0 à 12 km d'altitude) alors que celui dit du « trou de la couche d'ozone » se situe dans les plus hautes (la stratosphère, de 12 à 30 km d'altitude).

L'ozone est un gaz naturellement présent dans la composition de l'atmosphère. Mais selon l'altitude à laquelle il se trouve, il n'agit pas de la même façon. À la surface de la Terre, il est provoqué par la pollution automobile et industrielle et il est considéré comme un polluant local. Il irrite les muqueuses oculaires et ses effets sur le système respiratoire sont amplifiés par l'exercice physique. D'où les nombreuses alertes à l'ozone, que les citadins entendent notamment les jours chauds de grand soleil et sans vent. Mais dans la stratosphère, une couche d'ozone « naturelle » nous protège du rayonnement solaire dangereux (ultra-violets, eux-mêmes différents des infrarouges qui réchauffent la Terre). Et c'est la diminution de cet ozone protecteur qui engendre le fameux « trou » dans la couche d'ozone !

Le « bon » et le « mauvais » ozone ne se rencontrent pas. Mais les conséquences négatives sur l'un s'additionnent à celles qui agissent sur l'autre. Autrement dit, en prenant votre voiture par exemple, vous créerez du « mauvais » ozone et plus de gaz à effet de serre qui empêchent la régénérescence de la « bonne » couche d'ozone !

LE SAVIEZ-VOUS ?

### Bombes aérosols

Un célèbre pictogramme clame « protège la couche d'ozone » ! Il indique en fait que l'aérosol sur lequel il est apposé ne contient pas de gaz CFC (chlorofluorocarbures), qui sont directement impliqués dans la destruction de la couche d'ozone stratosphérique. Or, ces gaz sont interdits de production depuis 1995 ! Ce logo, complètement dépassé, continue à laisser croire que le produit est plus écologique qu'un autre. Pourtant, les HFC (hexafluorocarbures), HCFC (hydrochlorofluorocarbures) et PFC (perfluorocarbures) qui les ont remplacés, s'ils n'attaquent pas la couche d'ozone, sont de puissants gaz à effet de serre ! Raison de plus pour éviter les aérosols et la climatisation…

## Atmosphère et océans : circulez, il y a tout à voir

Contrairement à ce que certains pourraient croire, l'atmosphère n'est pas statique. Comme les océans, de grands courants la traversent. Les circulations atmosphériques et océaniques sont même intimement liées. Et comme vous le savez depuis les pages précédentes, c'est le soleil qui en est le moteur. Réchauffée par ses rayons (dans les conditions que nous avons déjà décrites), la surface de la Terre réchauffe à son tour l'air ambiant. Les masses d'air chaud étant moins denses que l'air froid, celles-ci ont tendance à monter, ce qui fait baisser la pression au niveau du sol et crée donc une « dépression ». Et comme « la nature a horreur du vide », les masses d'air froid vont, au contraire, descendre et former des anticyclones, ou hautes pressions, au niveau du sol. Bref, vous l'avez compris : en s'élevant, l'air chaud se refroidit, et lorsqu'il redescend, il se réchauffe à nouveau. Cette circulation en boucles des masses d'air et d'eau permet de redistribuer l'énergie qui est issue du rayonnement solaire partout sur la planète.

Évidemment, tout cela ne s'organise pas dans votre jardin, mais à l'échelle du globe. C'est un véritable ballet coordonné dans chaque hémisphère : les hautes pressions polaires poussent les masses d'air vers les basses pressions équatoriales au niveau du sol et le retour se fait en haute atmosphère.

La planète ne s'arrête pas de tourner, bien sûr : les vents soufflant des hautes pressions vers les basses pressions sont donc déviés sur leur droite dans l'hémisphère nord et sur leur gauche dans l'hémisphère sud.

Tout comme les vents, les courants marins redistribuent la chaleur accumulée dans les zones tropicales vers les latitudes plus froides. Grâce à leurs propriétés de « fluides », ils circulent autour de la Terre et agissent comme une véritable « clim' » de la planète, redistribuant l'énergie thermique de l'équateur vers les Pôles.

# Les vents ou la force musclée de Coriolis...

L'étude des vents doit beaucoup à plusieurs découvertes scientifiques. D'abord celle d'un navigateur et astronome anglais, sir Edmund Halley. Plus que la prédiction (exacte !) de la date du retour de la comète qui porte son nom, on lui doit surtout, en 1686, la première carte des vents sur les océans, qui à la fois décrivait le phénomène des alizés (vents des régions intertropicales qui soufflent d'est en ouest) et expliquait les moussons. Un travail complété par un autre Anglais, George Hadley qui, en 1735, a établi un lien entre la rotation de la Terre et les déviations des vents de surface près de l'équateur. Puis en 1835, ce fut un ingénieur français, Gaspard-Gustave Coriolis, qui décrivit l'ensemble de ces phénomènes qui agissent directement sur le climat, appelé aujourd'hui « force de Coriolis ».

La « force de Coriolis » explique comment les grandes masses atmosphériques et océaniques sont déviées par le mouvement de rotation de la Terre sur elle-même. La vitesse de rotation du globe à sa surface, de l'ouest vers l'est, est maximale à l'équateur et décroît vers les pôles : tout objet qui se dirige vers les pôles se trouve donc entraîné vers l'Est par l'élan acquis sous les basses latitudes. Dans l'hémisphère Nord, la force de Coriolis fait tourner les vents d'un anticyclone dans les sens d'une aiguille d'une montre, et dans le sens inverse, autour des dépressions. Dans l'hémisphère Sud, tout est inversé.

IDÉE REÇUE

### La vérité sur les siphons australiens

Peut-être avez-vous entendu parler de la « force de Coriolis » pour expliquer que l'eau de votre évier ne s'évacuerait pas de la même façon si vous vous trouvez chez vous ou en Australie ? Dans l'hémisphère nord, le sens de rotation de l'écoulement serait antihoraire (tourne dans le sens inverse des aiguilles d'une montre) et inverse dans l'hémisphère sud. Détrompez-vous, chers lecteurs : à moins que votre lavabo ne fasse plusieurs kilomètres ou que l'eau prenne des heures pour s'écouler, cette idée est à classer parmi les légendes urbaines ! Bien que la force de Coriolis soit présente, elle est beaucoup trop faible pour faire une différence à une si petite échelle. Dans le siphon, le sens de rotation de l'eau est plutôt dû à la géométrie du lavabo et aux microcourants d'eau créés lors de son remplissage, ou lors d'une agitation.

## Le carbone : à la vie, à la mort !

En dehors de l'effet de serre « naturel », la vie sur Terre dépend de deux éléments fondamentaux : l'eau et le carbone. Et comme il existe un cycle de l'eau, il existe un « cycle du carbone ».

## Le carbone se mange-t-il ?

La réponse est oui… Vous savez déjà que le carbone (C) est notamment présent dans l'atmosphère sous forme de $C0_2$ (donc couplé à de l'oxygène). Mais ce n'est pas son unique destination. D'ailleurs, on pourrait parler de « cycles du carbone » au pluriel. Car il existe d'abord un « cycle rapide » : il s'agit par exemple du $CO_2$ que vous expirez chaque jour au rythme de votre respiration. Et puis, il en existe un plus long : le $CO_2$ qui est fixé par les arbres lors de leur croissance, par exemple. Enfin, il existe un cycle encore plus long, s'étalant sur les millénaires : celui qui voit la fossilisation de ce même carbone (pétrole…).

Le carbone est littéralement « respiré » et intégré par la biosphère à de très nombreux niveaux. Sur terre comme dans les eaux, il est utilisé par les plantes pour la photosynthèse. Additionné d'eau et de sels minéraux, sous l'influence de la lumière du soleil, il y est transformé en matière vivante. Mais les plantes ne sont pas les seules contributrices de ce cycle. Les animaux (êtres humains compris), en mangeant des végétaux ou d'autres animaux, stockent aussi ce carbone, notamment sous forme de sucres. Ainsi stocké, il sert de « carburant », d'énergie nécessaire au fonctionnement des organismes. Le propre de toute matière vivante, dite « matière organique », est d'ailleurs d'être constituée essentiellement de carbone. En tout, les organismes photosynthétiques terrestres et aquatiques (plantes et animaux) assimileraient ainsi chaque année environ 100 milliards de tonnes de carbone qu'ils transforment en « biomasse », c'est-à-dire littéralement en « masse de matière vivante ». En cela, les forêts, les prairies, les océans… sont assimilés à de véritables pièges à carbone ou « puits de carbone ».

Mais le cycle du carbone, ce sont les réservoirs de ce carbone et les flux entre ces réservoirs. Si le $CO_2$ est ainsi stocké, il est aussi expiré lors de la respiration des plantes, animaux… Et, lorsqu'ils sont morts, les tissus de ces êtres se décomposent et relâchent le carbone qui les constituait. Cette matière organique se stocke alors dans le sol et se transforme, voire se fossilise, au cours d'un processus qui dure des millions d'années, pour former du pétrole, du charbon ou du gaz. Ce stockage du $CO_2$ atmosphérique dans ces gisements a conduit à l'équilibre de ce gaz dans l'atmosphère. Et c'est cet équilibre qui fut la base des formes de vie que l'on trouve aujourd'hui sur Terre.

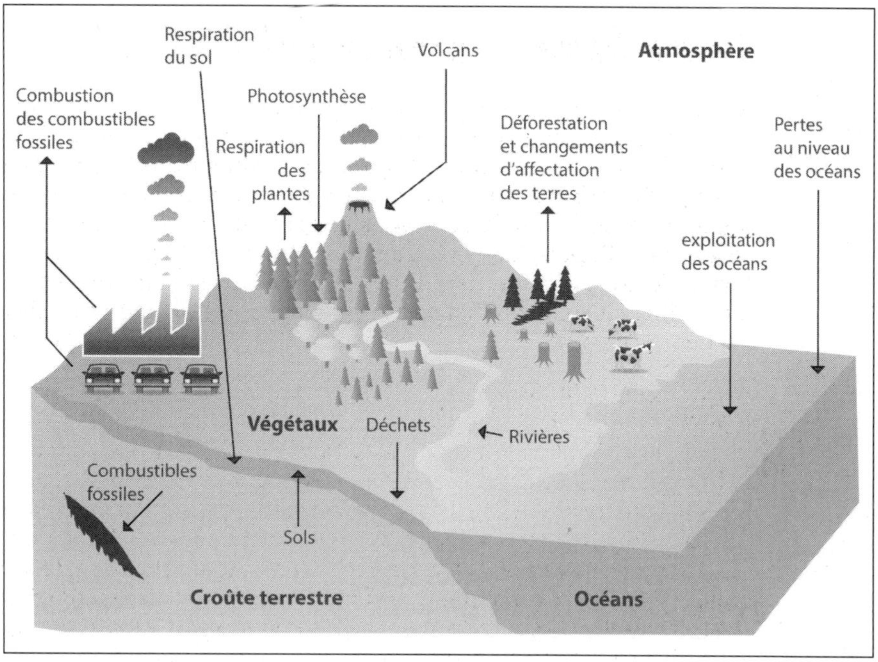


**Figure 1-5 :** Le cycle du carbone

LE SAVIEZ-VOUS ?

## « Rien ne se perd... »

La maxime « Rien ne se perd, rien ne se crée, tout se transforme » – un principe particulièrement vrai dans le cycle du carbone – est attribuée à Antoine Laurent de Lavoisier (1743-1794), le père de la chimie moderne. Or, il s'agit de la reformulation d'une phrase d'Anaxagore de Clazomènes, un philosophe grec (500 – 428 av. J. C) : « Rien ne naît ni ne périt, mais des choses déjà existantes se combinent, puis se séparent de nouveau. » Comme quoi, même certaines maximes ne se perdent ni ne se créent, mais se transforment...

## Et sous les eaux

Si les végétaux aquatiques (algues) et le phytoplancton assimilent le carbone par le même procédé de photosynthèse que leurs homologues terrestres, les écosystèmes aquatiques sont particulièrement efficaces dans leur rôle de « puits de carbone » car les eaux, et plus particulièrement les océans du fait de leur taille, dissolvent aussi le $CO_2$ présent dans l'atmosphère par un processus chimique. Le carbone, en se dissolvant, est alors en partie utilisé pour construire les coquilles et squelettes calcaires des coraux, oursins, étoiles de mer, mollusques, et autres « fruits de mer »... Le zooplancton (plancton animal) s'en nourrit alors, fixe le carbone dans ses tissus organiques avant de servir à son tour de nourriture aux poissons. Et petit à petit, il rejoindra le fond des océans où il se stockera pour les siècles et millénaires à venir. Bref, ce cycle du carbone est aussi à la base de toute la vie océanique.

LE SAVIEZ-VOUS ?

De nombreux animaux marins dotés d'une coquille ou d'une carapace fixent du carbone au cours de la croissance de celle-ci qui, à leur mort, tombe au fond de l'océan. Et lorsqu'ils sont nombreux et s'accumulent sur des millénaires, ces débris calcaires forment une véritable roche « calcaire ». D'où la présence assez courante de fossiles dans ces types de roches. Vous ne regarderez plus les falaises de Normandie de la même façon en prenant conscience qu'il s'agit là du résultat de ce processus naturel !

# Le cycle de l'eau, c'est la vie !

Notre planète n'est pas nommée « la planète bleue » pour rien : eaux douces et salées occupent plus de 70 % de sa surface. On estime ainsi la quantité d'eau présente sur Terre à 1 360 millions de $km^3$ !

La très grande majorité de cette eau (97 %) se trouve sous forme salée dans les océans, tandis que 2 % se trouvent aujourd'hui dans les glaciers et les calottes glaciaires. Un rapide calcul mental vous a mis sur la voie : que devient le tout dernier pour cent ? Il se répartit entre les eaux souterraines, les lacs, les mers intérieures, les fleuves et les rivières (on ne parlera pas de la proportion d'eau potable dans tout ça, c'est une autre histoire, qui dit bien la fragilité de la ressource). Mais, même après ce constat, il en manque encore un tout petit peu : 0,001 % de ce formidable volume se trouve encore sous forme de vapeur d'eau atmosphérique (qui se retrouve par exemple dans la rosée). Aussi modeste que paraisse cette vapeur d'eau transportée par les nuages, elle joue un rôle considérable dans la régulation du climat. D'abord en participant à l'effet de serre naturel (voir plus haut), ensuite en alimentant en permanence le cycle des précipitations. C'est le grand cycle de l'eau.

Ce stock atmosphérique de vapeur, si crucial pour l'équilibre du climat, est assuré par l'évaporation de toutes les surfaces d'eau de la planète : les océans, bien sûr, mais aussi les sols ou encore la transpiration des végétaux (évapotranspiration). Et lorsque toute l'Amazonie transpire, ça compte !

Cette vapeur d'eau se condense, forme les nuages, qui se déplacent et restituent l'eau à la surface de la Terre (pluie, neige, grêle…). « Et voilà, me direz-vous. La pluie est livrée ! Mission accomplie ». Eh bien non, ce n'est pas fini : cette pluie s'infiltre dans le sous-sol et alimente les nappes phréatiques, les sources, le cours des rivières puis des fleuves qui se jettent dans l'océan, qui s'évaporent… contribuant toujours au cycle de l'eau. Cet échange permanent, entre la terre et la mer, s'autoéquilibre en permanence. Et tant pis pour ceux qui trouvent « qu'il pleut trop souvent… » sous nos latitudes, car « pas d'eau, pas de vie » !

Maintenant que les grands rouages de la machine climatique n'ont plus de secrets pour vous et que les différences entre climat et météo se sont éclaircies, il est temps d'aborder le cœur du sujet : « Le climat : son histoire, sa vie, son œuvre ».

## Chapitre 2

# Le climat d'hier à aujourd'hui

***Dans ce chapitre***

- Les grands cycles climatiques
- L'intrusion des gaz à effet de serre
- Le changement climatique déjà amorcé

Le climat est un élément on ne peut plus dynamique. Si les cycles du carbone et de l'eau y jouent un rôle crucial, il est lui-même défini par ses propres cycles. Même si des évolutions naturelles s'ajoutent à ce dynamisme, les activités humaines viennent aujourd'hui perturber les équilibres climatiques. Les responsabilités sont communes à l'humanité mais néanmoins différentes, en fonction des pays comme des secteurs d'activité. Le problème est qu'il y a certaines choses que l'on sait et d'autres que l'on ne sait pas. On pourrait s'en douter au vu de la complexité du phénomène et de la difficulté de prévoir l'avenir sans « boule de cristal ». Tâchons néanmoins de faire un point sur l'état de ces connaissances, mais aussi sur le risque de rupture d'équilibres majeurs, et donc d'emballement (ou « effet boule-de-neige ») du changement climatique.

## Les grands cycles climatiques

Depuis la naissance de la Terre, le climat ne cesse de changer. Ainsi, en remontant dans la nuit des temps, c'est à dire à l'époque précambrienne – soit la bagatelle de 4,5 milliards d'années (et encore, on a arrondi…) – on s'aperçoit que le Soleil, alors tout jeune astre frétillant, envoyait beaucoup moins d'énergie sur Terre. Mais bizarrement il n'y faisait pas froid, comme en atteste déjà la présence d'eau liquide. Par quel miracle ?

Tout simplement parce que l'atmosphère primitive était riche en $CO_2$, créant un effet de serre intense et « naturel », compensant ainsi la faible activité solaire. On estime même qu'il faisait-alors sur Terre des températures de + 60 à + 75 °C ! Tout ceci se déroulait durant la dernière période du Précambrien, voici 2,4 milliards d'années, avant les grands épisodes de glaciation. Aujourd'hui, en ce début de XXIe siècle, c'est un peu l'inverse qui se produit : à une activité solaire intense s'additionne un effet de serre « anthropique », c'est-à-dire résultant des activités humaines.

## Question de méthode : des carottes dans les carothèques

Avant toute chose, une question vous taraude sûrement : alors qu'il n'y avait ni témoin ni relevé météorologique, comment peut-on savoir le temps et le climat qu'il faisait sur Terre il y a des milliers d'années ? D'abord grâce aux carottes. Pas celles du jardin, bien sûr ! Il s'agit de prélever une partie du sous-sol dans un tube, ce qui donne à l'échantillon une forme de carotte. Les « carottages » permettent notamment d'analyser les bulles d'air emprisonnées dans la glace des pôles, ce qui aide à déterminer la composition de l'atmosphère depuis 800 000 ans. Aujourd'hui tous ces carottages sont soigneusement entreposés dans des « carothèques », des sortes de bibliothèques de carottes ; les archives du climat. C'est le cas pour les sédiments récoltés qui sont conservés dans des tubes remplis d'un mélange de vase, d'argile et de sable très fin. Les carottes de glace, quant à elles, sont conservées dans d'immenses frigos, maintenus à une température inférieure à – 24 °C. Ces échantillons sont ensuite analysés par strates : plus la carotte relèvera des strates profondes, plus elle nous en apprendra sur l'évolution du climat, strate par strate et donc époque par époque, telle une machine à remonter le temps.

Autre méthode : l'analyse de coquilles d'invertébrés. Ça pourrait ressembler à une méthode de divination ancestrale, mais prisonnières des sédiments marins, elles permettent surtout de remonter encore beaucoup plus en arrière en analysant l'oxygène qui s'y est fixé.

D'autres méthodes sont venues s'ajouter, telles que l'analyse des traces dans les roches sédimentaires, l'étude des récifs coralliens, l'étude des pollens et fossiles continentaux, la datation grâce au carbone et aux isotopes... C'est ainsi que naquit la paléoclimatologie ou, en d'autres termes, l'étude des climats passés et de leurs variations. Aussi maintenant, quand votre petite fille ou votre petit garçon vous dira : « Papa, maman, je veux être paléoclimatologue » vous pourrez non seulement être fier qu'il ou elle sache un mot aussi savant mais surtout qu'il ou elle souhaite faire un métier utile. En outre, grâce aux Nuls, vous saurez ce que c'est.

### Le whisky du glaciologue

Une chance que Claude Lorius, glaciologue français, et son collège australien Bill Budd aient aimé le whisky : la face de la connaissance du climat en a été changée.

Un soir de l'été austral 1965, dans une caravane près de la base Dumont d'Urville en Antarctique, fourbus par une journée de travail intense – le carottage à une centaine de mètres de profondeur – nos deux compères veulent se réconforter en buvant un whisky *on the rocks* (avec des glaçons). Cela tombe bien : ils ont sous la main dans leur abri de fortune, des carottes de glace. Sacrilège, ils en mettent dans leurs verres. Il faut dire que, même en plein été, la canicule ne dépasse pas les 2 °C, ce qui décourage vite les sorties intempestives. La suite, Claude Lorius la raconte dans son livre, *Voyage au cœur de l'Anthropocène* : « Les glaçons de profondeur, très compressés, sont particulièrement pétillants, au point de donner au whisky des allures de verres de champagne. Et là, raconte-t-il, en regardant dans mon verre éclater les bulles d'air libérées de leur pression, j'ai eu la brusque intuition que la glace pourrait contenir les archives de l'atmosphère ». Une intuition qui allait se révéler fondée et permettre ainsi d'établir un lien indiscutable entre changement climatique et émissions de $CO_2$…

## *Le climat à travers les âges*

C'est grâce au travail de ces paléoclimatologues que nous connaissons mieux l'évolution de notre planète. Nous savons ainsi qu'elle et son climat sont passés par 4 (très) grandes étapes :

- **Les glaciations massives du Précambrien** (de – 4,6 milliards d'années à – 540 millions d'années (Ma)) : la première d'entre elles a eu lieu voici 2,3 milliards d'années, mettant fin à la période brûlante initiale de la Terre. En témoignent des traces de glaciers un peu partout sur la planète… ce qui a mené à la théorie de la Terre « boule-de-neige ». C'est aussi singulièrement au cours de cette période que les premiers organismes pluricellulaires marins évolués sont apparus.

## La Terre a-t-elle été une boule de neige ?

D'après Paul Hoffman, géologue de profession : à l'époque – c'est-à-dire il y a 1 000 millions d'années – la Terre ne formait qu'un unique grand continent : le Rodinia. Ce dernier se serait disloqué voici 750 millions d'années, accompagné de pluies diluviennes qui ont entraîné le gaz carbonique de l'air dans l'océan, causant une importante diminution du dioxyde de carbone dans l'atmosphère et donc de l'effet de serre, provoquant à son tour une chute de la température globale. Cela aurait entraîné la formation de grandes étendues de glace qui, en réfléchissant la lumière, ont accéléré le refroidissement de l'atmosphère. De nouveau, cela aurait accru les calottes glaciaires, comme un gigantesque « effet boule-de-neige ». De fait, la Terre ressemblait plus à une boule de glace, un vaste miroir gelé, où ne persistait qu'un seul climat, froid et monotone.

- **Le grand réchauffement du Paléozoïque** (de - 540 Ma à - 250 Ma) : 1,76 milliard d'années après le début du précambrien (soit il y a 540 Ma), plusieurs gigantesques éruptions volcaniques rejetèrent dans l'atmosphère le carbone du sous-sol, ce qui rétablit l'effet de serre, et permit de réchauffer la Terre.
- Puis, comme vous l'avez sûrement constaté dans le célèbre film-catastrophe *Jurassic Park*, la végétation devint luxuriante et les espèces de reptiles nombreuses. Une caractéristique que l'on retrouve dans le climat globalement chaud de **l'ère mésozoïque**, appelée aussi l'ère des reptiles (de - 250 Ma à - 65 Ma).
- **Le refroidissement de l'ère cénozoïque** (de - 65 Ma à nos jours) : « Encore un nom barbare », pestez-vous peut-être devant votre ouvrage. Sachez quand même que ce nom provient du grec *kainos*, nouveau, et *zoe*, vie, et cela signifie donc « nouvelle vie ». Au début, ce nom paraît fort peu approprié puisque le refroidissement global de cette période marque la fin des dinosaures, mais ce n'est que pour mieux faire place à l'ère des mammifères ! Plusieurs thèses sont avancées pour expliquer ce refroidissement. Certains scientifiques estiment que la collision des plaques continentales indienne et asiatique, à l'origine de la formation de la chaîne de montagnes de l'Himalaya, aurait fait chuter l'effet de serre et donc entraîné un net refroidissement. D'autres, notamment du CNRS, estiment que le climat s'est d'abord refroidi aux pôles avec l'apparition de glace de mer et d'icebergs en Arctique et une expansion de glace au Groenland et à l'est de l'Antarctique, ce qui a provoqué la mise en place d'un courant circumpolaire, apportant les eaux froides profondes de l'Antarctique en surface. Enfin, quelques voix, plus marginales, attribuent ce refroidissement à la chute d'immenses météorites. Quoi

qu'il en soit, de 2,5 millions d'années à aujourd'hui, nous sommes ainsi entrés dans une ère caractérisée par une accélération des cycles glaciaires. Au nombre de 17 et d'une durée oscillant entre 40 000 et 100 000 ans, ils alternent longue période de glaciation (80 000 ans) et courte période d'interglaciation (20 000 ans). La température de la Terre y varie de 5 à 6 °C.

Cette ère cénozoïque est aussi la nôtre : depuis la dernière glaciation, il y a 12 000 ans environ, nous sommes entrés dans une nouvelle période interglaciaire. Une période plutôt stable mais avec des variabilités importantes. Ainsi, grâce à des archives historiques (grandes œuvres littéraires et artistiques mais aussi date des vendanges dans les différents terroirs français…), on sait que, du X$^{e}$ siècle jusqu'au XIII$^{e}$ siècle, il a fait plutôt chaud et sec en Europe de l'Ouest. Puis, au contraire, se sont succédé des hivers longs et glacés avec une baisse moyenne des températures en Europe de 0,5 à 1 °C de 1300 à 1850. À tel point qu'on parle de « petit âge glaciaire ».

LE SAVIEZ-VOUS ?

Le règne du Roi Soleil fut singulièrement dépourvu dudit soleil : le climat y a été plutôt humide, voire froid, caractérisé par des températures moyennes très basses, avec des événements climatiques dramatiques pour l'époque, tels que l'été glacial de 1675 et surtout l'année glaciale avec le fameux hiver rigoureux de 1709, quand les températures moyennes sont allées de - 3,7 en janvier à + 6,8 degrés centigrades en mars, entraînant le gel ou la pourriture des semis de blé. Cela provoquera une famine durant les années 1709-1710 et une mortalité supplémentaire de 630 000 personnes !

IDÉE REÇUE

## Le mythe du Groenland vert

L'exemple est parfois repris afin d'illustrer le caractère changeant du climat. Mais même si cette terre très majoritairement recouverte de glaces a toujours eu des poches de végétation sur ses côtes, le Groenland n'a jamais été une « terre verte », contrairement à ce que certains laissent croire. La confusion vient de sa dénomination. En effet, en 982, Erik le Rouge, riche propriétaire terrien banni de Norvège puis d'Islande, débarque sur les côtes groenlandaises. Selon différents récits historiques, il nomma effectivement cette terre « Pays Vert » afin d'y attirer les migrants. Ce qui y amena, dans sa foulée, entre 3 000 à 5 000 Vikings. Mais, pas plus qu'en l'an mil le Groenland n'était « tout vert », il n'est aujourd'hui « tout blanc ». En effet, une végétation de type toundra (mousses, graminées, arbustes…) borde l'île sur une bande de 20 km environ au sud comme à l'ouest.

## L'anthropocène : nous entrons dans une autre époque !

Ces ères géologiques se déroulent sur des échelles de temps qui nous dépassent totalement si on les compare à la vie humaine. Ne dit-on pas que si on rapportait la vie sur Terre à l'échelle d'une horloge, les humains n'apparaîtraient qu'à minuit moins une ? La comparaison n'indique pas quand apparaît le changement climatique (sans doute quelques millièmes de seconde avant minuit ?) mais donne une idée du gigantesque gâchis que cela implique…

Quoi qu'il en soit, l'ère cénozoïque n'est pas faite d'un seul tenant : il s'en est passé des choses depuis l'apparition des premiers primates ! Et pour distinguer les temps importants, les ères géologiques se divisent en grandes périodes qui se subdivisent elles-mêmes en époques. La dernière grande époque est celle de l'holocène qui a débuté avec l'avènement de l'agriculture et la sédentarisation de nombreux peuples humains.

Mais aujourd'hui, nous serions passés à une autre époque : celle de l'anthropocène.

Comme on s'en serait douté, ce terme vient du mot grec *anthropos* qui signifie « homme ». L'anthropocène aurait débuté avec la révolution industrielle de notre vieux continent (fin du XVIIIe siècle). Elle se caractériserait par la grande technicité acquise par l'homme et donc son influence sur tous les éléments de la vie terrestre, y compris le climat.

Inventé en 1995 par un prix Nobel de chimie, Paul Crutzen, à propos du mécanisme détruisant la couche d'ozone au-dessus de l'Antarctique, ce néologisme est de plus en plus utilisé par les historiens du climat. Même les géologues réfléchissent à l'introniser officiellement comme nouvelle ère géologique.

Mais l'anthropocène, c'est avant tout l'histoire d'une accélération. En effet, l'histoire commune de l'humanité avec le climat a connu un tournant avec la hausse vertigineuse des émissions de gaz à effet de serre provoquée par les nouvelles techniques et la nouvelle vision du monde induite par la révolution industrielle qui, à partir de la fin du XVIIIe siècle, secoue notre vieux continent. D'abord en Grande-Bretagne et en France, puis en Allemagne et aux États-Unis, enfin au Japon et en Russie, des chemins de fer se développent, des usines se construisent et des hauts fourneaux crachent leur fumée. À partir de la production des mines de charbon, qui connut son âge d'or au XIXe siècle, la consommation des énergies fossiles entre dans une phase exponentielle. Le dioxyde de carbone est devenu de plus en plus présent dans l'atmosphère terrestre.

# L'intrusion des gaz à effet de serre

Le $CO_2$ est le gaz à effet de serre le plus souvent incriminé dans le phénomène du changement climatique. Or, il ne s'agit pas du seul gaz à avoir cet effet ! Et tous ne sont pas d'origine humaine.

## Les différents gaz à effet de serre

Des centaines d'études scientifiques ont mis en valeur cette hausse inquiétante des principaux gaz à effet de serre. Si tous peuvent avoir une origine naturelle, le lien entre leur augmentation et les activités humaines est démontré.

Le plus connu est le dioxyde de carbone, principalement dû à la combustion des énergies fossiles (pétrole, gaz, charbon…). Ce phénomène se produit lorsque nos transports, électricité, chauffage… fonctionnent grâce à ce type d'énergie. Lorsqu'elles sont brûlées, ces énergies « fossiles » libèrent le carbone accumulé pendant des millénaires, accroissant la teneur en $CO_2$ dans l'atmosphère. Leur utilisation excessive par l'homme conduit ainsi à un déséquilibre qui est la base du changement climatique que nous connaissons à l'heure actuelle. Et qui est l'objet essentiel des autres chapitres de ce livre.

Il y a aussi le méthane ($CH_4$), issu de la fermentation de matières organiques (rizières, décharges…), surtout connu par le fait qu'il est principalement émis au niveau global par la digestion des ruminants (bovins, ovins, caprins…). Parmi les gaz à effet de serre se trouve aussi… le gaz hilarant ! Autrement dit, le protoxyde d'azote ($N_2O$), produit par l'utilisation d'engrais et l'ozone ($O_3$).

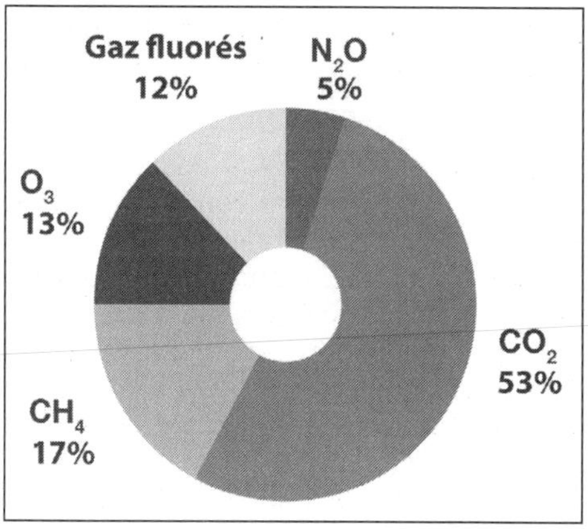


**Figure 2-1 :** Répartition des GES

UN PEU DE TECHNIQUE

Tous les gaz à effet de serre ne se valent pas : leurs molécules absorbent plus ou moins le rayonnement infrarouge émis par la Terre, et l'empêchent ainsi de s'échapper vers l'espace. Chaque molécule de méthane, par exemple, a une capacité d'absorption de la chaleur 70 fois supérieure à celle du dioxyde de carbone. Mais la molécule de méthane est détruite plus rapidement dans l'atmosphère que celle du $CO_2$ (de l'ordre d'une dizaine d'années pour le méthane et d'une centaine d'années pour le $CO_2$). Ainsi, les scientifiques ont inventé une unité de mesure, le PRG (pouvoir de réchauffement global) qui représente l'effet combiné de la durée de vie des gaz dans l'atmosphère et de leur capacité d'absorption de la chaleur. Ils considèrent ainsi que, sur un cycle de 100 ans, le méthane possède une capacité d'effet de serre 26 fois supérieure à celle du $CO_2$.

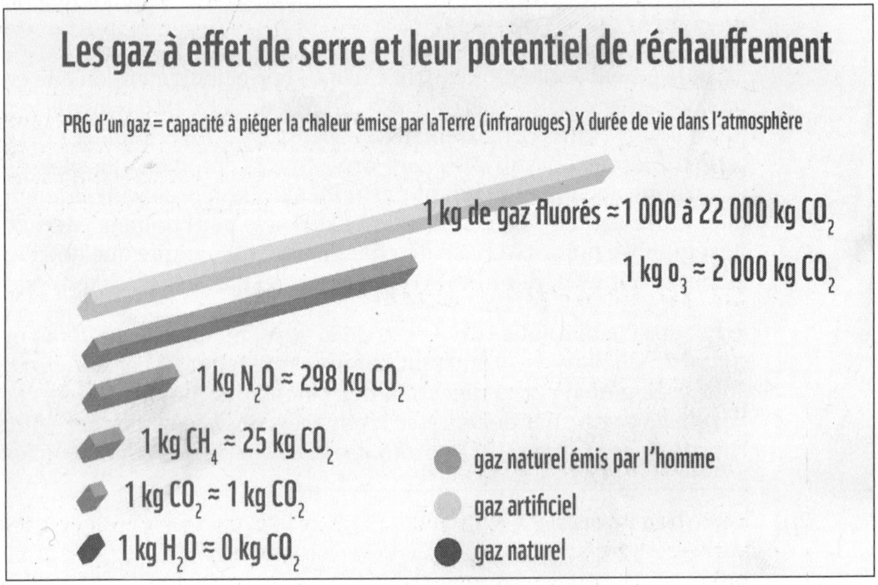


**Figure 2-2 :** Pouvoir de réchauffement global

INSOLITE

## Les dinosaures morts de leurs propres pets ?

En évaluant le nombre de sauropodes présents sur Terre à une période donnée et en recoupant avec les émissions de méthane des animaux modernes, correspondant à des animaux de cette taille, des chercheurs sont arrivés à la conclusion que les flatulences des grands herbivores préhistoriques produisaient 520 millions de tonnes de méthane par an. D'après ces scientifiques, cela aurait donc potentiellement joué un rôle significatif dans le changement climatique qui a mené à la disparition de ces animaux. Autrement dit, les dinosaures auraient provoqué leur propre disparition en pétant et en rotant…

Dans cette liste aussi noire que le charbon, n'oublions pas les « halocarbures ». Ce sont, en effet, les principaux gaz « industriels » à effet de serre. Il s'agit d'une vaste famille de gaz obtenus en remplaçant, dans une molécule d'hydrocarbure (le propane, le butane, ou encore l'octane, que l'on trouve dans l'essence), de l'hydrogène par un gaz halogène tel que le fluor ou le chlore. Ces molécules sont de puissants gaz à effet de serre qui, réunis, sont aussi nocifs que le $CO_2$. Parmi elles, les plus connues sont les chlorofluorocarbures (CFC), qui ont longtemps été utilisés dans les aérosols. Au début des années 1970, on s'est aperçu que les CFC étaient aussi responsables de la destruction de molécules d'ozone, le bouclier protecteur des rayons ultraviolets du soleil dans la stratosphère. À la suite de longues négociations internationales, la fabrication des CFC a été interdite par le protocole de Montréal en 1987. Depuis son entrée en vigueur, la présence de chlore dans l'atmosphère a diminué. Cependant le fameux « trou dans la couche d'ozone », dont ils étaient responsables, est encore loin d'être rebouché. En effet, les CFC, comme tous les gaz à effet de serre, ont une durée de vie. Douze ans pour le méthane, mais une centaine d'années pour le $CO_2$, et jusqu'à 50 000 ans pour les halocarbures ! Une preuve supplémentaire que la force d'inertie du climat est grande. Mais une raison de plus pour agir sans tarder contre les gaz à effet de serre liés aux activités humaines.

## Et la vapeur d'eau ?

On a gardé le meilleur pour la fin : le principal gaz à effet de serre est… la vapeur d'eau ! C'est grâce à elle que la planète Terre ne stagne pas à une température moyenne de – 18 °C. La vapeur contribue ainsi pour environ 60 % à l'effet de serre planétaire, contribution qui monte jusqu'à 75 % si l'on considère aussi les nuages.

Seule une partie très infime de la vapeur d'eau atmosphérique est due aux activités humaines. C'est le cas par exemple des panaches de fumée blanche qu'on peut observer au-dessus des tours de refroidissement des centrales nucléaires, mais aussi au-dessus des millions de casseroles d'eau chaude de la planète ! Il faut savoir en outre que la vapeur d'eau reste très peu de temps dans l'atmosphère, à peine quelques jours, car son « recyclage » par la pluie et la neige, puis par l'évaporation des sols se fait en quelques semaines. On peut donc affirmer que si la vapeur d'eau est bien nécessaire à la vie sur Terre, les émissions de vapeur d'eau jouent aussi un rôle direct négligeable dans l'augmentation de l'effet de serre.

## Qui est responsable des émissions de gaz à effet de serre ?

Les activités humaines émettent des gaz à effet de serre supplémentaires dans l'atmosphère, certaines plus que d'autres. Les pays occidentaux ont une responsabilité historique dans ces émissions mais, depuis peu, la contribution des pays émergents devient majeure.

### Les secteurs émetteurs de gaz à effet de serre

Il n'existe pas un seul « coupable » parmi les gaz à effet de serre (ce serait trop facile) mais une multitude de secteurs responsables. En voici le hit-parade au niveau mondial :

- 1er : le secteur de l'approvisionnement énergétique (25,9 %). Gaz, charbon, pétrole : tel est le trio infernal de ces énergies fossiles, grandes émettrices de gaz à effet de serre.
- 2e : l'industrie (19,4 %).
- 3e : la déforestation (17,4 %).
- 4e : l'agriculture (13,5 %).
- 5e : les transports (13,1 %).
- 6e : la construction résidentielle et commerciale : 7,9 %.
- 7e : les déchets et le traitement des eaux usées : 2,8 %.

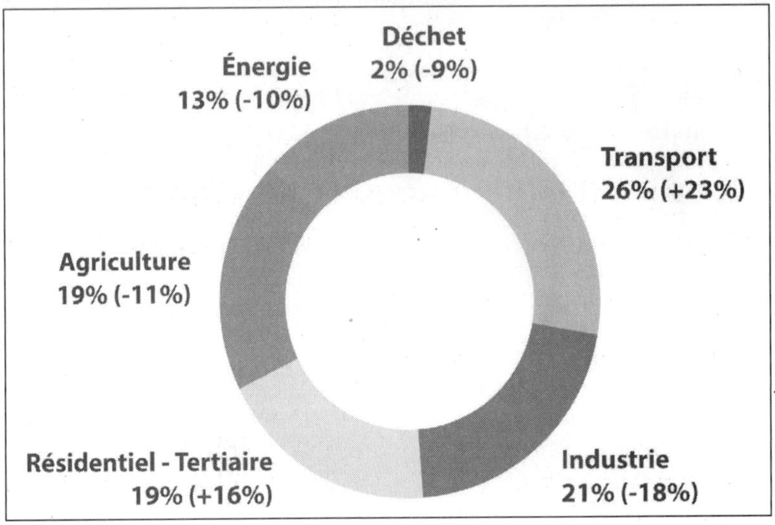


**Figure 2-3 :** Répartition des GES par secteur en France

En France, le secteur le plus émetteur de $CO_2$ est justement celui des transports (35 %). D'ailleurs il n'y a qu'à circuler sur les routes et les autoroutes pour voir que « l'Europe des camions » se porte (trop) bien. A contrario, celui de la production d'électricité et de chaleur est relativement peu émetteur (12 %), ceci en raison de l'importance de la production nucléaire.

## Le Top 10 des pays émetteurs de gaz à effet de serre

En 2011, le quotidien britannique *The Guardian*, s'appuyant sur les travaux de l'Agence internationale de l'énergie, avait publié le Top 10 des pays émetteurs de $CO_2$. Mais son interprétation nécessite quelque prudence. En effet, le classement n'est pas le même suivant que l'on considère :

- le total des émissions de $CO_2$ (dans ce cas, la Chine y est largement en tête, devant les États-Unis) ;
- le total des émissions de TOUS les gaz à effet de serre (la Chine est toujours en tête mais des pays émergents comme le Brésil remontent à cause de la déforestation) ;
- les émissions par tête d'habitant (les pays producteurs de pétrole et de gaz comme le Qatar, le Bahreïn, le Koweït ou encore l'Arabie saoudite trustent alors les premières places du classement) ;
- et enfin, le classement historique qui récapitule l'ensemble des émissions depuis le début de l'ère industrielle, en 1850 (les États-Unis, sans surprise, sont largement en tête).

### 3 Français sur 4 inquiets du changement climatique

Les Français sont de plus en plus sensibles au changement climatique. Alors qu'en 2010, ils étaient déjà 66 % à estimer que les conséquences du changement climatique se faisaient déjà sentir dans notre pays, ce pourcentage a grimpé à 75 % en 2014. Selon un sondage de l'IFOP (réalisé du 7 au 13 juin 2014 auprès de 1 400 personnes pour *Le Monde*), ils redoutent particulièrement le renforcement des phénomènes météorologiques extrêmes (60 %), l'augmentation des sécheresses et des inondations (47 %), l'élévation du niveau de la mer (43 %), le développement des migrations internationales (23 %) et l'augmentation des fortes chaleurs (20 %).

En fait, selon le classement choisi, c'est une vision du monde qu'on favorise. Entre, d'une part, les pays du Nord qui vont insister sur la responsabilité actuelle des pays émergents et de la Chine, laquelle produirait à elle seule dans ses centrales thermiques fonctionnant au charbon un gigawatt d'électricité par semaine, soit un milliard de watts, avec la pollution à l'avenant, et, d'autre part, les pays du Sud qui préfèrent, eux, mettre l'accent sur la responsabilité historique des pays occidentaux. Comme quoi le choix de critère de comparaison n'est pas neutre car il reflète toujours une vision politique. D'ailleurs, cette question est tellement sensible que lors de l'adoption du volume 3 du 5e rapport du GIEC, à Berlin, en avril 2014, plusieurs diplomates s'étaient ligués, avec succès, pour retirer du « résumé pour les décideurs » des graphiques classant les pays selon leurs émissions de gaz à effet de serre. Cette divergence de vues est, en effet, au cœur de toutes les « négociations » des sommets (Copenhague, Mexico, Durban… et bientôt Paris) organisés par les Nations-Unies sur le changement climatique. Car, c'est bien connu : le pollueur, c'est toujours l'autre…

## Émission ou consommation de $CO_2$ ? Ou le classement qui fâche encore plus…

Vous êtes déjà perplexe sur le type de classement objectif qu'il conviendrait d'utiliser. Eh bien, ne craignant aucune complexité, les auteurs de ce livre vont même en rajouter. Car les journalistes du *Guardian* ont réalisé que, partant du principe que certains pays du Sud sont devenus les lieux où se fabriquent les objets consommés au nord – ne dit-on pas ainsi que la Chine est devenue « l'usine du monde » ? –, il serait peut-être plus juste de faire un classement non pas par émission mais par consommation. Et là, sans surprise, ce sont les États-Unis qui arrivent en tête. D'ailleurs, l'ancien président américain George W. Bush ne disait-il pas, pour justifier son hostilité au protocole de Kyoto, « que le mode de vie américain n'est pas négociable » ? Sous-entendu, pas question de renoncer à nos grosses voitures, nos climatiseurs et tous nos produits d'importation *made in China*.

LE SAVIEZ-VOUS ?

## L'empreinte écologique… ou plutôt énergétique

Ce n'est pas tout de lire (ou d'écrire) un livre sur le changement climatique ou de défiler avec sa banderole « Appliquez le protocole de Kyoto ! », il faut aussi faire quelques efforts. Pour les mesurer, un outil a été créé : le calcul de l'empreinte écologique. Il permet d'évaluer symboliquement la surface de terre occupée par un pays, une entreprise ou un individu pour satisfaire sa consommation et absorber sa production de déchets, y compris ses gaz à effet de serre, qui ne sont ni plus ni moins que des déchets en carbone. Et ne croyez pas qu'en faisant faire vos produits ailleurs, cela ne sera pas comptabilisé dans votre empreinte. Bien au contraire, l'empreinte compte tout ce dont nous sommes responsables, que ce soit dans nos frontières ou à l'extérieur.

Imaginez que vous êtes un Robinson Crusoé isolé sur une île déserte : quelle devrait être la taille de votre île (terre, lagon et mer accessible compris) pour vous permettre de vivre en autarcie de façon durable et répondre à vos besoins en nourriture, vêtement, chauffage, matériaux de construction, déplacement, air pur, absorption de déchets ? Cette surface représente l'empreinte écologique de notre Robinson Crusoé. On comprend intuitivement que si le mode de vie de notre naufragé exerce une pression trop forte sur son île (s'il fait par exemple des grands feux de camp tous les soirs pour tromper sa solitude), c'est-à-dire si son empreinte écologique est supérieure à la taille de son île, sa survie risque d'être compromise à plus ou moins long terme…

Terres cultivées, terres pâturées, forêts, zones de pêche, terres nécessaires pour les infrastructures et énergie exploitées sont les composantes de cette empreinte. L'empreinte écologique établit que, pour respecter les capacités de régénération de la biosphère, l'homme ne doit pas consommer – dans le cas où la population resterait stable – plus de 1,4 hectare de superficie terrestre. Ainsi si la moyenne mondiale de l'empreinte écologique est de 2,7 hectares, elle cache d'énormes disparités : celle d'un Américain est de 7,2 ha, d'un Français de 4,9 ha, d'un Brésilien, de 2,9, et d'un Malien, seulement de 1,9… Ainsi, on estime que si les sept milliards d'individus se mettaient à consommer comme un Américain du Nord, il faudrait… trois planètes supplémentaires !

Conclusion du calcul de l'empreinte écologique à l'échelle planétaire : le mode de consommation adopté par l'humanité ne peut durer… L'empreinte carbone est responsable de plus de 50 % de cette empreinte !

### *Un basculement historique*

Ces classements montrent qu'en matière de réchauffement, il n'y a pas deux grands « méchants » qui seraient les États-Unis et la Chine, et plein de « gentils ». La situation est infiniment plus complexe. Elle ne doit pas occulter cependant un basculement « historique » qui a eu lieu au cours de la première décennie du XXIe siècle. En 2000, les émissions des pays développés représentaient 55 % du total mondial et celles des pays émergents et des pays les moins avancés 45 %. En 2010, la proportion s'est strictement inversée. Il s'agit bien d'un problème mondial complexe où chacun a sa part de responsabilités.

### Le nucléaire

La France est l'un des seuls pays à avoir choisi le nucléaire comme source principale de la production nationale d'électricité. Si cette énergie ne dégage presque aucun gaz à effet de serre, elle n'en reste pas moins une forme d'énergie particulièrement inquiétante. Elle possède notamment deux talons d'Achille : la sécurité (inutile de revenir sur les accidents de Tchernobyl en Ukraine ou de Fukushima au Japon) et le traitement des déchets nucléaires, un legs encombrant pour les générations futures et cela pendant des millions d'années ! Outre les nombreuses interrogations que ne manque pas de poser la manipulation d'une telle matière, l'extraction et l'élimination de l'uranium, matière première de l'énergie nucléaire, se révèlent toxiques, ce qui est moins connu.

Autrement dit, entre les centrales thermiques au charbon très émettrices en gaz à effet de serre, et cette énergie nucléaire… vous choisissez peste ou choléra ? Heureusement qu'il existe des énergies renouvelables… Dommage qu'elles soient si peu utilisées…

## Le changement climatique : un constat froid pour un sujet brûlant

La science du climat, comme on l'a vu, est une machine d'une grande complexité qui invite à la modestie. On a aussi vu les précautions oratoires dont s'entourent les scientifiques afin de coller au plus près du consensus des études les plus fiables. Pourtant, certains climato-sceptiques n'hésitent pas à se servir d'excès de communication ou de théories personnelles de certains pour discréditer l'écologie et pour agiter le spectre d'une « dictature écologique » ou d'un « fanatisme de l'Apocalypse ». Concernant le climat, il n'est de toute façon nul besoin d'en faire plus pour faire peur : les seuls constats suffisent bien souvent…

## Des variations de température

Loin des simples variations saisonnières, la variation dite « normale » de la température au niveau mondial est de l'ordre de 0,1 ° C tous les 1 000 ans. Un dixième de degré par millénaire.

Or, l'augmentation observée pour le seul XX^e^ siècle est de 0,74 °C… Pour la France, le réchauffement constaté au cours du XX^e^ siècle est même de + 0,9 °C. Presque un degré en un seul siècle. Chaud les marrons !

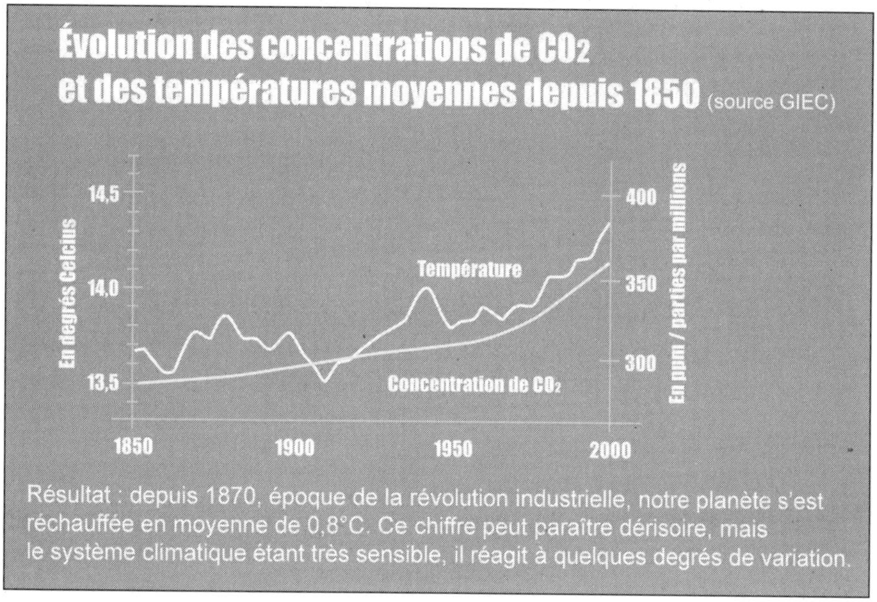


**Figure 2-4 :** Évolution des températures et du $CO_2$

### La variabilité naturelle du climat

Cependant, les climatologues du GIEC eux-mêmes reconnaissent une relative stabilisation des températures. Dans leur cinquième rapport rendu public en septembre 2013, il est indiqué que, alors que la hausse moyenne des températures était de + 0,12 ° C par décennie depuis la seconde moitié du XX^e^ siècle, ce chiffre est tombé à + 0,05 ° C sur les 15 dernières années (1998-2012).

Comment expliquer qu'en dépit de l'augmentation des émissions de gaz à effet de serre dans l'atmosphère – de 2000 à 2010, ils ont augmenté de 2,2 % par an contre 0,4 % dans les trois dernières décennies – la température moyenne à la surface du globe a, elle, tendance à se stabiliser ?

Les climatologues avancent deux explications principales à ce qu'ils appellent « la variabilité naturelle du climat » : des forçages radiatifs (activité solaire plus faible, aérosols volcaniques) mais aussi un rééquilibrage de la chaleur absorbée par l'Océan Pacifique. Un point important. Car, en effet, seule une toute petite fraction de l'énergie liée à l'accumulation des gaz à effet de serre – évaluée à 1 % – réchauffe l'atmosphère (et donc les températures). La fraction qui réchauffe le sol et fait fondre les glaces est, elle, évaluée à 6 %. Le reste de l'énergie, soit 93 %, est absorbée par les océans. Avec d'autres conséquences, tout aussi néfastes. D'ailleurs, ces autres composantes du système climatique – neiges, glaces, océans – témoignent du réchauffement sur cette même période récente (voir le chapitre 3).

La fameuse « pause du réchauffement climatique », avancée par les climato-sceptiques – réelle en termes de température de l'atmosphère mais sans doute provisoire –, ne joue que sur à peine 1 % de ce que l'opinion désigne couramment sous le terme de « réchauffement climatique ».

Néanmoins – on ne le répétera jamais assez –, plusieurs scénarios sont encore possibles pour le XXI^e^ siècle : soit on arrive à limiter le réchauffement par des actions d'une grande fermeté et il sera possible de « limiter la casse » avec une hausse des températures entre la période 1986/2005 et la fin du XXI^e^ siècle, de + 0,3 °C à + 1,7 °C (scénario le plus bas), soit on continue dans la même direction et on pourrait atteindre de + 2,6 °C à + 4,8 °C (scénario le plus haut). En sachant que la fourchette moyenne des quatre scénarios élaborés par le GIEC dans son 5^e^ rapport de 2013 est respectivement de + 1 °C, + 1,8 °C, + 2,2 °C et + 3,7 °C. Chiffres auxquels il faut ajouter + 0,6 °C, l'augmentation déjà enregistrée depuis le XIX^e^ siècle.

Bref, comme on le voit, il nous reste à peine une chance sur deux de rester en dessous du fameux seuil de 2 °C, celui en dessous duquel la majorité des scientifiques s'accorde à dire que les événements sont encore maîtrisables. L'humanité pourra « globalement » s'adapter, même si pour certains pays, dont les petites îles du Pacifique comme les Maldives, c'est déjà la disparition pure et simple qui menace. Après 2 °C, on entre dans un inconnu très inquiétant…

Pour arriver à l'objectif de + 2 °C, il faudrait stabiliser la concentration de $CO_2$ dans l'atmosphère. Autrement dit, il faudrait que l'ensemble des pays industrialisés réduisent de 40 % leurs émissions de gaz à effet de serre d'ici 2020…

## Comment le GIEC gère-t-il les incertitudes scientifiques ?

Contrairement à ce qu'affirment leurs détracteurs, les experts du GIEC ont toujours pris en compte les incertitudes scientifiques. Dans son rapport de 2007, plusieurs pages sont consacrées à la question, avec même un guide de recommandations intitulé de façon explicite : « traitement de l'incertitude ». Ses rédacteurs donnent même une sorte d'échelle de Richter de l'incertitude : de « pratiquement certain » (probabilité supérieure à 99 %) à extrêmement improbable (probabilité inférieure à 5 %) en passant par le « probable » (probabilité supérieure à 66 %).

Ainsi, le point le plus controversé – le lien entre les gaz à effet de serre d'origine humaine et le réchauffement climatique – est passé de « très probable » (rapport 2007) à « extrêmement probable » (rapport 2013), ce qui dans le code utilisé par le GIEC veut dire une « probabilité supérieure à 95 % ».

De plus, les processus d'élaboration et de relecture des rapports du GIEC ont été encore renforcés entre 2007 et 2013. Ainsi, rien que le volume 1 du 5e rapport du GIEC de 2013, a été l'œuvre de 259 auteurs originaires de 39 pays différents, aidés de 600 contributeurs de 32 pays, avec 9 200 publications scientifiques citées, qui tenaient elle-même compte de 54 677 commentaires de 1 089 experts ! En sachant que « le résumé à l'intention des décideurs » a été adopté à l'unanimité par les 195 délégations membres du GIEC. Qui dit mieux ?

Alors que les années chaudes succèdent aux années chaudes, 2010 a été, au niveau mondial, l'année la plus chaude depuis 1850. Le 5e rapport du GIEC de 2013 note même que chacune des trois dernières décennies a été successivement plus chaude à la surface de la Terre que toutes les décennies précédentes depuis 1850. Il affirme même que, dans l'hémisphère nord, la période 1983-2012 a probablement été la période de 30 ans la plus chaude des 1 400 dernières années ! De son côté, l'Agence internationale de l'énergie, un organisme très sérieux plutôt composé de hauts fonctionnaires cravatés que de babas cool hirsutes, a estimé en novembre 2011 que notre planète était partie sur la base d'un scénario de réchauffement à + 3,5 °C, voir + 4 °C ! Ces mêmes hauts fonctionnaires mettent en garde la communauté internationale contre un risque « d'emballement climatique », qui pourrait devenir « incontrôlable d'ici 2017 ». Bref, à les en croire, il nous resterait tout juste « cinq années pour inverser la tendance ». Et nous qui voulions vous éviter tout catastrophisme…

### À la pendule de l'apocalypse, il est moins cinq…

Connaissez-vous la pendule de l'Apocalypse ? C'est une sorte d'horloge de la fin du monde créée en 1947 par une association de chercheurs basée à l'université de Chicago, peu de temps après les bombardements atomiques américains au Japon. Son but d'origine était de souligner les risques liés à la prolifération des armes nucléaires. À ses débuts, l'horloge indiquait minuit moins sept minutes. Puis, peu à peu, avec la fin de la guerre froide, les différents traités de non-prolifération signés entre les États-Unis et l'URSS, et la chute du mur de Berlin, elle est remontée à minuit moins dix-sept minutes en 1991. « Ouf, dites-vous, on l'a échappé belle… » Eh bien, non. Car avec la montée en puissance d'autres nations nucléaires (l'Iran, la Corée du Nord), la menace terroriste ajoutée à celle du réchauffement climatique, les aiguilles de l'horloge ont été ramenées à minuit moins six minutes en 2010, puis à moins cinq en janvier 2012. Pourquoi ? « Les dirigeants de la planète font preuve d'inaction face aux problèmes essentiels que sont le changement climatique et la montée des tensions internationales » a déclaré Lawrence Kraus, le coprésident de l'association des scientifiques atomiques. S'il vous plaît, y a-t-il un James Bond « écolo » dans la salle qui pourrait débrancher cette horloge infernale ? Vite…

## Le déséquilibre des grands équilibres

Commençons par un record mondial qui n'a pas fait la « une » du quotidien sportif *L'Équipe* : en 2011, les émissions mondiales de $CO_2$ ont culminé à 34 milliards de tonnes, contre 33,2 milliards de tonnes en 2010, le précèdent record…

À ce rythme, les grands équilibres qui gouvernent le cycle naturel du carbone risquent bel et bien d'être rompus, et d'entraîner un emballement de la « machine climatique ». En effet, voilà le grand principe qui régit la vie sur Terre : l'équilibre. C'est grâce à lui que la forme de vie que nous connaissons aujourd'hui est née et qu'elle perdure. Si nous passons d'un système avec un certain dosage de carbone à un dosage beaucoup plus important, alors le système se rééquilibrera petit à petit. Mais la vie ne sera plus jamais la même. La planète Terre existera toujours, mais quel visage aura-t-elle ?

### Un cycle du carbone perturbé par l'homme

Depuis la nuit des temps, la biosphère terrestre et l'océan absorbent les émissions de $CO_2$ dans l'atmosphère par l'intermédiaire du grand cycle du carbone, qui constitue toutes les matières organiques de cette planète. Mais en raison du déstockage massif de ce carbone dans l'atmosphère, lié notamment à la combustion des énergies fossiles, ce rôle de « pompe aspirante » pourrait tomber à plat.

### Des océans acides

Reprenons l'exemple de l'océan : demain, plus de $CO_2$ dans l'atmosphère entraînera donc plus de $CO_2$ à absorber par les océans. Or ce trop-plein entraîne déjà une réaction chimique de la couche supérieure de l'eau qui abaisse son pH ; il serait ainsi déjà passé de 8,25 à 8,14 depuis le XVIII$^{e}$ siècle. Cette acidification de la couche supérieure de l'océan rend plus difficile la dissolution de ce même $CO_2$ dans les mers et entraîne donc un retard de croissance pour tous les organismes vivants dont nous avons parlé plus haut, y compris nos plateaux de fruits de mer…

Mais les conséquences en chaîne ne sont pas terminées. Ce retard de croissance entraînera lui-même une moindre fixation du carbone océanique et par conséquent l'amplification de la présence du $CO_2$ dans l'océan qui ne méritera plus son nom de « puits de carbone »…

LE GESTE ANTI-$CO_2$

## Recyclez vos coquilles !

Faciles à récolter, les coquillages et crustacés font l'objet d'une « pêche du dimanche » qui est réglementée afin de ne pas nuire aux espèces. Mais lorsqu'il s'agit d'élevages, leur production est tellement abondante que leurs coquilles – qui stockent le $CO_2$ pour se construire – ont pu servir à bâtir des maisons et des digues : de vrais puits de carbone ! Mangez donc des coquillages et, pour conserver leur vertu anti-$CO_2$, ne les envoyez pas vers l'incinération qui relâcherait ce carbone dans l'atmosphère. Utilisez-les plutôt pour remblayer un terrain ou un chemin, rejetez-les à la mer, concassez-les (avec un marteau) pour en faire un excellent amendement pour vos sols ou en tant que complément alimentaire pour vos volailles, etc. Bref, recyclez-les !

### Des courants marins modifiés

Prenons l'exemple du Gulf Stream : on estime qu'il est responsable d'un bon quart de la chaleur reçue en hiver sur les côtes françaises. Or, sa modification pourrait entraîner des hivers beaucoup plus rigoureux sur les côtes européennes. En effet, la fonte accélérée de la banquise risque de changer sa densité avec une arrivée d'eau douce et froide qui se mélangera plus rapidement avec l'eau salée de l'Atlantique qui est plus lourde et plus chaude. Cette dernière s'enfoncera donc beaucoup plus tôt dans l'Océan, non pas comme aujourd'hui dans le golfe de Gascogne (en gros de la pointe de la Bretagne au Pays Basque espagnol) mais beaucoup plus au nord, au large de l'Écosse. Et le climat de cette dernière pourrait un jour encore lointain, ressembler à celui de la Norvège, voire de la Finlande. Mais, pour le moment, nous assistons plutôt à une augmentation des précipitations, comme celles qui ont entraîné, durant l'hiver 2013/2014, d'importantes inondations en Grande-Bretagne et en France.

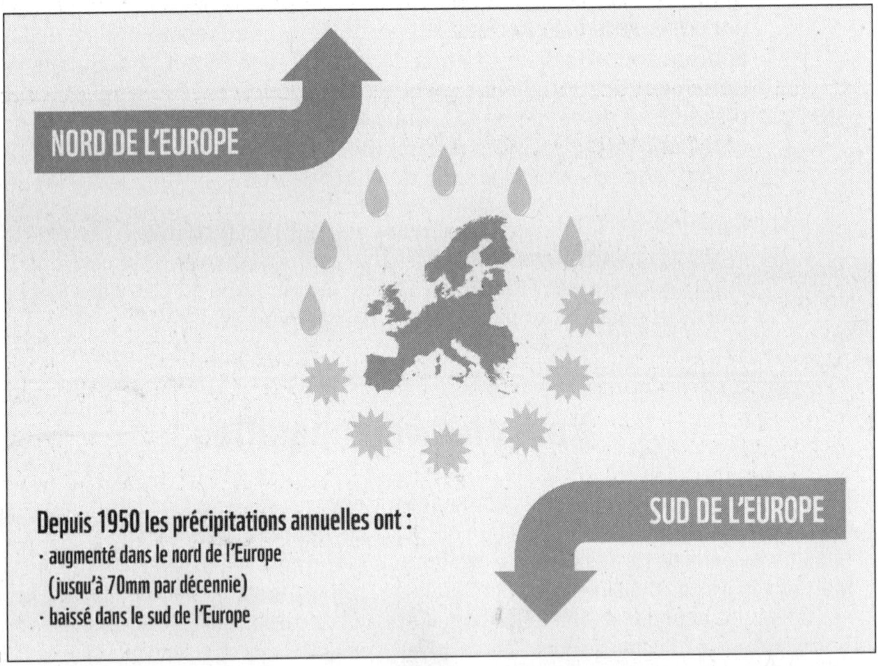


**Figure 2-5 :** Les précipitations en Europe

## *Le sol déstabilisé*

Prenons cette fois l'exemple du pergélisol (en anglais : permafrost). Ce terme désigne un sous-sol gelé en permanence. On le trouve notamment dans l'hémisphère Nord (Alaska, Sibérie). Il provient de la décomposition sur des milliers d'années de plusieurs cycles de végétation. Tant qu'il est gelé, ce pergélisol ne pose pas de problème particulier. Mais avec le réchauffement climatique, il dégèle, formant des tourbières gelées qui libèrent du méthane, ce gaz à effet de serre 26 fois plus puissant que le $CO_2$, issu de la fermentation de la matière organique ! La dangerosité du dégel du pergélisol, dans la mer comme sur terre, est tellement avérée, non seulement en terme d'émissions de gaz à effet de serre mais aussi de glissements de terrain, que son évolution est désormais suivie par satellite dans le cadre de programmes internationaux (International permafrost).

### Des vents détournés

On estime aussi que l'augmentation des échanges thermiques pourrait déplacer l'axe des tempêtes. Dans beaucoup de parties du monde, les épisodes extrêmes (cyclones, ouragans, tornades) pourraient en sortir renforcés. Mais pas partout. Ainsi, les tempêtes qui frappent régulièrement la pointe de la Bretagne et le grand Ouest pourraient dans le futur migrer plus au nord, vers la Scandinavie.

## Un principe de précaution… climatique ?

Le principe de précaution, cher à toutes les associations de protection de l'environnement, est né au Sommet de la Terre à Rio, en 1992. Il fut défini ainsi : « Pour protéger l'environnement, des mesures de précaution doivent être largement appliquées par les États selon leurs capacités. En cas de dommages graves et irréversibles, l'absence de certitude scientifique absolue ne doit pas servir de prétexte pour remettre à plus tard l'adoption de mesures effectives visant à prévenir la dégradation de l'environnement ».

En France, en 2005, ce principe a été inscrit dans la Charte de l'Environnement. Celle-ci a été elle-même inscrite ensuite dans la Constitution française, au même titre que les Droits de l'Homme. Mais attention, il ne faut pas confondre prévention et précaution ! On vaccine les enfants par prévention des maladies (le risque est connu), mais on leur réduit, voire interdit, l'usage du téléphone portable par précaution (le risque est mal connu et incertain, mais suffisamment important pour motiver une action). Ceux qui le critiquent mettent en avant ses éventuels abus et l'impossibilité d'assurer « un risque zéro ». Tout dépend de quoi on parle… Dans le cas du changement climatique, les « dommages graves et irréversibles » sont bien prévus avec à la fois des conséquences :

- environnementales : pertes de la biodiversité,
- économiques : un rapport évalue à 5 500 milliards d'euros le coût sur les économies mondiales de l'inaction en matière de changement climatique.
- humaines : la Banque Mondiale redoute 200 millions de réfugiés climatiques dès 2050.

Même les incertitudes qui subsistent à propos de certains aspects du changement climatique ne peuvent servir de prétexte à ne rien faire. A croire que les grands dirigeants du monde préfèrent le principe d'aveuglement…

Le constat est sans appel : les équilibres de notre planète sont non seulement d'une grande complexité mais ils sont menacés par la hausse des températures. Même si les grands courants marins paraissent fort éloignés de nos préoccupations quotidiennes, ils pourraient cependant se rappeler à nous. Car si cet ouvrage devait avoir un sous-titre, ce serait certainement « tout est lié ».

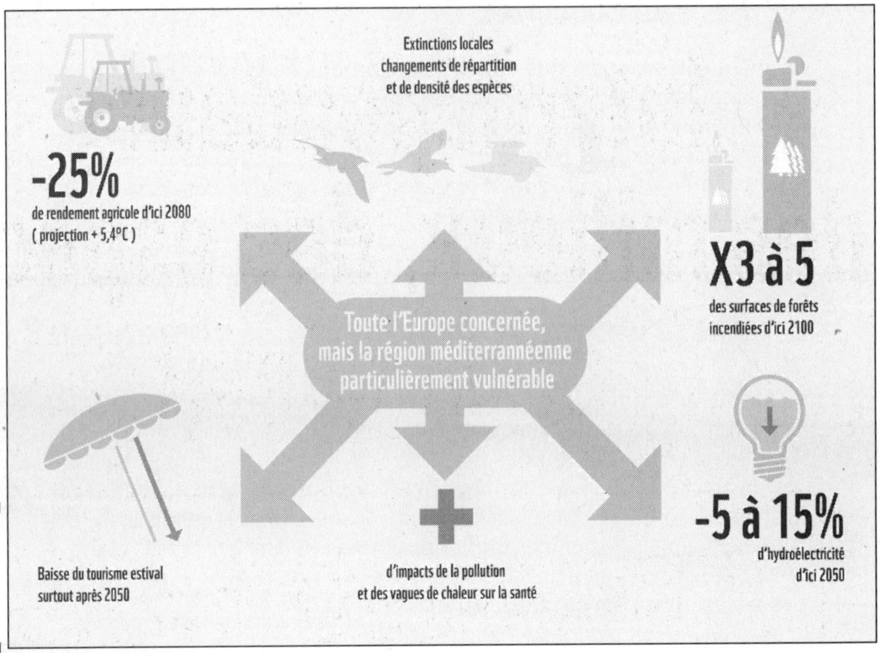


**Figure 2-6 :** Conséquences générales

# Deuxième partie

# Interdépendance des milieux, des espèces et du climat

## *Dans cette partie...*

Les différents climats ont forgé des paysages tout aussi divers sur la planète. Les espèces végétales et animales qui se sont développées dans ces écosystèmes se sont parfaitement adaptées aux conditions locales.

Aujourd'hui, les premiers indicateurs de dégradation de ces écosystèmes par le réchauffement climatique sont visibles, ainsi que la disparition de nombreuses espèces incapables de s'adapter à de nouvelles conditions de vie dans un temps aussi court... jusqu'à l'homme qui commence à sentir les premiers effets de ces changements climatiques.

Découvrez dans cette partie un nouveau développement du « presque sous-titre » de cet ouvrage : « tout est lié ».

# Chapitre 3

# Les océans et les côtes

### *Dans ce chapitre*

- Un régulateur du climat
- La hausse prévisible des températures
- Les effets sur le niveau de la mer
- Les dangers de l'acidification

« Que d'eau, que d'eau ! » aurait dit en 1875 le maréchal Mac-Mahon, alors Président de la République, devant les crues de la Garonne à proximité de Toulouse. S'il devait ressusciter au XXIe siècle, que dirait-il devant la montée annoncée du niveau de la mer ? Mais avant de s'inquiéter de cette éventualité, constatons déjà que notre bonne vieille planète est bien « bleue » car c'est la couleur dominante de ses océans, mers, rivières qui occupent 70 % de sa surface. Dans ce « grand bleu » l'océan représente 361 millions de km$^2$ et 1,36 milliard de km$^3$ d'eau, soit 97 % du volume d'eau sur Terre. Bon, ce n'est pas le moment de vous y noyer. Mettez votre gilet de sauvetage – vous en aurez besoin ! – et suivez-nous.

## Un régulateur du climat

L'Océan n'est pas seulement un lieu de détente, de voyages ou de pêche, c'est avant tout aussi un formidable régulateur du climat par l'intermédiaire de ses courants marins. On a découvert son rôle essentiel dans le cycle du carbone dans le chapitre 1. Enfilez maintenant une tenue de plongée pour approfondir sa connaissance.

### Des océans ou un Océan ?

Plutôt que de cinq océans présents sur la planète (par ordre de grandeur : océans Pacifique, Atlantique, Indien, Antarctique, et Arctique), il serait plus juste de parler d'un océan global, ou encore mieux de l'Océan, avec une majuscule, car tous ces milliards de mètres cubes d'eau salée communiquent entre eux.

Cela n'est pas sans conséquence sur le fonctionnement de la machine climatique, qui, comme vous le savez depuis le chapitre 1, est sensible à l'« effet papillon », qu'on pourrait ainsi paraphraser : « Une goutte d'eau au Brésil peut-elle déclencher une inondation au Texas ? »

## L'océan, régulateur du climat

L'océan joue un rôle aussi important que l'atmosphère dans la régulation du climat terrestre. Et cela de plusieurs façons :

- D'abord et surtout en absorbant un tiers du $CO_2$.
- Ensuite, en assurant un service de redistribution des eaux, en transportant des eaux chaudes des Tropiques vers les pôles et des eaux froides des pôles vers les Tropiques.
- C'est aussi un réservoir de chaleur immense, ce qui lui donne un rôle de modérateur des variations climatiques. Sans lui, les saisons seraient encore plus marquées et les phénomènes climatiques plus brutaux.
- Enfin, il réfléchit les rayons solaires grâce à la banquise, cette mer gelée (effet albédo).

Les océans jouent aussi un rôle majeur dans la formation des précipitations et du vent : ainsi, la condensation qui se forme au-dessus des masses d'eau chaude, au contact des masses d'air plus froid, fournit la base des pluies de la planète. En outre, lorsque la température varie à la surface des océans, l'énergie dégagée, associée à l'immensité de cette surface, est tellement importante qu'elle modifie la circulation atmosphérique et le régime des pluies du continent. Ainsi, l'élévation de la température globale des océans est sans doute la cause d'ouragans de plus en plus violents : l'énergie totale qu'ils ont dissipée dans l'Atlantique Nord et le Pacifique Ouest a augmenté de 70 % depuis 35 ans.

### Un « aspirateur » à $CO_2$

Le bilan $CO_2$ des océans est très bon jusqu'à présent : ils stockent plus qu'ils n'émettent de gaz à effet de serre. Ils représentent même les plus importants puits de carbone de la planète : grâce à des mécanismes biologiques d'abord (photosynthèse et calcification), mais aussi grâce à des phénomènes physico-chimiques de précipitation et de dissolution du $CO_2$.

UN PEU DE TECHNIQUE

### L'eau froide dissout mieux le $CO_2$

Dans l'eau, autour du $CO_2$, les molécules d'eau forment une sorte de cage. Lorsque l'eau est chaude, les liaisons entre ces molécules commencent à vibrer, trembler. La cage se fragilise et le $CO_2$ s'évapore.

Au contraire, une température basse signifie peu d'énergie disponible pour les molécules d'eau, la cage a des barreaux plus fermes et le $CO_2$ reste dissous.

Ainsi, en zones polaires, l'eau froide plonge, car elle est plus dense que l'eau chaude : elle amène ainsi le $CO_2$ dans des profondeurs abyssales. Tout cela mis bout à bout, les mers séquestrent 2,2 milliards de tonnes de carbone par an, et l'océan « aspire » ainsi un bon tiers du $CO_2$ présent dans l'atmosphère.

LE SAVIEZ-VOUS ?

Grâce à la présence de végétaux marins qui « respirent » au même titre qu'une immense forêt, on estime qu'il y a autant d'oxygène libéré par l'océan dans l'air que par l'ensemble des forêts mondiales.

## Un tampon thermique

L'eau se réchauffe et se refroidit moins vite que l'air, ces masses d'eau océaniques jouent donc un rôle de « tampon thermique » et stockent d'énormes quantités de chaleur, là encore bien plus que l'atmosphère ou les terres émergées. Depuis la fin des années 1950, plus de 80 % de la hausse moyenne de la température ont été absorbés par les océans, amortissant ainsi le réchauffement climatique.

## Les courants marins redistributeurs

« Cerise sur le gâteau » : les courants marins répartissent la chaleur sur la planète. Tel un immense serpentin qui parcourt en boucle les océans du globe, des courants chauds et peu profonds et d'autres froids et profonds (la ceinture thermohaline) se croisent dans un mouvement perpétuel, qui renvoie la chaleur vers les pôles.

Deux courants océaniques jouent notamment un rôle déterminant dans le système climatique : le Gulf Stream et El Niño.

### Le Gulf Stream, le radiateur des côtes européennes

Dans l'Atlantique nord, le Gulf Stream est un courant de surface qui prend sa source dans le golfe du Mexique, d'où son nom : Gulf Stream, le courant du Golfe. Au large de la Floride, il est visible à l'œil nu ! Il mesure en moyenne

80 km de large et avance à la vitesse de 8 km/h. Son origine remonte à 4 milliards d'années, et il était sans doute déjà connu par les Indiens Séminoles alors qu'ils étaient encore les seuls habitants de la région.

> *« Le Gulf Stream est une rivière au milieu de l'océan, dont le niveau ne change ni dans les plus fortes sécheresses ni dans les plus fortes pluies. Il est limité par des eaux froides, tandis que son courant est chaud (…). Il n'existe pas sur la Terre un cours d'eau plus majestueux : sa vitesse est plus rapide que celle du Mississippi ou des Amazones et son débit 1 000 fois plus conséquent. »*
>
> Matthew Fontaine Maury, lieutenant de marine des États-Unis, 1855

Il naît ainsi entre la Floride et les Bahamas et se dilue dans l'Atlantique, près du Groenland. Au cours de ce long trajet, il réchauffe les zones plus froides qu'il traverse, comme les côtes européennes, mais perd petit à petit sa chaleur : de 25 °C à son départ, il ne fera plus que 2 °C à son arrivée. En se refroidissant, il s'enfonce dans les profondeurs de l'océan.

Un peu de technique

## La circulation thermohaline

Savez-vous qu'une molécule d'eau peut faire le tour du monde en 2 000 ans environ ? Cela grâce à la circulation « thermohaline », qui n'est autre que la circulation mondiale de l'eau à l'échelle des océans, qui conjugue deux facteurs : la température et la salinité de l'eau. En effet, une eau froide et salée sera dense et plongera au fond des océans. Au contraire, une eau chaude et peu salée remontera, elle, à la surface des océans. Et c'est ce mouvement perpétuel de brassage de ces deux forces contradictoires qui redistribue la chaleur par des boucles convectives et fait voyager notre molécule d'eau à travers le monde. Un peu comme une bouteille jetée à la mer…

Aujourd'hui, avec les effets du réchauffement climatique tels que la fonte des glaces qui modifie la salinité des eaux, des océanographes avancent l'hypothèse de l'atténuation de ce courant – qui expliquerait des épisodes de froid hivernal intense en Europe –, voire sa disparition.

Cependant, même avec les effets du réchauffement climatique, peu d'océanographes redoutent que le Gulf Stream perde, dans un avenir proche, sa fonction de régulateur climatique. Ouf…

### *El Niño et la Niña : le chaud et le froid*

Dans le Pacifique, c'est le couple des enfants infernaux, El Niño/La Niña, qui fait la loi. « El Niño », ou « courant de l'enfant Jésus », apparaît chaque année après Noël. Très actif dans la partie est de l'océan Pacifique sud, les impacts de ce courant chaud s'étendent non seulement sur l'Amérique Latine, mais aussi des États-Unis à l'Australie, voire à l'échelle de la planète. On ne vous refera pas le coup du battement d'aile du papillon : vous avez déjà compris, d'autant qu'il s'agit ici d'un papillon d'une taille impressionnante…

Le long de la côte de l'Amérique du Sud, l'apparition d'El Niño empêche la remontée des eaux froides, venues des profondeurs, vers la surface. Cela tarit la source d'alimentation de la faune de ces eaux qui se nourrit des nutriments qui remontent avec les courants. Son apparition saisonnière marque donc la fin de la période de pêche.

El Niño peut, selon des mécanismes très complexes, provoquer des alternances de pluies très abondantes et de périodes de sécheresse. Ce phénomène dure en général environ 18 mois. La propagation des eaux froides vers l'ouest marque la fin du phénomène, qui peut éventuellement être suivi d'une phase plus froide, La Niña.

D'où de nombreuses perturbations météorologiques un peu partout dans le monde, véritable casse-tête pour les climatologues car leurs causes restent complexes. Ainsi, selon certains scientifiques, les épisodes les plus intenses d'El Niño – qui se traduisent par un fort réchauffement des eaux de surface du centre-est du Pacifique équatorial – risquent d'être deux fois plus fréquents au cours du XXIe siècle, du fait du changement climatique. Un point qui reste encore en discussion dans les rapports les plus récents du GIEC.

# La hausse prévisible des températures

La température globale augmente au niveau de la planète, et elle augmente tout aussi logiquement dans l'océan. Cela a des conséquences physiques et chimiques sur l'eau, mais aussi sur toute la biodiversité marine.

## L'océan se réchauffe

Question piège : savez-vous quelle est la température moyenne de l'océan ? Réponse : comme le corps humain mais avec une virgule en plus, soit 3,7 °C. Mais cette moyenne recouvre toute une gamme de températures : des Tropiques aux Pôles (0 °C en mer du Groenland et 30 °C pour le Pacifique équatorial), et de la surface vers les profondeurs, où la lumière ne pénètre pas (où elles déclinent rapidement, atteignant 2 à 4 degrés au-delà de 1 000 mètres).

Tout cela est en train de changer, car la mer se réchauffe : + 0,5 °C entre 1900 et 2000 pour les océans, contre + 0,74 °C estimé pour l'ensemble du globe.

Certaines parties de l'océan semblent d'ailleurs se réchauffer plus que d'autres : + 1 °C sur 30 ans en Méditerranée, mais + 2 voire 3 °C sur 50 ans en Arctique !

Certains pourraient se réjouir d'avoir moins froid en se baignant à Bénodet ou à Berck-sur-Mer, mais le problème, c'est que cela a aussi une influence sur le niveau de la mer. Ajoutez-y la fonte des glaciers, des calottes glaciaires et des nappes glaciaires polaires et vous arrivez à une élévation de + 1,8 mm/an depuis 1961, mais de + 3,1 mm/an depuis 1993 ! Ce qui conduit à estimer une augmentation supplémentaire du niveau de la mer de + 0,26 cm (scénario le plus faible) à + 0,82 cm (scénario le plus élevé) d'ici 2100, voire même plus d'un mètre d'après certains !

## Alerte : la banquise fond...

Nous avons tous vu au moins une fois cette image d'un ours polaire juché sur un bout de banquise dérivant au gré des courants. Eh bien, gardez-la précieusement pour la montrer plus tard à vos petits-enfants car, bientôt, il n'y aura peut-être plus de banquise estivale, et donc plus d'ours polaire.

### L'ours polaire en grand danger

Environ 22 000 ours blancs vivent encore dans le Grand Nord.

La majorité de ces ours vit sur la banquise de la baie d'Hudson, au Canada mais aussi au Svalbard (un territoire norvégien) où ils se nourrissent presque uniquement de phoques, qu'ils chassent en hiver depuis la banquise. Mais cette glace dure de moins en moins longtemps et rétrécit d'année en année. Cette fonte précoce oblige alors les ours à se rendre sur terre avant qu'ils n'aient complètement constitué leurs réserves de graisse. Là, sur les côtes, ils se nourrissent de végétaux et de petits animaux. Maigre pitance pour un ours...

Sur terre, les abris des mères et de leurs oursons sont de plus en plus souvent endommagés par la pluie, alors qu'il devrait neiger ! Moins bien protégées dans leurs abris, leurs réserves de graisse amoindries, les femelles produisent moins de lait, ce qui fragilise leurs oursons et décime les rangs de ces derniers. Stressés et fatigués par les changements de leur habitat, les ours polaires aborderont l'hiver suivant maigres et affaiblis.

Les prévisions sont sombres, en effet, et, à part les compagnies pétrolières qui se frottent les mains de pouvoir forer au Groenland et les capitaines des grands cargos qui se voient emprunter de nouvelles routes maritimes, personne ne s'en réjouit. Pas les Inuit en tout cas.

Depuis 1978, l'étendue moyenne annuelle des glaces dans l'océan Arctique a diminué entre 3,5 et 4,1 % par décennie, avec un recul encore plus marqué entre 9,4 et 13,6 % pendant la période estivale. Le retrait estival de la banquise arctique, qui enserre le Pôle Nord, se poursuit à un rythme soutenu puisque la glace de mer a désormais atteint un minimum historique (3,4 millions de $km^2$ en 2012).

TÉMOIN DU CLIMAT

## Simon Oleekatalik, Canada

### « La majeure partie de la glace ancienne a disparu. »

« Je m'appelle Simon Oleekatalik. J'ai 72 ans. J'habite une ville appelée Taloyoak, qui compte environ 1 000 habitants, dans le Nunavut. Le Nunavut est la terre du peuple inuit qui se trouve au nord-est du Canada, fondée en 1999 à la suite d'un accord sur une revendication territoriale.

(...) Nous sommes nombreux à reconnaître que les conditions climatiques ont changé. En hiver, les journées avec un ciel clair sont maintenant plus fréquentes. Autrefois, il y avait plus de neige accumulée sur le sol que maintenant.

Autour de Taloyoak, l'ambiance semble différente. Il fait froid et puis tout à coup chaud le jour suivant et puis un nouveau changement. En mars et en avril, lorsque le temps est censé se réchauffer, il fait franchement froid. On dirait que l'époque de l'année où les jours rallongent est plus froide que la période d'hiver.

En hiver nous savions toujours comment nous diriger simplement en regardant la neige. Les amoncellements de neige étaient réguliers autrefois. Il y avait des petites congères çà et là. Ce n'est plus le cas aujourd'hui, c'est difficile de savoir où les congères vont se former.

L'été dernier, la majeure partie de la glace ancienne a disparu, de plus cet hiver a été très doux. J'ai également remarqué que la glace se brise plus rapidement qu'autrefois. Je pense que cela vient peut-être des températures plus douces qui entraînent un écoulement de la glace plus tôt vers les lacs au printemps.

Il y a de cela longtemps, lorsque nous arrivions à attraper un ours, sa chair était saine son gras et sa peau aussi. Mais maintenant certains ours que nous avons attrapés ont une couche de graisse moins dense.

Nous sommes sans cesse inquiets parce que les ours polaires prennent l'habitude de venir en ville, parce qu'ils ont faim. Quand ils ont faim, ils n'ont peur ni des gens ni des chiens. Depuis peu nous stockons notre nourriture dans des containers fermés pendant l'hiver. Ainsi les ours ne peuvent pas la dérober. »

## ... et les calottes glaciaires glissent

L'Antarctique, au Pôle Sud, est un continent recouvert d'une étendue de glace vingt-cinq fois grande comme la France ! Là aussi, on observe d'autres signes inquiétants de craquement. Depuis un demi-siècle, les températures dans la partie centre-occidentale y ont augmenté de près de 3 °C. De nombreuses plates-formes de glace se sont effondrées, ce qui représenterait en totalité 13 500 km$^2$ de glace ! Ainsi, la plate-forme Larsen, épaisse de 220 mètres (soit environ la hauteur d'une tour de 55 étages), pour un poids total de 720 milliards de tonnes, s'est effondrée en 2002 d'un seul coup sur une surface de 3 250 km$^2$, une superficie plus grande que celle du Luxembourg. Rien à voir avec le « petit » iceberg qu'avait percuté le Titanic… Selon des glaciologues, la disparition d'une telle plate-forme glaciaire ne s'est jamais produite au cours des 10 000 dernières années.

Les calottes polaires d'Arctique et d'Antarctique fondent à une telle vitesse que cela représenterait, selon certains chercheurs, environ 500 milliards de tonnes de glace – 375 GT pour le Groenland et 125 GT pour l'Antarctique – qui se déversent par an dans les océans, soit en volume six fois la surface du lac Léman, l'un des plus grands lacs naturels d'Europe. Ainsi, dans son dernier rapport, le GIEC rapporte que les projections pour la fin du XXI$^e$ siècle indiquent que le volume total des glaciers, en excluant ceux périphériques de l'Antarctique, diminuera de 15 à 55 % (hypothèse basse) à 35 à 85 % (hypothèse haute).

# Les effets sur le niveau de la mer

La banquise ~~arctique~~ fond, les calottes glaciaires se détachent en Antarctique, les glaciers des montagnes se réduisent. Bref, tout fond. Résultat ? Tout cela se déverse dans « la grande baignoire » de l'océan. Pas la peine de sortir votre calculatrice de poche : à ce rythme, et en fonction du nombre de degrés supplémentaires dont notre planète se réchauffera dans les années à venir, la nappe glaciaire pourrait disparaître complètement et élever le niveau de la mer de plusieurs mètres… Oui, vous avez bien lu ! Autant vous dire que votre escabeau ne servira plus à rien et qu'il faudra au minimum la grande échelle des pompiers – celle de la tour infernale – pour vous tirer d'affaire.

## La montée de la mer s'accélère !

Bien sûr, la marge est grande entre ces différents scénarios. Mais de Venise à La Nouvelle-Orléans, de Hô Chi Minh-Ville à Calcutta, et de Bruges à Hambourg, le nombre de villes potentiellement submergées par les flots est impressionnant. « Mais pas en France », tenterez-vous de vous rassurer…

Détrompez-vous ! Notre littoral côtier est également menacé : sur sa façade méditerranéenne, de Nice à Sète, sur celle de l'Atlantique, de Bordeaux à Dunkerque (et sa centrale nucléaire de Gravelines) sans oublier Saint-Nazaire, Le Havre et le tunnel sous la Manche de Calais... Et cela sans compter l'effet des tempêtes qui peut rajouter deux mètres et plus au niveau marin. Certains d'entre vous envisagent peut-être de déménager dans les Alpes ou les Pyrénées, ou sur la butte Montmartre. On risque d'être un peu serrés...

## Des petites îles menacées

Face à la menace de la hausse du niveau des mers, les petites îles font bloc. Elles montrent l'exemple en limitant leur empreinte carbone.

### L'AOSIS : un oasis ?

La carte postale pourrait être paradisiaque : cocotiers, lagon bleu turquoise, sable fin... La liste des 43 pays membres de l'AOSIS (*Alliance Of Small Island States*, en bon français « Alliance des petits états insulaires ») évoque des destinations de catalogue de vacances : des Bahamas à La Barbade, du Cap-Vert aux Fidji sans oublier les Maldives. Hélas, l'envers de la carte postale est moins souriant. Déjà, le touriste averti sait que le soleil est souvent un cache-misère. Cette fois, la menace est encore plus sournoise. Elle s'appelle : montée du niveau de la mer.

En 2009, au sommet de Copenhague, les représentants de Tuvalu, un archipel microscopique perdu dans l'océan Pacifique, avaient ainsi mis la pression sur les grandes puissances qui tergiversaient dans d'interminables négociations : « Notre destin est entre vos mains ». En effet, ce micro-État de 26 km$^2$ et peuplé de 11 000 habitants est menacé par une inexorable montée des eaux due au réchauffement climatique. Non seulement l'archipel ne culmine qu'à 5 mètres d'altitude, mais la majorité des bandes de terre n'est située qu'à seulement 50 centimètres au-dessus du niveau de la mer. Soit en plein milieu de la fourchette de 26 à 82 centimètres de montée des eaux prévus d'ici 2100...

### Des îles mobilisées

Si ces petites îles se sont regroupées dans l'AOSIS, c'est pour peser ensemble dans les grandes conférences internationales. Ses membres représentent 28 % des pays en développement et 20 % de tous les pays membres de l'ONU, mais à peine 1 % de la population mondiale, soit quelques centaines de milliers de personnes. Ce qui signifie, pour certains grands groupes émetteurs de gaz à effet de serre ou des pays prédateurs de ressources : rien du tout... Tout juste une carte postale de collection du siècle passé.

Tuvalu s'est-engagée en 2009 à donner le bon exemple en ramenant son empreinte carbone à... zéro ! Comment ? Tout simplement en renonçant progressivement aux importations d'énergies fossiles (charbon mais surtout gaz et pétrole) et en les remplaçant par le développement de l'énergie solaire et éolienne. Après Tuvalu, ce programme vient aussi d'être adopté par la petite île de Nue dans l'Océan Pacifique et les Maldives, dans l'océan Indien.

## Des territoires côtiers menacés d'inondations

> « *Pour le moment, le monde se moque un peu que des îles aussi sympathiques que les Maldives ou les Tuvalu, peu peuplées, soient un jour submergées à cause du réchauffement climatique. Mais attendez que les Pays-Bas, 16 millions d'habitants, et le Bangladesh, 130 millions d'habitants, commencent à se fâcher, et vous allez voir les choses changer.* »

Michel Rocard, ancien Premier ministre
Ambassadeur français chargé des affaires polaires, 2011

Derrière les petites îles se profilent toutes les basses terres émergées sur les continents : le Bangladesh, les Pays-Bas, la Camargue, Manhattan, le delta du Mékong, le delta du Nil… qui sont, pour la plupart, « beaucoup » plus peuplées que Tuvalu et Kiribati. Car c'est bien le problème : on assiste au niveau mondial, à une ruée vers les côtes. Ainsi, si les zones côtières ne couvrent « que » 20 % de la surface de la Terre, plus de 50 % de la population mondiale y vit déjà.

Le changement climatique pourrait ainsi menacer d'inondations côtières ces populations dont le nombre pourrait être multiplié par trois d'ici 2070. Soit la bagatelle de 150 millions de personnes, réparties dans les 136 villes côtières de la planète comptant plus d'un million d'habitants. Même des digues surélevées ne peuvent pas grand-chose contre les vagues d'une tempête déchaînée. À cet égard, le déplacement en septembre 2005 des 780 000 réfugiés de l'ouragan Katrina, de La Nouvelle-Orléans vers le Texas, apparaît comme une aimable répétition.

Malheureusement, le changement climatique procède rarement par soustractions. Il adore, au contraire, les additions (salées) :

- Dilatation thermique des océans + fonte des glaciers = hausse du niveau de la mer.
- Petites îles submergées + zones côtières submergées = réfugiés climatiques.

*« Pour chaque centimètre de hausse du niveau des océans, il y aura un million de déplacés dans le monde. »*

Antonio Guterres, haut-commissaire aux réfugiés, 2008

Les premiers réfugiés climatiques liés aux inondations côtières existent déjà. En effet, à ce rythme, non seulement l'archipel de Tuvalu aura complètement disparu dans cinquante à cent ans, mais il sera devenu invivable bien avant. Des marées géantes infiltrent déjà leur eau salée dans le sol, dans les maisons, dans l'aéroport… Cela dégrade les installations électriques, cuit les cultures, contamine les nappes phréatiques, et donc l'eau potable…

Nous invitons le lecteur à se référer au chapitre 7 « L'homme et la nature malades du climat » qui consacre un développement aux réfugiés climatiques.

# Les dangers de l'acidification

C'est une règle universelle : tous les gaz se dissolvent au contact de l'eau. Et qui dit dissolution, dit recombinaison des molécules qui les composent avec les autres molécules présentes dans l'eau. Si bien que, lorsque vous plongez un « gaz carbonique » dans l'eau, vous obtenez de l'acide carbonique.

Depuis 1800, le tiers des émissions de $CO_2$ liées aux activités humaines a été absorbé par les océans, ce qui équivaut chaque année à une tonne de $CO_2$ par personne. Cette absorption massive a permis de réduire le $CO_2$ présent dans l'atmosphère, mais elle entraîne un bouleversement de la chimie de l'eau de mer qui se répercute sur la vie marine.

## L'océan plus acide

Le $CO_2$ absorbé provoque une acidification des océans et, pour la première fois depuis ces 20 derniers millions d'années, le pH est en train de diminuer : de 8,2 (ère préindustrielle) à 8,1 (aujourd'hui). Au rythme des émissions actuelles, on estime que le pH diminuera encore d'ici la fin du siècle pour se situer autour de 7,8 en 2100. Comme il s'agit d'une échelle logarithmique (un liquide de pH 7 est 10 fois plus acide qu'un autre de pH 8), cela correspond à un triplement de l'acidité moyenne des océans ! Et beaucoup de dégâts collatéraux sur la biodiversité.

## Conséquences : la biodiversité marine menacée

Les huîtres de Marennes-Oléron que nous aimons tant déguster au moment des fêtes de fin d'année vont-elles pouvoir conserver leurs coquilles ? Les visiteurs de la grande braderie de Lille pourront-ils toujours manger des « moules-frites » ? Pour les frites, a priori, pas de problème. Pour les moules, c'est moins sûr. En effet, si cette acidification se poursuivait, l'océan pourrait devenir « corrosif » pour nombre de bioprocessus, telles la croissance du squelette des coraux ou encore la construction des coquillages et crustacés. Un phénomène qui pourrait devenir irrémédiable. Déjà, durant la cinquième grande crise d'extinction massive des espèces, il y a 65,5 millions d'années, le pH des océans s'était abaissé et ceci avait entraîné, avec de multiples autres facteurs, la disparition d'importants groupes marins.

### Le corail si beau, si fragile…

C'est le rêve de tout plongeur sous-marin : pouvoir évoluer, en toute sécurité, au milieu de cet univers fragile et riche en couleurs formé par les récifs coralliens… et en ramener un échantillon – ce qui est fortement déconseillé car un tiers des espèces de corail est menacé – pour qu'il devienne tout poussiéreux sur son meuble de télévision.

Quel gâchis de détruire ainsi ce bel animal. Car c'en est un. Plus exactement, c'est une colonie de petits organismes appelés « polypes » : des sortes de toutes petites anémones qui se nourrissent de plancton. La plupart de ces polypes ont établi une collaboration complexe et vitale avec des algues microscopiques qui leur permettent de se nourrir et de croître. L'union fait la force, car certaines colonies sont vieilles de 5 000 ans ! En outre, ces polypes construisent tout au long de leur vie un squelette extérieur à partir de minéraux présents dans l'océan. Les coraux s'agrègent ainsi les uns aux autres pour former de véritables (et magnifiques) récifs coralliens. Leur richesse écologique est immense. Leurs nombreuses cavités offrent un refuge à de nombreuses plantes et animaux de toutes sortes qui y trouvent nourriture et protection.

LE SAVIEZ-VOUS ?

## La barrière de corail, patrimoine mondial de l'humanité

Voilà bien le seul édifice vivant classé au patrimoine mondial de l'humanité (comme la Cathédrale de Cologne ou le château de Versailles) et visible de l'espace ! En outre, la barrière de corail, qui mesure plus de 2 000 km, rend tellement de services aux Australiens qu'elle contribuerait chaque année à l'économie du pays (tourisme, pêche...) à hauteur de 3,6 milliards d'euros ! Les conclusions de ces rapports sont toutes les mêmes : il coûte plus cher de réparer que de préserver. Une bonne leçon qui vaut aussi pour le climat.

Aujourd'hui les massifs coralliens sont en grand danger. Les coraux, agressés par l'acidification de l'eau et par de trop fortes températures, expulsent les algues microscopiques qu'ils contiennent et perdent leurs couleurs. Ne pouvant vivre sans leurs algues colocataires, ils finissent par mourir, entraînant la disparition de leurs hôtes.

Selon différentes études, 30 à 50 % seraient menacés à la surface du globe. On peut observer cette dégradation dans les DOM-TOM en France, avec des situations critiques dans les îles les plus peuplées où les récifs bordent les côtes : aux Antilles et à Mayotte, à La Réunion et dans les îles de la Société, en Polynésie française, où les effets de la pollution (rejets côtiers) s'ajoutent à ceux du réchauffement climatique.

LE SAVIEZ-VOUS ?

## Le SOS du « Triangle d'or du corail »

Réparti sur six pays de l'Asie du Sud-Est et du Pacifique (Indonésie, Philippines, Malaisie, Papouasie-Nouvelle-Guinée, Îles Salomon et Timo-Leste), le Triangle du corail n'est rien de moins que l'endroit le plus riche de la planète en terme de biodiversité. Ses eaux abritent, en effet, plus de 30 % des récifs coralliens mondiaux, dont 76 % des coraux constructeurs de récifs – et plus de 35 % des espèces de poissons coralliens sur 100 000 km$^2$. Un véritable Triangle d'or... D'où l'importance vitale de le préserver, et ce d'autant plus que, tout autour, sur les côtes, plus de 100 millions de personnes en vivent grâce à la pêche et au tourisme.

Malheureusement, le « Triangle de corail » est en train de perdre beaucoup de son éclat. Dans les mangroves et les herbiers, 40 % des récifs coralliens ont ainsi déjà disparu ces 40 dernières années à cause de la pollution et de la déforestation. En plus, d'autres pratiques comme la pêche au poison ou encore à l'explosif (!) n'arrangent pas la situation. Le changement climatique est venu se surajouter à ce constat, blanchissant et tuant une grande partie des coraux des récifs du « Triangle de corail ». SOS...

Un exemple de la disparition inquiétante de ces coraux : entre 1994 et 2005, une équipe internationale de chercheurs a étudié plus de 21 sites et plus de 50 000 $m^2$ de récifs coralliens dans les îles Seychelles. On ne les en plaindrait pas, a priori. Pourtant, cette étude sur 10 ans ne fut pas des plus agréables car ils ont pu assister en temps réel à la disparition de milliers d'êtres vivants. En effet, ils ont constaté une hausse significative de la température des eaux de surface de l'océan Indien et, à la fin de leur étude, il ne restait plus que 7,5 % des récifs coralliens qu'ils avaient comptabilisés au départ dans la zone étudiée, le reste des récifs étant soit effondré, soit recouvert d'algues. Et tout autour, la diversité des espèces de poissons avait également diminué de moitié.

LE SAVIEZ-VOUS ?

## Une banque du sperme de corail en Australie !

Ne rigolez pas ! Des chercheurs bien sous tout rapport de l'Australien Institute of Marine Science (Institut océanographique d'Australie), en lien avec ceux du Smithsonian Institute, un organisme scientifique public américain, ont décidé de créer une banque du sperme… de corail. Les deux équipes ont littéralement moissonné des portions entières de la Grande Barrière de corail pour collecter le plus possible de cellules reproductrices.

Les effets du réchauffement climatique sur les coraux sont tellement rapides qu'il est nécessaire de mettre en place des mesures radicales. C'est pourquoi quelque 70 milliards de spermatozoïdes et 22 milliards d'embryons coralliens ont été récoltés sur la grande barrière de corail et sont aujourd'hui conservés dans l'azote liquide (à – 196 °C), car le sperme et les embryons pourraient permettre la reconstitution in vitro du corail qui serait ensuite réimplanté dans son milieu naturel.

### *Le plancton en péril*

Pour beaucoup, le mot « plancton » évoque une toute petite chose insignifiante. Mais ils se trompent : leur fonction est vitale pour les océans ! Car sous ce terme générique se cachent tous les organismes vivants dans l'eau (larves, algues, microvégétales…), souvent microscopiques, mais indispensables à la biodiversité. Certains d'entre eux constituent le premier maillon de la chaîne alimentaire marine.

Dans la « famille plancton », les cousins sont nombreux. S'y regroupent des planctons de la taille de virus jusqu'à des méduses de plus de 2 mètres. En fait, le terme « plancton » provient du grec signifiant « divagant » et regroupe donc tout ce qui est « dérivant » (même si cette définition tend à être remise en question). C'est toute une chaîne alimentaire qui débute avec eux. Le phytoplancton (algues microscopiques) se forme dans la partie supérieure des océans. Il a besoin de la lumière du soleil pour réaliser la photosynthèse, ainsi que des nutriments qui remontent des profondeurs avec les courants froids.

Ce phytoplancton est d'abord mangé par le zooplancton (krill, petits animaux à coquilles, carapaces… ou sans) qui est lui-même avalé par de petits prédateurs (poissons de toute sorte) qui seront à leur tour avalés par de grands prédateurs (requins, baleines…).

Malheureusement, le changement climatique est déjà en train de modifier cet équilibre fragile. En effet, l'ensemble de la biomasse du phytoplancton est consommé tous les 2 à 6 jours par le reste de la chaîne alimentaire. Cette très courte vie rend le phytoplancton très sensible et très réactif aux variations climatiques. La comparaison d'images satellites collectées durant une dizaine d'années par la NASA a montré une très forte corrélation entre le réchauffement du climat et la production de phytoplancton (les satellites peuvent mesurer le rayonnement spécifique de la chlorophylle). La cause est physique : quand les eaux de surface se réchauffent, elles forment une couche moins dense qui bloque les remontées d'eau froide riche en nutriments indispensables à la croissance de ces algues microscopiques. Dans certaines régions, la production de phytoplancton a ainsi baissé de plus de 50 %. Cette couche d'eau bloque les échanges et limite ainsi la formation des carbonates, molécules composées de carbone et d'oxygène qui, associées au calcium, forment le calcaire des coquilles. Certains planctons « calcaires » ont ainsi déjà vu leur masse squelettique baisser de 30 à 35 % depuis l'ère industrielle. Leur disparition aurait de fâcheuses conséquences sur les espèces marines déjà mises à mal par la surpêche et des pollutions multiples, des déchets côtiers aux rejets en pleine mer en passant par les marées noires à répétition.

LE SAVIEZ-VOUS ?

La grande bleue n'est pas que couleur lagon ou turquoise, elle est aussi verte. Cette coloration est liée au phytoplancton, premier maillon de la chaîne alimentaire des océans. Il se distingue en effet par la couleur verte de sa chlorophylle. Le réchauffement climatique pourrait donc aussi avoir pour effet de faire perdre à la côte d'Émeraude bretonne son si joli nom.

### Mollusques, poissons, cétacés… en danger

Beaucoup d'espèces risquent de pâtir à la fois de la diminution du phytoplancton et de l'acidification des océans ; du poisson constituant votre plat préféré au petit poisson-clown (blanc et orange), cher à Walt Disney dans son dessin animé *Le Monde de Nemo* ! Les carapaces des crabes, des homards et des coquillages et, plus généralement, l'écosystème marin en seraient affectés, et par conséquent le secteur de la pêche, ce qui mettrait en cause la sécurité alimentaire de milliards d'individus qui en dépendent.

La loterie du réchauffement climatique n'est pas au désavantage de tous : certaines espèces sont favorisées (le mérou en Méditerranée, les harengs de la mer du Nord…) et peuvent même présenter des développements « explosifs », comme c'est le cas pour les méduses. Ou bien on peut assister à des mortalités massives, telles que celles qui sont déjà constatées sur certaines espèces d'eau froide (gorgones), notamment du fait d'une recrudescence de maladies. Avec une inquiétude pour le krill, espèce de petit zooplancton d'eau froide (petites crevettes) et ressource unique de nourriture pour de nombreux cétacés.

## L'invasion des méduses

Qui n'a pas été piqué au moins une fois dans sa vie par les tentacules urticants de cette masse gélatineuse et flasque qu'on appelle « méduse » ? Avec cette désagréable sensation de brûlure qu'on essaye vainement de calmer en frottant avec du sable… Eh bien, si ça n'est pas le cas, ça ne saurait tarder… Car les méduses sont en train d'envahir nos océans. Pourquoi ? Parce que leurs principaux prédateurs disparaissent et que la pollution chimique peut parfois les favoriser, mais aussi tout simplement parce qu'elles se reproduisent à la vitesse grand V dans les eaux chaudes. Et comme l'océan se réchauffe, la prolifération est planétaire ! Comme le note Jacqueline Goy, une des spécialistes mondiales de la question, dans une interview donnée à *Libération* les 19 et 20 juillet 2014 : « avec le réchauffement climatique, l'expression “été à méduses” ne renvoie plus à grand chose puisque depuis le début des années 2000, toutes les années le sont ».

Ainsi au Japon, dans la baie de Wakasa où les pêcheurs ne mettent plus leurs filets de crainte de capturer la méduse de Numora, la plus grosse du monde avec ses 200 kilos. Aux États-Unis, dans la baie de Chesapeake sur la côte Est, où on relève plus de 500 000 piqûres de méduses par an ! En Grande-Bretagne, où des élevages de plusieurs milliers de saumons ont été décimés par des méduses rapaces. Dans la mer Noire et la Baltique, devenues des « soupes à méduses », selon les témoignages de pêcheurs. Enfin, tout autour de la Méditerranée : en Espagne où un drapeau indique leur présence, et en France où les plages peuvent être fermées en raison de leur afflux. Bref, un véritable cauchemar pour nous, un paradis climatique pour les méduses.

*« Le problème c'est que nous sommes des Terriens, et que personne ne veut entendre la voix des océans »,* disait le Dr Carol Turley du laboratoire marin de Plymouth. Leur voix pourrait se faire de plus en plus audible à mesure que leur état affectera les Terriens que nous sommes.

TÉMOIN DU CLIMAT

## Penina Moce, Fidji

### « La mer est en train d'éroder notre côte. »

Penina Moce, 43 ans, est marié et a cinq enfants. La famille vit à Udu sur l'île de Kabara dans les Fidjis. Elle a été nommée témoin climatique pour WWF lors d'une réunion de village en octobre 2004.

« Nous avons commencé à remarquer que les poissons et les coquillages que nous ramassions autrefois si facilement étaient de plus en plus difficiles à trouver. On trouvait également du corail vivant et coloré depuis le bord de plage jusqu'au récif. Mais maintenant tout est devenu blanc.

La mer érode lentement la côte. Nous attrapions suffisamment de poissons dans les lagons. Mais maintenant il nous faut aller beaucoup plus loin, et les femmes passent de plus en plus de temps dans l'eau. Les poissons mordaient rapidement maintenant nous pouvons passer plus d'une heure dans l'eau avant d'avoir une seule touche. Les poissons sont souvent minuscules. Pas assez pour un repas. L'un de nos préférés, le coquillage Gera, est maintenant très difficile à trouver.

Nous avons aussi remarqué que la mer est en train d'éroder notre côte et de ramener le sable sur nos lieux de pêche. Les algues gagnent également rapidement du terrain, retenant le flot naturel de l'eau à l'intérieur des lagons et enterrant le corail. »

# Chapitre 4

# Les forêts et le changement climatique

***Dans ce chapitre***

- Les forêts dans le monde
- Leurs bienfaits
- Leur bilan carbone
- Les forêts affaiblies

« Quand on plante un arbre, on change le monde ». Ainsi parlait Wangari Maathai, icône de l'écologie, prix Nobel de la Paix et malheureusement décédée en 2011. Cette Kenyane a consacré sa vie à la défense de l'environnement. Avec son Green Belt Movement (Mouvement de la ceinture verte), elle a fait planter 40 millions d'arbres, non seulement dans son pays mais sur tout le continent africain. Une façon efficace, selon elle, de lutter contre l'érosion des sols et la déforestation.

> *« Avec deux mains, on plante un arbre ; avec des milliers de mains, on plante une forêt. »*
>
> Wangari Maathai, 2006

Ce geste simple – planter un arbre –, nous l'avons tous fait ou rêvé de le faire : dans un jardin, pour la naissance d'un enfant, chez des amis chers, dans un parc public… Le chanteur Yannick Noah en a d'ailleurs fait un tube : « Aux arbres citoyens ! » Seulement voilà, cher lecteur des Nuls, en ce qui concerne l'impact sur le climat, rien n'est simple. Suivant les conditions de son exploitation, une forêt peut en effet, paradoxalement, être négative ou positive en carbone. D'autant plus que le fonctionnement des écosystèmes forestiers lui-même est désormais perturbé par le changement climatique. Mais n'ayez crainte, on va vous expliquer tout cela…

# La forêt et les forêts : état des lieux

Les arbres et la forêt, ce n'est pas la même chose. Vous pouvez planter un sapin, un chêne ou un olivier dans votre jardin, ça ne sera pas une forêt, mais ça peut être un début… Une forêt est un écosystème où habitent des milliers d'espèces de plantes, de mousses, de lichens, de champignons et d'animaux, dominé par des arbres d'espèces différentes en mélange, à tous les stades de leur vie. Toute sa richesse de situe dans leurs interactions et leurs spécificités. Les forêts couvrent près de 4 milliards d'hectares sur la planète, soit presque un tiers des terres émergées. Suivant la latitude, vous pourrez rencontrer :

- La forêt tropicale : la plus importante, la plus intacte et la plus menacée actuellement. Elle croît dans les régions tropicales et subtropicales. La température et l'ensoleillement y sont stables mais, en en fonction des précipitations, ces forêts peuvent être sèches (Nouvelle-Calédonie) ou humides (Amazonie).
- La forêt boréale ou taïga : composée de conifères et feuillus résistants à de basses températures, elle se situe au nord du 60e parallèle.
- La forêt tempérée : elle se développe sur les sols riches d'un milieu tempéré, avec les variations que ce type de climat engendre (pression, température, luminosité).
- La forêt méditerranéenne : elle se trouve, comme son nom l'indique, autour de la mer Méditerranée… mais également en Californie, Afrique du Sud, au Chili ainsi que dans le sud de l'Australie. C'est une forêt de conifères et de feuillus à feuilles persistantes (chênes, eucalyptus…).

Chez nous, en France métropolitaine, si la diversité des espèces qui vivent dans la forêt se porte fort mal, la forêt se porte bien d'un point de vue quantitatif puisqu'elle s'étale sur 16,1 millions d'hectares, plus les 8 millions d'hectares de forêt tropicale guyanaise ! Cependant, ce n'est pas le cas pour toute la planète.

Au niveau mondial, 13 millions d'hectares disparaissent chaque année. Soit l'équivalent des 4/5$^{e}$ de la forêt française. Disons que c'est un peu comme si un terrain de football disparaissait… toutes les deux secondes ! « Tic tac » dit l'horloge, « tchik tchak » répond la machette…

Même si ce processus est à l'œuvre un peu partout dans le monde, cette déforestation est surtout importante dans les grands bassins forestiers : en Amazonic, en Indonésie et dans un certain nombre de pays africains, autrement dit ceux qui sont justement parmi les plus précieux car ils recèlent des trésors de biodiversité. Les développements non contrôlés de l'industrie du papier mais surtout de monocultures liées à l'industrie agroalimentaire (soja, palmiers à huile…) en sont plus particulièrement responsables. Sans oublier l'exploitation de nombreux bois exotiques pour fabriquer parquets, meubles de jardin et autres objets de loisirs, pour lesquels ces bois si précieux ne sont pas toujours essentiels non plus.

Évidemment, tout le monde n'est pas logé à la même enseigne. La gestion des forêts est liée à de nombreux facteurs passant par la législation en cours jusqu'à l'état de pauvreté ou de richesse des populations. Certaines populations déshéritées sont bien obligées de trouver du bois à bon marché pour se chauffer ou faire bouillir la marmite. D'ailleurs, l'Europe est loin d'être à l'abri de ce genre de pratiques. Par exemple, en Albanie à la chute du régime communiste, même les arbres longeant les routes étaient coupés. Plus récemment, depuis l'aggravation de la crise économique, de nombreux Grecs se sont remis à couper du bois, tout simplement pour se chauffer dans un pays où même les immeubles récents sont équipés d'une cheminée. Raison de plus pour préserver nos forêts, car elles nous fournissent un matériau utile à bien des niveaux pour un coût modique !

LE SAVIEZ-VOUS ?

### Le minimum forestier français

C'est entre 1820 et 1860 que la forêt française a été le moins étendue, à cause du pâturage et du bois de chauffage, avant la généralisation du charbon et juste avant l'emploi du métal dans la marine. En effet, ça ne sera une surprise pour personne : à de rares exceptions près, le bois flotte. On a bien commencé par des pirogues et des radeaux, mais il fallut vite passer au calibre supérieur pour échanger, conquérir, découvrir, se battre… Sous Louis XIV, on aurait même pu qualifier ces navires de « forêts flottantes » car chacun de ces vaisseaux nécessitait plusieurs milliers de troncs (1 000 à 4 000) ! Ce sont donc les forêts qui ont été modifiées, en sélectionnant la plantation de certaines essences, pour assurer l'approvisionnement de centaines de milliers d'arbres sur les chantiers européens : c'est notamment l'avènement de multiples chênaies, car la structure générale des bateaux était en chêne, plus résistant. La forêt de Tronçais, par exemple, a été aménagée par Colbert pour fournir du bois de marine.

## Les bienfaits des forêts

Ces forêts ne sont pas seulement constituées de bois. Elles sont aussi un lieu de vie essentiel et un facteur d'équilibre pour la planète.

## L'eau des forêts

Vous l'avez compris depuis longtemps : entre les écosystèmes et le climat, c'est une longue histoire d'amour. La pluie et la forêt, par exemple, ne font pas que cohabiter : elles aussi sont liées ! Car les forêts régulent le climat par le cycle de l'eau : comme une immense éponge, elles filtrent les eaux et absorbent de grandes quantités d'humidité grâce à leurs racines. Elles redistribuent ensuite cette humidité par l'évapotranspiration au niveau des feuilles. C'est grâce à cela que chacun peut avoir ce sentiment de fraîcheur et d'oxygénation en venant s'y promener, surtout lors des grandes chaleurs d'été. En rejetant cette eau dans l'atmosphère, les arbres ont une influence directe sur le climat local et sur les précipitations. Les précipitations auraient ainsi diminué de 9 % sur l'Amazonie entre 1975 et 2003, du fait des variations de température des océans voisins, mais aussi à cause de la déforestation…

Avez-vous mis de bonnes chaussures de randonnée pour continuer à vous promener avec nous en forêt ? Tant mieux, car sinon vous risquiez de vous prendre les pieds dans ces magnifiques racines noueuses qui affleurent parfois un chemin. Pourtant, si vous trébuchez sur l'une d'entre elles, ne pestez pas trop vite. Grâce aux racines des arbres qui fixent la terre et qui pompent l'eau pour se nourrir, ces sols forestiers diminuent également les phénomènes de ruissellement et les risques d'inondation. Un phénomène dont on se rend compte, hélas trop tard, en cas de fortes pluies. Si la forêt a été déboisée, on a de fortes chances de voir apparaître à la fois des coulées de boues et la formation de torrents dévastateurs. Ainsi, en France, la dégradation au XIXe siècle des forêts en montagne et en Méditerranée provoqua de fortes inondations dans les plaines. Or, ces phénomènes pourraient s'accentuer du fait du changement climatique.

## Un refuge de biodiversité

Les forêts, ce sont des arbres, mais aussi tant d'autres plantes, oiseaux, insectes, champignons… C'est un formidable refuge de biodiversité, tant végétale qu'animale. Les forêts abritent 80 % de toutes les espèces animales et végétales terrestres connues, dont 50 % dans les seules forêts tropicales ! En France métropolitaine, environ 5 000 espèces vivent dans une petite forêt naturelle. Un seul arbre abrite plus de 100 habitants ! Dans les forêts modifiées par nos activités, beaucoup n'y trouvent plus leur place. Aujourd'hui, en France, à peine 1 % des forêts sont bien protégées pour la nature qu'elles accueillent.

La richesse d'un milieu en terme de biodiversité est cruciale pour le climat : à la fois pour le stockage du carbone mais aussi pour sa « résilience », c'est-à-dire sa capacité à continuer de fonctionner et à se restaurer pendant ou après une perturbation. Il est désormais prouvé que les écosystèmes riches en biodiversité sont plus résilients, et que les écosystèmes à haute teneur en carbone présentent souvent une biodiversité élevée.

## *Un refuge pour les hommes*

Pour les Français, la forêt c'est à la fois du bois, un lieu pour produire ou trouver sa nourriture ou ses matériaux de construction, etc., mais c'est aussi un lieu chargé de petites et grandes histoires, un lieu pour se ressourcer, où se croisent promeneurs du dimanche, VTTistes, joggers, cueilleurs de champignons, qui tous profitent d'endroits remarquables et magiques comme la forêt de Fontainebleau, avec ses rochers, celle du Tronçais, avec ses chênes plus que centenaires, ou encore celle de Brocéliande, avec ses légendes arthuriennes.

INSOLITE

### Une psy dans une forêt d'Ardèche !

Certains ne croient que ce qui est « scientifiquement prouvé », c'est pourquoi le WWF a confié, en 2011, une étude à Aurélie Monge, une psychologue environnementale – si, ça existe ! Elle a interrogé plus de 400 usagers (riverains, touristes, scientifiques) du bois de Païolive, une forêt ancienne qui s'étend sur 130 $km^2$, dominée par des rochers et des chênes et à proximité des gorges du Chassezac, dans le sud du département de l'Ardèche, afin de comprendre les motifs de la fréquentation de ce petit bois, par ailleurs si charmant, ainsi que la perception de certains facteurs clé de la richesse des forêts (le bois mort par exemple). Si la rencontre de biodiversité est largement sous-estimée – 50 espèces vivantes sont citées alors que 10 000 espèces y ont été inventoriées –, les sentiments de paix, de liberté, de magie et de dépaysement reviennent couramment dans les questionnaires rendus. Ce qui fait dire à notre psy que « le bois de Païolive semble être propice à la méditation, à la réflexion sur soi et sur le monde ». Notre expérience personnelle aurait tendance à prouver que le phénomène se reproduit dans la plupart des forêts lorsqu'elles sont bien gérées et ne ressemblent pas à des « usines à bois »…

Cependant, pour beaucoup d'êtres humains sur la planète, c'est avant tout un lieu de vie quotidien. On estime qu'environ un cinquième de la population mondiale dépend aujourd'hui des forêts pour sa subsistance quotidienne, soit 1,2 milliard de personnes. Certains en vivent (les forestiers par exemple), d'autres y vivent, y compris en France, notamment en Guyane où de nombreuses populations amérindiennes ou d'ascendance africaine en sont intrinsèquement dépendantes.

LE GESTE ANTI-$CO_2$

## Demandez le label FSC

Trois lettres « FSC », surmontées d'une coche se fondant dans un arbre : le FSC – Forest Stewardship Council – est un label apposé sur les produits issus de la forêt (meubles, ramettes de papier, panneaux de bois, noix du Brésil…) qui garantit que ceux-ci sont issus d'une forêt gérée de manière responsable et durable.

Il est délivré par des auditeurs indépendants qui vérifient sur le terrain que les exploitants tiennent compte à la fois du renouvellement de la ressource forestière, de la préservation de la biodiversité et du respect des droits et des coutumes des peuples autochtones.

Créé en 1993 après le sommet de la terre à Rio, le label FSC est soutenu par les principales ONG environnementales, dont le WWF.

# Le bilan carbone des forêts

Pour beaucoup de non avertis, l'équation est simple : « Si je pollue, je peux me racheter en plantant un arbre ! Il absorbera efficacement mes excès de gaz à effet de serre. Il suffit ensuite d'en aligner tellement que cela fera une forêt : nous serons sauvés ! » Il est vrai que les forêts du monde sont tout aussi indispensables à l'équilibre du climat sur Terre que les océans. Mais là où cela se complique un petit peu, c'est que, suivant les conditions de son exploitation, une forêt peut être soit un puits de carbone durable ou médiocre, soit une source de carbone. Un point important à préciser car vous savez que notre planète a déjà un « petit » problème d'excès de $CO_2$…

## Les forêts stockent et séquestrent du $CO_2$…

Une forêt est considérée comme un « puits de carbone » si elle absorbe davantage de dioxyde de carbone qu'elle n'en rejette. Un arbre puise dans l'atmosphère le $CO_2$ qu'il décompose pour retenir le carbone (C) et rejeter de l'oxygène (O). C'est le phénomène de photosynthèse, qui s'effectue au niveau des feuilles mais qui permet à l'ensemble de l'arbre de se construire. Tous les étages de la forêt participent à ce stockage du carbone : non seulement les arbres avec leurs troncs, branches, racines et feuilles, mais aussi la matière organique (litière et bois mort) et les sols.

IDÉE REÇUE

## Forêts et oxygène…

La plus vaste surface « intacte » de forêt tropicale se trouve dans le bassin de l'Amazonie, notamment au Brésil. Les forêts d'Asie du Sud-Est (particulièrement Indonésie), d'Afrique (bassin du Congo) et d'Amazonie sont considérées comme les trois « poumons verts » de la Terre. Mais contrairement à nos poumons qui ne font « que » respirer, les forêts jouent un double jeu : celui de la respiration (absorption d'oxygène et rejet de $CO_2$) qui fournit de l'énergie aux plantes, et celui de la photosynthèse (absorption de $CO_2$ et rejet d'oxygène) qui permet aux végétaux de se construire, mais ne peut avoir lieu que pendant la journée. C'est pour cette raison que l'on entend parfois dire que les plantes dans les chambres pourraient « asphyxier » les dormeurs… Dès lors qu'une plante est en bonne santé, la photosynthèse l'emporte haut la main, et elle produit beaucoup plus d'oxygène qu'elle n'en consomme pour sa respiration. Une forêt est donc une source d'oxygène, à l'inverse d'un poumon qui ne fait qu'en consommer.

Mais toutes les forêts ne stockent pas le carbone de la même façon. Les championnes dans cette catégorie sont les forêts tropicales humides, notamment parce qu'elles recèlent le plus grand volume de végétaux ligneux (ou de troncs) et malgré des sols pauvres en carbone. Dans les forêts boréales au contraire, près de 84 % du stock de carbone est enfoui dans les sols des tourbières boisées. Chez nous, les forêts tempérées ne sont pas en reste car, en regagnant des hectares chaque année, elles participent activement à la reconstitution de stocks de carbone : 53 % de ce carbone est ainsi stocké dans le sol et 47 % dans la biomasse (masse de matière vivante), d'après l'INRA. Les forêts anciennes sont celles qui recèlent les stocks de carbone les plus importants et durables, et les forêts jeunes, en pleine croissance, celles qui les absorbent le plus rapidement. Avantage de l'ancienneté sur la fougue de la jeunesse !

## *… mais peuvent en émettre aussi !*

Mais une forêt peut être considérée comme une « source de carbone » si elle rejette plus de dioxyde de carbone qu'elle n'en absorbe. Le dioxyde de carbone forestier est principalement rejeté lorsque les arbres brûlent (dans un incendie ou dans votre cheminée), ou dans le cas de perturbations comme les coupes rases ou les déforestations massives : les stocks de carbone accumulés notamment dans les sols forestiers peuvent être libérés. De fait, la déforestation et la dégradation des forêts (forêt dont le fonctionnement naturel est perturbé) sont à l'origine d'un cinquième des émissions de gaz à effet de serre. La déforestation à elle seule représente – rappelons-le – le troisième grand secteur mondial d'émissions de gaz à effet de serre liées aux activités humaines (17,4 %). Une autre certitude s'effondre : le salut ne viendra pas des forêts si on ne les respecte pas.

Attention néanmoins à ce qu'on lit parfois : les bois morts et les vieux arbres ne sont pas nocifs pour le climat ! En effet, lors de leur dégradation, ils ne font que relarguer une partie du carbone qu'ils ont accumulé toutes ces années : la majeure partie sera recyclée en tant que litière végétale, et est nécessaire à la croissance d'autres plantes qui stockeront à leur tour du carbone. Une forêt naturelle a besoin de bois mort pour nourrir et abriter la faune, pour enrichir son sol et soutenir sa productivité. Mais surtout leur apport pour la biodiversité est essentiel : ces vieux arbres représentent un micro habitat utilisé par des milliers d'espèces pour se nourrir, se reproduire, se protéger ou hiberner. Des espèces rares (rosalie des Alpes, pique-prune, gobemouche à collier, pic tridactyle, les noctules…) en sont dépendantes. Les insectes, champignons ou lichens se développent majoritairement sur les vieux arbres et arbres morts. Or, ils forment près de 75 % de la biodiversité d'une forêt naturelle.

D'ailleurs, parmi les principales causes du déclin de la biodiversité dans les forêts européennes, figure la disparition des très vieux arbres et du bois mort, laquelle menace la survie de 30 % des espèces forestières.

## Le compte des forêts est bon

Pour faire le bilan carbone d'un écosystème, c'est simple. Pas besoin d'être expert-comptable, il suffit de faire une soustraction entre la fonction « puits » de carbone et la fonction « source » de carbone. Si c'est positif, vous pouvez lui dire merci, si c'est négatif, il est grand temps de vous pencher sur les conditions de son exploitation. Les forêts absorbent entre 1 et 3 gigatonnes de carbone chaque année, grâce à leur croissance (pour rappel : une gigatonne représente la bagatelle d'un milliard de tonnes ). Mais une quantité quasi équivalente (2 Gt) est émise du fait de la déforestation. Bref, on ne peut pas compter sur elles pour assumer les 6 Gt de $CO_2$ émis par les activités humaines (hors déforestation) chaque année. Le plus simple serait bien sûr de stopper la destruction des forêts. Il y aurait là matière à un autre ouvrage « pour les Nuls ».

UN PEU DE TECHNIQUE

## Comment la gestion forestière oriente le bilan carbone ?

Les choix de gestion et leurs conséquences ne sont pas équivalents d'un point de vue du stockage du carbone et de l'adaptation aux changements climatiques, de même que pour l'économie et la biodiversité.

Le forestier choisit les essences privilégiées, les âges et les dimensions au moment de la coupe des arbres, notamment en fonction des produits recherchés (gros bois d'œuvre de qualité, petits bois pour l'industrie papetière ou l'énergie…). Or, on oppose souvent rentabilité économique, conservation de la biodiversité, optimisation du stockage du carbone et adaptation des forêts aux changements climatiques en cours. À y regarder de plus près, il y a plus de synergie qu'on ne le pense.

Ainsi, faire une gestion forestière « proche de la nature » conduit à produire plus de gros bois de bonne qualité à haute valeur économique pour le propriétaire, mais aussi permettant des usages en menuiserie et pour la construction d'habitat en bois par lequel le carbone du bois est stocké durant des décennies. Ce type d'exploitation est fait dans des forêts où l'on maintient en permanence un couvert forestier continu (pas de coupes rases), des gros et vieux arbres. Le stock de carbone en forêt est parmi les plus hauts ; seules les forêts non exploitées stockeraient plus. Cerise sur le gâteau, cela correspond aussi à l'optimum pour la conservation de la biodiversité, et ainsi à la capacité optimale d'adaptation aux changements à venir.

À l'inverse, les types de gestion les plus artificiels (monoculture, coupe rase, labour, plantation) conduisent à des forêts pauvres en biodiversité avec une part importante de produits de petites dimensions destinés à l'industrie ou à l'énergie. Le carbone de ces produits à rentabilité plus faible est relâché très rapidement sous forme de $CO_2$ après usage. Et si la croissance par hectare et par an est plus forte dans les jeunes années, le stock de carbone sur pied est deux à trois plus faible que le potentiel naturel.

Entre les deux, de multiples intermédiaires et nuances existent bien sûr. Rien n'est binaire dans la nature ou concernant les questions environnementales. Cela laisse au gestionnaire avisé toute latitude pour faire les bons choix et trouver les bons compromis au plus près des enjeux locaux de la forêt.

# *Le réchauffement climatique affaiblit les forêts*

Cette déforestation n'a pas seulement des impacts sur les arbres, mais aussi sur la multitude d'espèces végétales et animales qui vivent en interaction avec eux. Ces mêmes espèces qui ont aussi la capacité de stocker du carbone.

## Les arbres aiment le $CO_2$... mais pas le reste !

L'accroissement du taux de $CO_2$ dans l'atmosphère modifie le fonctionnement de tous les végétaux en agissant sur la photosynthèse. D'après le GIEC, deux fois plus de $CO_2$ pourrait entraîner 20 à 30 % de production photosynthétique supplémentaire dans les forêts. Soit : plus de $CO_2$ = plus de végétaux qui absorbent le carbone. « Magnifique !, vous réjouissez-vous déjà. Les forêts s'adaptent en conséquence des gaz à effet de serre : comme la nature est bien faite ! » Sauf que cette tendance peut être affectée, voire inversée, par des effets négatifs du changement climatique, tels que des températures excessives, des épisodes de sécheresse et les dépôts d'ozone entraînant pour l'écosystème forestier le dépérissement, l'aggravation des incendies, le développement des parasites et enfin la modification des essences et de la productivité. La nature est bien faite, tant qu'on la laisse fonctionner normalement et que la biodiversité équilibre les dégâts… D'après le GIEC, les facteurs d'affaiblissement de l'écosystème forestier seront particulièrement forts dans plusieurs régions du monde comme la forêt méditerranéenne, la forêt boréale et les forêts pluviales tropicales. Comme par hasard, des régions qui sont déjà en butte à une forte dégradation environnementale et qui recèlent la plus grande biodiversité.

## Le dépérissement des arbres

Les scientifiques commencent à observer les premiers effets du changement climatique : ils se caractérisent essentiellement par une chute ou une augmentation de la croissance des arbres. Certaines espèces d'arbres, bien avant l'automne, parfois même dès la fin du printemps, prennent subitement une couleur jaune ou orange, voire rouille. L'arbre perd ensuite rapidement son feuillage, ou ses aiguilles s'il s'agit d'un conifère. Puis l'écorce de l'arbre est atteinte et devient vulnérable à tous les organismes « mangeurs de bois ».

Historiquement, on a pu observer ponctuellement le même genre de phénomène lors de pluies acides par exemple. Aujourd'hui, ces phénomènes de dépérissement peuvent s'observer beaucoup plus largement, comme en Scandinavie ou au Canada où la forêt boréale est parfois déjà en concurrence avec la forêt tempérée, ou encore en Italie, Espagne ou dans le Midi de la France, où la forêt méditerranéenne se situe à mi-chemin de régions plus arides et d'autres plus tempérées. Le réchauffement des températures, la baisse des précipitations ou encore des épisodes de sécheresse prolongés peuvent y provoquer le dépérissement d'arbres même centenaires. Dans ces zones sensibles, où les changements climatiques accentuent la concurrence entre les espèces, les scientifiques parlent de « stress climatique ».

Les effets de ce stress accentuent les problèmes (un peu comme pour les humains, si on y réfléchit bien…). Ainsi, en Europe, lors de la sécheresse de 2003, les végétaux ont été moins actifs, voire détruits, ce qui s'est traduit par un rejet anormal de $CO_2$ dans l'atmosphère. À tel point que les forêts européennes ont ainsi déstocké l'équivalent de quatre années de séquestration de $CO_2$ !

INSOLITE

### La truffe menacée par le réchauffement

Les forêts fournissent des délices qui pourraient aussi être menacés par le changement climatique. La truffe noire française par exemple, champignon associé aux racines des arbres (notamment des chênes) a besoin de peu d'eau, mais au bon moment, c'est-à-dire au printemps et en août (orages). Fragile, elle n'apprécie guère les épisodes de sécheresse. Certains terroirs pourraient se déplacer plus au nord et la truffe du Périgord migrer dans les Alpes.

## Au feu !

Les grands feux de forêt que nous avons vus se développer de façon spectaculaire ces dernières années – en Russie, en Grèce, aux États-Unis mais aussi en France dans le Var et en Corse – ne sont pas dus au changement climatique *stricto sensu*. Mais leur aggravation oui…

### La menace de l'incendie

Les phénomènes induits par les changements climatiques – sécheresse, absence de pluies, dépérissement des arbres – aggravent certes ces incendies. Mais la bêtise suffit bien souvent à les déclencher : neuf fois sur dix, ils sont dus à la main de l'homme que ce soit par négligence ou volontaire.

Toute forêt est combustible. C'est pourquoi vous ne trouverez plus seulement les panneaux « Attention au feu ! » dans les forêts du Midi, mais à l'orée de chaque forêt de France et de Navarre, afin de prévenir des comportements aussi irresponsables que faire un feu ou jeter son mégot. À l'échelle planétaire, le bilan est lourd : 350 à 400 millions d'hectares de végétation sont brûlés chaque année, soit l'équivalent de la superficie de l'Inde ! Avec des conséquences terribles, notamment pour l'homme. Ainsi, la fumée des incendies de forêt et de brousse provoquerait déjà en moyenne 339 000 décès par an (Afrique subsaharienne et Asie du Sud-Est en tête). Or, le réchauffement climatique augmentera probablement l'inflammabilité et la violence des grands incendies à venir. Les grands feux de forêt qui ont ravagé la Russie durant l'été 2010 ou encore l'Australie en 2013 en sont, peut-être, un avant-goût. Un goût de brûlé…

LE SAVIEZ-VOUS ?

## Un tiers de la forêt française menacé par le feu

Environ un tiers de la forêt française, soit 5,5 millions d'hectares, est classé « sensible aux feux de forêt ». C'est l'Office national des forêts (ONF) qui le dit, soufflant le chaud et le froid. En effet, il livre une « bonne nouvelle » : grâce aux actions de prévention, la surface moyenne brûlée chaque année a régressé, passant de 45 000 hectares (période 1976-1990) à moins de 20 000 hectares (période 1991-2009). C'est toujours trop, bien sûr, surtout lorsque ces feux sont importants et sévissent aux mêmes endroits, dans des lieux où la biodiversité est riche (forêts méditerranéennes). Plus inquiétant encore, la « mauvaise nouvelle » qui suit : les surfaces forestières menacées par le feu pourraient croître de 30 % d'ici 2040, en raison du changement du climat prévisible.

### *Quand Moscou brûle ou presque…*

Que s'est-il passé, en effet, en Russie en juillet et août 2010 ? On pourrait appeler cela un « cas d'école climatique », si ce n'était aussi tragique. Quand on étudie de près les causes qui ont provoqué ces gigantesques incendies, on s'aperçoit que tous les ingrédients d'une vaste catastrophe étaient réunis : d'abord ces feux coïncidaient avec la plus forte canicule jamais enregistrée en Russie, jusqu'à 40 °C pendant plusieurs semaines. Du jamais vu en 130 ans selon l'Organisation météorologique mondiale (OMM) ! Ensuite, ils se sont répandus à vitesse grand V à cause de l'assèchement de tourbières, omniprésentes dans le centre du pays et autour de Moscou : un réservoir énorme de carbone prêt à flamber à la moindre étincelle. Ajoutez-y l'incurie du système de secours – toutes les pompes à eau des canaux d'irrigation ayant été volées – et vous obtenez une version climatique du cocktail Molotov.

Le bilan des incendies est en tout cas affligeant : 200 000 hectares de forêt ravagés, plus de 2 000 personnes sans domicile à cause de l'incendie de leur maison, un tiers de la récolte de céréales anéantie, une mortalité augmentée de 50 % en juillet à Moscou, un coût total estimé à 11 milliards d'euros (environ 1 % du PIB russe). Autant dire que le traumatisme fut grand. D'autant plus que les fumées toxiques provoquées par les incendies avaient recouvert d'un immense brouillard grisâtre la capitale moscovite pendant plusieurs semaines.

On ne peut qu'espérer que cette catastrophe majeure aura au moins servi à ouvrir les yeux… sinon elle risque bien de se répéter à la prochaine canicule.

> *« Un réchauffement de 2 à 3 °C ne serait pas trop grave et peut-être même bénéfique : on dépenserait moins pour les manteaux de fourrure et les vêtements chauds ! »*
>
> Vladimir Poutine, président de la Fédération de Russie, 2003

## Les forêts ivres

Un jour, comme dans la chanson, vous avez peut-être voulu construire « votre cabane au Canada », dans le Grand-Nord canadien. Dépêchez-vous alors, car les nombreuses essences des arbres présents dans l'immense forêt canadienne risquent de connaître de nombreux bouleversements.

En effet, au Canada, comme dans la taïga sibérienne, la fonte du permafrost a des conséquences étendues : les sols s'affaissent. De fait, non seulement les routes et maisons risquent l'effondrement mais le dégel sur plusieurs mètres de profondeur de cette couche qui contribue à fixer les racines des arbres les fait pencher selon des angles improbables, voire tomber. Ces « forêts ivres », ainsi qu'on les nomme – rien à voir avec le taux d'alcoolémie supposé des habitants de ces contrées –, forment alors une sorte de mikado géant, inextricable, qui ne facilite la vie ni aux animaux ni aux populations vivant de la forêt, provoquant le déplacement de ces personnes.

## Les arbres « déménagent »

Comme si cela ne suffisait pas, pour résister aux nouvelles conditions climatiques, les forêts se déplacent ! Après les forêts ivres, vous vous demanderez peut-être si les auteurs de cet ouvrage ne trouvent pas l'inspiration au fond d'un verre en matière recyclée. Et pourtant, c'est logique : les différentes essences d'arbres trouvent des terrains plus ou moins favorables à leur développement selon le climat, le sol, etc. Leurs petites graines s'implantent plus ou moins facilement au nord ou au sud, selon les conditions. Ainsi, dans le pire des scénarios du réchauffement climatique, les experts du GIEC prévoient un déplacement global des arbres vers le nord au rythme de plus de 10 kilomètres par décennie.

Un exemple ? Dans le sud de l'Ontario, le Québec et les provinces maritimes, les forestiers canadiens prévoient, d'ici 2100, le déplacement des arbres feuillus de 250 à 600 kilomètres vers le nord. Il va falloir monter votre cabane sur roulettes… Selon les données climatiques prévues, même le sapin baumier pourrait disparaître de la Nouvelle-Écosse et de la majeure partie du

Nouveau-Brunswick – là où vivent nos cousins les Acadiens – pour aller se réfugier jusque dans le nord-est du Québec et même au Labrador !

Plus proche de chez nous, à terme, les forêts françaises ne ressembleront plus à ce que nous connaissons aujourd'hui principalement du fait des changements climatiques. De même qu'elles sont différentes de celles de nos arrière-grands-parents, du fait cette fois de la déprise agricole du xx^e siècle. À l'horizon 2100, certaines espèces comme le hêtre pourraient connaître une croissance ralentie ou disparaître des régions les plus sèches. De même pour le chêne pédonculé ou le sapin. Dans les forêts du centre de la France, le chêne pédonculé régresse déjà sur certains sols face à d'autres essences. Quant aux espèces adaptées à la chaleur et à la sécheresse, comme le chêne vert, espèce emblématique du pourtour méditerranéen, il pourrait profiter du réchauffement moyen de 2,5 °C et couler des jours heureux au nord de la Loire ! La composition des forêts sera alors le fruit d'un nouvel équilibre, résultat de la compétition entre les espèces d'arbres les mieux adaptés au nouveau climat. Mais rien ne sert d'anticiper trop vite sur ces changements : la clé est dans la préservation de la capacité d'adaptation des forêts, d'autant plus forte quand les forêts sont bien préservées. Leur biodiversité est une assurance-vie cruciale en la matière. À Paris, la municipalité a introduit des essences plus rustiques ou à caractère méditerranéen, comme le micocoulier, le chêne vert, le poirier de Chine ou encore le lilas des Indes.

Ces changements d'essences ne modifient pas seulement notre paysage : ils pourraient, dans certaines conditions, aggraver le réchauffement climatique. Ainsi, les forêts boréales, au nord, seront les premières victimes de l'augmentation des températures, plus importante vers les pôles. Pour trouver un peu de fraîcheur, elles progresseront vers le nord tandis qu'au sud elles mourront ou seront remplacées par des essences de zones tempérées. Ces forêts remplaceraient petit à petit la toundra, affaiblissant le rayonnement solaire renvoyé dans l'espace (une forêt renverra moins l'énergie du soleil qu'une surface plane enneigée) et participant ainsi à l'accroissement global des températures ! Si vous voulez briller en société, vous pourrez rappeler que cela s'apparente à une sorte d'effet albédo à l'envers.

## Certaines espèces en profitent

Vous l'aurez compris, le changement climatique est un facteur aggravant de la dégradation des forêts. Leur capacité d'adaptation est d'autant plus faible. Mais il existe, pour les espèces, une multitude de solutions pour y faire face ou du moins pour s'adapter, parmi lesquelles il faut souligner les corridors écologiques. Prenons l'exemple du pique-prune, ce scarabée protégé à l'échelle européenne. Si le hêtre qu'il occupe disparaît, il trouvera refuge dans un vieux chêne qui lui offrira une cavité équivalente et du bois mort pour se nourrir. Mais, contrairement au changement climatique qui progresse rapidement, ce simple saut d'un hôte à l'autre demande des très vieux chênes à proximité, ce qui est rare en France où les forêts sont globalement jeunes du fait de l'histoire passée. Il est donc impératif de penser dès à présent à restaurer une trame verte et les vieux bois le plus rapidement possible.

Tout le monde ne pâtira pas du changement climatique. Par exemple, de nombreux insectes et autres champignons ont déjà mis leurs serviettes autour du cou, se préparant à se régaler. Car rien n'est plus délicieux pour eux qu'un arbre affaibli. Miam miam.

Au Canada, la « tordeuse des bourgeons de l'épinette » – un nom qui sonne comme « Massacre à la tronçonneuse » pour l'insecte le plus destructeur des conifères en Amérique du Nord – se voit prédire un avenir radieux. Ses attaques pourraient durer six ans de plus et augmenter la défoliation de plus de 15 %. Autrement dit, il y aurait 15 % de feuilles – ou plutôt d'aiguilles dans le cas des sapins et épinettes – en moins.

La spongieuse, une chenille plutôt envahissante, se régale quant à elle des tendres feuilles de la forêt feuillue tempérée du nord-est de l'Amérique du Nord, et se voit promettre pas moins de 95 millions d'hectares d'augmentation de son aire de répartition. En France, l'encre du chêne (un champignon pathogène, pour l'instant limité par le froid hivernal) et l'oïdium (bien connu des jardiniers et des agriculteurs) se sont mis à deux pour commencer à dévorer les splendides chênes pédonculés du territoire national.

Mais celle qui se frotte sans doute le plus toutes ses paires de pattes, c'est la redoutable chenille processionnaire du pin… Sans doute avez-vous déjà eu affaire à elle ; surtout si, par un bel après-midi d'été, vous vous êtes allongé négligemment au pied d'un beau pin maritime. Et en vous réveillant, vous vous êtes mis à vous gratter un peu partout, en proie à une furieuse démangeaison. Car, la chenille processionnaire du pin n'est pas qu'une dévoreuse de ce conifère, elle est aussi hautement urticante.

Elle est pourtant plutôt drôle à voir, recouverte de tous ses poils et progressant en file indienne, mais l'expansion de son aire de répartition l'est beaucoup moins.

Cantonnée au Sud il y a encore une vingtaine d'années, elle a franchi la Loire au début des années 1990 en raison d'une succession d'hivers de moins en moins froids. Véritable témoin du changement climatique, sa progression continue, notamment le long des autoroutes où l'on peut apercevoir son nid en cocon filandreux dans les branches des pins. Un rien « optimistes », les chercheurs de l'INRA ne pronostiquaient son arrivée en Île-de-France qu'en 2025. Perdu ! Elle est déjà solidement implantée au Parc Floral de Vincennes et dans le parc du château de Versailles où, chaque été, les panneaux « pique-nique interdit » ont poussé un peu partout comme des champignons… urticants.

Les forêts sont proches de nous, géographiquement, historiquement, symboliquement. Avec elles, le changement climatique se fait de moins en moins abstrait. Ce n'est pas seulement une espèce isolée ou un équilibre invisible qui est remis en question par le changement climatique, mais nos balades du dimanche, l'esthétisme de notre environnement direct, notre histoire… Bref, notre confort autant que nos ressources économiques. Cela aidera, peut-être, à notre prise de conscience.

# Chapitre 5

# L'eau douce et le changement climatique

***Dans ce chapitre***

- Une eau précieuse
- Vers une augmentation du stress hydrique
- Menaces sur les zones humides

Depuis le chapitre sur les océans, vous savez que 97,4 % de l'eau présente sur terre est de l'eau de mer. Et comme vous êtes très fort en calcul, vous en avez déduit que les 2,6 % restant étaient constitués par de l'eau douce. Bravo ! Mais 2,6 % ce n'est pas beaucoup, surtout pour un bien aussi vital. Et indispensable dans la vie des hommes pour boire, se laver, arroser, irriguer, et tant d'autres choses. D'où l'importance de préserver ce que de nombreuses voix à travers le monde voudraient faire reconnaître comme « un bien commun de l'humanité ».

Mais là aussi, le changement climatique peut entraîner de sérieuses perturbations, pas forcément simples à comprendre car ses deux conséquences principales sur l'eau douce peuvent être rigoureusement à l'opposé : d'un côté une hausse des précipitations, de l'autre des sécheresses aggravées. Comment est-ce possible ? Suivez-nous…

## À la source de l'eau douce

Pour la plupart d'entre nous, l'eau dans la nature se répartit entre celle qu'on prend sur la tête, celle dans laquelle on marche et celle dans laquelle on se baigne… Son rôle est évidemment un peu plus complexe que ça, d'autant qu'elle ne se limite pas à celle que l'on voit.

## L'eau douce, une ressource précieuse

Si « tout ce qui est rare est cher », alors l'eau douce est un bien inestimable, une sorte « d'or bleu », surtout lorsqu'on sait que l'eau facilement accessible aux êtres humains ne représente qu'un dixième de ces 2,6 %. Autrement dit, nos besoins les plus vitaux dépendent de 0,26 % de l'eau présente sur Terre. Mais impossible de l'enfermer dans un coffre-fort, façon Picsou. En effet, ces 2,6 % sont constitués à 70 % des calottes glaciaires et des glaciers qui, comme nous l'avons vu, peuvent fondre comme neige au soleil à cause du réchauffement climatique. Il faut donc nous intéresser de plus près au petit tiers restant de ces 0,26 %, composé en quasi-totalité par les eaux souterraines – très précieuses en matière de réserves d'eau potable –, et au reste, c'est-à-dire ce que nous voyons le plus : les lacs, les fleuves, les rivières… Sans oublier les zones humides (mangroves, tourbières, marais…), lieux de transition essentiels entre l'eau et la terre : un petit monde très fragile et déjà menacé par de nombreuses pollutions et destructions.

## Les nappes phréatiques, trésors en sous-sols

Mais une grande partie de l'eau douce est quasi-invisible, hors des lacs et autres zones humides. En effet, lorsqu'il pleut, une partie des précipitations s'infiltre dans les sous-sols de notre bonne vieille planète et va remplir les « nappes phréatiques » (ou « nappes aquifères »). Ce phénomène est constamment évoqué par les météorologues pour consoler tous les frustrés de soleil.

Ces eaux souterraines, qui constituent un précieux réservoir d'eau, sont en première ligne du changement climatique. En effet, leur remplissage peut prendre des années selon la nature du sol (calcaire, sable, granit…). Ce processus permet de réguler les flux d'eau dans la nature, mais il sera de moins en moins efficace si les périodes de sécheresse durent des décennies…

Avez-vous la moindre idée de ce à quoi ressemblent ces fameuses nappes ? Certains imaginent un énorme lac souterrain. Ce peut être le cas lorsqu'il s'agit de nappes fossiles, piégées sous une couche de terre, mais celles-ci ne se rechargent plus et n'ont donc pas de lien direct avec la météo. Celles dont nous parle le présentateur météo Louis Bodin sont en fait une réserve d'eau contenue dans les fissures du sous-sol à une faible profondeur relative (entre 2 et 60 mètres). Un véritable réseau qui stocke environ 95 % de l'eau douce terrestre. Une grande partie (entre 25 et 40 %) de l'eau que nous consommons est issue de ces nappes. D'où l'importance d'avoir des précipitations régulières !

En France, les deux plus grandes nappes se trouvent l'une dans la Beauce et l'autre dans la Plaine du Rhin, où elles doivent être préservées de la pollution, essentiellement agricole dans ces régions (pesticides et engrais).

# Le cycle de l'eau très perturbé

Toute cette eau douce additionnée représente tout de même environ un volume de 40 000 km$^3$. Si on le divise par le nombre d'habitants de la planète – 7 milliards tout de même depuis fin 2011 –, on arrive à une quantité potentielle de 5 700 m$^3$ par habitant et par an. Or, selon l'ONU, une situation de « stress hydrique » commence en dessous de 1 700 m$^3$ disponibles par habitant par an, seuil déjà atteint par un tiers de l'humanité.

## L'eau « stresse » aussi

Cette fois-ci, ce n'est pas l'eau elle-même qui est « stressée », mais plutôt ceux qui en dépendent (humains, animaux, végétaux…) lorsqu'ils ont un accès insuffisant à une eau de qualité pour répondre à leurs besoins. Lors des périodes de stress hydrique, non seulement des problèmes de quantité d'eau se posent (surexploitation des eaux souterraines, rivières asséchées, etc.) mais aussi de qualité. Car plus la quantité d'eau est faible, moins elle est capable de venir à bout des pollutions, chimiques ou organiques, qu'elle charrie. En outre, lorsqu'une rivière, proche de l'embouchure avec la mer, est à sec d'eau douce, c'est souvent l'eau salée qui avance, stérilisant les terres sur son passage.

### De l'eau oxygénée

L'oxygène dans l'eau permet de venir à bout de bien des points noirs… En effet, dans un écosystème aquatique, l'oxygène et le carbone qui s'y dissolvent sont indispensables à la vie. Ce dernier sert à la croissance des plantes et du phytoplancton, et l'oxygène fait le bonheur des poissons ! Or, un réchauffement des températures peut entraîner une moins bonne oxygénation des eaux, notamment parce que l'eau aura dissous plus de carbone issu de l'atmosphère surchargée en $CO_2$. Ce carbone profite au développement de végétaux (algues…) qui pomperont en retour tout l'oxygène de l'eau pour leur croissance ! Un cercle infernal que n'arrange pas l'afflux de nitrates issus des pollutions agricoles, fournissant encore plus de matières au développement de ces végétaux. Au grand malheur des poissons, mais aussi de nous autres baigneurs.

## Sécheresses et stress hydrique : des menaces pour l'homme

Il n'est pas très difficile de comprendre que pour avoir de l'eau douce et potable mieux vaut vivre sous un climat tempéré (en France, par exemple) qu'en plein désert (dans le Sahara). Mais cette constatation de bon sens ne prend pas en compte d'autres inégalités géographiques. Ainsi, si l'Asie concentre 60 % de la population mondiale, elle ne dispose que de 30 % des ressources en eau de la planète. Que dire encore d'autres inégalités entre d'une part les différentes mégapoles mondiales (Shanghaï, Le Caire, Mexico…) qui accaparent l'eau et d'autre part les zones rurales environnantes, en manque de tout. Ou encore de ce gaspillage éhonté dans des villes totalement artificielles comme Las Vegas, construite en plein désert, avec une consommation évaluée à plus de 400 litres d'eau par jour et par habitant, soit environ 3 fois la consommation moyenne d'un Français, lequel n'est pas connu pour son caractère économe à ce niveau.

Mais l'indécence apparaît surtout au regard de nombreux villages africains où la population tente de survivre avec à peine 5 litres d'eau par jour. Essayez de vivre avec 5 litres par jour : vous ne pourrez même pas tirer votre chasse d'eau… 1 milliard d'êtres humains n'ont pas accès à l'eau potable, 2,6 milliards n'ont pas accès à un assainissement de base et, par voie de conséquence 1,7 million de personnes dont de nombreux enfants meurent chaque année de maladies liées à la qualité de l'eau (choléra, diarrhées, hépatite…) selon l'OMS. L'eau insalubre est même à ce titre la première cause de mortalité dans le monde.

À l'heure actuelle, 45 pays vivent déjà dans une situation de « stress hydrique », mais, d'ici 2025 (autrement dit : demain !), la part de la population vivant dans ces zones risque d'augmenter fortement et ce sera plus d'un être humain sur trois qui sera alors affecté, selon l'ONU, qui fait de la résolution de ce problème l'un de ses « objectifs du millénaire ». Or, les effets du changement climatique ne vont pas arranger cette situation déjà critique. En 2025, plus de 2,8 milliards d'êtres humains pourraient être soumis au « stress hydrique ».

TÉMOIN DU CLIMAT

## Marush Narankhuu, Mongolie

### « Notre lac s'est évaporé en 4 ou 5 ans. »

« Mon nom est Marush Narankhuu ; j'ai 67 ans. Ma terre natale est Tsagaangol (Rivière blanche) dans le sum de Chandmani de l'aïmag de Hovd, en Mongolie.

Je suis bouvier, pratiquement depuis ma naissance, et je ne suis jamais allé à l'école. J'ai eu 14 enfants, dont 4 sont bouviers, les autres sont allés vivre en ville.

Autrefois, il y avait énormément de mouches et de moustiques autour du Lac Khar Us (Eau noire) et donc, nous passions les étés dans les montagnes. Cet endroit était très beau au temps de ma jeunesse. Il y avait de l'herbe partout ; les saisons étaient superbes et riches. Les bouviers venaient des plus proches "sum" (provinces), Mankhan, Chandmani et Zereg pour faire paître leurs troupeaux. Nous menions une vie paisible autour de notre lac.

L'eau arrivait jusqu'à l'herbe sèche autour de cette partie du lac, l'herbe était inondée. Mais le niveau de l'eau a considérablement baissé et maintenant le bétail ne peut plus s'y désaltérer.

Le lac Khar Us s'est considérablement évaporé depuis ces quatre à cinq dernières années. Même les petits puits se sont asséchés. Il y avait de nombreuses petites mares autour du lac, il n'en existe plus aucune. Cette terre n'était que de l'eau autrefois, maintenant des "ger" (yourtes) sont construites dessus. Quand il y avait abondance d'eau, on ne trouvait pas de boue autour. Avant la boue n'était pas un problème pour nous dans cette région mais maintenant le bétail s'enlise et meurt.

La glace qui était permanente au sommet de la montagne Jargalant ne cesse de fondre depuis deux ou trois ans. Heureusement, seule une petite quantité de glace a disparu mais nous ne sommes pas certains que cela va se poursuivre. Il y avait aussi un glacier dans la vallée de Rashant qui est en train de fondre.

La température hivernale est également en train de s'élever. Il y a moins de neige en hiver et on trouve de moins en moins d'humidité dans la nature. Cela fait deux ans que l'herbe ne pousse plus dans le Jargalant.

Cette année, il y a encore moins de végétation et le bétail s'affaiblit. De façon générale, la situation ne nous est pas favorable. Notre bien-être dépend entièrement de la nature et du temps qu'il fait.

Je crois que le gouvernement devrait prendre d'importantes mesures pour améliorer la situation. Je ne suis pas sûr qu'ils peuvent améliorer le taux d'humidité ou mettre fin à la sécheresse. Néanmoins il y a beaucoup de choses qui pourraient être faites au niveau international mais aussi au niveau de projets locaux pour nous aider à surmonter ces difficultés et à trouver la paix. »

## L'aggravation des extrêmes climatiques

Ce « stress hydrique », inégalitaire et tragique selon le pays ou le climat local, pourrait hélas s'aggraver de 20 % à l'échelle de la planète, en raison de l'augmentation des extrêmes climatiques, avec à la fois plus d'eau et… moins d'eau, selon l'endroit de la planète où l'on se trouve. Il est vraisemblable qu'il pleuvra encore plus dans les zones déjà humides (les zones tropicales, notamment celles peuplées de l'Asie de l'Est et du Sud-Est), avec des risques accrus d'inondations, et que, parallèlement, les épisodes de sécheresse seront plus marqués dans de nombreuses zones déjà arides (le bassin méditerranéen, l'ouest des États-Unis, l'Afrique Australe et le nord-est du Brésil).

« Une tornade aux États-Unis : est-ce la faute du changement climatique ? Des pluies diluviennes en Thaïlande : est-ce-la faute du changement climatique ? Une famine en Afrique : est-ce la faute du changement climatique ? » Telles sont les questions récurrentes posées par les médias à chaque catastrophe dite « naturelle ». Aujourd'hui, on peut « probablement » y relier certains événements extrêmes comme l'augmentation des vagues de chaleur mais aussi des pluies torrentielles. Vous reconnaissez là la prudence du GIEC qui note une probabilité supérieure à 66 %. Mais pour d'autres scientifiques, c'est plus que « probable » ! Une étude anglaise de Pardup Pall de l'université d'Oxford, publiée dans la revue *Nature*, montre que les pluies diluviennes qui se sont abattues sur le pays durant l'année 2000 étaient dues, 9 fois sur 10, à l'augmentation des gaz à effet de serre anthropiques. D'ailleurs, en 2014, le GIEC, quoique toujours aussi prudent, souligne que les phénomènes climatiques extrêmes (vagues de chaleur, extrêmes pluviométriques ou encore l'inondation des zones côtières) deviendront de plus en plus élevés avec un réchauffement additionnel de 1 °C.

Et en août 2014, les experts réunis lors du congrès de l'Organisation météorologique mondiale (OMM) ont tiré la sonnette d'alarme sur les perturbations à venir dans les transports. Selon eux, d'ici à 2050, les passagers des avions passeront deux fois plus de temps de vol dans les turbulences et les navires devront parfois affronter des vagues géantes de 40 mètres de hauteur !

## Un nouvel échelon dans la classification des cyclones ?

Le super typhon Haiyan, qui a frappé les Philippines le 8 novembre 2013, causant des milliers de morts, a été l'un des plus puissants cyclones tropicaux de l'histoire récente. À tel point que des scientifiques plaident désormais pour l'ajout d'un échelon dans la classification des cyclones, établie selon l'échelle de Saffir-Simpson (l'équivalent de celle de Richter pour les tremblements de terre). En effet, avec des rafales mesurées à plus de 380 km/h (!!!) sur les côtes philippines, le typhon Haiyan dépasse de plus de 100 km/h le dernier échelon prévu, la catégorie 5 dans l'échelle de Saffir-Simpson fixée pour des vents supérieurs à 252 km/h.

Les mêmes remarques avaient été faites après l'ouragan Sandy qui avait, en 2012, dévasté Haïti et la côte est américaine. Ce qui a fait dire à Naderev Sano, le délégué philippin, en larmes lors de l'ouverture de la conférence de 2013 sur le changement climatique organisée par les Nations-Unies à Varsovie quelques jours après le typhon Haiyan : « Il faut prendre des mesures très fortes pour que les super-typhons ne deviennent pas monnaie courante. »

## *Des épisodes de pluie plus violents et plus fréquents*

C'est paradoxal, et c'est toute l'injustice des changements climatiques : si d'un côté certaines zones du globe feront plus souvent face à des épisodes de sécheresse (zones subtropicales), d'autres seront affectées par des précipitations de plus en plus marquées (latitudes plus élevées). À cela s'ajoutent les « épisodes climatiques extrêmes », connus pour leurs fracassants cyclones, ouragans, et autres pluies diluviennes, avec leur redouté corollaire : les inondations.

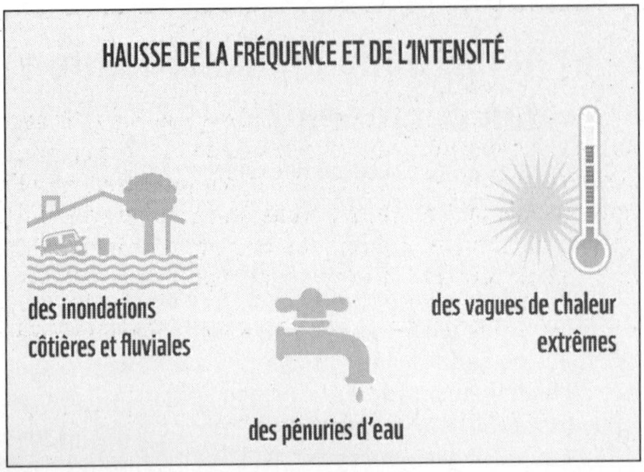


**Figure 5-1 :** Impacts du changement climatique

### *Des inondations aux conséquences catastrophiques*

Les inondations peuvent être liées à l'élévation du niveau de la mer, ou des cours d'eau, elle-même généralement liée à un événement extrême. Le GIEC reste très prudent sur le lien direct entre les cyclones et le changement climatique, mais ces phénomènes – de plus en plus fréquents et forts – se cumulent avec l'endiguement massif, la disparition des zones humides, la suppression des bocages, la construction dans des zones inondables, etc., qui restreignent les zones d'expansion naturelles des fleuves, quand ils ne les suppriment pas. Cette « artificialisation » des fleuves et des sols rend chacun de ces événements climatiques, et notamment chaque crue, de plus en plus catastrophique.

## Bangkok, une mégalopole sous les eaux

En octobre 2011, l'immense mégalopole thaïlandaise et ses douze millions d'habitants se sont retrouvés submergés par les eaux pendant plus d'un mois. La conjonction de très abondantes pluies, qui ont provoqué la crue du fleuve Chao Praya dans les plaines centrales du pays, et de grands coefficients de marée dans le golfe de Thaïlande. La menace atteignit un tel point que les autorités ont failli donner l'ordre d'évacuation du centre-ville, les inondations ayant totalement envahi les quartiers nord et ouest, ainsi que l'un des aéroports.

Il a fallu attendre la décrue pour compter les victimes : 500 morts dans l'ensemble du pays. Les dégâts sont estimés à 2,5 milliards de dollars ; plus d'un demi-million de personnes ayant été mis au chômage technique. Même si on trouve trace d'autres inondations de Bangkok dans les siècles précédents, la dernière en ...

...

date pourrait être « un avertissement d'un plus grand malheur » selon plusieurs scientifiques. En effet, Anond Snidvongs, expert du changement climatique à l'université Chulalongkom de Bangkok, estime que si rien ne change, dans 50 ans, la majorité de Bangkok sera en dessous du niveau de la mer. D'abord à cause de l'affaissement régulier du sol de la capitale, construite dans une plaine inondable, mais aussi d'une élévation prévue de 19 à 29 cm du niveau du golfe de Thaïlande d'ici à 2050. Réchauffement climatique oblige...

La liste des catastrophes liées aux inondations est d'ores et déjà impressionnante :

- 1993, Mississippi : 41 morts, 5 000 personnes évacuées, 10 milliards de dollars de dégâts ;
- 1995, Rhin : 250 000 personnes évacuées aux Pays-Bas, 300 millions d'euros de dégâts ;
- 1997, Oder : 56 morts, 150 000 personnes déplacées, 2 milliards d'euros de dégâts ;
- 1998, Yangze : 4 000 victimes ; 30 milliards d'euros de dégâts ;
- 2002, Elbe : 33 000 personnes évacuées, 15 milliards d'euros de dégâts ;
- 2005 : violente mousson dans l'État du Marasthra (ouest de l'Inde), plus de 1 000 morts et des milliers de sans-abri ;
- 2010 : violente mousson au Pakistan, plus de 1 500 morts, un million et demi de personnes sans abri.
- 2013 : crues du Danube, Vlata et Elbe : 10 morts, des milliers de personnes évacuées dans le sud-est de l'Allemagne et le centre de l'Europe, 11,7 milliards d'euros de dégâts.
- 2014 : tempêtes à répétition en Bretagne et dans le Var : trois morts, 100 000 déclarations de sinistres, plus de 300 millions d'euros de dégâts.

### Une pollution aquatique plus importante

Les inondations ont aussi des effets secondaires importants : elles contribuent notamment à disperser les polluants. Ces polluants peuvent être d'ordre biologique (boues) ou d'ordre chimique. En effet, les cours d'eau bordent les activités humaines et en sont souvent le réceptacle : de nombreux groupes de substances toxiques sont ainsi déjà charriés par les cours d'eau à cause de certains rejets et déchets agricoles, industriels, domestiques et urbains.

La plupart de ces substances toxiques se retrouvent actuellement à faible dose dans l'eau ou dans les sédiments, mais chaque crue peut à la fois davantage les diluer dans l'eau (c'est positif) mais aussi les disperser et les remettre en suspension (c'est négatif). De plus, ces crues drainent leur lot de surprises : la cuve de pesticides qui se renverse, l'usine pétrolière affectée, la centrale électrique en déroute, etc. Chacune déversant ses liquides polluants dans les eaux qui se répandent sur des kilomètres à la ronde.

Ces crues correspondent à des moments particuliers de la vie des cours d'eau. Mais au quotidien, ces polluants pourraient aussi être libérés par les événements liés au changement climatique. Dans les régions qui connaîtront plus de pluies, les polluants des sols (pesticides…) seront lessivés vers les cours d'eau tout en accumulant les polluants issus de l'air qui s'y déposeront, entraînés par les gouttes. Parallèlement les régions sujettes à une réduction des précipitations pourraient voir les polluants rejoindre l'atmosphère, par « évaporation », de façon plutôt limitée mais – ça aurait été trop beau – avec une hausse de la pollution de l'air dans les zones urbanisées.

Les conséquences des polluants cumulés au changement climatique se feront sentir sur la flore, la faune, les activités et la santé humaine, à court, moyen ou long terme. Les effets des polluants sont encore trop peu documentés : si l'on en connaît les effets aigus (ingestion directe : réaction directe), leurs effets ne sont pas toujours bien connus sur le long terme (implications dans le déclenchement de cancers, perturbations hormonales, allergies, etc.). En outre, on connaît mal les interactions possibles entre ces polluants et d'autres facteurs. Or, la combinaison de la pollution chimique et des changements climatiques pourrait créer un mélange détonnant !

En effet, certaines données suggèrent que des températures plus élevées peuvent rendre les organismes plus sensibles à l'exposition à certains polluants. Les niveaux de certains polluants (dits « organiques persistants », car ils ne se dégradent pas rapidement) pourraient augmenter dans l'air et l'eau, du fait de phénomènes tels que les inondations mais aussi les rejets provenant de la fonte de la glace et la neige, ce qui pourrait augmenter la vulnérabilité des organismes exposés, que ce soit directement ou à travers la chaîne alimentaire. En outre, une élévation des températures pourrait modifier la façon dont les contaminants se transforment et les rendre encore moins compatibles avec des organismes vivants.

Les effets négatifs de ces polluants sur la santé pourraient être exacerbés par les hausses de températures, surtout face à des organismes affaiblis par toutes sortes d'épisodes climatiques contraignants. Ces interactions complexes entre changements climatiques et polluants pourraient être particulièrement problématiques pour les espèces vivant dans des conditions proches de leurs limites de tolérance physiologique, aux capacités d'acclimatation limitées.

### Les précipitations créent plus de glissements de terrain destructeurs

Autre combinaison inquiétante : le changement dans le régime des précipitations auquel s'ajouteraient déforestation et/ou fonte du permafrost. De fortes pluies pourraient alors suffire à détruire la structure même des sols et provoquer de plus en plus souvent des phénomènes comme les avalanches de boue ou les glissements de terrain. Ces mouvements massifs de roche et de terre sur les pentes instables auraient ainsi fait plus de 32 000 morts dans le monde entre 2004 et 2010. Tous les pays sont touchés, mais ces morts se situent principalement dans l'arc himalayen, en Chine, en Amérique Centrale, dans les Caraïbes et au Brésil : autant de régions qui combinent à la fois un relief élevé, des fortes précipitations et, parfois, de grosse densité de population.

Outre les pertes humaines, les dégâts sont aussi économiques : les glissements de terrain peuvent perturber le réseau des communications et endommager les canalisations d'eau et d'égouts, les oléoducs et les gazoducs.

Le célèbre « Que d'eau, que d'eau… » devra-t-il être désormais être accompagné par un autre constat : « Que de boue, que de boue… » ?

Mais l'accroissement des pluies abondantes ou des sécheresses n'est pas le seul paradoxe aquatique que notre planète aura à affronter au XXI^e siècle : écoulement des glaciers, montée du niveau de la mer, modification du ruissellement et donc des nappes phréatiques, alimentation des lacs et des cours d'eau, modification de l'évapotranspiration et de l'humidité des sols… N'en jetez plus, la coupe d'eau est pleine ou plutôt… vide ! Enfin, on ne sait plus… En tout cas, un aspect très visible et spectaculaire en est la fonte des glaciers et la réduction du manteau neigeux.

## La fonte des glaces

Des Alpes à l'Himalaya en passant par les Andes, c'est le même refrain : « ainsi fondent, fondent, les gros glaciers ». Vous avez peut-être déjà vu ces photos de la Mer de Glace, sur le massif du Mont-Blanc à Chamonix, et son spectaculaire retrait d'année en année, le blanc de la glace cédant progressivement du terrain aux gris des cailloux. Et du local au global, il n'y a qu'un pas.

Certes, il existe encore des zones d'incertitude concernant l'avenir de glaciers montagneux d'altitude, mais d'ores et déjà des risques accrus apparaissent pour les alpinistes dans leur ascension de sommets mythiques comme l'Everest. On observe, dans le massif du Mont-Blanc, un réchauffement de la température interne des glaciers de haute altitude qui pourrait déstabiliser les glaciers. En effet, selon une étude récente, la diminution annuelle de l'épaisseur des glaciers himalayens sur la période 1999-2011 se chiffre à 15 centimètres, à comparer toutefois au 1,1 mètre de couche de glace perdue, chaque année, dans les Alpes.

La diminution d'épaisseur des glaciers de l'ensemble des Alpes est passée en moyenne de – 33 cm au cours du XX$^{e}$ siècle à – 1,1 m au cours de la dernière décennie. Et comme un kilogramme de glace fondue égale… un kilogramme d'eau, le maréchal Mac-Mahon, s'il était encore de ce monde, pourrait répéter en boucle sa célèbre phrase…

D'autre part, d'autres scientifiques estiment que les Pôles verront leurs grands glaciers fondre et libérer entre 443 et 629 milliards de tonnes annuels d'eau.

La fonte des glaciers partout sur la planète aura des répercussions en cascade. Et si les apports en eau douce changent, cela pourra avoir des impacts significatifs sur l'alimentation des grands fleuves et des cours d'eau, dans les régions marquées par des saisons sèches (La Paz, par exemple), mais aussi sur celle des zones humides côtières, notamment les deltas et les estuaires. Par conséquent, la salinité et l'apport de matières nutritives sont modifiés, ce qui pose de nombreuses questions de fertilité des terres agricoles notamment.

Cette eau n'est pas facilement accessible à l'exploitation humaine mais sa fonte à des conséquences importantes sur les sols, qui peuvent perdre leur structure, et les cours d'eau qui se trouvent confrontés à des afflux d'eau incontrôlés.

INSOLITE

## Des voleurs de glace au Chili !

Y aurait-il désormais un réseau spécialisé dans le vol des glaciers ? Au Chili, début février 2012, la police a été saisie pour enquêter sur le vol de près de 5 000 kg de glaces vieilles de plusieurs millénaires, sur le glacier de Jorge Montt, à l'intérieur du parc national Bernardo O'Higgins. Certes, c'est une toute petite partie du champ de glace de Patagonie du Sud qui s'étend sur 13 000 km$^2$, et représente la troisième plus grande masse de terre gelée après l'Antarctique et le Groenland, mais le glacier Jorge Montt n'avait pas besoin de cela : il fond déjà à la vitesse d'un kilomètre par an et est devenu en Amérique du Sud un des symboles des menaces du réchauffement climatique. Heureusement, la police chilienne veille au grain et le conducteur d'un camion réfrigéré a été arrêté avec la glace volée. Il agissait pour le compte de bars et de restaurants de Santiago qui voulait ainsi rafraîchir leurs boissons ! Il ne reste plus qu'à mettre la main sur les gros émetteurs mondiaux de gaz à effet de serre… Facile, on les connaît déjà.

TÉMOIN DU CLIMAT

## Apa Sherpa, Népal

**« Vingt lacs glaciers menacent de se rompre. »**

« Mon nom est Apa Sherpa. J'ai 49 ans. Je suis né et je vis à Thame, un village situé dans la région de Solukhumbu au Népal sur la route de l'Everest. Je suis alpiniste de profession. À l'heure actuelle je détiens le record mondial du nombre d'ascensions du Mont Everest (19). J'ai également guidé de nombreuses expéditions dans cette zone.

Au début, nous n'avons pas réalisé que les changements étaient aussi importants car nous ignorions tout de ce qu'on appelle le changement climatique.

Pour la première fois de ma vie, j'ai vu de l'eau couler près d'un camp, le quatrième en altitude, et du sommet du mont Everest. En fait, au niveau du deuxième camp, nous n'avons même pas eu besoin de faire fondre de la neige pour boire !

Les glaciers qui fondent représentent une menace immédiate à cause des lacs glaciaires toujours plus importants. Le lac glaciaire Imja a peu à peu atteint une taille gigantesque, je l'ai observé de mes propres yeux. Ma femme et moi avons perdu tous nos biens et failli en mourir lorsqu'un lac glaciaire semblable, le Dig Tsho, s'est rompu en 1985. Je sais combien les conséquences seraient graves en cas de rupture brutale d'un lac comme le Lmja. Cela signifierait une dévastation massive, non seulement pour les gens du voisinage immédiat mais aussi, peut-être, pour les gens dans la vallée.

Les gens de cette région n'ont pas conscience de ces problèmes et ils ne peuvent donc pas les relier à un phénomène unique. Je sais qu'il y a vingt lacs glaciaires semblables au Népal qui risquent de se rompre. Cela représente un grave risque non seulement pour nos biens et pour les infrastructures mais aussi pour nos vies.

Je suis une personne peu instruite et pourtant je réalise la gravité du problème. J'espère que nos hommes politiques et le gouvernement ont conscience de la menace immédiate que représente le changement climatique pour les gens qui vivent dans les régions montagneuses. Il faut éduquer les populations et débloquer les ressources nécessaires pour les aider à affronter ces problèmes. J'ai consacré mes dernières ascensions de l'Everest à la prise de conscience des questions climatiques. Ce n'est qu'une modeste démarche individuelle qui ne suffira sûrement pas. Je pense qu'il nous faut travailler ensemble et unis si nous voulons trouver des solutions au changement climatique et aux problèmes qu'il crée. »

# *Menace sur les zones humides*

L'eau, ce n'est pas seulement une matière liquide, c'est un lieu de vie. Par exemple : vous aimez les grenouilles et leurs doux croassements ? Eh bien, c'est que vous aimez, sans le savoir, les zones humides. Bon, soyons honnêtes : si on vous avait demandé « est-ce que vous aimez les endroits avec des eaux stagnantes où on peut s'enfoncer même avec des bottes et revenir tout boueux, voire vaseux, et où il y a (éventuellement) des moustiques et plein d'autres petites bêtes ? », vous auriez certainement répondu non. Et pourtant, dans les deux cas, nous parlions bien toujours des mêmes endroits, les fameuses « zones humides ».

Les zones humides sont, en effet, des milieux de transition entre terre et eau (douce ou salée, ça dépend), ce qui englobe aussi bien les marais, les prairies et forêts alluviales (qui servent de zones d'expansion des crues), les tourbières, etc., que les estuaires et les deltas, les mangroves et les récifs coralliens, sans oublier les étangs, les rizières et les marais salants.

IDÉE REÇUE

### La grenouille météorologiste

La grenouille est devenue le symbole de la météo. Cela tient au fait qu'elle se réfugie au fond des étangs en hiver pour ne faire entendre ses croassements que lorsque le temps se radoucit. Mais oubliez l'histoire de la rainette qui grimpe à l'échelle pour vous annoncer la pluie et le beau temps : même si elle est assez habile pour monter à une petite échelle, cela n'a pas grand-chose à voir avec la météo, et vous seriez fort déçu du résultat. Vous avez aussi sans doute entendu dire que des hirondelles volant bas annoncent la pluie, car l'augmentation de l'humidité dans l'atmosphère pèse sur les insectes que les hirondelles veulent attraper. Eh bien, raté ! Elles peuvent aussi voler en rase-mottes par beau temps, lorsque des insectes émergent du sol.

En revanche, vous aurez plus de chance de connaître le temps en consultant les araignées : elles tissent leurs toiles plus épaisses lorsque la pluie approche, afin qu'elles y résistent mieux.

Même Médor est plus efficace que Kermit : les chiens sont sensibles à l'électricité dans l'air et s'énervent à l'approche de l'orage.

## Un lieu de vie sans équivalence

C'est un truisme de dire que l'eau, c'est la vie. Et pourtant… Toutes ces zones humides remplissent des fonctions tellement indispensables qu'elles cumulent surnoms et comparaisons :

- **Les « éponges » :** véritables réservoirs d'eau, elles se révèlent absorbantes durant les périodes de crues ou restitutrices durant celles de sécheresse. Ce qui peut se révéler fort utile en fonction des épisodes extrêmes que nous réserve le climat…
- **Les « reins de la planète » :** comme un filtre d'eau, avec ses nombreux végétaux comme les roseaux, elles retiennent les impuretés. Certains

foyers et certaines villes choisissent même de créer des bassins imitant cette fonction des zones humides pour traiter leurs eaux usées. C'est non seulement fort efficace mais beaucoup plus sympathique à côtoyer que des tuyaux et des installations industrielles.

- **« Riche » :** un mot qui revient pour qualifier cet abri pour de très nombreuses espèces végétales et animales (grenouilles, reptiles, oiseaux migrateurs…), servant à la fois de refuge et d'écloserie. Ainsi, on estime qu'en France, 50 % des espèces d'oiseaux et 30 % des espèces végétales menacées dépendent de ces zones humides. Il n'est qu'à aller une fois dans sa vie dans la baie de Somme, en Camargue ou en Brenne pour s'en convaincre.
- **Les « magasins d'alimentation » :** les zones humides sont les écosystèmes les plus productifs de la planète. Si l'on ne compte que notre seule consommation, on y trouve déjà sel, cultures, pêche, élevages, production de coquillages…
- **Des « puits de carbone » :** on vous a gardé le meilleur pour la fin ! Riches de cette biodiversité qui pousse, puis se dégrade, les zones humides et en particulier les tourbières stockent le carbone au cours des années. Elles agissent, à l'image des océans et des forêts, comme de véritables « puits de carbone ». Et quand on sait qu'au niveau mondial, les zones humides représentent 570 millions d'hectares, soit 6 % des terres émergées, on voit que leur impact sur le climat est non négligeable. À l'échelle mondiale, on estime qu'elles retiennent l'équivalent des trois quarts du carbone atmosphérique (1,4 Gt de carbone). À l'inverse, si son fonctionnement est perturbé (assèchement, reboisement, drainage) une tourbière peut relâcher du carbone et contribuer à l'aggravation de l'effet de serre !

LE SAVIEZ-VOUS ?

## Zones humides : climat humide ?

Nos réserves d'eau peuvent pâtir du climat mais leur disparition peut aussi affecter ce même climat au niveau local. La mer d'Aral, située au sud de la Russie (entre l'Ouzbékistan et le Kazakhstan), zone humide autrefois deux fois plus étendue que la Belgique, est bien connue pour avoir diminué de plus de moitié, du fait de la culture du coton. Celui-ci nécessite tant d'eau que, sur les deux fleuves qui nourrissent la mer d'Aral, l'un est désormais asséché, tout comme plus de 50 lacs dépendant de ces fleuves et plus de 95 % des marais et des terres humides. La concentration de sels dans l'eau restante a été multipliée par quatre, ce qui rend toute vie aquatique et toute consommation impossible. On ne vous narrera pas dans le détail les catastrophes sanitaires et économiques que cela induit, mais simplement que les pesticides utilisés pour le coton continuent de sévir… sur les humains cette fois, et qu'Aralsk, le principal port de pêche de la région, se retrouve à plus de 80 km du rivage…

…

...

En asséchant la mer d'Aral, l'homme a aussi modifié le cycle de l'eau dans la région, et donc le climat. Il est devenu plus continental avec des étés plus courts, plus chauds et sans pluie et des hivers plus longs, plus froids et sans neige. La période de végétation ne dure plus que 170 jours, tandis que les tempêtes de sable font rage pendant plus de 90 jours par an en moyenne. Autrefois oasis d'abondance, la mer d'Aral est désormais un écosystème mort.

Néanmoins un grand projet de digue prévoit de rendre certains cours d'eau, détournés pour le coton, à l'irrigation d'une petite partie de la mer d'Aral, afin de lui rendre la vie.

## *La menace du réchauffement*

Avant que l'on ne parle de changement climatique, les zones humides étaient déjà en danger. Il s'agit même de l'écosystème le plus en danger au monde. Un autre qualificatif dont elles se seraient bien passées. La France a déjà perdu 50 % de la surface de ses zones humides entre 1960 et 1990, soit à peu près la même proportion qu'au niveau international. Sans même parler du projet d'aéroport à Notre-Dame des Landes en Loire-Atlantique et dont les 1 650 hectares convoités sont constitués à 94 % de zones humides…

Même si les causes de leur disparition sont multiples, le changement climatique n'y est – évidemment – pas étranger. En fonction de leur localisation et de leur nature, elles sont en effet menacées par la montée du niveau de la mer, la salinisation (notamment dans les estuaires) ou la variation des débits fluviaux (montée des crues), voire les trois à la fois ! Les zones humides à mousson de l'Inde et de l'Australie, les tourbières boréales, les zones humides de la cuvette des prairies en Amérique du Nord, celles des Grands Lacs africains, etc., sont ainsi directement menacées.

LE SAVIEZ-VOUS ?

### Tourbe et whisky

Certains n'ont sans doute entendu parler des tourbières qu'à travers leur bière ou leur whisky préféré. La tourbe se forme en effet dans les tourbières par le dépôt et la dégradation de la végétation locale. C'est ensuite la fumée issue de la combustion lente de cette matière qui donne une odeur et un goût particuliers au malt utilisé pour la confection de ces boissons. En modifiant l'équilibre des tourbières, le changement climatique pourrait changer le goût de ces breuvages… et l'économie de régions entières, comme l'Écosse.

## Un rempart contre les effets du changement climatique

On l'a déjà dit, mais il est bon de le rappeler : ces zones ne sont pas que des refuges pour les grenouilles ! Elles jouent également un rôle protecteur contre les raz-de-marée et les crues, deux autres conséquences potentielles du changement climatique. Ainsi les zones humides côtières, comme les mangroves et les marais salés, absorbent une partie de l'énergie des tempêtes, lesquelles coûtent cher en vies humaines mais aussi au niveau financier. D'après une étude sur les ouragans, chaque hectare de zones humides côtières permet ainsi d'éviter des dommages qui coûteraient 33 000 dollars en moyenne ! Par ailleurs, les zones humides de plaines d'inondation, comme les lacs et les marais d'eau douce, stockent naturellement et ralentissent l'eau de crue, aidant ainsi à protéger les zones situées en aval. Or, il est probable qu'en 2080, jusqu'à 20 % de la population mondiale vivra dans des zones où le risque des crues pourrait augmenter. Grenouilles, oiseaux migrateurs et êtres humains : tous dans le même bateau ! Même qu'il ressemble furieusement à l'arche de Noé…

## Des cours d'eau mal en point

La définition des zones humides est aussi mouvante qu'un bras de mer : certains organismes y intègrent les eaux courantes (rivières, fleuves), d'autres non. Le beau Danube bleu, le majestueux Mississippi, la Loire sauvage ou encore l'impétueux Yang-Tsé-Kiang : l'imaginaire des fleuves a nourri tous les grands récits. Un imaginaire aujourd'hui mis à mal par le bétonnage, la canalisation… bref ce qu'on appelle « l'artificialisation » des cours d'eau pour réguler leurs débits, notamment avec le bétonnage des rives, leur canalisation ou la construction de grands barrages hydro-électriques.

### Des cours d'eau fortement « aménagés »

Les rivières et fleuves payent un lourd tribut à la pollution et aux techniques d'irrigation. Ils sont aussi affligés de constructions handicapantes pour leur fonctionnement naturel. Pour satisfaire des modes de vie de plus en plus gourmands en énergie et en eau, les grands barrages hydro-électriques construits dans le monde ont pour objectif de produire de l'électricité grâce à la pression de l'eau. Mais, en retenant cette eau et en coupant le flux naturel d'écoulement, ils troublent le fonctionnement normal de l'écosystème et empêchent les poissons d'assurer leurs migrations de la mer à la source du fleuve – ou réciproquement – pour y « frayer », c'est-à-dire s'y reproduire.

## Comment sauver le lac Tchad ?

Depuis les années 1960, la superficie du lac Tchad a régressé de 90 % et les quatre pays riverains (Niger, Nigeria, Tchad et Cameroun) exercent une forte pression démographique sur les terres fertiles du lac. Une catastrophe écologique, sanitaire et économique pour les 30 millions de personnes qui vivent autour.

La faute au changement climatique ? La réponse divise la communauté scientifique car les causes de cet assèchement sont multiples et se sont vraisemblablement additionnées : baisse de la pluviométrie depuis 1968, cycle de sécheresse depuis 1973 – avec toutefois une année de pluies abondantes en 2010 –, ensablement progressif dû aux vents du Sahara, mais aussi trop forte pression démographique, usage intempestif de l'irrigation, construction de barrages et même variation cyclique du lac.

Un ambitieux programme de désensablement et de régulation du volume d'eau a été décidé avec la demande d'inscription du lac Tchad au patrimoine mondial de l'humanité. Cela suffira-t-il ?

### *Inquiétudes pour la biodiversité des cours d'eau*

Comme si l'artificialisation ne le faisait pas déjà assez, le réchauffement modifiera encore plus les propriétés physiques, chimiques et biologiques des lacs et des cours d'eau.

En France, par exemple, nous avons la chance de côtoyer le dernier grand fleuve sauvage d'Europe : la Loire ! Eh oui, dans la région, il n'y a pas que les châteaux et les vignobles à défendre : le fleuve lui-même est une richesse incomparable ! Or, lors des vingt-cinq dernières années, une augmentation entre 1,5 °C et 2 °C a été constatée sur ce fleuve, ce qui, à terme, peut poser des problèmes d'adaptation, voire de survie, pour des poissons d'eau froide comme la truite et le saumon, l'espèce emblématique de ce fleuve.

LE SAVIEZ-VOUS ?

Le saumon rencontre déjà des problèmes de reproduction liés à de multiples facteurs comme la pollution des eaux, la présence de barrages, ou encore la constitution d'un bouchon vaseux à l'embouchure de la Loire. Mais la reproduction de ces poissons pourrait aussi être affectée par la modification des températures. En effet, la plage de températures favorables pour le frai des saumons, en fin d'automne, varie entre 3 et 12 °C sous nos latitudes. De plus, les femelles à maturité doivent impérativement expulser leurs ovules dans un délai de 8 à 10 jours après ovulation sous peine de mettre à mal leur fécondabilité ou la survie de leurs œufs. Or, au cours des 20 dernières années, le pourcentage de temps pendant lequel l'eau dépassait la température tolérable est passé de 4 à 11 %. Jusqu'à 60 % des jours de la période de reproduction ont ainsi été perdus. Si le phénomène persistait plus de trois années consécutives, la réduction de la fenêtre de ponte pourrait mettre en danger la reproduction des saumons, voire les conduire à leur extinction.

Le Rhône voisin est victime d'un réchauffement du même ordre que celui de la Loire. Ainsi, en trois décennies, les eaux du Rhône se sont réchauffées de 2 °C à son embouchure, et le fleuve devrait perdre 30 % de son débit d'ici à 2050. De plus, il s'agit d'un fleuve beaucoup plus artificialisé. On y constate déjà le remplacement progressif des poissons d'eau froide par des espèces qui se complaisent dans des eaux chaudes et plutôt stagnantes (barbeaux, carpes, chevesnes, gardons).

## L'empreinte eau

Savez-vous que quand vous buvez votre petit café noir du matin, ce produit « contient » 140 litres d'eau ? C'est en effet « l'empreinte eau » de ce café, soit le volume total d'eau douce utilisé pour faire pousser les plants, récolter, raffiner, emballer et... préparer le café ! Ce nouvel indicateur écologique a été mis au point par sept organisations mondiales, dont le WWF et l'UNESCO, et complète celui de l'empreinte écologique pour évaluer l'impact d'une entreprise, d'un pays, d'un individu, d'une ville, etc.

L'empreinte eau prend en compte :

- l'eau douce captée dans les sources de surface ou les nappes phréatiques qui est utilisée par l'homme, et qui ne sera pas restituée aux milieux naturels (empreinte « eau bleue ») ;
- l'eau de pluie qui s'évapore pendant la production de biens (empreinte « eau verte ») ; dans le cas des produits agricoles, il s'agit de l'eau de pluie stockée dans le sol qui s'évapore des champs cultivés ;
- l'eau nécessaire pour diluer les polluants résultant des processus de production (empreinte « eau grise ») ; cela concerne surtout les ménages et l'industrie.

On sait ainsi qu'il faut 1 500 litres pour un kilo de blé, 5 000 litres pour un kilo de riz et... 15 000 litres pour un kilo de viande de bœuf ! Mais ces chiffres bruts impressionnants varient selon les modes de culture et d'élevage. Quant aux impacts, ils dépendent aussi de l'origine de ces produits, selon s'il y pleut beaucoup ou pas !

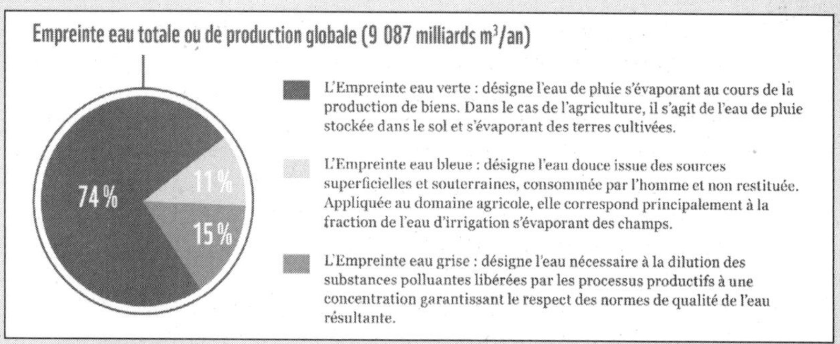


**Figure 5-2 :** L'empreinte eau

Le climat forme un lien entre tous les écosystèmes : l'eau véhicule les bienfaits ou les calamités qui en découlent. Si les eaux douces sont la base de toute vie sur la planète, la perturbation de leur fonctionnement ne peut qu'affecter la vie même ! C'est une évidence… et pourtant.

# Chapitre 6

# Les sols, les sous-sols et le changement climatique

### *Dans ce chapitre*

- Les sols dans le monde
- Puits ou sources de carbone ?
- Changement climatique, désertification et érosion
- Exploiter la Terre jusqu'au trognon : le sous-sol

« Rien ne vaut le plancher des vaches ! » s'exclame-t-on après avoir été ballotté dans un avion pris dans des turbulences ou après avoir été secoué lors d'une croisière dans un bateau affrontant des vagues. Peut-être êtes-vous dans le même état après la lecture des précédents chapitres qui vous ont déjà emmené des dérèglements de l'atmosphère aux îles submergées par la montée du niveau de la mer ? Bref, vous vous dites peut-être que, avec les sols et les sous-sols, « c'est du solide ; on va retrouver un peu de calme et enfin se reposer ».

Hélas, malgré son apparente solidité, notre bonne vieille croûte terrestre a, elle aussi, tout à redouter du réchauffement climatique. Notamment sa partie la plus superficielle, cette fine couche pouvant aller de 5 cm à des dizaines de mètres qu'on appelle le sol. En effet, suivant l'utilisation qui en est faite, les sols peuvent être aussi bien des « absorbeurs » de carbone – là, on respire… – que des émetteurs de carbone – là, on s'inquiète… parce que des sols, sur la planète, il y en a quand même beaucoup. On peut même dire que c'est un point partagé par tous les écosystèmes de la planète, quels qu'ils soient. Les sols sont le support naturel de toutes nos activités et pourtant ils sont toujours les grands oubliés : les changements climatiques pourraient bien les rappeler à notre bon souvenir.

# Les sols dans le monde

Sols et climat interagissent. Selon les différents milieux et l'utilisation qui en est faite, les sols peuvent être émetteurs ou capteurs de carbone. Des quantités immenses de gaz à effet de serre sont stockées dans les sols, mais elles pourraient aussi être relarguées du fait du réchauffement de terres jusqu'à présent gelées (permafrost ou pergélisol), mais également de sols riches en matières organiques comme les tourbières, marais, certains sols forestiers…

Or, notre planète est un monde fini. Pas au sens apocalyptique du terme, mais au sens de ses limites matérielles naturelles. Les sols ne sont pas extensibles à l'infini. À peine quelques polders, maisons flottantes et îles artificielles nous laissent-ils croire le contraire. La conquête d'une nouvelle planète n'étant pas à l'ordre du jour dans l'immédiat, il serait sage de respecter et de prendre conscience de l'importance des sols en tant que biens communs de l'humanité et de la biodiversité.

## Les différents types de sols

À la croisée de la biosphère où circulent les êtres vivants et de la lithosphère composée de roches, les sols sont très divers. Du Sahara en passant par la Beauce ou la forêt amazonienne, les sols sont aussi différents que la vie qui les traverse. La composition du sol diffère selon les roches qui le constituent, le climat, la végétation…

LE SAVIEZ-VOUS ?

La science du sol s'appelle la « pédologie », à ne pas confondre avec la « podologie » qui s'applique à nos pieds. Elle s'intéresse à la fraction organique des sols (résidus végétaux, vie microbienne, humus) et à leur partie plus minérale (sables, limons, argile, roche-mère).

### Le ou les sols ?

La diversité des sols se retrouve aux quatre coins de la planète : sols argileux, limoneux, humifères, sableux ou calcaires… C'est un milieu poreux, composé de 40 à 60 % de vides, mais entre ces vides, il y a l'essentiel : certains éléments sont minéraux, d'autres organiques, avec des organismes vivants, des caractéristiques spécifiques, qui permettent à la fois la rétention de certains éléments et la transformation d'autres. C'est cette diversité de sols qui donne naissance aux terres cultivées du monde entier, prairies de nos terres tempérées, tourbières des zones humides, toundras et steppes des zones semi-arides, déserts de sable… Chaque grand type de sol correspond à une grande zone climatique, diversité à laquelle s'ajoute une multitude de variations de richesse organique. Ainsi, un sol dans les grandes terres noires d'Ukraine peut faire jusqu'à 15 mètres d'épaisseur, mais moins de 10 centimètres dans certains endroits caillouteux des Alpes et des Pyrénées et presque rien au Sahara. On ne reviendra pas sur l'albédo, à l'envers et à l'endroit, que cela engendre : vous avez déjà compris que cela aura forcément des conséquences sur leur capacité à renvoyer l'énergie solaire.

### Le sens de l'humus

« Ne touche pas, c'est sale ! » Combien de fois un gamin a entendu cette phrase toute faite d'un de ses parents parce qu'il avait eu la singulière idée de toucher la terre. Pourtant, un sol ne se réduit pas à la poussière que vous déposez sur vos vêtements, il est surtout « riche ». Riche de la fantastique vie végétale, animale et minérale qu'il abrite, surtout dans ses trente premiers centimètres. Car c'est là que s'accumule l'humus, cette matière souple et aérée issue de la décomposition de la matière organique (feuilles mortes, tiges sèches, racines… mais aussi déjections et cadavres d'animaux). Indispensable à la croissance des plantes, elle est caractérisée par une couleur foncée qui traduit sa richesse en carbone organique, celui-là même que l'on préfère voir stocké là, plutôt que libéré dans l'atmosphère…

Le mot « homme » dérive de l'« humus » latin (signifiant « la terre »). L'humilité a la même étymologie. Une vertu à cultiver pour rétablir l'harmonie entre l'Homme et la Terre ?

## Les sols et les gaz à effet de serre

Suivant la gestion qui en est faite, les sols peuvent jouer des rôles opposés vis-à-vis du changement climatique. Ils peuvent être soit des stocks de carbone – en retenant et stockant les gaz à effet de serre – soit au contraire des sources de carbone – en relâchant les gaz à effet de serre qu'ils recèlent dans l'atmosphère : méthane, protoxyde d'azote et bien sûr le dioxyde de carbone.

Au niveau mondial, avec 1 600 milliards de tonnes de carbone organique contenues jusqu'à un mètre de profondeur, les sols constituent le deuxième stock de carbone de la planète derrière les océans.

Bref, il vaudrait mieux les choyer que les maltraiter.

### Puits de carbone ou…

Pas besoin de creuser dans le sol pour y constituer un puits… de carbone. Il le fait naturellement ! Ainsi, les sols de l'Union européenne renferment à eux seuls plus de 70 milliards de tonnes de carbone organique, dont 3,2 milliards de tonnes rien que dans les trente premiers centimètres des sols français. En première ligne de ce stock fantastique : les zones humides, véritables pièges à carbone et les prairies qui stockent le carbone dans le sol.

Pour leur croissance, les plantes ont besoin d'azote, phosphore et potassium qui se trouvent dans des sols en bonne santé et dans de nombreux engrais, qu'ils soient d'origine animale (lisier, fumier…) ou minérale (dérivés de la pétrochimie ou de l'exploitation minière). Mais elles ont aussi besoin de calcium, de magnésium et de nombreux oligo-éléments qui ne se retrouvent généralement pas dans les engrais minéraux.

En outre, l'utilisation de ces engrais chimiques, principalement dans les zones cultivées, déséquilibre la chimie et la biologie des sols. Les résidus de ces engrais déversés en excès (nitrates et phosphates) se retrouvent jusque dans les nappes phréatiques et les cours d'eau. D'où les fameuses algues vertes bretonnes !

Mais les premières à « profiter » de ces apports sont d'abord les bactéries dans les sols, lesquelles transforment les engrais azotés en nitrites puis en nitrates, et enfin en protoxyde d'azote (le fameux « gaz hilarant »), un gaz à effet de serre présent dans les sols. Autrement dit, les engrais azotés n'engraissent pas seulement le sol mais aussi le réchauffement climatique !

### *… sources de carbone ?*

Si les sols ne sont pas plus connus et appréciés à leur juste valeur, c'est sans doute d'abord parce que leur fonctionnement est invisible et ensuite parce que les taupes et les vers de terre ne sont pas très « glamour ». Or, quand on sait que, en France, une tourbière peut détenir entre 50 à 80 % de matière organique, une prairie limousine où paissent des vaches jusqu'à 30 % alors qu'en Beauce, une parcelle céréalière oscille entre 1 et 2 %, on voit l'importance de s'y intéresser de plus près pour distinguer leurs modes de fonctionnement.

Car ce fonctionnement vertueux des sols peut s'inverser et les transformer en « source de carbone ». D'abord la hausse des températures, en réchauffant les sols, peut contribuer à libérer d'importantes quantités de gaz à effet de serre. Ensuite, de mauvaises pratiques agricoles peuvent à la fois supprimer des zones humides, convertir trop de prairies en terres cultivées et apporter trop d'engrais. Ce double effet « kiss cool » pas cool s'est notamment produit en Angleterre et au Pays de Galles : plus de 13 millions de tonnes de carbone se sont annuellement échappées des sols britanniques entre 1978 et 2003 pour rejoindre l'atmosphère ! Le phénomène a été renforcé par le drainage de zones comme les prairies, tourbières, moyennes montagnes, permettant aux bactéries, auparavant sous l'eau, d'accéder à la matière organique et de la dégrader rejetant ainsi du $CO_2$. Des techniques culturales à l'écoute des véritables besoins des plantes et des sols doivent être adoptées. Mais le réchauffement n'est pas innocent dans l'histoire. En effet, la hausse des températures a accéléré la transformation du carbone organique contenu dans les sols en $CO_2$ : entre atomes de carbone, on se comprend…

LE SAVIEZ-VOUS ?

En 2008, près de 1,3 milliard de tonnes de $CO_2$ auraient été relâchées dans l'atmosphère, du fait de la dégradation ou de l'assèchement des tourbières. Si on prend en compte les feux de tourbières, le total des émissions de $CO_2$ serait de 2 milliards de tonnes. Paradoxalement, les tourbières ne sont pas prises en compte par le protocole de Kyoto dans les estimations d'émission de carbone par pays, n'attirant guère l'intérêt des gouvernements… Les gaz provenant des sols sont sans doute moins « sexy » que la déforestation ou les énergies.

# Le partage des sols

Le sol de notre planète a toujours été l'objet de toutes les conquêtes et de toutes les convoitises, surtout depuis que l'humanité s'est majoritairement sédentarisée. C'est le support de toute activité. Suivant le type de sol, mais surtout selon l'emplacement immobilier, on peut doubler le prix de construction d'une maison ou d'un immeuble. Il a aussi une valeur patrimoniale et culturelle, chère aux cœurs des historiens, des archéologues et d'Indiana Jones. C'est une bataille féroce qui se joue à « celui qui prendra la place » entre la ville, les forêts ou les terres cultivées. L'image de nos manuels scolaires du château et de la ville fortifiés, cherchant à accroître son emprise sur les terres aux alentours par le déboisement et le défrichage, résume bien ce combat ancestral et permanent.

Mais aujourd'hui, la planète est arrivée à une sorte de fragile équilibre. Ainsi, sur les 13 milliards d'hectares de terres émergées, un gros tiers (38 %) est occupé par les terres agricoles, 30 % par les forêts, le petit tiers restant étant un vaste fourre-tout (zones urbaines, eaux intérieures, terres arides) où il est difficile d'espérer cultiver ou de voir pousser des forêts.

## Sols et biodiversité

D'abord, rappelons une évidence : sans sol on ne pourrait pas faire grand-chose. Le sol est une sorte de supérette de l'écologie : production de nourriture et de bois, épuration de l'eau (filtrage et ruissellement), stockage de carbone et réservoir fantastique de biodiversité.

Pour connaître cette biodiversité des sols, il suffit de prendre une bonne bêche de jardinier et de creuser au hasard et vous verrez apparaître toute une vie insoupçonnée. C'est, en effet, dans le sol que germent les graines et se recycle la matière organique. Les caractéristiques physiques, chimiques et biologiques du sol (porosité, pH, etc.) conditionnent le fonctionnement de tout cet écosystème. Bref, un cycle moins visible mais tout aussi indispensable que celui de l'eau.

INSOLITE

### Très chers vers de terre…

La vie du sol renferme toute une richesse inimaginable de vie : 10 milliards de micro-organismes par gramme de sol ! Des bactéries, des champignons, des acariens en pagaille… On estime aussi qu'un sol en bonne santé comporte au moins une tonne de vers de terre à l'hectare : ce qui fait, vous imaginez bien, beaucoup de vers gesticulants.

Les enfants, les pêcheurs et les amateurs de compost les adorent. Et ils ont raison ! Les vers de terre peuvent vivre en surface (ce sont alors souvent des enchytréides, plus rouges que les autres car en contact avec la lumière, qui enfouissent la matière organique) ou en profondeur (plus blancs, ce sont alors souvent des lombrics qui décomposent cette matière) et ce sont les stars du sol ! Évalués à plusieurs milliards d'individus répartis entre plus de 10 000 espèces, les services qu'ils rendent à leur terre sont inestimables. Travailleurs de l'ombre, ils creusent des galeries, permettant ainsi aux végétaux d'avoir un meilleur accès à l'eau et aux éléments nutritifs, améliorés d'ailleurs par leurs déjections. En 2008, une étude du gouvernement irlandais sur la biodiversité a même évalué à 700 millions d'euros leur travail d'enfouissement annuel du fumier des sept millions de bovins du pays. Autant de méthane et de protoxyde d'azote qui ne rejoindront pas l'atmosphère.

## Sols et humanité : la guerre des sols

L'équilibre des terres dédiées à la nature ou aux usages de l'homme est en perpétuelle évolution. D'abord au sein même des terres agricoles. Un tiers d'entre elles est alloué à des cultures, et les deux tiers restant à des prairies et des pâturages, mais sous les coups de boutoir de l'agriculture intensive, le premier tiers ne cesse de grignoter le second, bien que la destination soit la même : les élevages. Les nouvelles surfaces mises en culture pour l'alimentation animale, en Amérique du Sud et en Afrique notamment, sont surtout issues de la déforestation. Et la victime est aussi toujours la même : les espaces naturels sauvages.

### L'agriculture intensive dégrade les sols

On ne perd jamais de biodiversité impunément : cela a toujours des conséquences négatives, et les sols n'échappent pas à cette règle. Un quart des sols mondiaux est déjà « très dégradé ».

### Des champs de pétrole

Cette dégradation des terres résulte à la fois de l'avènement de l'agriculture intensive, qui nécessite une énergie fossile croissante, mais aussi, on le verra plus loin, de l'artificialisation des sols qui, en raison d'une urbanisation galopante, accapare de plus en plus de terres agricoles fertiles.

LE SAVIEZ-VOUS ?

En Europe, pour produire 100 € d'aliments frais, il faut en moyenne 60 € de carburants, engrais, pesticides ; tous issus des énergies fossiles. En effet, les engrais et pesticides chimiques sont élaborés à partir de l'énergie pétrolière ou issus de l'industrie pétrochimique.

Mécanisation à outrance, diminution de la rotation des cultures et de la polyculture, usage abusif d'engrais et de pesticides, labour excessif, irrigation disproportionnée : la liste est longue des erreurs commises. Résultat : des machines (tracteurs avec herses, bineuses, buteuses, décompacteur, etc.), de plus en plus lourdes tassent la terre, la déstructure, détruisant ainsi l'écosystème qui en constituait la richesse.

Ce type d'agriculture, dite intensive, a certes permis un accroissement de la production agricole mondiale mais il a aussi son talon d'Achille… On peut même se dire que si Achille avait un talon de cette taille, on peut comprendre qu'une flèche l'ait atteint aussi facilement. En effet, son point faible n'est rien d'autre que la durabilité de ce modèle. Ainsi en Afrique, 6,3 millions d'hectares de terres agricoles ont perdu leur fertilité et leur capacité de rétention d'eau, notamment du fait des méthodes de labour qui entraînent une forte déperdition des sols et la désertification dans de nombreux pays. Sa forte dépendance aux énergies fossiles en fait aussi un modèle agricole non durable.

### Le « tue-labour »

« Labourage et pâturage sont les deux mamelles de la France » : la maxime qu'aimait répéter le duc de Sully, ministre du roi Henri IV, a traversé le temps. Pourtant à y regarder de près, c'est plus contestable. Car chaque fois qu'un agriculteur laboure la terre, le sol devient plus vulnérable à l'érosion et sa structure est détruite. C'est particulièrement vrai dans les pays tropicaux, où la végétation est pourtant luxuriante : tout semble y pousser. Or, la couche arable y est très mince et la richesse du sol provient essentiellement de la décomposition de ce qui y pousse. C'est pourquoi la déforestation à des fins agricoles y est si importante afin de profiter d'une terre qui est enrichie de la matière organique de la forêt. Mais lorsque cette terre est rendue impropre à la vie végétale et qu'elle est épuisée par les méthodes agricoles conventionnelles, il n'y a plus qu'à déforester une autre portion de terre…

En outre, en faisant remonter la matière organique contenue dans le sol, un labourage conventionnel avec tracteur et charrue provoque sa décomposition au contact de l'air et relargue des gaz à effets de serre.

Pour rompre ce cycle infernal, la meilleure méthode consiste à ne labourer qu'occasionnellement, de façon, par exemple à se débarrasser de « mauvaises herbes » ou de maladies et à laisser une couche protectrice de feuilles et de tiges de la récolte précédente sur le sol. On produit à moindre coût, pour moins de travail, en utilisant moins de combustible mais aussi pour labourer), et cela évite l'usure du matériel.

LE SAVIEZ-VOUS ?

## Le Dust Bowl ou la première grande catastrophe écologique

La première grande catastrophe ayant affecté les sols a eu lieu avant même qu'on parle de changement climatique. Sans doute lié au surlabourage qui a occasionné une érosion importante, le « Dust Bowl » (boule de poussière en anglais) a durement frappé la région des Grandes Plaines aux États-Unis dans les années 1930. On estime que 3 millions de petits agriculteurs ont migré vers la Californie, abandonnant leurs champs dévastés par l'érosion, la sécheresse et les tempêtes de poussière. Popularisée par *Les Raisins de la colère*, le célèbre roman de John Steinbeck, cette catastrophe sans précédent a donné naissance au Soil Conservation Service (service de conservation des sols), ancêtre de l'actuelle Agence de protection de l'environnement américaine. Une répétition de ce qui attend d'autres régions du monde au cours du XXI$^{e}$ siècle ?

### *La ville grignote les sols*

Baladez-vous quelques instants aux abords de nos grandes villes. Le décor y est toujours à peu près le même et toujours à peu près aussi désespérant : un mélange de grands centres commerciaux, des parkings à perte de vue, des bretelles d'autoroutes dans tous les sens, et au milieu de tout ce bazar, un pavillon et deux/trois champs laissés en friche. Les villages sont eux aussi de moins en moins épargnés et voient fleurir de grandes zones pavillonnaires, artisanales, industrielles… Un mot désigne désormais ce grignotage urbain sur les espaces agricoles et naturels : l'artificialisation des sols, c'est-à-dire, pour schématiser un peu : leur bétonnage/goudronnage, y compris par du végétal (une pelouse coupée ras et verdie aux engrais et pesticides n'a pas grand-chose à voir avec un espace sauvage).

En France, l'artificialisation concerne presque un dixième du territoire. Aujourd'hui, c'est l'équivalent de la taille d'un département français moyen – 6 100 km$^2$, soit la taille de l'Orne – qui disparaît tous les sept ans sous les aménagements urbains. Et ceci, dans la très grande majorité des cas, au détriment de sols agricoles de très bonne qualité. Au rythme actuel, il n'y aurait plus de terres agricoles en France dans un siècle !

Comment en arrive-t-on à perdre l'équivalent d'un département français tous les sept ans ? C'est simple, il suffit d'additionner les parkings, les zones industrielles, les centres commerciaux et ceux de loisirs, les autoroutes, les aéroports, les voies de TGV, les lignes à haute tension, sans oublier les pavillons et leurs pelouses standardisées, et cetera, et cetera, et vous obtenez ce chiffre. Il ne s'agit pas seulement d'une question de démographie : depuis une vingtaine d'années, chaque Français augmente de 7 m$^2$ ses demandes en espaces artificialisés, passant en moyenne de 591 m$^2$ à 764 m$^2$ par personne en 10 ans. Autant de m$^2$ et donc de sols qui ne pourront plus jouer leur rôle de puits de carbone, mais aussi d'espaces dédiés à une production agricole locale et de qualité, ceci alors que la demande de maraîchage bio autour des grandes agglomérations n'a jamais été aussi forte du côté des consommateurs. Comme disait le chanteur Renaud dans les années 1980 : « Laisse-béton ! »...

Le geste anti-$CO_2$

### Le sol aux murs

Les murs de nos maisons sont souvent issus du sol : pierre (y compris habitations troglodytiques), terre cuite (briques), terre crue (pisé, brique de terre compensée)... sont utilisées depuis des générations, ainsi que les nombreuses matières agricoles et forestières fournies par ces mêmes sols : bois, lin, chanvre, etc.

D'un bilan carbone beaucoup plus intéressant que les parpaings notamment, ces matériaux sont aussi souvent issus de la région et sont donc adaptés au contexte local. Comme liant de construction, la chaux (issue du calcaire) isole, protège les habitations et s'adapte davantage que les liants artificiels aux mouvements des murs des constructions. Les temples grecs, les voies romaines ou encore le célèbre pont du Gard sont autant de réalisations à la chaux qui traversent le temps sans dommage ! On peut aussi décorer nos maisons grâce aux enduits à l'argile (terre grasse et humide) ou à la chaux, qui s'adaptent à tout support et qui créent une ambiance saine, chaleureuse... et écologique !

## Ça chauffe sous nos pieds

Un peu partout sur la planète – y compris en France ! – les sols se dégradent. C'est-à-dire que sont atteints leurs états physique (érosion, éboulement, compaction...) ou chimique (salinisation, pollution, acidification...), et donc leur fertilité. Certains sols peuvent même devenir stériles. Les causes ? Toujours les mêmes : des activités humaines excessives ou inadaptées et le changement climatique. Que l'on pourrait donc réduire à une seule et même cause : la première.

## La dégradation des sols

Cette dégradation peut apparaître en cas de salinisation, pollution, déshydratation, acidification… Déjà près de la moitié de la planète, soit une centaine de pays et un tiers de la population mondiale, est affectée par la dégradation des terres et la désertification. La dégradation des sols en régime aride peut conduire à une désertification.

### La désertification des sols…

La chanson de France Gall en parlait déjà dans les années 1980 : le désert avance… grignotant, sous les effets du vent et de la hausse des températures, les sols déjà semi-arides. Mais, contrairement aux idées reçues, la désertification ne concerne pas l'extension des déserts existants. C'est un phénomène qui est d'abord lié aux activités humaines en zones sèches. Au Sahel, en Australie, en Amérique du Sud, en Inde mais aussi aux portes de Pékin… l'aridité ronge silencieusement chaque année 10 à 12 millions d'hectares de terres arables – soit le cinquième de la France – du fait de sécheresses successives. 40 % des terres disponibles sont concernées par le phénomène de désertification. Dans la plupart des cas, elle peut être combattue grâce à des pratiques de culture et d'élevage adaptées, et en luttant contre la déforestation. Mais la diminution des précipitations annuelles moyennes plus la hausse moyenne des températures (surtout en ces zones), induites par les changements climatiques, ne risquent pas d'arranger une situation déjà préoccupante.

INSOLITE

**La grande muraille verte**

En Afrique, un projet intergouvernemental pharaonique a pour objectif de construire « la grande muraille verte », une bande forestière large de 15 kilomètres et longue de 7 000 kilomètres entre Dakar et Djibouti ! Elle se situerait à la ligne de fracture entre le Sahel et des terres plus fertiles. Son état d'avancement dépend d'abord des moyens de financement, mais aussi de la capacité à mettre d'accord pas moins de onze pays africains, pas toujours très stables politiquement. Est-ce vraiment le projet du siècle ou une nouvelle ligne Maginot (avec le succès que l'on sait…), cette fois contre le changement climatique ?

### L'érosion

Dans des zones plus tempérées, l'augmentation des phénomènes climatiques extrêmes, comme les fortes pluies, entraîne une érosion importante des sols. La terre inondée devient de la boue, perd sa structure, et s'écoule vers les fossés, ruisseaux… environnants. Cela se déroule notamment sur les sols en pentes et les lieux où les arbres ont disparu, et que leurs racines ne retiennent plus rien. Un véritable « massacre à la tronçonneuse ». En France, les sols agricoles laissés à nu durant l'hiver du fait du labourage sont la principale cause d'érosion. L'INRA évalue à 18 % les sols présentant un aléa d'érosion. Ils sont plus particulièrement présents dans le Sud-Ouest, le sillon rhodanien, le Centre et l'ouest de la Bretagne. Face à ce constat, après avoir encouragé le remembrement qui demandait d'arracher arbres et haies pour obtenir de grandes surfaces de culture, de nombreuses chambres d'agriculture financent aujourd'hui leur replantation. L'autre solution, comme on l'a vu précédemment, consiste à labourer de façon occasionnelle et recourir aux cultures intermédiaires (la moutarde, par exemple) qui piègent les nitrates et permettent de lutter contre l'érosion. Dans de nombreuses autres parties du monde, l'érosion des sols entraîne aussi des spectaculaires glissements de terrain et autres coulées de boue qui font généralement de belles (et tragiques) images pour les journaux télévisés. La FAO estime ainsi qu'environ 40 % de la dégradation des terres dans le monde est imputable à l'érosion…

Cette érosion peut toucher jusqu'aux sous-sols, menacés par des effondrements de cavités souterraines.

En cas de sécheresse prononcée, on observe une rétractation des argiles et des tassements du sol, provoquant des mouvements de terrain qui peuvent occasionner des dégâts parfois conséquents sur l'habitat (fissures, affaissements…).

## La bombe à retardement du pergélisol

L'érosion et la dégradation des sols touchent des zones que l'on pensait jusqu'à présent préservées de ce type de phénomène, dans les zones les plus reculées de la Sibérie par exemple ou sur les plus hauts sommets.

### Les sous-sols dégèlent

La bombe à retardement du pergélisol n'est pas le titre d'un nouveau film catastrophe, mais presque… Les sous-sols gelés en permanence, au moins pendant deux ans, du pergélisol (ou permafrost) représentent tout de même 20 % de la surface terrestre (Sibérie, Groenland, Alaska…). Ils renferment à l'heure actuelle environ 1 700 milliards de tonnes de carbone, une paille… Or, l'augmentation des températures aurait pour conséquence immédiate de dégeler ces sols et d'en libérer le méthane.

Très inquiets, 18 institutions de recherche et 27 pays de l'Union européenne ont mis en place, début 2012, le projet PAGE 21 (*Permafrost in the Artic and its Global Effects in the 21$^{st}$ century*) pour évaluer l'évolution du pergélisol au cours de ce siècle. Les hypothèses les plus sérieuses, comme celles des Nations-Unies, vont de 43 à 135 milliards de tonnes de $CO_2$ relâchées d'ici à 2100, et de 246 à 415 gigatonnes d'ici à 2200. Ce rejet pourrait démarrer dans les prochaines décennies, se poursuivre pendant plusieurs siècles, et représenter jusqu'à 39 % des émissions mondiales. Une bombe, vous dis-je…

### *Y compris en montagne*

D'autant que les pergélisols sont aussi présents en altitude dans les régions montagneuses où les températures restent négatives une bonne partie de l'année. L'eau qui s'infiltre dans les roches fracturées gèle et agit comme du ciment. Cela stabilise les montagnes, mais leur fonte risque d'entraîner des éboulements de roches, tels que ceux déjà observés dans le massif du Mont-Blanc qui comptabilise plus de 182 éboulements depuis le début des années 1980 ! Certains sont parfois très spectaculaires, comme en 2005 où 265 000 m$^3$ de granit se sont détachés de plusieurs parois rocheuses, fréquentées par des alpinistes. En 2010, ce sont 12 000 m$^3$ de roches qui se sont écroulées le long de la façade ouest des Drus, dégageant un nuage de poussière visible jusqu'à Chamonix, où – coïncidence ? – la température a déjà augmenté de 2,6 °C en 75 ans ! À l'autre bout du monde, dans le massif de l'Himalaya, la fonte conjuguée des glaciers et du pergélisol a entraîné également des chutes de rochers. De nombreux sherpas ont témoigné que l'Everest, le sommet mythique, devient de plus en plus dangereux à escalader.

TÉMOIN DU CLIMAT

## Boyan Petrov, Bulgarie

**« Les saisons ont disparu. »**

« Mon nom est Boyan Petrov, je suis zoologiste au musée national d'histoire naturelle de Sofia, en Bulgarie. Je suis également alpiniste. J'ai 40 ans. Chaque année est de plus en plus sèche. Les saisons ont disparu. Ce que nous voyons s'apparente à l'été. L'automne est doux et puis arrive soudain l'hiver, que je ne qualifierais pas d'hiver. Il se produit un léger rafraîchissement avec un peu de neige ; ça ressemble davantage à un hiver méditerranéen.

Il y a 2 ans, j'ai fait partie d'une expédition difficile vers K2, le deuxième pic le plus élevé après l'Everest. Il y a un endroit où les glaciers se rencontrent. Un membre polonais de l'expédition s'était trouvé là il y a 25 ans. Il s'avéra que l'endroit où nous étions assis pour pique-niquer se trouvait autrefois 35 mètres plus haut, il y avait une marque très nette sur le rocher au-dessus. Ce à quoi nous assistons beaucoup plus rapidement dans les Alpes s'est également produit dans l'Himalaya au cours des 35 dernières années. Imaginez, ici la hauteur est de plus de 4 000 mètres et les conditions y sont beaucoup plus dures.

J'ai toujours adoré faire de la luge depuis mon enfance. Juste à côté de notre maison se trouve une rue très en pente. De 1977 à 1989, elle était recouverte de neige pendant 2 mois chaque hiver. Aujourd'hui le manteau neigeux dure très peu de temps. Cet hiver j'ai remarqué qu'il n'a tenu qu'une semaine et a fondu très rapidement. Il y a eu de brusques réchauffements suivis de brusques rafraîchissements. Pluie, neige, pluie, neige. En général cela est typique des hivers dans le sud de la Bulgarie. Mon fils ne pourra jamais faire de la luge tout l'hiver comme je le faisais autrefois. »

### Le grain de sel de la salinisation

Il n'est pas nécessaire d'aller si loin pour observer le « grain de sel » du changement climatique : le réchauffement global va accroître le recours à l'irrigation dans les zones plus sèches. Le problème, c'est que, quand on irrigue des sols trop secs, les sels minéraux qui y sont contenus remontent à la surface par un processus chimique naturel. Or, le sel « stérilise » les sols et donc ne permet pas le développement de la vie végétale terrestre. En moyenne, la Terre perd 10 ha de terres cultivables par minute, dont 3 ha à cause de la salinisation. Environ 20 % des terres salinisées se trouvent sur le continent africain. Il faut dire que le processus de salinisation est plus fort lorsqu'il fait plus chaud : c'est d'ailleurs l'autre problème posé par le réchauffement global du climat, car il va justement accentuer l'évaporation et donc la concentration des sels dans les sols !

Des millions d'hectares-sont déjà touchés par ce phénomène en Australie et dans l'ouest des États-Unis (pays qui concentre 23 % des terres salinisées !), notamment dans le Nevada et la Californie où les sols ont été rendus « cultivables » par le biais du détournement du fleuve Colorado, avec des dommages écologiques de plus en plus nombreux et irréversibles. Passons outre les problèmes environnementaux et sociaux qu'induit ce phénomène de salinisation (une broutille…) et évaluons les pertes financières occasionnées : elles s'élèvent au niveau mondial à la peccadille d'environ 250 $/ha, soit environ 11 milliards de dollars de pertes totales. Et ce n'est pas fini…

## Les populations désertent aussi !

Les terres sèches et les déserts abritent un habitant sur trois dans le monde, soit 2,1 milliards de personnes ! Face à des sécheresses durables, de nombreuses populations sont appelées à migrer, créant des réfugiés climatiques mal comptabilisés car ces déplacements sont diffus et se déroulent sur une longue durée (voir chapitre 7). Cela peut créer des conflits comme au Darfour (Soudan) : des populations nomades ont en effet été obligées d'emmener pâturer leurs troupeaux de dromadaires sur des terres appartenant à des agriculteurs sédentarisés. Ou encore dans le Nordeste brésilien, où la déforestation à des fins agricoles entraîne l'appauvrissement des sols : les populations finissent donc par migrer, empiétant sur les territoires d'Amérindiens qui paient alors un lourd tribut, y compris en vies humaines. Face à ce constat, l'ONU a lancé une décennie de lutte contre la désertification (2010-2020) : tous les enjeux étant liés, c'est donc aussi un peu la décennie du climat !

INSOLITE

### Planter des cactus pour stopper le désert de Loja (Équateur)

Jacques Dutronc les a chantés, l'ONU les plante… En effet, la première action concrète et modeste des Nations-Unies, dans le cadre de sa décennie de lutte contre la désertification, a été de financer la plantation en 2010 d'une barrière de clôtures vivantes de cactus dans la zone montagneuse et désertique de Loja (Équateur). Et apparemment, ça marche ! Se contentant de très peu d'eau et fixant les sols, les cactus permettent de lutter contre l'érosion, protégeant les cultures locales. Le monde entier finira-t-il par être un cactus ?

La baisse de la production alimentaire est certainement la conséquence déjà la plus visible aujourd'hui. En dehors de la hausse des rendements de céréales dans les régions froides, les autres modifications prévues s'apparentent plutôt aux grandes malédictions redoutées dans l'Antiquité : baisse de rendement dans les régions chaudes, invasions d'insectes plus fréquentes, impossibilité de cultiver des terres détrempées, mortalité plus fréquente du bétail, salinisation des eaux d'irrigation.

L'année 2050 sera, peut-être, une charnière : d'un côté, une population mondiale qui devrait atteindre les neuf milliards de personnes, de l'autre, un réchauffement qui pourrait s'emballer et dépasser les 2 °C limites… D'où l'importance de conserver un bon état écologique des sols, en revenant aux fondamentaux de l'agronomie, qui se basent sur un principe simple : préserver son capital de travail. Parfois, il suffit d'un peu de « bon sens paysan ».

## Exploiter la Terre jusqu'au trognon : les sous-sols

L'être humain a acquis une grande connaissance de son environnement : assez pour savoir comment l'exploiter, mais pas assez pour savoir quand s'arrêter. Et les ressources exploitées par cet *Homo pas si « sapiens » que ça* ne s'arrêtent pas à la surface terrestre. Les sous-sols sont l'objet de toutes les convoitises, mais même là, bien cachées au cœur des roches, ces richesses et leur exploitation interagissent avec le climat. À l'échelle de la planète, la question est vertigineuse : allons-nous en 200 ans épuiser la totalité des ressources fossiles et minerais (pétrole, charbon, gaz, uranium, métaux…) accumulées depuis des centaines de millions d'années ? Car, au rythme actuel de consommation, et à un prix à peu près raisonnable (pour des ressources accessibles et facilement exploitables), il reste certes 150 ans de réserves prouvées de charbon, mais seulement 64 ans de gaz naturel, 42 ans de pétrole et 32 ans d'uranium, selon l'AIEA… Au niveau mondial, les énergies fossiles et l'uranium fournissent 86 % de l'énergie primaire (avant transformation en carburant, électricité…). Leur inégale répartition sur la planète est à l'origine des tensions géopolitiques importantes.

## Charbon : on continue (hélas !)

Lorsque vous avez lu le titre de ce paragraphe, vous avez sans doute pensé aux « gueules noires » du Nord. Il est vrai que l'exploitation du charbon a durablement marqué notre territoire : les terrils en sont les monuments inaltérables, tant il est vrai que l'exploitation des sous-sols ne peut rester invisible, qu'il s'agisse de carrières à ciel ouvert ou de galeries de profondeur. Mais les mines finissent par se tarir, et laissent des souvenirs dans l'atmosphère, car l'exploitation des mines de charbon y libère du méthane. Son effet sur le climat est désastreux, tant au niveau de son exploitation que de sa combustion : il suffit de cinq centrales thermiques au charbon pour produire en une année autant de gaz à effet de serre que toute la Suisse. Malgré cela, et en dépit de ses nombreux dangers, l'utilisation de cette ressource demeure en croissance constante dans plusieurs pays (USA, Inde et Chine notamment), du fait de subventions publiques et de l'augmentation du prix du pétrole. Sa consommation a ainsi progressé de 92 % depuis les années 1980.

IDÉE REÇUE

### Une mine à ciel ouvert

Toutes les mines ne se présentent pas comme des trous dans la terre, où descendraient des travailleurs à la Zola. Lorsque le minerai se trouve relativement proche de la surface, on creuse la roche par dynamitage et on évacue grâce à des engins énormes sur des routes de mêmes dimensions, occasionnant déforestation, pollution, artificialisation… Nul besoin d'expliquer les impacts épouvantables de ces mines qui créent, sur des kilomètres, des paysages de désolation, bien souvent irrécupérables.

## Pétrole : jusqu'à la dernière goutte

La plupart des experts prévoient « un pic pétrolier » avant le milieu du XXIe siècle. L'expression vient du géologue américain Marion King Hubbert qui, dans les années 1950, avait prédit qu'un jour la production mondiale de pétrole plafonnerait avant de commencer à décliner du fait de l'épuisement des réserves de pétrole exploitables.

En attendant, la pénurie se fait déjà sentir : le prix du baril flambe, et celui du litre à la pompe aussi. Et les gaz d'échappement des voitures s'envolent dans l'atmosphère. Ce contexte ne dissuade pas – bien au contraire – les grandes compagnies pétrolières d'aller chercher le précieux liquide noir dans des endroits de plus en plus difficiles à exploiter. En effet, les ressources se tarissent, mais la consommation augmente, et les applications sont nombreuses : production de chaleur et d'électricité, carburant automobile, mais aussi revêtements autoroutiers et pétrochimie (à la base des plastiques, tissus, etc.).

L'implantation de telles unités de production en forêt provoque déforestation, disparition d'espèces, pollution des cours d'eau et de l'air. Les fuites d'hydrocarbures, trop courantes, affectent les eaux, les sols et la santé des êtres vivants qui les entourent.

Mais elles peuvent aller encore plus loin. Notamment dans les océans : lors de sa prospection en mer, jusqu'à 1 500 mètres de profondeur, le pétrole requiert la reproduction de véritables secousses sismiques grâce à des explosifs, affectant l'écosystème entier. Son extraction en pleine mer donne lieu à de nombreuses pollutions que faune et flore marines subiront, avec des risques de marée noire, comme celle causée en 2010 par l'explosion de la plate-forme pétrolière Deepwater Horizon au large de la Louisiane, qui vit la mort directe de 11 personnes et de 6 000 oiseaux. Sans compter les effets à retardement sur l'ensemble des écosystèmes touchés par les 780 millions de litres de pétrole déversés, mais aussi les 6,5 millions de litres de produits chimiques utilisés pour dissoudre et disperser les hydrocarbures.

LE SAVIEZ-VOUS ?

## Les joies de l'extraction pétrolière

L'extraction du pétrole libère dans l'air gaz à effet de serre, mais aussi gaz soufrés, oxydes d'azote, et composés organiques volatils cancérigènes. Les populations vivant à proximité de ces sites d'exploitation développent alors affections de la peau, de l'appareil digestif et du système respiratoire.

### *Le continent blanc souillé par l'or noir ?*

C'est certainement dans les nombreux projets de forage prévus en Arctique que l'expression « jusqu'à la dernière goutte » risque de prendre tout son sens tragique. L'océan Arctique renfermerait ainsi 22 % des ressources énergétiques mondiales, dont 13 % du pétrole non découvert au niveau mondial et 30 % des réserves de gaz. Or, sous les effets du réchauffement climatique, la fonte des calottes polaires s'accélère et l'emprise des glaces y est, chaque année, moins importante. Début 2012, une étude a montré qu'en cas de réchauffement de 1,6 °C, la totalité des banquises du Groenland disparaîtrait. Rappelons que même les scénarios les plus optimistes envisagent une hausse supérieure à 2 °C.

D'ores et déjà, durant l'été boréal, des passages s'ouvrent au pôle Nord pour des bateaux, ce qui était inimaginable il y a encore une vingtaine d'années. Les appétits s'aiguisent entre les grandes puissances pour savoir qui aura le contrôle de ces voies mais aussi des ressources cachées sous le sol autrefois gelé. Les puissances riveraines, comme les États-Unis, le Canada ou encore la Russie, multiplient les prospections. Même la Chine est désormais candidate pour venir siéger au Conseil arctique (l'instance en charge de ce vaste territoire qui n'appartient directement à aucun pays) et avoir ainsi sa part du gâteau.

Au pôle Sud, l'Antarctique, pourtant mieux protégé par le traité de Madrid de 1991 qui l'a classé comme « terre de science, réserve naturelle et patrimoine de l'humanité », est aujourd'hui menacé par les mêmes convoitises. Russes et Chinois voudraient renégocier ce traité, qui vient à expiration en 2041, notamment le passage qui interdit toute exploration minière…

LE SAVIEZ-VOUS ?

## Avec ou sans ours ?

Un bon moyen mnémotechnique pour se souvenir s'il y a des ours au pôle Nord ou au pôle Sud : *Arctique* vient du grec ancien *arktos* qui signifie « ce qui est relatif à l'ours ». Il s'agit sans doute plutôt d'une référence à la constellation de la Grande Ourse qui se trouve au nord, mais le fait est qu'il y a bien des ours polaires au pôle Nord, contrairement à l'Antarctique qui est le pays *ante-arktos*, donc « opposé à l'Arctique », mais aussi « sans ours ».

D'ailleurs, savez-vous combien un ours polaire peut manger de manchots ? Aucun, car les manchots vivent tous au pôle Sud, contrairement aux pingouins.

### *Les sables bitumineux, folie canadienne*

On l'appelle le « pétrole sale ». C'est un mélange de bitume, de sable et d'argile, tellement peu profond qu'il affleure souvent les sols. Il peut être transformé en pétrole brut synthétique, au prix d'un coût environnemental considérable car l'extraction et le raffinage de ce produit requièrent encore plus d'eau et d'énergie que celle du pétrole conventionnel. Ainsi, il faut non seulement deux tonnes de sable bitumineux pour obtenir un baril de pétrole, mais il faut aussi le chauffer à des températures très élevées entraînant des émissions de gaz très polluants comme le dioxyde de soufre et le dioxyde d'azote.

Le plus grand gisement de sables bitumineux se trouve au Canada, dans la province de l'Alberta. En 2008, son extraction a provoqué dans ce pays l'émission de 37,2 millions de tonnes de gaz à effet de serre selon une étude de Neil Swart et Andrew Weawer de l'université de Victoria (Colombie-Britannique) publiée par la revue *Nature Climate Change*, menant les émissions canadiennes 30 % au-dessus des engagements pris par le pays lors de la signature du protocole de Kyoto en 2002. Pas étonnant que, dans ce contexte, le Canada ait annoncé, fin 2011 après la conférence de Durban, qu'il se retirait de ce même protocole.

Cette « énergie sale » cherche évidemment à s'exporter ; à la fois par le projet Keystone XL – un oléoduc gigantesque qui amènerait le pétrole brut des sables bitumineux canadiens jusqu'aux raffineries texanes, à travers des espaces encore protégés des États-Unis comme le Montana – mais aussi en Europe. C'est pourquoi, en février 2012, un appel à « faire le bon choix pour préserver l'environnement et soutenir les efforts de la Commission européenne pour maintenir les sols bitumineux très polluants hors d'Europe » a été lancé par huit personnalités prestigieuses, d'origines très différentes, mais ayant toutes reçu le prix Nobel de la Paix :

- Mairead Maguire (Irlande, 1976)
- Betty Williams (Irlande, 1976)
- Adolfo Pérez Esquivel (Argentine, 1980)
- Desmond Tutu (Afrique du Sud, 1984)
- Rigoberta Menchú Tum (Guatemala, 1992)
- José Ramos Horta (Timor Oriental, 1996)
- Jody Williams (États-Unis, 1997)
- Shirin Ebadi (Iran, 2003)

Et d'ailleurs, Desmond Tutu, l'évêque anglican sud-africain, a récidivé en avril 2014, lors de la publication du 5e rapport du GIEC en demandant plus largement à « boycotter les compagnies d'énergies fossiles ».

# Le gaz

Le sous-sol ne contient pas que de la pierre ou du minerai. Il est aussi riche en une matière aussi légère que l'air, ou presque : du gaz. Une matière à l'état gazeux n'est pas forcément polluante : la vapeur d'eau a rarement créé de vrais problèmes environnementaux ou de santé publique... A contrario, les gaz fossiles sont, quant à eux, de plus en plus décriés.

## Méthane et gaz naturel

Après avoir exploité toutes les matières fossiles solides imaginables, il restait quand même la forme gazeuse des hydrocarbures : le méthane, produit de la dégradation d'organismes, disparus des millions d'années.

Au début de l'année 2012, une expédition scientifique russe a aussi découvert des centaines de « fontaines » recrachant du méthane dans l'océan Arctique. Ces véritables cratères mesurent jusqu'à 1 000 mètres de diamètre ! Une source d'inquiétude pour les scientifiques, bien plus que d'énergie.

Depuis le début de ce livre, on vous en a largement parlé pour son fort impact sur le climat, mais bien avant d'être le fait de la digestion des vaches, il est surtout naturellement présent en grande quantité dans les sous-sols sous forme de gaz naturel. Il est même l'ingrédient de base de tous les gaz exploités à l'heure actuelle. Et le gaz naturel n'est rien de moins que la 3e source d'énergie la plus utilisée dans le monde après le pétrole et le charbon, en additionnant le butane et le propane de votre gazinière, les chauffages domestiques, les véhicules GPL, les emplois industriels, etc.

## Le gaz de schiste, nouvel eldorado inquiétant

Face au tarissement de la ressource en gaz naturel, la recherche se fait de plus en plus agressive et s'oriente vers les « gaz de schiste », c'est-à-dire du méthane issu de la roche du même nom. Le potentiel est énorme : ses réserves mondiales sont estimées à 920 000 milliards de mètres cubes en 2011 par l'Institut français du pétrole. Mais voilà... Des images spectaculaires d'un film documentaire ont fait le tour de la planète : on y voit dans sa cuisine un habitant de l'état du Colorado approcher un briquet de son robinet qui laisse couler un peu d'eau et celle-ci de s'enflammer brusquement !

Car la technique employée – la fracturation hydraulique – ne peut qu'inquiéter. Il s'agit d'injecter dans un puits vertical, parfois jusqu'à 3 000 mètres de profondeur, un mélange à haute pression d'eau, de sable et de produits chimiques. Tout le long du conduit, les roches souterraines se fissurent, libérant le gaz, qui peut ensuite être acheminé vers la surface. Mais ce n'est pas son seul inconvénient. Le gaz de schiste présente un bilan inquiétant en matière d'émissions de gaz à effet de serre : la mise en exploitation des gisements de gaz de schiste ajouterait en effet de 46 à 183 milliards de tonnes de gaz carbonique dans l'atmosphère entre 2010 et 2050 ! Ce ne sont évidemment pas les arguments qu'avancent ses partisans, très nombreux aux États-Unis qui y voient un moyen rapide de gagner une indépendance énergétique mais aussi beaucoup d'argent. En effet, les individus sont propriétaires de leur sous-sol, contrairement à ce qui existe en droit français. Ce qui leur permet de s'opposer à cette exploitation s'ils ne la désirent pas, mais aussi de gagner potentiellement le droit de rejouer « Dallas » à la maison…

INSOLITE

## La géo-ingénierie d'Harry Potter

Et si on captait le $CO_2$ dans l'atmosphère, pour le stocker ensuite dans des roches poreuses souterraines ? C'est le projet un peu fou qui fait rêver les géo-ingénieurs du monde entier.

Ce n'est pas le premier : certains autres géo-ingénieurs ont aussi pensé à déverser du sulfate de fer dans l'océan pour permettre le développement d'algues planctoniques capables de stocker d'impressionnantes quantités de carbone. D'autres prévoient plutôt de déployer dans l'espace une multitude de petits écrans indépendants les uns des autres, très légers et munis d'un système de positionnement pour détourner une partie du rayonnement solaire. D'autres encore voudraient utiliser du soufre ou certains dérivés soufrés pour produire massivement des aérosols qui limiteraient l'éclairement en surface de la Terre.

Autant d'idées qui, au lieu de tenter de réduire les émissions de gaz à effet de serre, préfèrent avancer à tâtons dans l'inconnu, avec des conséquences complètement imprévisibles peut-être encore pires que le problème qu'elles étaient censées résoudre. Et si on arrêtait de jouer les apprentis sorciers ?

## *L'uranium*

« Nous n'avons pas tous ces problèmes, puisque nous avons l'énergie nucléaire ! » direz-vous peut-être en bon Français, fier de son fleuron industriel national. Hélas, si les énergies fossiles, comme le pétrole ou le gaz naturel, sont renouvelables à une échelle qui n'a cependant rien d'humaine puisqu'elle s'étale sur plusieurs millions d'années, les ressources en uranium à la base de l'énergie nucléaire, quant à elles, se font de plus en plus rares et ne sont pas renouvelables du tout ! En outre, rares sont ceux qui disposent de la technologie nécessaire à la production et à la sécurisation du nucléaire, énergie de pays riches.

L'extraction de l'uranium, en revanche, se fait dans des pays plutôt pauvres qui n'en profitent guère, si ce n'est des impacts négatifs. En effet, l'extraction de l'uranium impose des opérations de broyage et de traitements chimiques. Les résidus du broyage conservent 85 % de la radioactivité du minerai d'origine. Quant aux produits chimiques toxiques utilisés (ammoniaque, acide chlorhydrique, kérosène et eau oxygénée), ils sont souvent purement et simplement déversés dans l'environnement. De grandes quantités de sous-produits radioactifs particulièrement nocifs (radon-222, radium-226, thorium-230…) sont aussi libérées. Le problème de l'élimination de ces déchets radioactifs n'a jamais été réellement abordé. De ce fait, les immenses tas de résidus qui ont été abandonnés lors de fermetures de mines n'ont pas été retraités. En France, Greenpeace a évalué le stock de résidus à environ 50 millions de tonnes.

Sur cette question controversée de l'énergie nucléaire, le dernier rapport du GIEC note lui-même que si cette énergie « pourrait apporter une contribution croissante à l'approvisionnement en énergie à faible carbone », elle présente dans le même temps des « risques élevés » en matière d'exploitation des mines d'uranium mais surtout de sécurité des centrales et du traitement de leurs déchets.

LE SAVIEZ-VOUS ?

## Ce qu'il nous reste

Les sous-sols ne sont pas seulement exploités pour l'énergie que l'on peut en extraire. De nombreux éléments et minerais en sont issus. Certains sont tellement peu répandus et mêlés à la terre qu'ils sont nommés « terres rares ». Aucun minerai, qu'il soit présent en petite ou en grande quantité, n'est renouvelable. Lorsque nous aurons tout pris, il ne restera plus rien. C'est aussi simple que cela. Or, au rythme actuel de consommation, il reste, selon l'United States Geological Survey (USGS) et le Bureau de recherches géologiques et minières (BRGM). :

- Aluminium : 131 ans de réserves prouvées
- Cobalt : 112 ans
- Fer : 79 ans
- Platine : 56 ans
- Nickel : 40 ans
- Cuivre : 31 ans
- Plomb : 22 ans
- Étain : 20 ans
- Or : 17 ans
- Zinc : 17 ans
- Palladium : 15 ans
- Argent : 13 ans

Les tensions sur la ressource en cuivre sont déjà palpables : les vols de caténaires sur les voies ferroviaires sont de plus en plus fréquents, créant des retards et annulations de train. Peut-être, demain, vos fils électriques vaudront-ils autant que l'or ?

Comme vous avez pu le voir durant tout ce chapitre, nous malmenons nos bons vieux sols. Au lieu de les arpenter tranquillement pour admirer notre planète et rencontrer d'autres peuples, nous avons tendance à trop les exploiter. La terre nourricière est devenue trop souvent une terre dégradée. Un peu de mesure et de sagesse ne leur ferait pourtant pas de mal…

## Chapitre 7

# L'homme et la nature malades du climat

### *Dans ce chapitre*

- État des lieux des espèces
- Espèces et changement climatique
- L'interdépendance entre l'homme et la nature
- Les réfugiés climatiques
- Du climat dans la santé

« Qu'est-ce qu'elle a donc fait, la p'tite hirondelle ? » demande la comptine bien connue. « Passe, passe, passera, la dernière restera » continue-t-elle. Mais les hirondelles passent et nous ne sommes pas sûrs qu'elles restent… De 1989 à 2001, leurs effectifs auraient chuté d'environ 40 % en France selon le suivi STOC-EPS (Suivi temporel des oiseaux communs par échantillonnages ponctuels simples). Leur cas n'est pas isolé et on connaît encore trop peu de choses des causes du déclin de cet oiseau emblématique, mais on sait déjà que le changement climatique perturbe à la fois leur nidification, leur aire d'hivernage, et les déplacements qu'elles effectuent entre les deux.

La pression énorme exercée par le changement climatique sur les écosystèmes les plus fragiles de notre planète fait courir un risque d'extinction majeur à de nombreuses espèces d'animaux et de plantes. Le changement climatique et ses conséquences imposent déjà et imposeront à de nombreuses espèces de s'adapter ou de se déplacer. Mais toutes n'ont pas cette capacité de substitution et risquent alors de disparaître. Ce phénomène est déjà visible, bien au-delà de nos sympathiques hirondelles dont nous guettons chaque printemps le retour. Or, comme le réchauffement climatique, cette chute de la biodiversité se caractérise par sa rapidité. En quoi ces disparitions affecteront-elles les conditions de la vie humaine ?

Elles réduiront, par un jeu de domino, la qualité des « services que nous rend la nature », qui repose fortement sur la diversité des espèces et des écosystèmes. Au-delà, et les spécialistes en font déjà le constat, le changement climatique agit sur une des dimensions les plus précieuses de la condition humaine : notre santé. Rien que ça.

**LE SAVIEZ-VOUS ?**

Le Muséum national d'Histoire naturelle et la Ligue pour la protection des oiseaux (LPO) ont lancé, en, 2012 une grande enquête pour évaluer le nombre exact d'hirondelles sur le territoire français et tenter de connaître les raisons de leur diminution. Elles ne sont pas les seules à être concernées : chauve-souris, amphibiens, insectes… font aussi l'objet de toutes les attentions. Vous pouvez, vous aussi, y participer en vous inscrivant sur http://vigienature.mnhn.fr !

# État des lieux des espèces

Aussi nombreuses que les espèces soient, le dérèglement climatique les menace chaque année plus rudement. Alors la question se pose : marche-t-on vers une sixième grande extinction ?

## Nombreuses, méconnues et…

Quand on étudie la biodiversité, il faut être avant tout modeste. Pour deux raisons essentielles. La première est que les meilleurs connaisseurs évaluent le nombre d'espèces animales et végétales sur Terre dans une fourchette qui va de de 10 à… 30 millions. La deuxième est que sur ce total déjà fluctuant 1,9 million seulement sont répertoriées dans les différents musées de la planète, soit 1,5 million d'animaux auxquels il faut ajouter 400 000 végétaux. Par exemple, les fonds marins abyssaux ont été très peu explorés. C'est pourquoi, en mars 2012, le réalisateur James Cameron – celui auquel on doit le film *Titanic* ou encore *Abyss* – a décidé d'explorer, à bord du sous-marin de poche *Deepsea Challenger*, le site le plus profond de la croûte terrestre : la fosse des Mariannes dans l'Océan pacifique. Eh bien, même là, dans des profondeurs au paysage lunaire qui ne connaissent que l'obscurité permanente, à 11 km de la surface de la mer, James Cameron a pu filmer de minuscules crustacés ressemblant à des crevettes (amphipodes).

Autant dire que la biodiversité n'a pas fini de nous livrer tous ses secrets. Et on estime, au rythme actuel des connaissances, qu'il faudrait environ 1 000 ans pour en terminer l'énumération ! Pas sûr que les scientifiques en aient le temps, vu les menaces d'extinction qui pèsent un peu partout.

### Le terme « biodiversité »

Devenu incontournable dans tous les discours ayant trait à l'écologie, le terme même de « biodiversité » est pourtant récent. Il n'est apparu pour la première fois qu'en 1985 dans les propos de Walter G. Rosen, un biologiste américain, lors de la préparation du premier forum américain sur la « diversité biologique ». « Biodiversité » découlera – tout naturellement – de la contraction de ces deux mots. Il veut donner à comprendre à la fois la diversité naturelle de tous les organismes vivants et la complexité de leurs relations dans les écosystèmes.

## *... menacées*

Lorsque l'ONU déclare une année, « année internationale » de quelque chose, c'est généralement que ce « quelque chose » a un sérieux problème. Dans le cas de la biodiversité, qui a donc eu son année en 2010, on peut même dire que c'est un euphémisme.

Le déclin est connu depuis les années 1970. Depuis cette date, nous avons perdu 30 % des populations d'espèces de la planète selon le WWF. Un déclin naturel d'après certains qui parlent d'évolution darwinienne et de dinosaures en occultant une réalité bien plus brutale : les espèces vivantes s'éteignent à un rythme 1 000 fois plus intense que celui que nous enseignent les paléontologues sur les 65 derniers millions d'années.

Ainsi, en 2012, sur un total de 63 837 espèces étudiées, près de 20 000 sont considérées comme « menacées », soit 41 % des amphibiens, 13 % des oiseaux et 25 % des mammifères qui risqueraient de disparaître de la surface du globe. Certaines espèces en danger sont emblématiques, comme l'orang-outan de Sumatra ou le rhinocéros noir d'Afrique centrale. Celles-ci verront sans doute la conservation de quelques spécimens pour notre distraction ou notre instruction, à l'image des tigres qui sont aujourd'hui plus nombreux en captivité que dans la nature. Mais qu'en sera-t-il des milliers d'autres, moins connues, moins « mignonnes » ou « médiatiques » mais tout aussi essentielles ? Rappelons-le, nombre d'espèces, espoirs pour des applications thérapeutiques ou autres, sont susceptibles de disparaître, avant même qu'on en découvre toutes les potentialités.

## Vers la sixième extinction ?

Il n'y a aucun doute que le réchauffement climatique sera à l'origine d'une vague massive de disparitions d'espèces sur l'ensemble de la planète. De nombreux scientifiques en viennent à diagnostiquer une sixième extinction des espèces, en comparaison des cinq précédentes, qui ont scandé la vie sur Terre depuis 500 millions d'années. Les grandes raisons de cette menace sur la biodiversité sont bien connues. Il s'agit de la destruction et la dégradation des milieux naturels, la pollution, la prédation en excès et la surexploitation des ressources naturelles, les introductions anarchiques d'espèces de milieux à d'autres et, bien sûr, le changement climatique. On voit tout de suite le point commun entre ces cinq grands facteurs : l'homme, donc...

Certains pourront arguer que les méthodes de calcul de l'Indice Planète Vivante ont surévalué le rythme d'extinction des espèces. Mais personne aujourd'hui ne peut sérieusement nier que la biodiversité est gravement menacée et que le changement climatique accélère une dégradation déjà bien amorcée.

### Les grandes extinctions du passé

Les débuts de la vie remontent à 3,7 milliards d'années, mais il a fallu attendre l'explosion du Cambrien, il y a 500 millions d'années (Ma) pour qu'apparaissent les premiers organismes marins complexes. À partir de cette date, les scientifiques s'accordent sur le fait que cinq grandes extinctions ont eu lieu :

- la première, il y a 438 Ma : disparition de 70 % des espèces marines, liée à des glaciations suivies d'un réchauffement, ce qui aurait provoqué des fluctuations importantes des niveaux marins ;
- la seconde, il y a 370 Ma : disparition de 30 % des espèces animales, liée à un refroidissement global succédant à la chute de plusieurs météorites ;
- la troisième – la plus importante –, il y a 250 Ma : disparition de près de 90 % des espèces (marines et terrestres). Cette grande crise, qui a failli faire disparaître toute vie, serait due à la chute d'un astéroïde qui aurait provoqué d'énormes éruptions volcaniques et mouvements tectoniques, ce qui aurait modifié le climat terrestre et la présence d'oxygène dans l'eau des océans ;
- la quatrième, il y a 200 Ma : disparition de 75 % des espèces marines, liées à l'ouverture de l'océan Atlantique et d'importantes coulées de lave ;
- la cinquième – la plus connue – il y a 65 Ma : disparition de 65 % des espèces, dont les célèbres dinosaures, liée probablement à la collision d'une météorite avec la Terre.

Depuis, on estime que la moitié des espèces des grands mammifères pesant plus de 44 kg ont disparu et la sixième extinction, cette fois due essentiellement à l'action de l'homme, aurait commencé...

# Face au changement climatique, des réactions déjà diversifiées

Une hirondelle – encore – ne fait pas le printemps, d'après l'expression… Le bon sens populaire aura décidément de plus en plus souvent raison ! L'arrivée précoce et rapide du printemps, ainsi que les phénomènes de migration d'espèces animales et végétales vers les pôles et vers les hauteurs sont d'ores et déjà pointés par les climatologues du GIEC comme étant directement reliés au réchauffement récent. Une étude publiée en 2004 par la revue *Nature* prévoit ainsi qu'au moins un quart des animaux et plantes terrestres disparaîtront d'ici 2050 si aucune réduction massive des émissions de gaz à effet de serre ne se produisait. En 2007, le GIEC prévoyait un risque d'extinction accru pour 30 % des espèces pour un réchauffement « moyen » de 2 °C et des extinctions majeures dans le monde entier pour un réchauffement supérieur à 4 °C. En 2014, son 5e rapport confirmait « qu'une large partie des espèces terrestres et marines » ne seront pas capables « de se déplacer suffisamment rapidement pour trouver des climats plus adaptés », pourtant nécessaires à leur survie.

## Du nouveau sous nos latitudes

On ne compte plus les « remontées méditerranéennes », ainsi que les naturalistes désignaient ces espèces du sud qui commençaient à s'installer au nord des Pyrénées dans les années 1980. Le cas du héron garde-bœufs est des plus emblématiques : blanc de plumage et souvent perché sur le dos du bétail, il se laisse observer facilement. Historiquement, seule la Camargue l'accueillait à la belle saison. Puis, migra depuis le nord de l'Espagne une petite population qui se répandit progressivement dans tout le Sud-Ouest, tandis que du pourtour méditerranéen d'autres hérons se mirent à remonter la vallée du Rhône. Trente ans plus tard, le garde-bœufs fréquente pratiquement toutes les régions françaises, été comme hiver. Original, ce garde-bœufs se nourrit d'invertébrés (insectes, vers) qu'il attrape sous le sabot du bétail ou derrière le soc de la charrue. Lorsqu'on l'observe en plein hiver en train de se nourrir, c'est que ses proies favorites sont également actives. Des insectes en hiver ? Une nouveauté, assurément, dont le changement climatique est la cause.

Une espèce qui ne peut pas s'adapter disparaît. Cette loi, universelle et vérifiée maintes fois (voir l'encart « Les grandes extinctions du passé ») s'applique à notre époque, comme on le constatera plus loin. Toutefois, avant de disparaître, beaucoup d'espèces tentent de s'adapter. Au vu du réchauffement observé, qui s'est déjà traduit en Europe par une élévation des températures moyennes d'un petit 1 °C, ces stratégies d'adaptation sont aussi nombreuses et différentes que le sont les formes de vie. Bénéficiant d'hivers statistiquement moins rigoureux bordés d'étés indiens, d'automnes tardifs et de printemps précoces, l'hivernage des plantes et des animaux est en passe d'être grandement modifié. Les périodes de végétation s'allongent, permettant à leurs consommateurs et, en cascade, aux prédateurs de ces derniers de mieux supporter les frimas… lorsqu'un coup de gel tardif ne remet pas tout en question. Des eaux plus chaudes (continentales ou marines) voient refluer vers le nord les espèces les plus sensibles à la chaleur, l'espace vacant étant immédiatement colonisé par des espèces « du sud ». Pour les plus « thermosensibles », la reproduction en est d'ores et déjà affectée. Enfin, les espèces qui l'hiver s'en allaient droit au sud abrègent parfois leurs déplacements, regagnant leurs sites estivaux plus tôt en saison, certains même ne les quittant pas. S'il fallait résumer, on pourrait affirmer, comme le disent les biologistes, que les espèces « de niche », c'est-à-dire tributaires d'environnements particuliers (un torrent de haute montagne, par exemple) sont plus affectées par la modification du climat que les « ubiquistes », qui s'accommodent de tout (enfin, dans les limites du raisonnable…). Il s'ensuit un risque de « banalisation » des milieux naturels au bénéfice des espèces dont les capacités d'adaptation sont les plus souples, au détriment des plus exigeantes ; en outre, ces dernières sont affectées plus que les précédentes par le cumul des causes de dégradation des écosystèmes.

TÉMOIN DU CLIMAT

## Tara Dillard, États-Unis

### « Les plantes sont de plus en plus stressées. »

« Je m'appelle Tara Dillard. J'ai 47 ans, je suis paysagiste et horticultrice. J'ai grandi à Nassau Bay, au Texas, mais je vis dans la région d'Atlanta en Géorgie depuis 1982. Le jardinage et le travail avec les plantes sont ma passion. Je suis professionnelle dans ce domaine depuis 23 ans.

J'ai grandi dans une région du Texas dont le climat est semi-tropical, ce qui voulait dire que nous avions une seule saison tout au long de l'année.

Ce que j'adore en Géorgie, c'est la distinction entre les quatre saisons. Avec mon métier, j'apprécie beaucoup les changements qu'apporte chaque saison.

Parmi les changements observés, j'ai remarqué que les hivers sont devenus beaucoup plus doux depuis quelques années. Les sécheresses ici entrent dans un cycle naturel mais depuis peu, elles s'aggravent. Combinées à un bourgeonnement précoce suivi d'une période de froid, les plantes auront du mal à s'en remettre. L'ensemble de ces facteurs génère un plus grand stress pour les plantes, ce qui peut occasionner l'augmentation de maladies et diminuer leur résistance aux insectes.

…

...

À Atlanta, nous nous trouvons à la limite sud où pousse le sapin du Canada. Autrefois je mettais très souvent ces arbres dans mes créations paysagères. Je ne le fais plus parce qu'ils subissent un trop grand stress au cours de nos étés secs et chauds.

Par contre, plusieurs espèces de plantes arrivent maintenant à s'adapter. Des plantes telles que le Todosporum, l'aubépine indienne naine (variété Rhaphiolepis) et les gardénias (Gardénias Jasminoides "Radicans") étaient autrefois considérées comme des "buissons fragiles", et ne passaient en général pas une saison. Maintenant elles semblent grandir tout au long de l'année.

Il me semble que mon activité est principalement affectée par les restrictions en eau qui sont imposées ici à Atlanta. Les affaires se sont effondrées l'été dernier puis à l'automne et j'ai moins de travail ce printemps-ci que d'habitude. L'ensemble du secteur a été touché, alors que globalement, l'économie se portait bien. »

## Des migrations perturbées

Le terme de « migration » demande quelques clarifications lorsqu'on parle d'espèces animales et végétales… Il représente à la fois, tel que défini par la conférence des Nations-Unies sur l'environnement de Stockholm en 1972, le déplacement des aires de répartition, c'est-à-dire le déplacement des surfaces susceptibles d'accueillir une espèce migratrice pendant son périple, et les migrations proprement dites. De fait, c'est toute cette chaîne de migration qui est perturbée par le changement climatique.

Et nos hirondelles pourraient bien aller migrer ailleurs, si elles ne disparaissent pas avant. Car, à l'horizon 2050, migrer ne suffira sans doute plus… En effet, depuis les années 1970, en moyenne, animaux et plantes se déplaceraient vers des latitudes plus fraîches à la vitesse de 16,9 kilomètres par décennie ; soit presque 20 centimètres par heure ! Cela correspond à la vitesse moyenne de déplacement d'un poisson dans l'eau. Car les poissons migrent, comme les papillons, tel que le « Robert-le-diable » – bien connu de nos jardins pour ses belles couleurs orangées – qui aurait progressé de 220 kilomètres vers le nord en 20 ans. Les espèces auraient aussi grimpé en altitude de 11 m par décennie. Le problème, c'est qu'elles ne pourront pas grimper indéfiniment… Il n'est pas si facile de migrer loin de son aire de répartition habituelle.

### La migration de l'hirondelle

De façon tout à fait pragmatique, on peut affirmer sans trop de risque que, si une petite bête atteignant tout juste vingt grammes ressent la nécessité de parcourir plus de 10 000 km, ce n'est pas seulement pour le loisir. En effet, elle ne migre pas parce qu'elle commence à trouver le temps frais mais plutôt pour s'adapter à sa principale source de nourriture : les insectes volants qui disparaissent l'hiver sous nos latitudes tandis que l'Afrique en regorge. Et pourquoi revient-elle pour se reproduire si le banquet est ouvert à toute heure là-bas ? Sans doute parce que la concurrence est rude en période de nidification entre les 37 espèces indigènes d'hirondelles et les nombreuses autres espèces insectivores. Depuis quelques années, certaines hirondelles semblent allonger leur séjour en France, voire préfèrent y passer l'hiver. Plus de chaleur, plus d'insectes...

## Des départs plus tôt, des départs plus tard...

Quoi qu'il en soit, c'est une tendance paradoxale qu'observent les « migratologues », ces ornithologues qui guettent des heures durant les passages des oiseaux dans le ciel. Certaines espèces, à l'instar du balbuzard pêcheur, survolent notre territoire plus tôt, en moyenne, que ne le faisaient leurs prédécesseurs (trois semaines de mieux en vingt ans d'observation). Pour quelle raison ? Les eaux du nord de l'Europe devenant plus chaudes, les poissons abondent plus tôt en saison ; il peut hâter sa saison de reproduction et, dès septembre, entamer le grand voyage qui le mène en Afrique subsaharienne. À l'inverse, l'imposant pygargue à queue blanche, autre aigle pêcheur, quitte ses territoires estivaux plus tard, ne ressentant plus comme auparavant le besoin de migrer sur de grandes distances. À tel point qu'on ne le voit pratiquement plus en France au cœur de l'hiver.

Dans le golfe de Gascogne s'observe au sein des poissons un grand remue-ménage, avec les incursions d'espèces d'origine tropicale (les coryphènes par exemple) dont certaines, parfois, sont suspectées de se reproduire alors qu'elles ne le faisaient pas quelques décennies plus tôt. Ainsi, les balistes-cabri, répandus de Gibraltar à l'Angola, ne se montraient dans le golfe qu'à la fin de l'été, lorsque les températures de l'eau atteignent les sommets. Tous de la même taille car tous du même âge il y a quarante ans, les balistes présentent à présent des profils très différents, et les filets des pêcheurs en remontent en toutes saisons. Aurait-il élu domicile dans nos parages que cela n'étonnerait personne.

## Les espèces peuvent-elles s'adapter ?

Les espèces peuvent-elles s'adapter au changement climatique ? La réponse n'a rien de simple. Évidemment, sinon nous n'aurions pas écrit cet ouvrage. L'adaptation est un processus naturel dans l'absolu. Darwin en a fait la démonstration, et de nombreux chercheurs après lui ont amendé cette théorie selon laquelle il s'agit d'une sélection bénéfique à la vie sur Terre. Or, le contexte climatique, par sa rapidité et ses causes, change la donne. Il ne s'agit plus d'un phénomène naturel s'étalant sur les siècles, mais de la conséquence de comportements humains sur quelques dizaines d'années.

LE SAVIEZ-VOUS ?

### Darwin et le cou de la girafe

Depuis le XIXe siècle, le cou de la girafe est le symbole d'un affrontement scientifique qui nous concerne tous : l'évolution des espèces se fait-elle parce qu'on a pris une habitude que l'on transmet ensuite à nos descendants (le cou de la girafe se serait allongé parce qu'elle aurait voulu attraper les feuilles les plus hautes ?) ou par la seule sélection naturelle (les girafes ayant le cou le plus long ont survécu) ? Si la seconde théorie (celle de Darwin) semble bien avoir gagné la partie, il existe toujours un vif débat autour de la façon dont nous évoluons tous. Une chose est certaine : la disparition actuelle des espèces n'est pas liée à une sélection naturelle, mais bien à l'action de l'homme.

Le problème numéro un posé par l'actuel changement climatique, c'est sa rapidité. Le climat a toujours changé depuis que la Terre existe. Et la Vie a toujours été capable de s'adapter au changement, c'est ce qu'elle a fait depuis 3,7 milliards d'années. Mais toutes les espèces ne sont pas capables de la même adaptation, surtout à une telle rapidité.

Les observateurs les plus optimistes rappellent qu'en dépit du réchauffement engagé à la fin de la dernière glaciation, plusieurs espèces animales et végétales peuplent toujours diverses localités françaises, près de 12 000 ans plus tard. Si de telles reliques glaciaires subsistent alors que le climat a fondamentalement changé, gagnant une dizaine de degrés dans nos régions, c'est que leur potentiel d'adaptation est considérable. Et de citer, en effet, la présence de telle population isolée de campagnols des neiges sur le plateau de Leucate, qui surplombe du haut de ses cinquante mètres les rivages méditerranéens, tandis que l'espèce est observée jusqu'à 4 500 mètres d'altitude dans le massif du Mont-Blanc… S'adapter, ce petit rongeur montre qu'il a su le faire, mais c'est l'un des seuls mammifères à subsister sous nos latitudes depuis si longtemps ; pratiquement tous les autres, a fortiori toutes les grandes espèces adaptées au froid, ont disparu.

Lorsqu'il s'agit de s'adapter à une contrainte extérieure unique, l'adaptation est possible. Citons par exemple la loutre que l'on a longtemps crue nocturne alors qu'elle ne faisait qu'échapper aux dérangements causés par les humains en journée, ou encore la « phalène du bouleau », ce papillon nocturne blanc qui vit sur les écorces de bouleau et qui, en Grande-Bretagne, a su devenir noir pour s'adapter aux suies de l'exploitation minière qui se déposaient sur les troncs. Maintenant que les mines sont presque toutes fermées, il est en train de redevenir blanc…

## Certaines espèces plus menacées que d'autres

Toutes les espèces ne sont pas logées à la même enseigne : les espèces vivant dans des zones qui subissent un réchauffement supérieur à la moyenne (les régions polaires, par exemple), et des espèces dépourvues de toute capacité d'adaptation ou dont l'effectif de population est déjà trop faible pour leur permettre de s'adapter à l'évolution rapide de leur environnement seront en première ligne de l'hécatombe. Pas facile, par exemple, de se reproduire lorsqu'il faut faire des kilomètres à travers un habitat fragmenté par la présence humaine pour trouver un partenaire, alors même que l'on a des difficultés à se nourrir. Pour les orangs-outans, tigres, baleines… menacés d'extinction depuis des décennies en raison de la surexploitation et de la destruction de leur habitat, le changement climatique pourrait bien leur porter le coup fatal. Ainsi, dans les Sundarbans d'Inde et du Bangladesh, deux régions abritant l'unique population de tigres vivant dans la mangrove, la montée rapide du niveau de la mer menace d'engloutir les dernières portions terrestres de l'habitat des tigres.

Prenons aussi l'exemple de l'orang-outan, déjà menacé par l'exploitation forestière à grande échelle qui détruit son habitat et les pratiques de chasse et de capture illégales : qui dit changement climatique dit modification des régimes de précipitation. S'y ajoute l'accroissement de la fréquence et de l'intensité des inondations et des feux de forêt, pendant respectivement les saisons humide et sèche. Conséquences de ces différents phénomènes : la perturbation du cycle de vie des plantes nourricières et des arbres servant de repos aux animaux ainsi que la réduction de la quantité de nourriture disponible pourraient porter le coup de grâce aux « hommes de la forêt », comme ils sont nommés.

Quittons la forêt tropicale indonésienne et partons en Afrique subsaharienne : les sécheresses et autres événements météorologiques extrêmes devraient devenir plus fréquents et plus violents. De fait, il est probable que 20 % des zones protégées qui constituent l'habitat naturel des éléphants, et notamment les parcs nationaux (comme le célèbre parc Kruger en Afrique du Sud), ne conviennent plus à leurs hôtes d'ici 2080. Comment faire ? Déplacer les parcs ? En effet, l'élévation des températures pourrait conduire, par exemple, au déplacement de certaines espèces en dehors des zones protégées spécialement créées pour elles. Comment alors limiter les interactions homme/éléphant, par exemple, généralement destructrices pour des cultures déjà affaiblies ?

## Ce qu'aggrave le changement climatique

On voit que l'enchaînement est complexe. Et pour de nombreux animaux et végétaux, on ne connaît ni les modalités d'adaptation au changement climatique, ni même si cette capacité d'adaptation existe ! Car certaines possèdent des exigences très spécifiques. On a vu dans les chapitres précédents combien les amphibiens, les oiseaux et les coraux étaient en danger. Ce que vous ne saviez peut-être pas encore, c'est que 70 à 80 % des espèces menacées sont en plus « sensibles aux changements climatiques » ! Sans l'adoption de mesures substantielles à court terme, il y a fort à parier que la conjugaison des effets du réchauffement climatique et des menaces préexistantes ne pousse un grand nombre d'animaux dans l'abîme.

Ainsi, il ne faut pas se fier à la présence très médiatique dans les zoos européens des pandas – symboles du WWF – ni à leur nouvelle popularité dans les dessins animés au cinéma. Le panda ne vit plus en liberté qu'en Chine sur les contreforts de l'Himalaya. Il ne resterait plus que 1 600 pandas à l'état sauvage… Car, pour survivre, il a besoin d'espace et de forêts, ainsi que de bambou pour se nourrir. On estime qu'il doit en manger entre 15 et 40 kilos par jour ! Or, même les scénarios les plus optimistes montrent que la disparition des bambous à cause du réchauffement climatique pourrait porter atteinte à la survie de l'espèce avant le siècle prochain. Déjà menacé, le panda pourrait connaître des jours encore pires.

Certaines espèces n'ont pas besoin d'attendre pour savoir si elles sauront s'adapter : elles ressentent déjà l'impact du changement climatique du fait de l'évolution de leur environnement ! Les populations d'ours polaires et de manchots empereurs, qui vivent respectivement aux pôles Nord et Sud, commencent déjà à décliner au fur et à mesure de la disparition des glaces de mer, indispensables à leur survie. Moins de glace, c'est aussi moins de krill, ces petits crustacés à la base du régime alimentaire de nombreuses espèces. L'acidification croissante des océans pourrait d'ailleurs aussi mettre à mal d'autres sources de nourriture importantes pour les baleines, comme les calmars.

LE SAVIEZ-VOUS ?

### L'albatros et le changement climatique

Les albatros qui vivent dans l'archipel de Crozet, dans les terres australes françaises de l'océan Indien, ont bien compris comment profiter de l'augmentation de la vitesse des vents, liée au réchauffement climatique. La durée moyenne de leurs excursions à la recherche de nourriture a diminué de 22 % entre 1970 et 2008, ceci grâce à leurs « ailes de géants », chères à Baudelaire, qui leur permettent de mieux « surfer » et donc d'économiser leurs efforts. Or, un albatros peut parcourir l'équivalent de 15 000 kilomètres par ses allers-retours entre son nid et sa source de nourriture…

## Des difficultés de reproduction

L'évolution du climat modifiera la géographie existante et, dans certains cas, la biologie des espèces. Sur certaines plages du nord de l'Australie et d'Amérique latine, les tortues marines qui éclosent sont plus nombreuses que les mâles. La détermination du sexe des reptiles est en effet liée à la température des nids : plus c'est chaud, plus vous avez de chances d'obtenir des femelles. Plus c'est froid… vous nous avez compris. Des difficultés de reproduction sont donc à prévoir. D'ailleurs, il ne manquait plus que cela, de nombreuses espèces d'oiseaux (hirondelles, mésanges, moineaux, faucons, canards, oies, goélands…) seraient moins « fidèles » dans les régions déjà touchées par le réchauffement climatique. Des chercheurs ont en effet observé une augmentation du « taux de divorce » ou des « changements de nid » dans ces couples. L'accouplement avec des partenaires multiples augmenterait, en effet, les chances d'avoir au moins un oisillon dont les gènes permettraient de faire face à de nouvelles conditions climatiques. Mais l'étude ne dit pas qui du mâle ou de la femelle est le moins fidèle…

## Le bouleversement de la relation proie-prédateur

Cornélienne, la situation l'est assurément pour les grands migrateurs dont l'alimentation des jeunes repose sur l'émergence des insectes, ce moment qui voit apparaître subitement ces derniers par milliers. Les gobemouches noirs et autres pouillots, passereaux lilliputiens, sont dans ce cas. La survie de ces espèces repose, depuis des millénaires, sur une alternance entre les grandes forêts boréales de Scandinavie et de Russie où ils se reproduisent, et leurs sites d'hivernage d'Afrique tropicale. Reliant ces deux régions du globe au cours d'un périple de 15 000 kilomètres aller-retour, leur parcours migratoire est semé d'embûches : deux bras de mer à traverser, des chaînes de montagnes, le Sahara, quantités de prédateurs, etc. Bon an mal an, gobemouches et pouillots parvenaient à accomplir leur cycle : un départ d'Afrique Noire déclenché par leur horloge biologique au mois de février, une arrivée en avril parmi les conifères, un nid à construire, un accouplement, la ponte, la couvaison des œufs et, miracle ! au moment même où écloraient ces derniers, les jeunes chenilles se mettaient à proliférer sur les bourgeons succulents des arbres. Une nourriture idéale pour la nouvelle génération de gobemouches qui, la fin de l'été venue, partait à son tour en voyage. Mais ça, c'était avant. Car, maintenant que le changement climatique fait débourrer les conifères un mois plus tôt, les chenilles sont déjà devenues papillons lorsque les gobemouches reviennent d'Afrique. Pas de chenille, pas d'oisillon à l'envol. Cette désynchronisation entre la proie et son prédateur est pratiquement insurmontable. Car, réfugié dans la canopée tropicale en hiver, le gobemouche ne perçoit aucun autre signal de départ que les hormones qui se déversent dans son corps, à la même époque depuis des milliers d'années. S'adapter ? Peut-être. En attendant, 90 % de ses effectifs ont disparu en quarante ans.

## Des animaux rapetissent...

La reproduction ne sera pas le seul aspect biologique affecté. À en croire plusieurs études, certains animaux pourraient tout simplement... rapetisser ! Ainsi la revue *Science*, en octobre 2011, a révélé que lors d'un précédent fort réchauffement qui a vu un maximum thermique de + 6 °C, il y a 56 millions d'années, certaines espèces avaient perdu jusqu'à 75 % de leur taille. Le cas le plus connu étant celui d'un genre d'équidé, un ancêtre des chevaux, les Sifrhippus, qui ont rapetissé de 30 % en 130 000 ans, jusqu'à atteindre la taille et le poids des chats, soit un petit quatre kilos...

De même, sur 85 espèces contemporaines étudiées, une quarantaine (ours polaires, cerfs, moutons, mouettes, tortues, iguanes, lézards, crapauds...) ont déjà vu leur taille diminuer légèrement au cours de ces vingt dernières années, du fait de la raréfaction de leurs ressources alimentaires.

## ... d'autres se concurrencent ou s'adaptent

Il arrive aussi que le changement climatique mette en concurrence deux espèces sur le même territoire. Ainsi, jusqu'à une date récente, le renard arctique, avec son magnifique pelage blanc, vivait tranquille dans les terres froides. On le trouve aujourd'hui principalement en Alaska et à l'extrémité de la Russie. Il donne naissance à ses petits en été dans des terriers mais le nombre de renardeaux de chaque portée dépend de la quantité de nourriture disponible. Or, de nombreuses proies du renard arctique, comme les lemmings et les campagnols ont besoin de la neige qui les isole du froid pour passer l'hiver. Mais comme les températures de plus en plus douces amenuisent ce manteau neigeux, cela entraîne la diminution du nombre de ces proies. Et donc le nombre de renards arctiques.

De plus, les changements climatiques poussent le renard roux, son principal compétiteur et prédateur, à empiéter sur son territoire. Et il n'est pas sûr qu'à terme, le renard arctique puisse subsister…

Il y a aussi des cas d'adaptation comme le montre l'exemple, assez unique pour le moment, de requins hybrides de croisement de deux espèces proches de requins. Début 2012, des chercheurs australiens ont annoncé avoir découvert les premiers requins hybrides au monde dans les eaux australiennes. Pour eux, il s'agit d'un cas typique d'adaptation au changement climatique. En effet, le requin à pointe noire qui vit habituellement dans les eaux tropicales aurait réussi à accroître son habitat naturel en se croisant avec une autre espèce de requin plus ubiquiste.

TÉMOIN DU CLIMAT

## Masayuki Jurechi, Japon

### « La migration des oies est très perturbée. »

« Mon nom est Masayuki Jurechi, je suis membre de l'Association japonaise pour la protection des oies sauvages. Je vis près du marécage Izu-numa dans la préfecture de Miyagi, le plus grand site de migration pour les oies au Japon. Lorsque j'ai vu les oies pour la première fois, il y en avait environ 5 000… Le gouvernement japonais les déclara espèce protégée en 1971 et, en 2010, plus de 100 000 oies ont passé l'hiver dans le nord de la préfecture de Miyagi !

L'explosion de leur nombre semble dépasser de loin les résultats que l'on pouvait attendre de cette mesure de protection. À mon avis, l'une des raisons est l'impact du réchauffement mondial sur les zones de couvaison. Ces grandes oies couvent et font leur nid dans les régions de toundra près du cercle arctique. Elles couvent au sol dans les marais où les cours d'eau et les marécages forment un paysage complexe. Si le dégel au printemps commence plus tôt que d'habitude à cause du réchauffement, les oies peuvent construire davantage de nids qui verront naître plus d'oisons. Et comme les oies sont herbivores, le gel précoce contribue à la croissance des oisons en augmentant les surfaces d'herbe dont ils peuvent se nourrir.

Ainsi, la hausse des températures semble conduire à une augmentation des populations d'oies dont un plus grand nombre migrent vers la région de Izu-numa. Comme les zones propices à leur hibernation restent limitées, elles risquent une surconcentration dans ces espaces si leur population augmente. De plus, s'il se produit une contamination de l'eau dans des marais comme Izu-numa ou Kabukuri-numa où les oiseaux sont concentrés, elles peuvent être décimées en une nuit. Chez des oiseaux

…

...

présents en forte densité, le risque de maladies infectieuses est également élevé.

Un autre problème naît du rapport entre les oiseaux et les êtres humains. Pendant la journée, les oies prélèvent leur nourriture sur des terres arables telles que les parcelles de riz. Si trop d'oiseaux s'abattent sur le même endroit, les dommages causés à l'agriculture peuvent devenir un vrai problème. Afin de faire face à cette situation, un projet d'inondation des parcelles de riz pendant l'hiver est mené avec l'aide des agriculteurs autour de Kabukuri-numa. Ce projet vise à créer une symbiose entre les êtres humains et les oies rieuses. Les gens du cru constatent que les champs de riz utilisés par les oies sont des sites de grande valeur avec une riche biodiversité.

On prévoit que les zones de toundra où couvent les oies qui migrent vers le Japon subiront de façon importante l'influence du réchauffement du globe. On dit que la toundra se couvrira rapidement d'arbres si ce dernier perdure : le permafrost fondra et les racines des arbres se développeront. Si cela se produit, les oies perdront les sols de couvaison et, par conséquent, les troupeaux diminueront ou même disparaîtront de la région. Je crois qu'il est important de mettre fin au réchauffement actuel aussi vite que possible afin de protéger l'avenir des oies ».

# L'interdépendance entre l'homme et la nature

Dire que le sort des hommes est lié à celui des espèces naturelles en général est bien sûr une évidence. Pour autant, l'interdépendance qui existe entre l'homme et la nature est tellement grande qu'il est bon d'en rappeler les grands fondements.

## Rivalité et communauté de sort

L'homme partage grosso modo la même biologie que les autres animaux qui peuplent la Terre. Comme pour eux, le changement climatique affectera, directement ou indirectement, le comportement des êtres humains. Si nous partageons la même planète, celle-ci n'est pourtant pas extensible. Ainsi, la hausse du niveau des mers, l'extension des zones arides (peu propices à l'activité humaine) et le besoin de nouvelles surfaces (pour l'agriculture, l'urbanisation, l'exploitation des ressources, etc.) renforceront les rivalités pour le contrôle des territoires, et exerceront ainsi une pression croissante sur les habitats naturels. Or, environ 60 % des services rendus par ces derniers (produits forestiers, réserves de pêche, purification de l'air et de l'eau, régulation des climats régionaux, risques naturels et lutte contre les parasites) sont en cours de dégradation ou d'exploitation non rationnelle. Une tendance qui va fatalement s'aggraver dans les prochaines décennies, sur fond de poursuite de la hausse démographique et, bien plus encore, de l'élévation du niveau de vie d'une partie des sept milliards de terriens répertoriés aujourd'hui… Sur les grandes causes de dégradation, et en particulier celles qui affectent les forêts et les océans, nous renvoyons le lecteur vers le chapitre 10 « Aider la nature face au changement climatique ».

### I = PAT

Impact = Population × Affluence × Technologie

Cette équation, posée par des chercheurs américains en 1970, visait à résumer le débat en cours, déjà à l'époque, sur les causes de la dégradation de l'environnement. Elle peut se traduire ainsi : la somme des impacts de l'activité humaine sur l'environnement (I) est égale au produit de la taille de la population (P), de la consommation par habitant (A) et de l'intensité technologique (T). Dit autrement, plus les revenus des habitants d'un pays peuplé et industrialisé sont élevés, plus la demande en ressources est forte et plus l'environnement en fait les frais…

On fera le constat que la polémique malthusienne, très occidentale, qui tente de faire porter seulement sur la démographie la culpabilité de l'atteinte des limites de la planète n'est pas très honnête. Peut-être est-elle destinée à faire oublier notre propre part de responsabilité en tant que gros consommateurs et éternels insatisfaits ?

Mais bien plus qu'une histoire de lutte, l'histoire des hommes et de la biodiversité est avant tout celle d'une interdépendance et d'un sort commun. Nous sommes tous liés par des chaînes alimentaires, par l'eau que nous buvons, par l'air que nous respirons, par le climat sous lequel nous vivons. Petit éclairage sur ces fameux « services rendus par la nature », sans entrer dans les détails (il faudrait un ouvrage spécifique pour ce faire !).

## Les services rendus par la nature

Dire : « D'accord, c'est triste que l'orang-outan ou le thon rouge disparaissent un jour, mais cela n'empêchera pas l'homme de survivre », c'est oublier un peu vite que, tout comme M. Jourdain faisait de la prose sans le savoir, notre vie quotidienne est rythmée par la biodiversité… sans le savoir.

La nature nous rend même tellement de services qu'il a fallu pas moins de 1 360 scientifiques pour en ébaucher le classement, en 2005, classement connu depuis sous le nom d'Évaluation des écosystèmes pour le millénaire. Celui-ci met en avant ce concept novateur de « services rendus par la nature », et permet de répondre définitivement à l'interrogation suivante : à quoi sert la nature ? En fait, elle nous est très utile. La vie sur Terre repose sur des interconnexions innombrables entre les éléments physico-chimiques constitutifs de la planète et les écosystèmes qui la peuplent ; la plupart de ces derniers sont reliés les uns aux autres et servent de socle, en quelque sorte, à l'humanité, devenue en quelques millénaires l'une des parties prenantes majeures de ce grand mécano. Ce système complexe d'interdépendances réciproques, dans lequel nous évoluons en permanence sans en avoir toujours conscience, nous fait bénéficier de services forts nombreux et, dans leur immense majorité, essentiels à la vie, à notre bien-être et notre rapport au monde. Pour autant, ce tricotage serré d'interrelations doit être replacé dans un contexte climatique précis et déterminant à bien des égards : il s'agit de notre climat contemporain, avec ses typicités régionales et, notamment, des écarts de températures et de précipitations connus, et non celui du paléolithique… Le changement en cours, qui a déjà entrepris de modifier substantiellement les conditions climatiques locales et les modifiera à l'avenir bien plus encore, créera inévitablement des distorsions dans ces liens qui imbriquent les uns aux autres les éléments de la communauté du Vivant dans laquelle évoluent de concert, il faut bien insister sur ce point, la faune, la flore… et sept milliards d'êtres humains.

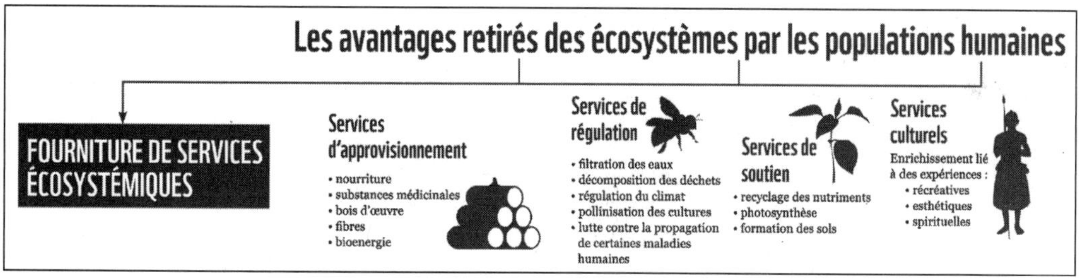


**Figure 7-1 :** Les services écosystémiques

## *Quels sont ces services ?*

La nature nous rend tout d'abord des « services de soutien » : situés à la base de la vie, ils supportent tout le reste de la biodiversité et sont fournis en général par les micro-organismes et les végétaux supérieurs. Par exemple, ce sont des milliards et des milliards de micro-organismes qui rendent les sols fertiles ou épurent l'eau, bien plus efficacement (ainsi qu'à meilleur coût !) que n'importe quel procédé technologique. Cette production primaire, sur laquelle reposent les cycles du carbone, de l'oxygène, de l'azote ou de l'eau (rien que ça !) est essentielle au développement des autres formes de la vie, à l'enrichissement des sols (et donc à l'agriculture), au recyclage des éléments nutritifs ; elle rend l'air respirable et retranche de l'atmosphère des milliards de tonnes de gaz carbonique, etc.

La nature nous rend des « services d'approvisionnement » : ils permettent à l'homme (ainsi qu'aux autres espèces !) de satisfaire bon nombre de besoins fondamentaux. Concrètement, les produits de la chasse, de la pêche, les fruits et légumes sauvages, l'exploitation du bois, les fibres naturelles, des plantes à vertu thérapeutique permettent à quelques milliards d'individus de se nourrir, boire, se protéger du froid ou encore se soigner.

La nature nous rend des « services de régulation » : par exemple, la régulation des ravageurs de cultures (invertébrés, rongeurs) par leurs prédateurs naturels ; la régulation de nombreux parasites, virus et bactéries pathogènes par d'autres micro-organismes ; la régulation du climat local (une forêt rafraîchit ses abords, les arbres freinent le vent et abritent du soleil), des cours d'eau (une prairie humide retient l'eau en hiver) ou des catastrophes naturelles (les coraux brisent les déferlantes, les mangroves forment des zones tampons qui atténuent les dégâts causés par les tempêtes), etc.

La nature nous rend des « services à caractère social et culturel » car elle est bénéfique à la santé, source de loisirs et d'un infini plaisir esthétique, d'inspiration et de sérénité d'esprit, support d'activités pédagogiques et de recherche, etc. Pour de nombreuses sociétés humaines bien vivantes, quoique peut-être éloignées de notre continent, et notamment pour les Peuples Premiers, le climat détermine les rythmes, les rites. Il participe, aux côtés de bien d'autres éléments naturels, de la relation au monde et d'une cosmogonie originale, pas moins légitime que les « religions du Livre », excusez de le signaler. Jusqu'aux expressions de la langue française dont certaines perdront définitivement toute signification : tentez d'appliquer un « Noël au balcon, Pâques aux tisons » ou bien « À la Sainte-Agathe, le temps se gâte » avec 3 °C de hausse générale des températures… Pour rester dans ce registre un peu plus léger, une pensée émue aux jardiniers : « A la Sainte-Catherine, tout bois prend racine ». Eh bien, bon courage. On vous le dit, il n'y a plus de saisons. Ce changement-là, qui influera tant sur notre climat, n'a pas fini de nous donner le tournis.

## Comment le changement climatique affectera-t-il les « services rendus par la nature » ?

À bien chercher, ces « services rendus » sont autant de raisons de préserver la nature face à l'ignorance humaine, si grande est leur utilité pour des pans entiers de notre activité. Il est cependant une dernière justification, souvent peu formulée dans la littérature mais posée comme une évidence : la nature mérite notre respect car elle est tout simplement présente, elle est à la fois ici et là-bas, et nous entoure depuis le premier jour de sa profonde bienveillance. Même sous la forme d'un moustique ou d'une ortie ? Si señor !

Pour autant, la question nous préoccupe : quel serait l'impact du changement climatique sur ces services ? Si l'on comprend immédiatement que le blanchiment du corail soumis à un stress thermique trop élevé, par exemple, dégrade ses fonctions de protection rapprochée des atolls contre les assauts de l'océan, le changement climatique tel qu'anticipé par les climatologues pour le siècle en cours ne va pas réduire à néant tous ces services. En revanche, la plupart d'entre eux subiront une réelle perte d'efficacité. La situation de l'été 2003 permet de le comprendre. La canicule a jeté au sol, dès le mois d'août, quantité de feuilles dont se sont débarrassés les arbres occupés à conserver le peu d'eau encore présent dans leurs cellules. Ce réflexe de lutte contre l'évapotranspiration s'est traduit par un surcroît brutal d'ensoleillement pour les plantes qui poussaient à l'ombre du feuillage, qui grillèrent à leur tour. Avortée dans nombre de cas, la fructification de ces plantes, cette année-là s'est révélée désastreuse pour les animaux dont c'est la nourriture principale. Desséchée, cette végétation fut la proie d'incendies dans des localités parfois étrangères à de tels sinistres. Les sols, secs en surface, durent attendre plusieurs mois avant que les micro-organismes qui les peuplent remontent en surface et se remettent à dégrader la matière organique. Des cours d'eau, étangs et lacs connurent une prolifération bactérienne et algale parfois pathogène (cyanophycées autrement nommées algues bleues et toxine botulinique), facteur de mortalité pour les poissons et les oiseaux, mais aussi porteur de risques pour la santé humaine. On se souvient même qu'au moins une centrale nucléaire, celle de Golfech (Tarn-et-Garonne) a dû subir un arrêt en urgence de sa production, pour cause de débit trop faible de la Garonne et d'une eau surchauffée. Comme quoi le refroidissement par l'eau des fleuves est un « service de régulation » que rend la nature à l'exploitant des centrales… La diversité des écosystèmes propose des réponses naturelles et efficaces face aux risques climatiques. Les coraux, par exemple demeurent les meilleurs remparts contre les tempêtes. En préservant leur diversité, nous préservons nos conditions de vie.

# Migrants, déplacés et réfugiés climatiques

Tout comme les espèces naturelles sont menacées car le changement climatique porte notamment atteinte à leur habitat naturel, les hommes sont de plus en plus impactés par les risques climatiques pesant sur leur installation.

## Retour sur les migrants climatiques

« Les mouvements migratoires, transfrontaliers ou locaux de populations dus à des dégradations causées par le changement climatique ne sont pas un scénario fictif d'un avenir lointain ». Ainsi commence le rapport scientifique opportunément titré « Gérer les déplacements de populations dus aux phénomènes climatiques extrêmes », publié en juin 2013 par les chercheurs français du programme Exclim.

Cette réalité souvent dramatique a déjà été évoquée dans plusieurs chapitres de cet ouvrage, comme conséquence de la hausse du niveau des océans et des événements climatiques extrêmes. Son renforcement dans les prochaines décennies est cependant considéré comme inéluctable par la plupart des observateurs, civils et militaires serait-on tenté d'écrire, dans la mesure où une partie des premiers s'efforce de pallier les conséquences d'une situation qui ne cesse déjà d'empirer, tandis que les seconds anticipent d'éventuelles atteintes à la sécurité supposément causées par des flux de migrants incontrôlables. Ainsi, dans son dernier rapport, les experts du GIEC estiment que *« le changement climatique peut indirectement augmenter les risques de conflits violents comme les guerres civiles ou les affrontements intergroupes, en amplifiant des déterminants bien connus de ces conflits, comme la pauvreté et les chocs économiques »*. Bref, une instabilité mondiale généralisée avec des populations civiles en première ligne.

## Migrants ? Déplacés ? Réfugiés ?

Puisque ces trois termes coexistent, tentons tout d'abord un essai de clarification. Si le terme de « migrant » renvoie à une personne qui vit de façon temporaire ou définitive dans un pays (ou une région) qui n'est pas le sien, celui de « déplacé » implique une fuite hors de son lieu de vie, afin de se mettre à l'abri de la coercition. Prise dans son acception onusienne, la notion de « réfugié » implique, quant à elle, la traversée d'une frontière pour se placer hors de portée du danger.

Migrants, déplacés et réfugiés se comptent chaque année, dans le monde, par centaines de millions. Oui, vous avez bien lu. Car, aux migrations internationales, estimées à 240 millions de personnes, s'ajoutent les migrants internes (230 millions en Chine par exemple). On migre, bien entendu, pour un tas de raisons : rien de comparable entre le jeune diplômé qui s'en va tenter sa chance, celui dont la misère ou une catastrophe hypothèque les chances de survie dans sa région natale, et les victimes de persécutions et de conflits armés. On peut migrer pour toujours ou revenir après quelques mois. On migre, en tout cas, dans notre monde globalisé, dans toutes les directions : du sud vers le nord, du nord vers le nord, du sud vers le sud, du nord vers le sud…

LE SAVIEZ-VOUS ?

La notion de « réfugié climatique » n'existe pas en droit international, mais l'Organisation internationale pour les migrations compte déjà 38 millions de personnes qui ont dû quitter leur lieu de résidence en raison d'« événements environnementaux » : un terme générique qui regroupe aussi bien les inondations, les tornades et autres cyclones que les séismes, les feux de forêt ou encore les vagues de sécheresse. Ce n'est sans doute qu'un début car une étude de la Banque mondiale – des banquiers, pas des écolos ! – évoque l'hypothèse de 200 millions de réfugiés en 2050. Et si vous nous sortez le refrain déjà entendu : « pas en France, tout de même ! », nous sommes prêts à vous rappeler quelques souvenirs : comme durant l'hiver 2009/2010 ; la tempête Xynthia en Vendée, avec ses victimes et ses nombreuses maisons abandonnées sur le littoral désormais classées en « zone rouge »…

## Climatiques ou pas ?

Parmi ces migrants, déplacés et réfugiés, combien sont-ils chassés de chez eux par les conditions climatiques ? En vérité, personne ne sait ou plutôt, n'avance de réponse unique. L'OIM (Office international pour les migrations) estimait en 2010 à 38 millions le nombre des déplacés climatiques dans le monde en raison de conditions climatiques désastreuses qui régnèrent cette année-là. Mais ce chiffre ne prend pas en compte les millions de victimes d'une érosion lente et constante des conditions de vie, petits paysans qui finissent par vendre leurs biens puis leurs outils et leurs terres avant de quitter ces dernières, éleveurs dont le bétail n'a plus d'herbe à brouter, populations victimes d'exactions ou de conflits armés « de basse intensité » pour l'accaparement des points d'eau, etc. Ce chiffre n'intègre pas les centaines de milliers de familles indiennes qui quittent, chaque année avec le début de la saison sèche, leurs villages des régions arides pour aller survivre de boulots payés une misère dans les grandes villes du pays, et qui s'en retournent six mois plus tard ; pas plus qu'il ne comptabilise les migrants subsahariens qui s'en vont droit au nord tenter leur chance en Europe, décrits comme « migrants économiques. Pourtant, pour une part d'entre eux, l'économie a déjà sombré dans le dérèglement climatique.

C'est ainsi que se mêlent plusieurs histoires qui décident du sort des gens : combien de tensions régionales et de pertes de récoltes presque banales sont à l'origine du départ des plus vulnérables ? Combien de migrants climatiques, du coup, dans les rangs de l'immigration économique ou parmi les réfugiés dont la dimension politique du conflit qu'ils fuient se perd dans l'avancée du désert ?

## Les rapports officiels s'empilent

Gravitant dans la nébuleuse onusienne, plusieurs institutions internationales sonnent le tocsin depuis des années. Le changement climatique, écrivent-ils en substance, exacerbe les tensions à l'œuvre dans les territoires dont l'environnement se dégrade. Le PNUD, pour ne citer que lui, affirme dans son rapport sur le développement humain de 2007 que si l'aide au développement ne se renforce pas dans l'objectif d'une relative adaptation des populations les plus vulnérables, « les pertes de productivité liées au changement climatique vont creuser les inégalités, limiter les moyens de subsistance et augmenter les pressions qui génèrent des migrations forcées ». Les chiffres égrainés par ces documents sont en effet stupéfiants. Ainsi, la succession de tempêtes tropicales, et les inondations qui ont suivi forcèrent au déplacement près de 6 millions de personnes en Asie du Sud-Est au cours du seul mois de septembre 2009. Extrapolant les conséquences chiffrées des catastrophes actuelles, plusieurs organisations humanitaires et autres experts onusiens, que la question préoccupe au plus haut point, avancent le chiffre de 200 millions comme estimation « moyenne » des personnes contraintes au départ, chaque année dans le monde à l'horizon 2050, en raison de l'inflation attendue des désastres naturels dont le changement climatique sera la cause.

## Le réflexe sécuritaire en réponse à la crise climatique

Les connaisseurs du dossier se souviennent d'un exercice de prospective mené par le Pentagone, qui concluait à la dangerosité de mouvements humains incontrôlés motivés par l'impossibilité de survivre dans des environnements régionaux devenus hostiles. On sait moins que dès l'année 2004 a émergé l'Initiative Environnement et Sécurité (ENVSEC), en vue d'imposer les questions sécuritaires dans l'agenda international des négociations climatiques. Qui trouve-t-on parmi ses principaux contributeurs ? L'OTAN, organisation qui a poursuivi des décennies durant l'objectif de coordonner les moyens militaires des pays occidentaux face au bloc des pays soviétiques du Pacte de Varsovie. Voici cette organisation désormais tournée vers de nouvelles préoccupations : anticiper les atteintes à la sécurité de ses États membres face à la cohorte de migrants climatiques qui viendraient frapper à leur porte, et prépositionner les moyens nécessaires au maintien de la paix dans les futures régions à risque. L'étude des siècles passés nous enseigne que de banals conflits locaux dégénèrent parfois en bruits de bottes transfrontaliers. L'histoire contemporaine nous projette les images de barrières grillagées hérissées de caméras de surveillance, en Amérique du Nord et dans le sud de l'Europe, derrière lesquelles des patrouilles armées tentent de dissuader les migrants de passer les frontières. Des barbelés pour contenir l'afflux de 200 millions de migrants climatiques supplémentaires ? La réponse paraît un peu faible…

## La migration vue comme une stratégie d'adaptation

Depuis quand, déjà, migre-t-on à travers le monde ? Ah, depuis toujours ? C'est donc que le déplacement fait partie, objectivement, des mesures d'adaptation quand les contraintes qui s'accumulent deviennent trop fortes. C'est dans cet esprit qu'a germé l'idée d'intégrer officiellement les migrations parmi les stratégies et les plans d'action nationaux pour l'adaptation (PANA pour les intimes), dispositifs décidés lors de la septième Conférence des Parties de la Convention-cadre des Nations Unies sur le changement climatique, réunie à Marrakech en 2001.

Ces PANA, réservés aux pays les plus vulnérables (souvent les plus pauvres), prévoient de rendre éligibles aux financements internationaux des mesures d'urgence, souvent à forte portée sociale, pour justement encadrer les déplacements de populations, favoriser leur retour ou, à défaut, la réinstallation des habitants dans des sites moins exposés.

Les PANA couvrent des situations très diverses. Outre l'aide aux démunis en situation d'urgence humanitaire et le soutien à la construction physique des nouveaux lieux de vie, plusieurs PANA prévoient un accompagnement par la formation professionnelle, afin que les déplacés climatiques trouvent de nouvelles perspectives économiques dans leurs lieux d'implantation. Cette logique peut même aller assez loin.

INSOLITE

### Une réserve de terres

Anote Trong, le président des îles de Kiribati, a conclu le projet un peu fou d'acheter 2 000 hectares de terre sur Vanua Levu, la deuxième plus grande île des Fidji. Couverts de forêts, ces 20 $km^2$ de terres ont été cédés par l'Église anglicane pour la somme de 9,3 millions de dollars australiens (soit 6,4 millions d'euros) à Kiribati. Le prix du réchauffement pour sa population ? Car ce micro-État insulaire redoute la montée des eaux qui menacent ses 110 000 habitants qui vivent sur des terres situées tout juste au-dessus du niveau de la mer.

## Retour sur la « solidarité mondiale obligatoire »

Ainsi, les Maldives et Kiribati, confrontées comme l'on sait à la hausse du niveau de l'océan, conçoivent la migration climatique comme le prolongement de la tendance déjà à l'œuvre chez les jeunes d'une expatriation vers des pays pourvoyeurs d'emploi. Ces archipels prévoient, pour le futur, une prise en charge de la formation de jeunes diplômés de haut niveau pour faciliter leur insertion ailleurs dans le monde, dans l'espoir que de ces futurs noyaux de population émerge une diaspora attachée à ses origines : celles d'une nation archipel dont les terres ancestrales seront progressivement sous les eaux.

Quoi qu'il en soit, ce sujet, dans les grandes réunions internationales, manque de consistance. Faut-il octroyer un statut officiel à ces migrants poussés par le changement climatique ? Les ressortissants des états insulaires devront-ils attendre la submersion du dernier atoll avant de se voir conférer un statut d'apatride, doté d'une version réactualisée de l'antique passeport Nansen, créé en 1922 par la Société des Nations ? Faut-il inscrire une ligne spéciale consacrée aux migrants, déplacés et réfugiés climatiques dans les conditions d'éligibilité aux différents fonds internationaux pour l'adaptation au changement climatique ? Peut-on sereinement mettre au débat public cette question essentielle de « solidarité mondiale obligatoire », alors que de nombreux pays durcissent leurs procédures d'accueil et expulsent ceux qui n'y satisfont pas ? Si l'on souhaite une réponse positive à plusieurs de ces interrogations, l'observation minutieuse des sommets internationaux incline à la prudence. Tant de choses à régler et si peu d'unanimité…

LE SAVIEZ-VOUS ?

### L'homme qui a failli être le premier réfugié climatique…

Ione Teitiota, 37 ans, a failli être le premier réfugié climatique au monde, mais la Haute Cour d'Auckland en a décidé autrement. En effet, cet habitant des Kiribati, un archipel au milieu de l'Océan Pacifique, avait décidé de fuir en 2007 sa petite île natale pour la Nouvelle-Zélande. Cet agriculteur et père de trois enfants voulait protéger sa famille de « la maladie et de la violence », dues selon lui à l'effondrement des ressources en eau.

L'archipel des Kiribati se compose d'une trentaine d'atolls coralliens dont l'altitude dépasse à peine le niveau de la mer. Ceux-ci sont régulièrement envahis par l'océan qui amène avec lui de l'eau salée s'infiltrant dans les nappes phréatiques et appauvrissant les récoltes. Pourtant, dans un jugement rendu le 26 novembre 2013, la Haute Cour d'Auckland lui a refusé le statut de réfugié climatique. Le juge a, en effet estimé que son cas n'était pas couvert par la Convention de Genève de 1951 relative au statut de réfugié et que le prévenu n'était confronté à « aucun danger imminent » s'il retournait dans son île…

# Du climat dans la santé

Disons-le tout net ou plutôt laissons un spécialiste incontesté du sujet le dire à notre place, le professeur Besancenot : « En matière de relation entre le changement climatique et la santé, on se retrouve rapidement devant des équations à cent inconnues, que l'on est bien incapable de résoudre ». Ainsi, puisque les conditions climatiques ont une influence partielle sur la santé, leurs modifications, à leur tour, influencent celle-ci. C'est pourquoi Margaret Chan, directrice générale de l'Organisation mondiale de la santé (OMS), a déclaré lors de la première conférence mondiale sur la santé et le climat, fin août 2014 à Genève : « Les preuves sont incontestables : le changement climatique menace la santé de l'être humain ». Le tout est d'en comprendre les mécanismes et les effets.

Lorsqu'on évoque ce lien entre l'évolution du climat et la santé, apparaissent comme une évidence des phénomènes comme les vagues de chaleur ou la pandémie du paludisme. En effet, la santé restant tributaire de divers facteurs environnementaux, l'organisme humain peut subir des conséquences directes autant qu'indirectes d'un climat déréglé, que ce dernier s'exprime par les événements extrêmes ou par l'entremise de différents vecteurs, en l'occurrence un moustique, si l'on suit notre exemple.

Pourtant, notre espèce se bat depuis si longtemps contre les agressions physiologiques qui la frappent, que ces facteurs environnementaux sont contrebalancés par le système de santé qu'elle a su construire et renforcer singulièrement au cours du dernier siècle. Force est cependant de reconnaître la profonde inégalité d'exposition et d'accès aux soins des habitants des pays pauvres, comparés à ceux des pays riches et, parmi ces derniers, des populations défavorisées face aux classes socio-économiques plus aisées. Climat, santé et société sont liés ; efforçons-nous donc de simplifier cette « équation aux cent inconnues ».

## Paludisme, dengue, chikungunya et autre fièvre du Nil

Diversement morbides mais au minimum clairement handicapantes, paludisme, dengue, chikungunya et fièvre du Nil ont en commun d'être transmises à l'homme par les moustiques. Elles restaient globalement cantonnées sous les tropiques il y a peu. Enfin, pas le paludisme, qui sévit jusqu'aux années 1950 dans diverses localités européennes, ce qui n'est pas sans importance comme on le verra plus tard, mais ne diminue en rien l'état de catastrophe que la malaria entretient dans la moitié des pays du monde, décimant trois millions de personnes par an dont une majorité de jeunes enfants. La forme la plus grave de la dengue, naguère cantonnée à l'Asie du Sud-Est, infecte désormais une large ceinture intertropicale, qui déborde largement sur les États-Unis. Le chik, comme on le surnomme, a toujours sévi autour de l'Océan Indien, mais divers foyers d'infestation ont été récemment détectés en Europe (nord de l'Italie en particulier) et jusqu'en Amérique du Nord ; l'un de ses principaux transmetteurs, le moustique-tigre, colonise le sud de la France. Enfin, la fièvre du Nil s'est échappée de son aire de répartition historique (Afrique de l'Est puis Inde) pour se répandre autour des mers Méditerranée et Noire et, bien au-delà, jusqu'au Canada. Pourtant, affirmer que le changement climatique en est seul responsable est un raccourci qu'il vaut mieux éviter. L'aire de répartition des moustiques-transmetteurs s'étend-elle concomitamment de l'élévation moyenne des températures ? Affirmatif. Celle-ci entraîne-t-elle une extension des zones de prévalence des agents pathogènes que les insectes transportent ? Pas sûr, ou plutôt, pas seulement. Les échanges internationaux et leurs voyageurs par millions participent grandement à la transmission des maladies aux quatre coins du monde, laquelle ne signifie pas toujours le déclenchement d'épidémies.

TÉMOIN DU CLIMAT

## Mbiwo Constatine Kusebahasa, Ouganda

### « Il y a de plus en plus de cas de malaria. »

« Je m'appelle Mbiwo Constatine Kusebahasa. Je suis né en 1938 dans la tribu Bakonjo, un peuple endurci mais amical qui vit dans les montagnes Rwenzori, en Ouganda. J'ai une femme et des enfants.

Je suis agriculteur dans les collines près des montagnes Rwenzori. J'ai commencé à cultiver vers 1954 ; nous plantions en vue des récoltes et les moissons étaient bonnes. Nous faisons pousser du maïs, des haricots, des patates douces du cassava (manioc), et des légumes. Cependant à partir des années 1970, j'ai commencé à remarquer des changements dans notre environnement.

Autrefois, il y avait deux saisons pour planter. La première était en mars/avril et la seconde en juillet/août. Mais planter tôt dans la saison comme nous le faisions n'est plus possible. Maintenant nous commençons à planter en septembre, dans l'espoir que les pluies viendront et que nous aurons de belles récoltes. Nous avons bien été obligés de faire avec les nouvelles configurations météorologiques.

Autrefois, les montagnes étaient couvertes de "blanc" (glaciers et neige). On voyait très bien cela depuis nos collines. Nous pensions que les pluies venaient de là mais les glaciers ont tous disparu !

Lorsque j'étais jeune, il faisait très froid par ici, il nous fallait de bonnes couvertures pour nous tenir chaud, en particulier la nuit. Il fait beaucoup plus doux maintenant dans cette région. Avant les années 1970, nous ne savions pas ce qu'était la malaria. Les moustiques qui répandent cette maladie prospèrent grâce aux températures plus élevées. À présent, il y a de nombreux cas de malaria dans la région de Kasese. »

## Zoom sur le paludisme

La littérature européenne est riche de témoignages attestant la virulence des « fièvres intermittentes » qui sévirent, grosso modo, jusqu'à l'invention du DDT et son saupoudrage massif au-dessus des zones humides. C'est ainsi que les derniers cas de paludisme à plasmodium, le type le plus grave, furent rayés de Corse et du Portugal vers 1950. Mais ailleurs ? En Sologne, autour des étangs médocains et dans le marais charentais ? Il faut remonter au début du XIXe siècle pour que les « fièvres tierces et quartes » disparaissent de ces contrées, alors qu'avions-pulvérisateurs (et DDT) ne volaient pas encore. Pourtant, y sévissent toujours par milliers les anophèles (moustiques qui transmettent le paludisme), sans que les autorités sanitaires n'enregistrent de cas de palu. Ce dernier disparut grâce à la généralisation des règles d'hygiène (l'eau potable en particulier) et à une modification des pratiques agricoles qui asséchèrent bon nombre d'anciens foyers d'infestation établis à proximité des habitations. La quinine et une meilleure alimentation (c'est-à-dire un système de soin performant et l'amélioration du niveau de vie) firent le reste. Morale de l'histoire : les épidémies se déclenchent et sévissent là où l'agent pathogène est susceptible d'infester l'homme via le moustique (c'est même la condition initiale), mais également si le système de soin est défaillant et la pauvreté endémique. Quelle serait l'influence du changement climatique et d'une Europe plus chaude de quelques degrés comme le redoutent de nombreux climatologues ? L'aire propice à l'établissement de foyers de malaria ou de chikungunya remonterait jusqu'à la Scandinavie. Pour autant, dans nos pays riches, les réseaux de surveillance détectent pratiquement chaque cas de ces maladies. On sait y soigner les patients, et s'y tiennent en alerte des escouades de démoustiqueurs dont l'essentiel de l'action consiste en la prévention (éliminer ces nids à larves que sont les vieux pneus abandonnés sous la pluie, poser des pièges à insectes, etc.). Dans les pays pauvres en revanche et notamment dans la zone intertropicale, déjà balayée par une pandémie qui ne faiblit guère, le changement climatique risque de fragiliser encore plus la santé des gens, davantage par la précarité croissante qui affectera leurs conditions de vie que par la présence massive de moustiques qui s'y croisent déjà par milliards. Lutter contre ce fléau nous renvoie donc à un autre agenda, celui moins « climato-centré » d'une Organisation mondiale de la Santé qui s'époumone à réclamer davantage de solidarité internationale à destination des pays les plus pauvres. Un débat qui dépasse largement celui de la lutte contre le changement climatique.

### L'or, le palu et les Amérindiens de Guyane

La Guyane est confrontée, entre autres fièvres, au paludisme. Mais pas partout. Nombreux en effet sont les sites où le plasmodium était absent, à tel point que l'organisme des habitants, Amérindiens établis depuis des millénaires, n'a pas développé de défenses immunitaires particulières, contrairement à certaines populations des régions voisines au sein desquelles il sévit. La situation s'est mise à changer avec l'installation des garimpeiros (terme brésilien désignant les chercheurs d'or qui s'échinent à arracher du sous-sol paillettes et pépites). À l'exception de quelques-uns dont la pratique est légale, l'immense majorité des chantiers aurifères est exploitée de manière clandestine. Lorsque le site ne rend plus de métal précieux, les orpailleurs décampent fissa vers le placer suivant, laissant leur « vide de fosse » se remplir d'eau et devenir instantanément un nouveau réservoir à moustiques, souvent impaludé. Il ne sera bientôt plus très difficile de cartographier la prévalence du palu chez les Amérindiens Wayanas et Emerillons établis dans la forêt guyanaise : il sévit là où l'orpaillage illégal bat son plein.

## Les effets directs

Un article paru dans la revue *Nature* en septembre 2013 exposait que le changement climatique pourrait se traduire par 3 millions de décès prématurés par an à l'horizon 2100, pour cause de conjonction des vagues de chaleur et de la pollution de l'air. Inutile de discuter, les canicules de ces dernières années ont sérieusement étayé la réalité de ce phénomène, largement urbain s'il en est. L'été, lorsqu'un anticyclone bloque au sol une masse d'air surchauffée, un aérosol riche en particules et autres émissions polluantes émises par le trafic routier stagne et pénètre profondément dans les poumons, dégradant les performances respiratoires et sur-sollicitant l'organisme. Il faut cependant noter que les victimes des canicules de 2003 (en Europe occidentale) et de 2010 (en Russie) n'ont pas succombé qu'en ville. C'est donc que la chaleur n'a pas besoin de la pollution pour tuer, de même que les hivers rigoureux abrègent la vie des êtres les plus fragiles. L'interrogation est donc la suivante : puisque l'on parle de réchauffement climatique, quel pourrait être, dans quelques décennies, le bilan annuel de la surmortalité qu'il induirait ?

### Coups de froid et surmortalité hivernale

Si tous les climatologues s'accordent pour prédire une élévation moyenne de la température des basses couches de l'atmosphère accompagnée, sous les latitudes européennes, d'hivers moins rigoureux, pas un ne pariera un kopek sur la disparition complète des coups de froid, lorsqu'une bulle d'air polaire se répand sur les latitudes inférieures. Or, même si des conditions hivernales normales fragilisent l'organisme face à la cohorte des microbes (le pic des décès naturels culmine toujours avec la saison froide), l'arrivée soudaine d'un air glacial est des plus meurtrière : plus de 9 000 morts prématurés furent enregistrés au cours de l'hiver 1984-1985, qui laissa congelée la France durant plusieurs semaines. Bon, pour couper court à la polémique, avançons que des hivers statistiquement moins froids attendus à l'avenir sur notre continent réduiront la mortalité hivernale, hors coups de froid.

## Vagues de chaleur et surmortalité estivale

Les étés, par contre, devraient à l'avenir se révéler beaucoup plus meurtriers, sauf bien entendu à ce que les mesures d'accompagnement des « populations à risque » soient particulièrement bien mises en œuvre. Tout le monde, en France, garde à l'esprit les 20 000 décès prématurés de la canicule de 2003 (70 000 en Europe…), dont une majorité de personnes âgées. Ce dernier constat n'est guère étonnant : passé la soixantaine, l'organisme peine à réguler la température du corps tandis qu'il ressent moins bien la soif, avec un risque de déshydratation lorsque la température extérieure atteint des sommets. Soit dit en passant, si les habitants des régions chaudes sont connus pour mieux s'abriter de la chaleur qu'au nord, l'Italie et l'Espagne furent durement éprouvées en 2003. C'est que chez eux aussi, une bulle d'air trop chaude retenait au sol oxydes d'azote et autres gaz délétères. Que dire également de la Russie, certes parfois fraîche au nord même en été mais en général fort chaude car de climat continental, qui subit une telle vague de chaleur que 56 000 habitants, au bas mot, perdirent la vie en 2010 tandis que de gigantesques incendies propageaient suies et monoxyde de carbone jusque dans les rues de Moscou ? Fatalistes, les climatologues estiment qu'un été sur trois ressemblerait à 2003, en France, dans quarante ou cinquante ans. Remarquez que les pouvoirs publics n'ont guère attendu pour forger un nouveau protocole destiné à éviter, autant que faire se peut, les conséquences sanitaires de telles catastrophes : maisons de retraite équipées de climatiseurs, distribution d'eau minérale, tournées de « maraudage » pour venir en aide aux personnes en détresse, hospitalisation sans délai figurent parmi les consignes rappelées avant chaque épisode caniculaire. Car, si on ne peut empêcher un anticyclone de se figer dans nos cieux au moins peut-on faire preuve, en situation de crise, de solidarité envers « nos vieux ».

## La santé, c'est social

Encore faut-il que le système de santé soit opérationnel. Celui des États-Unis, pays qui ne se classe certainement pas parmi les moins avancés, est tellement déplorable que les vagues de chaleur font d'innombrables victimes… chez les pauvres. Pas de couverture médicale universelle, des services d'action sociale en ruine tellement la crise économique a taillé dans leurs budgets : on meurt davantage au fin fond du Mississippi qu'à Washington D.C., et plus encore lorsque l'on est né noir et désargenté plutôt que blanc et socialement nanti. Comme partout, de multiples facteurs aggravent la situation : la malbouffe et son corollaire d'obésité, autre marqueur social dont les multiples pathologies entraînent une fragilité supplémentaire pendant les fortes chaleurs, une urbanisation trop minérale qui étend ses dizaines de kilomètres carrés de surfaces surchauffées, des logements manquant de ventilation et non climatisés, des hôpitaux publics débordés… Le changement climatique et son corollaire de vagues de chaleur, dans un tel contexte de désolation sanitaire, constituent un accélérateur de tendance. Et puisque celle-ci est au renforcement des inégalités, il fera mécaniquement plus de victimes. Inverser la tendance n'est certes pas hors de portée de la première économie du monde ; il exige une réelle volonté politique.

### Petits maux et grandes misères

Au petit jeu de l'équation morbide, il y a fort à parier que les incidences sur la santé qu'induirait un climat déréglé seraient supérieures aux avantages procurés par des hivers moins rigoureux : la comparaison entre le coup de froid de l'hiver 1984 et la canicule de 2003 l'indique. Il est d'autres conséquences peut-être moins frappantes, mais déjà documentées dans la littérature médicale. Ce qui est vrai pour les moustiques l'est également pour de nombreux micro-organismes : il faut redouter la maladie de Lyme et les lechmanioses, transportée par les tiques ou certains moucherons qui bénéficieront d'un adoucissement des températures, les gastroentérites et les redoutables leptospiroses au même titre que les intoxications aux phycotoxines, larguées en mer par des algues microscopiques et ingérées en consommant des coquillages. À noter que bien souvent, la pollution du milieu aquatique n'y est pas pour rien. Dans le même genre, aux printemps plus précoces correspondent déjà un allongement de la période de pollinisation et ses corollaires, le « rhume des foins » et la conjonctivite, les allergies et les troubles asthmatiques, on en oublie…

Bref, notre organisme dépense beaucoup d'énergie, en temps ordinaire, à lutter contre les agressions qu'il subit. Des conditions climatiques un peu plus chaotiques entraîneront un stress supplémentaire. Or, ce qui est perceptible au niveau individuel l'est également au plan collectif.

## Face aux événements extrêmes

Sommes-nous toujours certains de garantir la prise en charge des personnes accidentées, vulnérables ou malades en cas d'événement climatique extrême, lors d'une forte tempête qui jette au sol les réseaux électriques et téléphoniques, ou bien lorsque les cours d'eau en crue submergent le réseau routier ? SAMU, SMUR et autres cellules de crise disposent, en principe, des équipements techniques et logistiques nécessaires, prépositionnés au plus juste grâce aux bulletins d'alerte météo. Mais la violence des éléments et l'étendue des dégâts peuvent compromettre leur efficacité en dépit des moyens alloués : une ambulance peut être stoppée par l'inondation, un hélicoptère cloué au sol par le vent. Bon, il faut rappeler que les situations de détresse dues aux événements climatiques ne datent pas d'hier, et vanter l'efficacité incontestable des moyens mis en œuvre. Mais il est des situations dramatiques où ces derniers n'ont pu faire face, tandis que, et surtout, la population n'était pas suffisamment préparée. C'est donc à nouveau vers le champ social que le système de soin devra se tourner pour remplir encore mieux sa mission : éduquer, sensibiliser et communiquer sur les bons réflexes, afin de prévenir au mieux les situations d'urgence dont tout laisse à penser qu'elles se multiplieront à l'avenir.

## Renforcer les systèmes de santé

Le changement climatique a ceci de particulier qu'il repose sur une certitude (il est bien réel et il se renforce) doublée d'une incertitude : nul n'est capable d'en prédire l'ampleur ni où, quand et sous quelle forme il interviendra précisément. Face à « l'équation à cent inconnues » qui a ouvert cette section, quelques conclusions provisoires s'imposent. Nul doute qu'un système de santé qui a si fortement fait progresser l'espérance de vie peut faire face au climat déréglé. Le contexte environnemental et social, cependant, est déterminant pour anticiper, protéger, soigner des populations qui risquent fort de devenir plus vulnérables à l'avenir. Pour autant, ces dernières décennies ont montré que d'immenses régions du monde ne parvenaient pas à satisfaire les besoins essentiels de leurs habitants, en matière médicale comme d'accès à l'eau potable, d'assainissement, d'alimentation, d'éducation, quand bien même le monde était beaucoup plus riche qu'auparavant et parfois leurs édiles aussi.

Cet échec, changement climatique ou pas, interpelle, non pas sur la capacité des hommes à y faire face, mais sur leur volonté de le faire. (Laquelle est, une fois de plus, affaire de politique, c'est-à-dire de choix sociétal.)

La robustesse de notre système de santé, mutuel et solidaire envers les plus démunis, constitue la meilleure police d'assurance face à l'incertitude du monde et notamment de son avenir climatique.

# Troisième partie

# Comment lutter contre le changement climatique ?

## *Dans cette partie...*

Démultiplier « les solutions qui vont bien » en les adaptant aux contextes locaux par une insertion sociale et environnementale exemplaire se révèle peut-être à notre portée. Mais, quelles sont ces solutions et, en matière de lutte contre le changement climatique, sont-elles pertinentes ? Bref, nous allons dans cette partie et la suivante évoquer des problèmes – et des solutions.

# Chapitre 8

# Réinventer nos sociétés !

***Dans ce chapitre***

- Atténuer, s'adapter ou disparaître ?
- Au fond c'est quoi le bonheur ?
- Une sobriété heureuse, ou comment tordre le cou aux fausses bonnes solutions
- Les choix énergétiques ou comment choisir les énergies renouvelables
- L'économie circulaire et fonctionnelle
- Les compensations volontaires
- Tous consomm'acteurs

L'histoire regorge de civilisations disparues. Devons-nous, par exemple, redouter de connaître le même destin que les habitants de l'Île de Pâques (même si la thèse de leur effondrement est toujours âprement discutée au sein de la communauté scientifique) ?

La fin des civilisations a souvent été liée à une surexploitation des ressources naturelles et à un manque d'adaptation. Aujourd'hui, en ce début de XXIe siècle, le modèle de vie dominant est tout sauf durable. L'homme a pourtant tous les moyens pour s'orienter vers des modèles de développement alternatifs, pour réinventer les sociétés selon les nouveaux enjeux qui s'offrent à lui… s'il le souhaite ! La solution unique n'existe pas : les solutions sont multiples. On en découvrira quelques-unes dans les pages suivantes qui, toutes, sont tirées des « tendances en cours ». Rien ne relève de la science-fiction, bien au contraire.

## *Atténuer, s'adapter ou disparaître ?*

Sur ces trois verbes, les auteurs de ce livre ont, sans aucune hésitation, une nette préférence pour les deux premiers : atténuer et s'adapter. Et pour éviter de sombrer dans le pessimisme du troisième verbe, nous allons essayer de nous situer dans cette prédiction optimiste, et quelque peu paradoxale, faite en 2009 par Achim Steiner, le directeur du programme des Nations-Unies pour l'environnement : « La crise nous offre l'occasion de décarboner l'économie. » Décarbonons donc ensemble…

## Réduire notre empreinte écologique

C'est peut-être la phase 1 d'une économie moins émettrice de $CO_2$ : apprendre à compter notre empreinte carbone, c'est-à-dire la quantité de carbone émise par une activité ou une organisation. L'empreinte carbone est un indicateur destiné à caractériser la pression exercée par une population en termes d'émissions de gaz à effet de serre, en fonction de son mode de vie. Elle couvre à la fois les émissions directes et les émissions indirectes, liées à la production et au transport des biens et services consommés que ceux-ci soient produits en France ou à l'étranger. Attention à ne pas la confondre avec l'empreinte écologique, qui est un indicateur plus global car il prend compte tous les aspects de l'activité humaine : notre empreinte carbone, mais aussi celles des pâturages, des forêts, des surfaces de pêche, des terres cultivées et des terrains bâtis. Cet indicateur, mis au point par plusieurs chercheurs et universitaires (Global Footprint Netwoork, créé en 2003), évalue la surface totale requise pour produire les ressources que nous utilisons (nourriture, vêtements, chauffage…) pour répondre à notre consommation d'énergie et pour fournir l'espace nécessaire à nos infrastructures (logement, routes…). Il est comparé à la biocapacité qui représente la surface biologiquement productive effectivement disponible dans un pays, exprimée en hectares globaux (hag). Il a permis d'établir que, désormais, l'humanité a dépassé le point où l'empreinte écologique annuelle était égale à la biocapacité annuelle de la Terre. Ce qui signifie que l'homme a commencé à consommer les ressources renouvelables plus rapidement que les écosystèmes ne pouvaient les régénérer et à produire plus de $CO_2$ que les écosystèmes ne pouvaient en absorber.

Ainsi, la dernière empreinte écologique calculée par le WWF en 2012 montre que l'empreinte de l'humanité atteignait, en 2008, 18,2 milliards d'hectares globaux, soit 2,8 hectares par personne, alors que la biocapacité de la terre n'est que de 11,9 milliards d'hectares (soit 1,8 hectare par personne), ce qui correspond à une surexploitation écologique de 50 %. En d'autres mots, en 2008, l'homme a utilisé l'équivalent d'une planète et demie pour répondre aux besoins de ses activités ! Bref, nous vivons largement au-dessus de nos moyens…

## *The overshoot day* : Le jour du « dépassement » de plus en plus tôt

Chaque année, l'organisation non gouvernementale Global Footprint Network (GFN) calcule la date où l'humanité a dépassé son crédit annuel de ressources naturelles. Inquiétante constatation, ce jour arrive de plus en plus tôt. En 2000, il tombait le 1er novembre, soit déjà deux mois de crédit… En 2005, la limite fut atteinte un 20 octobre et, en 2014, le jour du « dépassement » a été atteint un 19 août… soit plus de cinq mois à crédit ! Aujourd'hui, selon les calculs de Global Footprint Network, les besoins de l'humanité dépassent de 50 % les réserves naturelles disponibles, ce qui équivaut à une planète et demie… Et dans le top 5 des pays qui consomment le plus, on trouve la Chine, les États-Unis, l'Inde, le Brésil et la Russie qui, selon le WWF, représentent « 50 % de l'empreinte écologique mondiale ».

Cette surconsommation est avant tout imputable aux émissions de dioxyde de carbone (55 %) loin devant les cultures et les pâturages. Et, sans surprise, ce sont les pays riches qui exercent une pression disproportionnée sur les ressources naturelles du monde. Ainsi, le record de l'empreinte carbone est détenu par le Qatar (11, 5 hag par habitant) – ce qui n'a pas empêché cette monarchie pétrolière d'accueillir à Doha fin 2012 le 18e sommet de l'ONU sur… le changement climatique ! Les dix pays à la plus forte empreinte écologique par individu sont, en effet, le Qatar, suivi du Koweït, des Émirats arabes unis, du Danemark, des États-Unis, de la Belgique, de l'Australie, du Canada, des Pays-Bas et de l'Irlande. En extrapolant, on estime que si chacun d'entre nous vivait comme un habitant moyen des Émirats arabes unis ou des États-Unis, il faudrait 4,5 planètes ! Impossible…

À l'opposé, et sans surprise, les pays les plus pauvres – Bangladesh, Érythrée, Haïti, Afghanistan et Timor-Oriental – ferment le classement, avec moins de 0,5 hag par habitant. La France, elle, se situe à la 23e place. À noter que les pays émergents, ceux qu'on appelle les BRICS (Brésil, Russie, Inde, Indonésie, Chine et Afrique du Sud) sont les pays dont l'empreinte écologique progresse le plus vite. Avec cette question boomerang pour nous, Occidentaux qui avons tant bénéficié du développement économique au XXe siècle : pouvons-nous interdire à tous ces pays d'y accéder au cours du XXIe ?

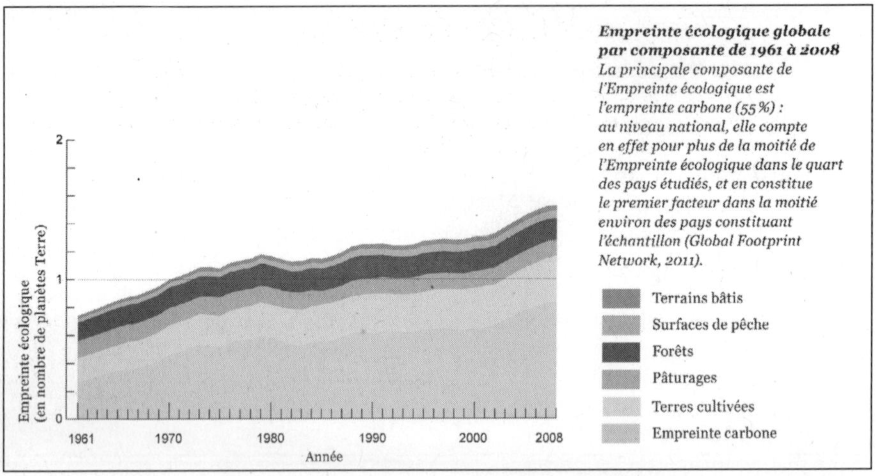


**Figure 8-1 :** L'empreinte écologique globale

## *En diminuant notre empreinte carbone*

Revenons pour le moment à notre empreinte carbone. Nous avons vu que pour la faire diminuer, il faut avant tout diminuer nos émissions de gaz à effet de serre. En clair, plus vous roulez en 4 × 4, moins bien la planète se porte, et à l'inverse, plus vous faites du vélo, mieux elle se porte. Mais les choix individuels se compliquent un peu plus quand vous achetez des produits : combien de kilomètres ont parcouru mes cerises, se demande le consommateur responsable devant son étal de supermarché ? La réponse est… beaucoup quand elles viennent du Chili par avion ! D'où l'idée, née au Grenelle de l'environnement, d'apposer sur les produits de grande consommation une étiquette carbone. Un chiffre qui doit prendre en compte les cinq étapes principales de son cycle de vie : l'extraction de matières premières, le transport, la fabrication du produit, son emballage et sa distribution.

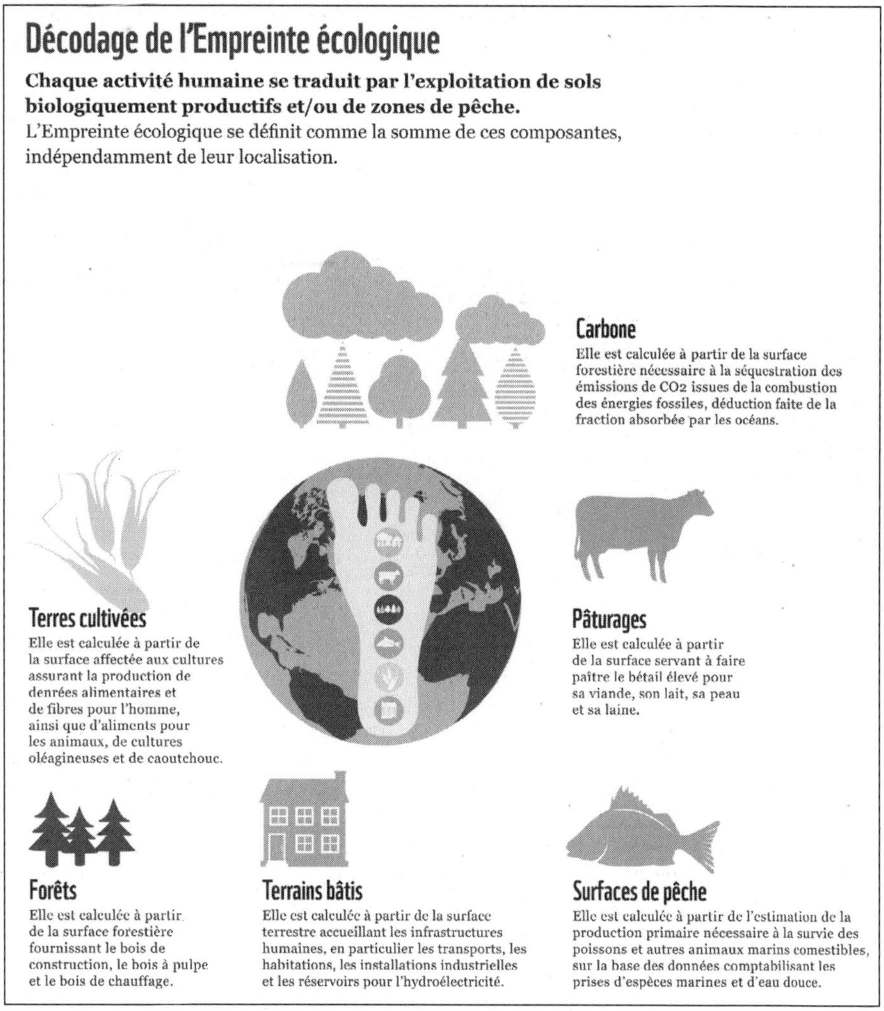


**Figure 8-2 :** Les six composantes de l'empreinte écologique

## Les milliers de kilomètres d'un pot de yaourt aux fraises

En 1993, Stéfanie Böge, une étudiante allemande, avait voulu réaliser sa thèse sur le circuit logistique emprunté par un produit de grande consommation : le yaourt aux fraises. Son étude publiée par l'Institut pour le climat, l'environnement et l'énergie de Wuppertal fit sensation : le pot avait dû parcourir... 9 115 kilomètres pour sortir de l'usine située à Stuttgart ! En effet, entre le lait venu du nord de l'Allemagne, les fraises de Pologne, le pétrole du Moyen-Orient nécessaire pour fabriquer le plastique du pot, de l'aluminium de la colle pour l'opercule, le papier et l'encre pour l'étiquette, etc., les kilomètres se sont ajoutés avec un coût énergétique faramineux. Sans parler de l'essence dépensée par chaque consommateur pour se rendre dans son supermarché habituel et acheter son yaourt aux fraises préféré...

Avec la mondialisation de l'économie et des échanges, les choses sont, en effet, en train de devenir de plus en plus complexes. Une étude publiée en 2012 par le Commissariat général au développement durable (CGDD) a ainsi montré que, si les émissions de gaz à effet de serre baissaient (un peu) en France, l'empreinte carbone de la consommation des Français, elle, ne diminuait pas ! La France, au sein de l'Union européenne, est en effet un des pays qui se sont engagés à réduire ses émissions de GES via le protocole de Kyoto. Mais si ces émissions ont baissé de 15 % en dix-huit ans sur le territoire national, l'empreinte carbone a, elle, augmenté d'environ 5 % dans le même laps de temps. La faute, selon l'étude du CGDD, « aux importations croissantes ». Le fameux « made in China », comme ces écrans plats qui arrivent par containers entiers dans nos ports, ou encore les tourteaux de soja importés du Brésil et d'Argentine pour nourrir nos vaches, sans parler des cerises du Chili que certains d'entre nous trouvent judicieux de consommer en plein hiver !

## Les kilomètres des plats préparés

Lors de l'affaire dite du « Horsegate » en 2013, les consommateurs européens ont découvert que l'industrie agroalimentaire faisait emprunter de bien curieux chemins à la viande entrant dans la fabrication des plats préparés et surgelés : chevaux abattus en Roumanie, puis transformés en plats préparés dans le sud-ouest de la France (via des négociants chypriotes et hollandais), pour être ensuite vendus en Grande-Bretagne sous l'appellation de viande de bœuf ! Au-delà du scandale alimentaire, le bilan carbone est énorme...

### En supprimant les subventions aux énergies fossiles

C'est sans doute la phase 2 de cette chasse au $CO_2$ : supprimer tout ce qui encourage la consommation des énergies fossiles (pétrole, gaz, charbon…), qui sont autant de grands émetteurs de gaz à effet de serre. Et là, il y a du travail !

Des experts de l'AEI (Agence internationale de l'Énergie) et de l'OCDE (Organisation de coopération et développement économique) ont en effet calculé que ces subventions représentaient dans le monde 409 milliards de dollars en 2010, soit 110 milliards de plus qu'en 2009, à cause de la hausse des prix internationaux de l'énergie. Et si rien n'est entrepris pour modifier ce système, ils estiment même que ces subventions pourraient atteindre 660 milliards de dollars en 2020, soit 0,7 % du PIB mondial…

En France, un collectif regroupant toutes les principales associations écologiques françaises a calculé que 6 milliards d'euros étaient dépensés chaque année, principalement dans le secteur des transports. Ce montant englobe notamment toutes les aides fiscales pour inciter à la consommation de gazole (constructeurs de voitures diesel, chauffeurs de taxi, agriculteurs, pêcheurs, etc.). On connaît pourtant le bilan exécrable du diesel tant en termes de santé publique – 42 000 morts prématurés dénombrés rien qu'en France à cause des particules fines susceptibles de se fixer dans les poumons, selon le Centre international de recherche sur le cancer (CIRC) – et bien sûr d'émissions de gaz à effet de serre, avec de nombreux pics de pollutions notamment durant les périodes hivernales. Le secteur des transports est, à lui seul, à l'origine de plus d'un quart des émissions de gaz à effet de serre en France. D'où le lancement par les ONG de la pétition « Stop aux subventions à la pollution ! »

Rêvons un peu : les dirigeants mondiaux réunis à Paris en 2015 pour la grande conférence climatique – celle qui est chargée d'élaborer un nouvel accord mondial succédant à l'horizon 2020 au protocole de Kyoto – décident dans un courageux effort de les supprimer toutes. Eh bien, nos amis économistes de l'AIE et de l'OCDE en ont déjà calculé le bénéfice. Il est considérable. La fin des subventions aux énergies fossiles diminuerait, selon eux, de 4,1 % la demande énergétique mondiale, de 3,7 millions la consommation quotidienne de barils de pétrole et de 1,7 milliard de tonnes la quantité de $CO_2$ émises par an. Soit la somme des émissions rejetées dans l'atmosphère par la France, la Grande-Bretagne, l'Allemagne et l'Italie ! Alors qu'est-ce qu'on attend pour mieux respirer ?

## On étouffe !

Le dioxyde de carbone reste en moyenne une centaine d'années dans l'atmosphère. La pollution atmosphérique pénètre dans les poumons et provoque des troubles respiratoires. Ainsi, oxydes d'azote et de soufre augmentent la réponse allergique chez les asthmatiques. Les oxydes de soufre provoquent aussi des irritations oculaires, cutanées, des pharyngites et des bronchites chroniques. L'ozone irrite les muqueuses oculaires et ses effets sur le système respiratoire sont amplifiés par l'exercice physique. Quant aux particules fines (émises par les moteurs diesel), elles sont susceptibles de provoquer des maladies cardiovasculaires et sont cancérigènes.

Une étude réalisée en 2000 estime que la pollution atmosphérique, par les particules en suspension, émises majoritairement par le trafic routier, a réduit l'espérance de vie dans l'Union européenne de 8,6 mois en moyenne. Selon l'OMS, en prenant d'urgence des mesures antipollution, le coût de traitement de ces maladies diminuerait de 29 milliards d'euros par an !

### *En mettant en place une fiscalité écologique*

Si vous nous avez bien suivis, nous en sommes à la phase 3 de notre chasse au $CO_2$, et pas la moins importante. En effet, la mise en place d'une véritable fiscalité écologique – que d'autres appellent « fiscalité verte » – peut se révéler pour les différents États un outil d'orientation vers des sociétés beaucoup plus économes. En France, à la suite de la première conférence environnementale en septembre 2012, un comité pour la fiscalité écologique présidé par l'économiste Christian de Perthuis, un universitaire spécialiste de l'économie du climat et de la croissance verte, a apporté des propositions concrètes qui devraient être intégrées dans le cadre d'un projet de loi de finances avant… la fin du quinquennat (si tout va bien !). Citons, parmi les pistes évoquées, non seulement la taxation du gazole mais aussi la fin de l'exonération du kérosène, le seul carburant qui échappe à toute taxe (alors que le transport aérien reste un des modes de transport les plus polluants) ou encore la mise en place d'une taxe kilométrique poids-lourd, la fameuse écotaxe.

Et quid de la taxe carbone, encore plus indispensable ? Rien que prononcer son nom suscite des polémiques sans fin entre ses partisans et ses détracteurs. Encore plus en France, où elle fut d'abord promise par Nicolas Sarkozy, au lendemain du Grenelle de l'Environnement, pour être abandonnée en 2010, à la suite de sa censure par le Conseil constitutionnel. Aujourd'hui, son éventuelle création est plutôt abordée dans le cadre européen sous le nom un peu plus explicite de « Taxe climat aux frontières ». On verra ce qu'il en est en se reportant au chapitre 9 « Outils politiques et économiques ».

### *Vers des sociétés « zéro carbone » ?*

Rêvons encore un peu. Est-ce que l'addition de toutes ces bonnes résolutions étudiées un peu plus haut – la diminution de notre empreinte carbone (phase 1), la suppression des subventions aux énergies fossiles (phase 2), puis la mise en place d'une fiscalité écologique (phase 3) peut nous permettre d'envisager une société sans carbone ?

Zéro carbone ? Le rêve paraît un peu fou vu notre frénésie actuelle de consommation et notre modèle de développement économique. Mais il a le mérite d'être un objectif à atteindre pour le milieu du XXI^e^ siècle. Ainsi, Bill Gates, le célèbre milliardaire américain, PDG de Microsoft et président de la Fondation du même nom, n'a pas hésité, dans une conférence donnée en 2010 aux États-Unis, à annoncer l'avènement d'« une société sans carbone à l'horizon 2050 »... Et de recenser les cinq pistes pour y arriver – le stockage du $CO_2$, l'énergie nucléaire, l'éolien, le solaire photovoltaïque, le solaire thermique – avec, le reconnaissait-il, le besoin d'investir massivement dans « l'innovation technologique ».

Même si certains des propos de Bill Gates sont contestables – la minoration des déchets nucléaires aussi bien que la croyance en une technologie salvatrice – la direction indiquée est pertinente. Outre que certains acteurs territoriaux la suivent déjà (des villes et des entreprises, comme on le verra dans les chapitres 11 et 12), elle correspond aux souhaits des climatologues les plus avertis. Ainsi, dès 2008, selon une étude publiée par l'Union américaine de géophysique, deux chercheurs nord-américains affirmaient que pour stabiliser le climat à un certain niveau acceptable de réchauffement, il serait nécessaire de réduire les émissions globales de carbone « jusqu'à un niveau proche de zéro » à l'horizon 2050. Et qu'inversement, toute émission supplémentaire de $CO_2$ anthropique continuera à accentuer le réchauffement climatique sur une « échelle de temps multiséculaire ». Autant commencer à faire des efforts dès maintenant, surtout qu'en faisant les bons choix énergétiques, à commencer par la réduction du gaspillage, la recherche de l'efficacité énergétique et le recours aux énergies renouvelables, on crée de l'activité économique et on finance des centaines de milliers d'emplois en plus d'agir positivement pour l'environnement.

## S'adapter aux nouveaux climats

Même s'il faut continuer à se fixer des objectifs élevés, comme le zéro carbone, la lenteur des négociations climatiques actuelles montrent que nous aurons beaucoup de mal à stabiliser le climat. Déjà, l'objectif fixé au sommet de Copenhague en 2009 de limiter le réchauffement à 2 °C paraît de plus en plus inatteignable. Fin 2012, la Banque mondiale (oui, des économistes, pas des écologistes) a fait sensation en avertissant que, même si nous respections les engagements actuels de réduction de gaz à effet de serre, la température mondiale devrait augmenter de plus de 3 °C, voir de 4 °C d'ici la fin du XXI$^e$ siècle…

Aussi, même si l'on parvient à un accord global au sommet climatique prévu à Paris en 2015, nous allons devoir nous adapter à de nouveaux climats. « Adapter » : ce verbe occupe d'ailleurs des chapitres entiers dans les différents rapports publiés à ce jour par les experts du GIEC. Détail révélateur de son ambition plus modeste : il est presque toujours associé à celui d'atténuer. Car c'est bien de cela qu'il s'agit cette fois : non pas échapper au réchauffement, mais en quelque sorte « faire avec ».

Et pour « faire avec », le GIEC préconise une série de mesures de bon sens dont voici un petit résumé :

- eau : extension de la collecte des eaux de pluie, dessalement, nouvelles méthodes d'irrigation ;
- agriculture : modification des variétés cultivées, lutte contre l'érosion des sols ;
- infrastructures des zones côtières : changement des lieux d'implantation des digues, consolidation des dunes, protection et création de terrains marécageux et de zones humides ;
- santé : plan de veille sanitaire pour les vagues de chaleur (par exemple, la France les a considérablement renforcés depuis la canicule de 2003), surveillance des maladies sensibles au climat ;
- tourisme : diversification des stations de sports d'hiver vers d'autres activités comme la randonnée ;
- transports : changement des normes de conception des routes et des voies ferrées, notamment celles soumises à la fonte du pergélisol ;
- énergie : efficacité et sobriété énergétique, enfouissement des câbles ; réduction de la dépendance à une seule source d'énergie.

Le changement climatique devenant de plus en plus inévitable – toute la question étant de limiter son ampleur – le GIEC a lui-même renforcé ses préconisations d'adaptation. Ainsi, dans son 5$^e$ rapport publié en 2014, plus de la moitié du second volume évoque l'adaptation, en y accolant un nouveau mot, celui de « planification ». En effet, pour les scientifiques, il faut que tous les acteurs concernés – États, gouvernements, régions, villes, entreprises privées – planifient et anticipent sur les effets à venir de tous les impacts climatiques prévisibles. Avec cette phrase clé qui sonne comme un avertissement mondial : « Les choix de l'adaptation et de l'atténuation à court terme affecteront les risques liés au changement climatique tout au long du XXI$^e$ siècle ». Une planète avertie en vaut-elle deux ?

### Vers des sociétés résilientes au climat

On vous l'accorde, le terme de « résilience » n'est pas très connu du grand public. Il est pourtant de plus en plus employé dans tous les sommets, colloques, articles consacrés au changement climatique. Il signifie, selon le dictionnaire, « l'aptitude d'un individu à se construire et à vivre de façon satisfaisante en dépit de circonstances traumatiques ». Adapté à notre sujet, il pourrait donc se traduire de la façon suivante : comment nos sociétés peuvent s'adapter au choc climatique ?

La réponse ne peut pas être la même dans les sociétés occidentales, développées et à haute technologie, qu'en Afrique ou en Chine. L'Europe une fois de plus, avec ses courtes distances et ses villes à dimensions humaines, est sans doute le continent appelé à montrer la voie de l'innovation. Notamment en promouvant le modèle de « la ville courtes distances ». Tout un (beau) programme…

## … ou bien disparaître ?

C'est bien évidemment le scénario cauchemardesque qu'en écrivant ce livre, les auteurs veulent éviter. Est-il pour autant inenvisageable ? Non, affirment certains écologistes qui, en se basant à la fois sur l'augmentation des températures envisagées à la fin de ce siècle (+ 6 °C selon les hypothèses les plus noires), la fonte accélérée de la banquise, la diminution inexorable des ressources naturelles ou encore l'augmentation prévisible de la population mondiale envisagent des scénarios catastrophes pour l'humanité.

À plusieurs reprises, la destruction de l'environnement a contribué à l'écroulement de certaines sociétés, comme à l'île de Pâques, son exemple le plus connu et néanmoins discuté.

Comme l'affirme Jared Diamond : « L'humanité est engagée dans une course entre deux attelages. L'attelage de la durabilité et celui de l'autodestruction. Aujourd'hui, les chevaux courent à peu près à la même vitesse et personne ne sait qui va l'emporter. Mais nous saurons bien avant 2061, quand mes enfants auront atteint mon âge (il a 74 ans), qui est le gagnant ».

Plus récemment, dans un essai qui se base sur les prévisions les plus pessimistes des scientifiques du GIEC, Naomi Oreskes, historienne américaine des sciences et auteur des *Marchands de doute* (le Pommier, 2012) où elle montre comment les grandes compagnies pétrolières financent les réseaux climato-sceptiques aux États-Unis, décrit, avec minutie, ce qu'elle appelle « le Grand Effondrement et la Migration massive ». Elle le situe entre 2073 et 2093 quand à la fois New York, la Floride mais aussi les Pays-Bas et le

Bangladesh seront submergés par la montée du niveau de la mer consécutive à un réchauffement climatique devenu incontrôlable. Mais, comme elle le souligne, « ce n'est ni de la science-fiction, ni même du catastrophisme. Mais un avertissement pour que cela n'arrive pas ». Le même but poursuivi par les auteurs de ce livre…

# Au fond, c'est quoi le bonheur ?

Notre société a la maladie de tout vouloir mesurer, y compris ce qui ne devrait jamais se mesurer, comme l'amour, l'amitié, la générosité, voire le bonheur. Pire, elle ramène ce dernier à une notion purement économique avec ces trois lettres devenues introuvables en Europe avec la crise : le PIB, ou produit intérieur brut. Nous allons vous expliquer pourquoi si nous voulons vraiment trouver le bonheur, il faut d'abord changer de thermomètre…

## Le PIB ou l'invention d'un russe immigrant

Le nom de son inventeur n'est pas resté aussi célèbre que ses trois lettres magiques. Pourtant, son histoire mérite d'être contée brièvement. Simon Kuznets est né en Russie au tout début du XXe siècle (1901), pour émigrer à l'âge de 21 ans, peu après la révolution bolchévique, aux États-Unis. C'est à l'université Columbia que le jeune immigrant apprendra à la fois l'économie et la statistique. Au moment de la grande dépression, en 1932, il met au point un système de comptabilité nationale susceptible de fournir des informations précises sur l'économie d'un pays : le fameux « produit intérieur brut » ou PIB qui permet, entre autres, de comparer plusieurs pays entre eux sur la base de la mesure de la production de richesses (valeurs des biens et des services créés par les ménages, les entreprises ou les administrations publiques).

Cette théorie fut récompensée par l'attribution à son auteur du prix Nobel de l'économie en 1971, une année avant la publication du rapport Meadows sur « Les limites à la croissance », où quatre jeunes chercheurs du Massachusetts Institute of Technology, répondant à une commande du club de Rome, mettaient pour la première fois en garde contre les mirages d'une croissance infinie. Prémonitoire…

### Le visionnaire club de Rome

Ce groupe de réflexion, fondé par des industriels et des scientifiques appartenant à une cinquantaine de pays, doit son nom à la tenue de sa première réunion à Rome, en avril 1968. Il fut, bien avant les premiers sommets de la Terre, la première cellule de réflexion à s'intéresser à des notions comme le développement durable ou l'empreinte écologique. Son coup d'éclat fut, en 1972, la publication du rapport Medaows sur « Les limites de la croissance » (« *The limits to growth* ») où les auteurs avertissaient que, les ressources de la terre étant limitées, la croissance continue de la production industrielle s'effondrerait « avant un siècle ».

Pour ses 40 ans, le club de Rome est revenu à la charge en adressant une nouvelle mise en garde aux dirigeants de la planète : « Nous émettons chaque année deux fois plus de $CO_2$ que ce que peuvent absorber les forêts et les océans. Ce dépassement ira en s'aggravant et atteindra un pic en 2030. »

## Le PIB, un mauvais indicateur ?

Au fil du temps, le PIB a accumulé de très nombreuses critiques. John Maynard Keynes soulignait déjà ainsi son absurdité : « Pour créer de l'activité, on n'a qu'à payer des chômeurs à creuser des trous, puis d'autres chômeurs pour les reboucher… » Certes, il ajoutait qu'il valait mieux que le travail demandé ait une utilité sociale, comme le programme de grands travaux accompagnés d'une profonde réforme du système bancaire, lancés en 1933 par Franklin D. Roosevelt avec le « New Deal » (la nouvelle donne).

Quatre-vingts ans après, la fausse boutade de Keynes est toujours d'actualité. Prenez l'ouragan Sandy, qui a ravagé, fin octobre 2012, Haïti, puis New York et une large partie de la côte est des États-Unis. Au-delà de la centaine de morts et des disparus, des 375 000 habitants évacués dans le New Jersey, des maisons détruites, des zones inondées, le coût économique des dégâts était évalué à la fois par les assureurs et le gouvernement américain à plus de 80 milliards de dollars… Mauvais pour le PIB des États-Unis ? Pas du tout, selon les adeptes du dieu PIB ! Car, après la destruction, il y aura les logements à reconstruire, les digues à renforcer, les routes à protéger. Bref, des chantiers, de l'activité : tout cela, c'est bon pour le PIB ! Et cette remarque pourrait être faite pour les accidents de la route (il faut appeler une dépanneuse, voire une ambulance, racheter une voiture neuve…), une explosion d'usine (il faut notamment en reconstruire une), les maladies (il faut produire des médicaments), etc.

Vite, donc : une nouvelle catastrophe, un ouragan, un cyclone, des épidémies, une épidémie… ! Autant dire que, avec le réchauffement climatique et les phénomènes météorologiques extrêmes qui risquent de s'accélérer, le PIB et ses zélateurs ont, hélas, de beaux jours devant eux.

## Les impasses du PIB

Non seulement le PIB comptabilise des activités négatives, mais il ne prend pas en compte les activités non marchandes ou positives comme l'art (la peinture, la poésie), le bénévolat (s'occuper d'une association humanitaire), l'autoproduction (cultiver son jardin) et bien d'autres activités encore. De plus, sujet qui nous intéresse, il ne prend absolument pas en compte les impacts sur l'environnement : destruction d'espèces, dégradation des milieux ou encore émissions de gaz à effet de serre. Ainsi, le chantier de la dépollution après la catastrophe de l'*Erika* – ce pétrolier battant pavillon maltais qui s'est brisé en deux au large des côtes bretonnes fin 1999 – peut être considéré « bon pour le PIB ». En effet, il a fourni des milliers d'heures de travail à des entreprises spécialisées dans le nettoyage des plages et des rochers : 250 000 tonnes de déchets ont ainsi été ramassées. Mais si l'on regarde son bilan écologique – 400 kilomètres de côtes souillées, au moins 200 000 oiseaux marins morts, des écosystèmes gravement perturbés, tout comme la récolte de sel à Guérande –, on voit bien que la seule approche économique, via le PIB, ne suffit pas.

Pire, l'institut de la statistique européen (Eurostat) recommande désormais aux 28 pays européens d'inclure dans leur PIB, à partir de septembre 2014, les activités liées à la prostitution et au trafic de drogue ! Non, ce n'est pas un gag. Et d'ores et déjà, l'Espagne, la Suède, la Grande-Bretagne et l'Italie ont fait savoir qu'elles appliqueraient ces recommandations. L'Italie souhaite même y ajouter toutes ces activités illicites, comme le travail au noir, ce qui pourrait gonfler son PIB de plus de 10 %. Heureusement, pour le moment, la France a fait connaître son opposition à ce changement de calcul du PIB, très contestable.

## Vers des indicateurs plus complets

Dès les années 1990, les Nations-Unies ont montré la voie en créant l'indice de développement humain (IDH) sur la base de trois critères : l'espérance de vie, le niveau d'éducation et le niveau de vie. Mais, s'il est très utile pour montrer autrement le niveau de développement d'un pays – en 2011, c'est la Norvège qui est première... –, il ne remet pas directement en cause le calcul du sacro-saint PIB. Il faudra attendre les premiers forums sociaux mondiaux, au début des années 2000 à Porto Alegre, pour que les critiques émergent à nouveau de façon plus affirmée.

Limitées dans un premier temps aux milieux altermondialistes, les critiques contre le PIB s'étendent, ce qui mena, par exemple, en 2008, Nicolas Sarkozy, alors président de la République, à faire appel à deux prix Nobel d'économie – l'Indien Amartya Sen et l'Américain Joseph Stiglitz – pour mettre en place la « Commission sur la mesure des performances économiques et du progrès social ». En clair, réfléchir à un autre indicateur de richesse que le sacro-saint PIB. Les mots du président de l'époque furent dithyrambiques – « révolution statistique mondiale », « en finir avec la religion du chiffre », « nouvelle politique de civilisation » – et suscitèrent une grande attente vis-à-vis des travaux de la Commission. Pour aboutir, en septembre 2009, à douze recommandations et surtout trois axes d'amélioration :

- un axe économique avec la substitution du PNN (produit national net) au PIB, qui prendrait en compte les effets de la dépréciation du capital dans toutes ses composantes, notamment naturel et humain ;
- un axe de bien-être avec une prise en compte de critères subjectifs (comme le ressenti de la population) et d'autres plus objectifs comme la consommation des ménages et la répartition des revenus et du patrimoine (et donc les inégalités) ;
- un axe écologique avec des nouveaux indicateurs de soutenabilité indiquant des atteintes à l'environnement (ressources halieutiques, changement climatique).

Malheureusement, ces propositions novatrices ne furent reprises qu'en partie. Car, dans une économie mondialisée, il est difficile pour un pays, la France en l'occurrence, de modifier en solo sa comptabilité nationale. De plus, tous les pays du monde, notamment les pays émergents à croissance rapide (Chine, Brésil, Inde…) continuent d'utiliser le PIB comme instrument de mesure.

Certes, depuis 2009, un bouillonnement statistique commence à se produire. Ainsi, l'INSEE, notre institut national, a inclus une plus grande recherche des facteurs d'inégalités dans son travail. Puis, en 2012, le PNUD, le programme des Nations Unies pour le développement, lance à la veille du Sommet de la Terre Rio + 20, son indicateur de richesse inclusive (*Inclusive Wealth Index*, en anglais), qui entend prendre en compte les « externalités environnementales négatives » de la croissance. Toujours en 2012, l'OCDE, qui regroupe 34 pays, a lancé « Comment va la vie ? », un nouvel indicateur. Avec onze critères qui définissent un « Vivre mieux » : logement, revenu, emploi, communauté, éducation, environnement, gouvernance, santé, satisfaction à l'égard de la vie, sécurité économique et équilibre vie-profession. Allez encore un effort et ce sera, comme sur France 3, « Plus belle la vie… » pour tous…

### Le Bhoutan, pays du bonheur

Question : quel est le seul pays au monde à avoir introduit la notion de BNB : le « Bonheur National Brut » ? Réponse : le Bhoutan, un petit État bouddhiste de 600 000 habitants, coincé au pied de la chaîne de l'Himalaya entre deux géants, l'Inde et la Chine. Il le doit à Jigme Singye Wangchuck, son ancien roi, qui dès 1972, déclara que « le bonheur national brut est plus important que le produit national brut », en mettant en avant les valeurs spirituelles et écologiques. D'où sa volonté de bâtir l'économie du Bhoutan sur quatre piliers : le développement économique, la promotion des traditions, la préservation de l'environnement et la bonne gouvernance.

Quarante ans après, le bilan est contrasté. Côté positif : un quart du territoire a été transformé en parcs naturels, les forêts sont préservées, le tourisme contrôlé et l'agriculture invitée à se convertir à 100 % à l'agriculture biologique. Côté négatif : le taux d'analphabétisme est toujours élevé (40 %) et les atteintes aux libertés sont nombreuses (interdiction d'Internet jusqu'en 1999, de la presse privée jusqu'en 2006, répression des minorités linguistiques et religieuses). Et malgré la mise en place d'une commission en 2004 chargée d'en définir des critères objectifs, le mode de calcul statistique du BNB reste toujours à inventer…

## *Croissance ou décroissance ?*

PIB ou BNB ? Le choix n'est pas qu'entre des sigles ou des indicateurs de mesures. Il l'est aussi entre différentes théories économiques et différentes visions de la vie. Ainsi, le thème de la croissance se voit de plus en plus contesté par celui de la décroissance, un terme mis en avant le premier par l'économiste roumain Nicholas Georgescu-Roegan. Certes, ce terme peut faire peur car il est souvent confondu avec celui de récession, voire de retour en arrière, surtout depuis la crise de la zone euro en Grèce et en Europe du sud. C'est pour cette raison que Serge Latouche, un des économistes qui a le plus travaillé sur ce concept, en précise ainsi le principal objectif : « Le mot d'ordre de décroissance a surtout pour objet de marquer fortement l'abandon de l'objectif insensé de la croissance pour la croissance. »

Il s'agirait de passer à une économie des « r » : réévaluer, redistribuer, réduire, réutiliser, recycler, reconvertir, repenser, relocaliser, ralentir… notamment grâce à une réduction massive du temps de travail ainsi qu'une inversion des valeurs, où « l'altruisme devrait prendre le pas sur l'égoïsme, la coopération sur la compétition effrénée, le plaisir du loisir sur l'obsession du travail, l'importance de la vie sociale sur la consommation illimitée, le goût du bel ouvrage sur l'efficience productiviste, le raisonnable sur le rationnel, etc. » Beau projet, non ? Pas si utopiste que ça puisque certains ont commencé à l'appliquer. À sa suite, des mouvements comme « Les objecteurs de croissance » ou encore « Slow food » ont vu le jour, prenant comme emblème, le sympathique escargot… D'autres, pour éviter une querelle sémantique entre croissance et décroissance, se sont attachés à définir des voies proches mais avec des mots différents et moins clivants. C'est le cas de Tim Jackson et de Pierre Rabhi.

### La « prospérité sans croissance »

Ce concept, à la croisée de l'économie, de la psychologie, de la sociologie et de l'écologie, a été développé par le professeur et chercheur anglais Tim Jackson. Il pointe les limites écologiques de la planète qui nous obligent à remettre en question l'idéal de la prospérité, fondé sur un imaginaire de l'abondance et du « toujours plus ». D'où son travail d'invention d'une « macroéconomie écologique » qui, au-delà de la réduction du temps de travail et de l'instauration d'un revenu de base, s'attaque à la logique consumériste, en proposant un « hédonisme alternatif » et « un ralentissement volontaire ». Pour y parvenir, Tim Jackson propose notamment de « découpler la croissance de la production matérielle, de créer de la valeur économique non pas dans les biens, mais dans les services : loisirs, santé, éducation… » Son originalité est ainsi d'essayer de définir une sorte de troisième voie entre les termes de « croissance verte » et de « décroissance ».

### La sobriété heureuse

Pierre Rabhi n'est, lui, pas un économiste mais avant tout un paysan ardéchois. C'est là dans ce département aux terres arides et caillouteuses, en bordure des Cévennes, que cet ancien ouvrier automobile atterrit au début des années 1960. Bien avant les premiers néo-ruraux de mai 68, il y façonna, avec sa femme Michèle, les premiers outils de l'agroécologie. Une méthode agricole globale qui utilise toutes les ressources naturelles (sols, eau, compost) pour se passer de tout apport extérieur comme les engrais et les pesticides. Pour lui, autant une utopie qu'un changement de paradigme, c'est à dire de modèle de référence. Une véritable révolution conceptuelle. Puis, fort de cette expérience de simplicité volontaire, Pierre Rabhi se mit à écrire des ouvrages. Pour à la fois raconter comment lui-même avait décidé de se soustraire, par un retour à la terre, à ce qu'il appelle « la civilisation hors-sol » (par comparaison avec les cultures vivrières hors-sol) qui, pour lui, a éloigné la société de la nature, mais également développer son concept « de sobriété heureuse » qui insiste sur la modération de nos besoins et de nos désirs. Un concept qu'il résume dans une formule : plus de liens, moins de biens… Une philosophie de vie que Pierre Rabhi définissait ainsi : « L'être humain manipulé est constamment dans le besoin. Nous sommes incapables de dire que nous avons beaucoup, comparé à ce que possèdent les gens en Afrique. Moi-même, si je fais le bilan des modestes choses que j'ai, je suis milliardaire comparée à ces gens. La nuit, j'entends la forêt, les hiboux et puis le silence, je respire un air qui semble plus pur qu'ailleurs (...) Je me considère comme un milliardaire. Aucun milliardaire n'achètera la joie de vivre et nous sommes ici-bas pour être joyeux et non aliénés par l'argent. Je ne suis pas né pour le produit national brut. Je suis né pour vivre ». Donc, si vous nous avez suivis jusque-là, après le PIB, il est plus que temps d'essayer de passer à la sobriété heureuse...

# Tordre le cou aux fausses bonnes solutions

Il n'est pas forcément nécessaire d'aller vivre dans les Cévennes, comme Pierre Rabhi, pour trouver des solutions... Aussi, après un bref détour par des fausses solutions comme la technologie et surtout la géo-ingénierie (loin d'être la panacée), nous vous guiderons vers les nombreux chemins qui mènent à la sobriété énergétique. Tout ce qui permet de donner une consistance concrète à ce slogan que vous avez dû entendre au moins une fois dans votre vie : « L'énergie la moins chère est celle qu'on ne consomme pas ». Des pistes aussi économes que prometteuses mais qui impliquent que nous changions tous (un peu ? Beaucoup ? Passionnément ?) de modes de vie.

## La technologie sauvera-t-elle le climat ?

C'est l'un des leitmotivs de certains scientifiques, certains animés de bonnes intentions, d'autres jouant un peu trop aux apprentis sorciers. « Ne vous inquiétez pas », nous disent-ils en substance, « un jour de nouvelles technologies naîtront et nous aideront à diminuer les émissions de gaz à effet de serre ». Sous-entendu, ce n'est pas la peine de remettre en question notre modèle de société et de passer à une économie moins carbonée.

Certes, parmi les multiples déclinaisons de la technologie, il y a des projets de bons sens comme celui, par exemple de développer des visioconférences pour éviter les déplacements, notamment professionnels, y compris – pourquoi pas – pour les conférences internationales, comme celles ayant trait au climat, mais aussi toutes les autres. À quoi bon en effet, faire un aller-retour Paris-New York dans la journée si vous pouvez converser via Internet (avec Skype par exemple) avec n'importe qui, n'importe où ? Non seulement vous préserverez ainsi le climat mais aussi les vies de famille de tous ceux qui devaient participer à l'entretien ! Les nouvelles technologies de l'information, connues sous l'acronyme NTIC, peuvent également rendre bien des services écologiques. Par exemple des applications qui vous mettent en contact avec des sites de covoiturage ou de locations urbaines de vélo.

Mais rien n'est jamais simple en matière d'écologie. Car la révolution numérique en cours n'est pas que vertueuse et verte. Ainsi les *data centers* – ces immenses usines du numérique qui stockent les milliards de données échangées chaque jour sur Internet (mails, photos, rapports, articles…) – demandent beaucoup d'énergie pour fonctionner. Une étude a ainsi chiffré qu'un *data center* appartenant à Google, le géant du Web, consomme plus qu'une ville de 100 000 habitants. On estime ainsi qu'à l'échelle mondiale, ces centres de données engloutissent 1,5 % de la consommation électrique, soit l'équivalent de la production de 30 centrales nucléaires, et sont ainsi la cause de 2 % des émissions de gaz à effet de serre. N'oublions pas non plus que tous ces écrans électroniques sont également fabriqués avec des matières premières qui ont un coût environnemental élevé. Ainsi, le WWF estime qu'il faut 16 kilos de matière première pour fabriquer une puce d'un gramme ! Comme le coltan, un métal rare indispensable à nos portables et dont l'exploitation en République démocratique du Congo (RDC) est à la fois responsable de pollution des eaux, déforestation, braconnage et… d'une sanglante guerre civile. Son appropriation est, en effet, une des causes de la guerre qui ravage le Kivu et décime également les dernières populations de gorilles de plaines.

Toutes ces nouvelles technologies doivent donc être utilisées à bon escient. Témoin, le développement d'un nouveau concept, celui d'une société « low tech »…

## L'ambivalence des biotechnologies et des nanotechnologies

Autre exemple de cette ambivalence : les techniques apparues à la fin du XXe siècle que sont les biotechnologies et les nanotechnologies. Toutes les deux nous promettent des jours enchantés, un peu comme dans le roman d'anticipation *Le Meilleur des mondes* d'Aldous Huxley. Pourtant, quand on y regarde de près, la colonne des avantages et des inconvénients peut largement s'équilibrer et même tourner au cauchemar.

Parlons d'abord des biotechnologies. Ces techniques qui visent à produire-des molécules biologiques ou des organismes transgéniques, en vue de leurs applications industrielles dans l'agroalimentaire, inquiètent de prime abord. Notamment les fameux OGM (organismes génétiquement modifiés) dont les effets sur l'environnement sont encore largement inconnus lorsqu'ils sont dispersés dans la nature. Les nanotechnologies, ensuite. Elles consistent à fabriquer des matériaux ou des systèmes dont les dimensions sont comprises entre 1 et 100 nanomètres. Quand on sait que cette unité de mesure est équivalente à un milliardième de mètre, on voit qu'on entre, avec elles, dans le monde de l'infiniment petit. Depuis le début des années 2000, l'industrie les produit en grandes quantités dans des produits de notre vie quotidienne. Ainsi, les parois de certains réfrigérateurs contiennent des nanoparticules d'argent qui assurent une protection antibactérienne. Même utilisation dans beaucoup de nos… chaussettes ! Avec, cette fois, un pouvoir de séduction sur l'opinion publique beaucoup plus grand que celui des OGM. Bien utilisées, elles peuvent, par exemple, en réduisant la taille des panneaux solaires, augmenter considérablement la rentabilité du photovoltaïque. Ou encore, rendre nos vitrages « intelligents », plus clairs, quand il y a des nuages, plus opaques quand il fait grand soleil, et donc contribuer à des économies d'énergie considérables. Toutefois, l'impact de leur production en grand nombre n'est pas évalué. Qu'en est-il quand elles entrent dans l'eau de consommation ou dans la nature ? Personne – y compris les plus grandes équipes scientifiques mondiales – ne le sait. Cette incertitude renforce les craintes et certains auteurs n'hésitent plus à parler de « Nano toxiques » à leur sujet.

Le principe de précaution, avec une évaluation scientifique rigoureuse et indépendante des industriels, devrait en tout cas jouer avant toute autorisation sur le marché. Une proposition de bon sens prônée au niveau européen dans le dernier rapport publié par l'Agence française de sécurité alimentaire et sanitaire (ANSES). Rappelons d'ailleurs que la plupart des produits utilisant aujourd'hui des nanoparticules ne le mentionnent même pas sur leurs emballages, ce qui met le consommateur dans l'impossibilité de choisir, ou pas, ces produits en toute connaissance de cause.

## Les rêves fous de la géo-ingénierie

Parmi les projets plus fous les uns que les autres, la géo-ingénierie est en train de se tailler une place de choix. La géo-ingénierie se veut une science relativement neuve et dont l'un des principes serait de manipuler le climat terrestre afin de contrecarrer les effets les plus néfastes du changement climatique. Ses inspirateurs trouvent leurs sources dans des projets militaires nés au lendemain de la Seconde Guerre mondiale, au plus fort de la rivalité entre les États-Unis et l'Union soviétique (voir l'encadré).

Cela dit, il est indéniable que les projets de géo-ingénierie ont trouvé une seconde jeunesse avec le réchauffement climatique. Si leur imagination, prêtée ou réelle, semble sans limites, on peut les classer en trois grandes familles visant à :

- Limiter le rayonnement solaire : installation en orbite de miroirs chargés d'intercepter et de réfléchir les rayons du soleil ou, variante, éparpillement de lentilles optiques susceptibles de jouer un rôle de bouclier solaire ; pulvérisation d'eau de mer dans l'atmosphère afin d'augmenter la couverture nuageuse et diminuer ainsi l'ensoleillement de la surface terrestre.

- Refroidir l'atmosphère : injection d'aérosols de soufre dans la stratosphère pour créer un effet comparable à celui d'une éruption volcanique. Même Bill Gates, le milliardaire américain, s'y est mis en proposant d'injecter dans la haute atmosphère, via un ballon installé au-dessus du Nouveau-Mexique, des particules sulfurées censées réfléchir la lumière solaire et ainsi refroidir la Terre.
- Capter et stocker le $CO_2$, cette dernière catégorie étant, de loin, la plus sérieuse mais pas la moins risquée : déversement de sulfate de fer dans l'océan pour développer le phytoplancton capable de stocker d'énormes quantités de carbone provenant du $CO_2$ dissous dans l'eau ; tapisser le fond des océans de calcaire, ce qui stabiliserait le pH de l'eau et préserverait ainsi les coraux ; utilisation du sous-sol pour stocker dans des failles géologiques le $CO_2$ produit par les usines sidérurgiques, les cimenteries et les centrales thermiques (projet ULCOS européen).

Certaines de ces idées ont été développées par des scientifiques très engagés dans la lutte contre le réchauffement climatique comme Paul Crutzen, le prix Nobel de chimie, ou encore James Hansen, directeur de l'institut d'études spatiales de la Nasa. Même le GIEC a réuni, en 2001, un colloque à Lima (au Pérou) d'une soixantaine d'experts chargés d'évaluer les projets de géo-ingénierie. Une initiative très sévèrement critiquée par plusieurs ONG qui, dans une lettre ouverte adressée à Rajendra Pachauri, le président du GIEC, estiment « que la probabilité que la géo-ingénierie fournisse une solution sûre, durable, démocratique et pacifique à la crise climatique est nulle ».

On retrouve d'ailleurs cette même prudence en 2013 : si, pour la première fois, le terme de géo-ingénierie est utilisé dans un rapport du GIEC daté de cette année, c'est pour en souligner les nombreuses incertitudes : « Nous ne disposons pas de connaissances suffisantes pour quantifier dans quelle mesure les émissions de $CO_2$ pourraient être réduites grâce à des méthodes d'élimination du dioxyde de carbone (CDR) à l'échelle du siècle », estiment ainsi les scientifiques.

Cette fascination, pour la géo-ingénierie ne traduit-elle pas chez certains membres de la communauté scientifique une angoisse devant les lenteurs de l'action politique pour lutter contre le réchauffement climatique ? Comme une volonté de rechercher à tout prix un plan B. Certes, pour éviter le pire mais en mésestimant souvent les effets secondaires. Ainsi, la fertilisation des océans pourrait provoquer la production d'oxyde nitreux, un gaz à effet de serre plus puissant que le $CO_2$ ! Quant à l'enfouissement du $CO_2$ dans le sous-sol, il pourrait, lui, remobiliser des métaux lourds et toxiques (arsenic, plomb, zinc, cuivre, uranium) et les faire remonter en surface, selon une étude de l'Institut national de l'environnement industriel et des risques (Ineris)…

### Les docteurs Folamour du climat

On dit que le cinéaste Stanley Kubrick s'est inspiré de leurs traits pour donner vie à son Dr Folamour, le célèbre savant fou interprété par Peter Sellers. Car John von Neumann et Edward Teller, deux physiciens hongro-américains, ne sont pas que les pères de la bombe atomique. Mus par un anticommunisme viscéral, et pour le premier employé par le département de la défense américain et le second par l'université de Stanford en Californie, ils firent des recherches de « guerre froide climatique », aussi folles les unes que les autres. Visant d'abord à accroître des sécheresses en Union soviétique pour diminuer ses récoltes agricoles, puis à ensemencer les nuages de pluie avec de l'iodure d'argent pour prolonger le temps de la mousson et là aussi diminuer les récoltes.

Renversement de l'histoire, c'est aujourd'hui l'un des derniers régimes communistes, celui de la Chine, qui se flatte d'avoir un « Bureau de modification du temps » (sic). Ainsi, durant les Jeux olympiques de Pékin en 2008, il avait été chargé par le gouvernement d'éliminer la pluie en brisant les nuages se dirigeant vers la capitale (avec des tirs d'obus contenant de l'iodure d'argent) et en les forçant ainsi à pleuvoir sur les régions avoisinantes…

## Sobriété énergétique

Rappelez-vous 1973, le premier choc pétrolier… Le monde (dont les Français) découvre à travers la hausse du prix de l'essence que l'énergie a non seulement un coût mais que notre mode de vie est dépendant de la production de pétrole au Moyen-Orient. Pour la première fois, les pouvoirs publics parlent d'économie d'énergie avec ce slogan qui est resté dans les têtes : « En France, on n'a pas de pétrole, mais on a des idées ». Pour y parvenir, le gouvernement crée dès 1982 l'Agence française de la maîtrise de l'énergie, qui sera transformée 9 ans plus tard en Agence de l'environnement et de maîtrise de l'énergie (ADEME). Conseils, création de labels économes, crédits d'impôt : en vingt ans, l'ADEME a fait sa place dans le paysage français. D'autant plus qu'un autre choc pétrolier celui de 2008, a fini de nous convaincre que le temps du pétrole bon marché était désormais derrière nous…

Les campagnes de l'ADEME se sont affûtées faisant un lien direct avec le réchauffement climatique, comme celle-ci, au début des années 2010 : « Économies d'énergie : faisons vite, ça chauffe ! ». Sans oublier son slogan fétiche – « l'énergie la moins chère est celle qu'on ne consomme pas » que ne renieraient pas les adeptes de la sobriété heureuse. Mais, comme pour passer à la vitesse supérieure, la société civile s'est emparée du sujet. Notamment à travers l'association Négawatt.

## Le scénario sobre de négaWatt

Créée en 2001 en France par des professionnels de l'énergie, l'association négaWatt s'appuie sur un collège de 25 experts (ingénieurs, architectes, responsables associatifs, sociologues, juristes, économistes). En 2006, elle a publié un scénario énergétique pour la France à l'horizon 2050 qui s'appuie sur trois piliers : la sobriété, l'efficacité et les énergies renouvelables.

- La sobriété : non, il ne s'agit pas de moins boire, mais plus simplement interroger nos besoins pour agir à travers les comportements individuels (par exemple : éteindre la lumière en quittant la pièce, et baisser le chauffage tout en passant un chandail ou une polaire) et l'organisation collective sur nos différents usages de l'énergie (par exemple : encore limiter l'étalement urbain).
- L'efficacité : elle consiste à agir par des choix techniques – de la production jusqu'à l'utilisation – sur la quantité d'énergie nécessaire pour satisfaire un service énergétique donné. Par exemple : ne plus construire des voitures qui annoncent des vitesses de 200 km/h quand la vitesse maximum autorisée est de 130 km/h ; ou encore, favoriser la construction de modèles automobiles qui ne consommeraient plus que deux litres au cent. Les deux premiers critères cumulés permettraient, selon l'association Négawatt, de diminuer la demande en énergie primaire de 65 % en 2050 par rapport à la situation de 2010 !
- Les énergies renouvelables : en augmentant la part des services énergétiques satisfaite par les énergies moins polluantes que les énergies fossiles et les plus soutenables (par exemple : développer la biomasse, mais aussi le solaire et l'éolien), ceci pour arriver à une part de 91 % d'énergies renouvelables en 2050 !

À noter que l'association Négawatt, qui n'a pas peur des sujets tabous, souhaite également que la France s'engage résolument dans une sortie de l'énergie nucléaire, en fermant progressivement ses réacteurs nucléaires jusqu'en 2033. Le but étant d'arriver à « un système énergétique français presque totalement décarboné » et à « des émissions de $CO_2$ divisées par 2 en 2030 et par 16 en 2050 ».

## Le chantier prometteur de la rénovation thermique

« Quand le bâtiment va, tout va », dit le dicton. Pour l'association négaWatt, c'est en tout cas le principal gisement possible d'économie d'énergie. Selon elle, une politique durable de rénovation thermique – au rythme de 750 000 logements traités par an – permettrait de réduire la consommation d'énergie de la France de 600 Térawatts-heure (TWh), sur un total de 3 000, soit un cinquième de nos besoins énergétiques.

Début 2013, les pouvoirs publics français ont lancé ce chantier avec un objectif certes moindre mais non négligeable : rénover 500 000 logements, dont 120 000 sociaux, d'ici 2017. Ceci avec deux outils : le crédit d'impôt développement durable et le prêt à taux zéro. Le but étant à la fois d'atteindre d'ici 2020 une diminution de 38 % de consommation d'énergie dans l'habitat – responsable d'un quart des émissions de gaz à effet de serre – et de générer 75 000 emplois. Comme quoi, pour ceux qui en douteraient encore, agir sur la crise écologique c'est aussi agir contre la crise économique…

### Dans les Vosges, un HLM en paille

C'est la plus importante construction en paille de France. En janvier 2014, le Toit vosgien, un bailleur social, a mis en location à Saint-Dié (Vosges) vingt logements HLM de type F3 et F4 répartis sur huit étages. La structure en bois, enfermant de la paille dans des caissons et assurant ainsi une parfaite isolation, permet de réduire de 50 % les besoins énergétiques des logements. De plus, le bâtiment bénéficie d'une pompe à chaleur, d'un système géothermique, d'une ventilation double flux et de panneaux solaires sur son toit. Résultat : les charges s'élèvent à 11 euros par mois contre 150 euros pour un HLM classique.

## Emplois d'aujourd'hui, emplois de demain

Il serait fastidieux d'analyser les conséquences futures du changement climatique sur l'activité économique. On les connaît certes dans les grandes lignes depuis la publication du premier rapport Stern, du nom de l'économiste britannique qui les évalua en 2006 à quelque 5 500 milliards de dollars, 5 à 20 % du PIB mondial d'ici à 2050. Mais l'échelle de mesure des impacts du changement climatique est trop fine pour en permettre une utilisation statistique.

Afin de contourner le problème, les économistes ont posé la question autrement : puisque la réglementation en matière de lutte contre le changement climatique se renforce, quels seraient les effets sur l'emploi de la mise en œuvre de politiques économiques en application du « 3 fois 20 », ce « paquet climat-énergie » qui stipule que, à l'horizon 2020, les 27 États membres de l'Union européenne devront réduire de 20 % leurs émissions de gaz à effet de serre, et même de 30 % si d'autres pays du monde s'engagent dans un accord climatique ambitieux ?

Philippe Quirion, chercheur au Centre International de Recherche sur l'Environnement et le Développement, laboratoire affilié au CNRS, a mené l'enquête. Tout d'abord, note-t-il, réduire les émissions consiste à mieux isoler les bâtiments, opter pour les équipements consommateurs d'énergie les plus efficaces, développer les transports collectifs, etc. Toutes ces filières professionnelles vont créer des emplois (elles en créent déjà). Mais le chercheur est honnête : si de nouveaux emplois vont apparaître, d'autres vont disparaître. Il faut donc les déduire à hauteur de leurs poids respectifs : l'étude évalue à près de 250 000 ces emplois détruits dans les seuls secteurs de l'énergie et de l'automobile. Aussi fort soit-il, ce chiffre reste très inférieur au nombre d'emplois créés : la réduction de 30 % des émissions de gaz à effet de serre en France serait susceptible de créer 684 000 emplois nets d'ici 2020.

Dans un pays qui compte 2,8 millions de chômeurs (en France métropolitaine, source INSEE 2014), ce chiffre n'est pas à prendre à la légère…

## Les choix énergétiques

L'énergie est devenue le mot-clef de ce début de XXIe siècle. Pas une réunion de chefs d'État, ou d'experts mondiaux sans qu'il ne soit employé. Ne serait-ce que parce que l'approvisionnement stable est devenu un des enjeux de la paix mondiale. Il est vrai que les ressources naturelles et énergétiques sont devenues indispensables au fonctionnement de plus en plus complexe des économies et des sociétés. Mais avec la prise de conscience des émissions de gaz à effet de serre, le débat ne peut plus être strictement politique et économique. En France, de nombreuses voix s'élèvent pour que le « coût écologique » soit un des critères essentiels des choix effectués pour « la transition énergétique ». Entre les « vieilles » énergies fossiles (charbon, gaz, pétrole…) et les nouvelles énergies renouvelables (solaire, éolien, géothermie…) une autre bataille est désormais engagée…

### Le mix énergétique

Il définit la répartition des différentes sources d'énergie primaire (nucléaire, charbon, pétrole, éolien, biomasse…) utilisées pour produire une énergie bien définie comme l'électricité.

### *La nouvelle obsession : la sécurité énergétique mondiale*

Le terme de sécurité énergétique est apparu pour la première fois en 1974, tout de suite après le premier choc pétrolier. Plusieurs pays importateurs de pétrole (dont les États-Unis, la plupart des pays européens mais aussi le Japon et la Corée du Sud) ont décidé de se regrouper au sein de l'Agence internationale de l'Énergie (AIE). Les crises pétrolières succédant les unes aux autres, les seize pays fondateurs sont ainsi rapidement devenus 28.

Une des premières missions de l'AIE a été d'obliger chaque État membre à constituer des stocks stratégiques de réserve, équivalente à 90 jours d'importations nettes de pétrole brut. Ceci afin de pouvoir peser sur les pays exportateurs quand ces derniers augmentaient trop vite leur prix. Mais l'AIE s'est fait également connaître par ses nombreuses études et statistiques qui influent les grands décideurs, notamment lors des grands sommets comme le G8 et le G20. C'est ainsi qu'en 2006, le concept de « sécurité énergétique mondiale » a été retenu lors du sommet organisé à Saint-Pétersbourg.

Mais d'autres réalités et statistiques devraient bien plus effrayer les « grands » de ce monde. Ainsi, aujourd'hui, le monde consomme 70 % de plus d'énergie qu'il y a trente ans ! Et l'AIE prévoit même que la consommation mondiale d'énergie aura, en 2030, augmenté de plus de 50 % par rapport à aujourd'hui. De plus, la consommation d'énergie est très inégalement répartie au niveau mondial. Ainsi, la moitié de cette énergie mondiale est consommée par à peine 15 % de la population mondiale et plus de deux milliards de personnes n'ont toujours pas accès à cette énergie… Mais que se passera-t-il lorsque la Chine et l'Inde auront rattrapé le mode de vie que nous avons érigé en modèle ?

## La Chine, première consommatrice d'énergie au monde !

L'événement est un peu passé inaperçu, mais il est historique : en 2009, les Chinois ont consommé 2,252 milliards de tonnes équivalent pétrole, soit 4 % de plus que les Américains. Une date importante car il faut savoir que les États-Unis détenaient cette première place depuis… le début du XXe siècle !

Chine et États-Unis consomment chacun désormais à peu près 40 % de l'énergie primaire de la planète. Mais ce coude à coude bien réel ne doit pas cacher encore des différences de consommation dues à la fois au nombre d'habitants et aux modes de vie. Ainsi le taux annuel de consommation par habitant n'est « que » de 1,48 tep (tonne équivalent pétrole) par habitant en Chine, contre 7,75 tep/habitant aux États-Unis.

### Diminuer le poids des énergies fossiles

Elles ne sont que trois (pétrole, gaz, charbon) et pourtant elles représentent plus de 80 % de la demande énergétique mondiale. Les énergies fossiles présentent d'abord l'inconvénient majeur d'être limitées dans le temps, car non renouvelables. Ensuite, et c'est particulièrement vrai pour le charbon, elles provoquent, lors de leur combustion, des émissions de gaz à effet de serre. Il y a même une corrélation quasi automatique entre la consommation d'énergie au niveau mondial et les émissions de $CO_2$. Ainsi, l'historien américain J.R. McNeill a calculé qu'au cours du XX$^e$ siècle, la première avait été multipliée par 16 et les secondes par 17. Et dans leur 5e rapport de 2014, les climatologues du GIEC ont confirmé que les augmentations de gaz carbonique dans l'atmosphère étaient principalement dues à l'utilisation de combustibles fossiles et à la déforestation. D'où l'urgence de commencer à restreindre leur utilisation et à développer de façon conséquente les énergies vraiment renouvelables qui ne représentaient, en 2013, qu'un tout petit mais symbolique 1 % de la production d'énergie mondiale. Pour y arriver, il faudra tordre le cou à un certain nombre de mythes…

**Le hit-parade mondial des sources d'énergie…**

- Pétrole : 31,5 %
- Charbon : 28,8 %
- Gaz naturel : 21,3 %
- Biocarburants et déchets : 10 %
- Nucléaire : 5,1 %
- Hydroélectricité : 2,3 %
- Autres (solaire, éolien, géothermie…) : 1 %

**… et leur année d'expiration théorique :**

- Pétrole : 2047
- Gaz naturel : 2068
- Charbon : 2140
- Uranium (pour le nucléaire) : 2144
- Énergies renouvelables : illimitée…

## Premier mythe : le charbon « propre »

Avant de parler du charbon « propre », parlons du charbon tout court. À l'origine de la révolution industrielle, avec l'invention de la célèbre machine à vapeur de James Watt, il est encore la deuxième source d'énergie mondiale avec 28 % de l'énergie produite. En recul dans les anciens pays industrialisés comme la France et la Grande-Bretagne – le temps des mines et de *Germinal* est derrière nous –, il est l'une des sources d'énergie phare des pays émergents : Afrique du Sud, Inde, Chine. Cette dernière utilise ainsi 47 % du charbon brûlé dans le monde. Le World Ressources Institute (WRI), un think tank américain, a calculé que deux centrales à charbon de 500 mégawatts y ont été construites chaque semainc au début des années 2000 ! Fort heureusement, la tendance a un peu ralenti depuis, suite aux nombreux problèmes de pollution constatés.

En effet, le charbon est d'abord et avant tout un des gros émetteurs de gaz à effet de serre – soufre et oxyde d'azote –, beaucoup plus que le pétrole. Et si le « smog londonien » appartient lui aussi au passé, de grandes villes comme Pékin sont littéralement asphyxiées par les émanations des centrales à charbon. À tel point qu'avant les Jeux olympiques de Pékin en 2008, les autorités chinoises avaient fermé plusieurs d'entre elles ! Son extraction est également responsable de nombreuses catastrophes minières : 5 000 morts par an rien qu'en Chine.

Face à ce désastreux bilan, la World Coal Association, la coalition mondiale qui regroupe les principales entreprises qui produisent du charbon, a commencé à mettre en avant un autre concept celui de « charbon propre ». Il s'agit pour l'essentiel de méthode de géo-ingénierie, visant à capturer et à stocker le $CO_2$ dans le sous-sol (voir un peu plus haut, dans ce chapitre 8). Mais le moins qu'on puisse dire, c'est que ces techniques sont loin d'être opérationnelles. Et qu'elles ressemblent plus à une opération de communication, du « *greenwashing* » industriel. Ainsi alors que l'AIE tablait sur une centaine de projets à grande échelle en 2020, il n'en existe qu'une vingtaine en démonstration dans le monde, dont à peine huit de taille industrielle : cinq aux États-Unis, deux en Norvège et un en Algérie. Aucun dans l'Union européenne – qui n'a même pas été capable de faire aboutir le projet Ulcos à Florange – et surtout aucun en Chine. Un chiffre ridiculement bas à mettre en comparaison avec un autre : celui des 1 200 nouvelles centrales à charbon en projet dans 59 pays du monde, toujours selon le WRI. Autant dire que le « charbon propre » n'est pas pour demain. Ainsi, Alpha Coal, un nouveau mégaprojet d'exploitation et d'exportation de charbon en Australie – avec ses six puits à ciel ouvert sur 64 000 hectares et 1,8 milliard de tonnes d'émission de $CO_2$ sur une durée prévue de 30 ans – a été classé comme l'une des 14 « bombes climatiques de la planète » par Greenpeace. Là encore, pas de doute, le charbon le plus propre, c'est celui qu'on n'utilise pas…

### La canette d'air pur du milliardaire chinois écolo

Son initiative a fait le tour des médias chinois et mondiaux. En janvier 2013, en plein nouveau pic de pollution à Pékin, Chen Guangbio, un milliardaire chinois excentrique, a distribué dans les rues de la capitale chinoise des canettes d'air pur en provenance du… Tibet. Il faut dire qu'à l'époque, avec un taux de particules fines de plus de 45 microgrammes par mètre cube, soit le double des normes maximales autorisées par l'Organisation mondiale de la Santé, les Pékinois ne sortaient plus dans les rues sans porter un masque sur le visage !

Ayant fait sa fortune dans la transformation de gravats de chantiers en brique, Chen Guaangbio se veut « le premier promoteur d'un mode de vie à faibles émissions de $CO_2$ ». Il a ainsi proposé à ses employés des bicyclettes gratuites et détruit sa propre Mercedes à coup… de marteau piqueur !

## *Second mythe : la « solution miracle » des agrocarburants*

À en croire certains, ce serait déjà le miracle et, à terme, ils pourraient remplacer le pétrole dans nos vieux moteurs à essence. À voir…
Deux grandes filières de production d'agrocarburants (appelés aussi « biocarburants » par leurs partisans et « nécrocarburants » par leurs détracteurs) sont, en effet, en pleine expansion : la filière biodiesel et la filière éthanol. Toutes deux sont produites principalement à partir de productions agricoles à usage alimentaire (colza, soja, tournesol, palme, maïs, blé, canne à sucre). Les agrocarburants ont commencé à avoir le vent en poupe dans les années 1990 – car ils émettent beaucoup moins de gaz à effet de serre que les moteurs fonctionnant à l'essence – pour connaître un véritable « boom » dans les années 2000. Ainsi, entre 2000 et 2005, la production mondiale d'éthanol a été multipliée par deux, notamment au Brésil, et la production de biodiesel par cinq. Avec déjà les premières critiques : ils accaparent de nombreuses terres agricoles et les détourneraient de leur usage alimentaire.

Cette critique est particulièrement justifiée dans le cas des agrocarburants de première génération. Ainsi, une étude très poussée menée en 2008 conjointement par la Fondation Nicolas Hulot et le réseau Action Climat montrait que les objectifs actuels de production d'agrocarburants à travers le monde impliquent le risque de convertir des prairies et des forêts en terres agricoles. Et qu'à l'horizon 2020, il faudrait utiliser au niveau mondial au moins 54 millions d'hectares, soit la surface équivalente à la superficie de la France ! Début 2013, la Commission européenne enfonçait le clou en insistant sur le bilan environnemental désastreux de la plupart des agrocarburants de première génération. En effet, en intégrant dans ses calculs le changement d'affectation des sols, ces cultures présentent un moins bon bilan en matière d'émissions de $CO_2$ que celui annoncé car elles peuvent entraîner la destruction de forêts, de prairies et de tourbières qui sont autant de puits de carbone. C'est particulièrement vrai avec la culture de la canne à sucre en Amazonie ou celle de l'huile de palme en Indonésie. Même en Europe, la Commission propose désormais de plafonner à 5 %, leur niveau actuel, l'usage des agrocarburants de première génération, au lieu des 10 % prévus à l'horizon 2020.

Pour arriver à cet objectif, l'Europe table maintenant sur le développement des agrocarburants dits « durables » ou encore « verts ». C'est-à-dire ceux de seconde génération, basés sur les résidus d'arbustes et les déchets agricoles (tiges, branches, feuillages, pailles…), voire même de troisième génération, extraits eux des microalgues. Problème, ceux-ci n'en sont aujourd'hui qu'au stade de l'expérimentation, bien loin d'un usage industriel. Pour le « miracle », il faudra attendre encore un peu et surtout en évaluer, là aussi, tous les impacts environnementaux, économiques et sociaux.

## Troisième mythe : le nucléaire est « sans risque »

Troisième mythe : le nucléaire, qui n'émet presque pas de gaz à effet de serre – et que le GIEC range effectivement, dans son 5e rapport, dans la catégorie des « énergies bas carbone » – pourrait servir d'alternative aux énergies fossiles. Si la première partie de la phrase est exacte, la seconde partie fait totalement l'impasse sur le talon d'Achille de l'industrie nucléaire : les déchets radioactifs. Sans même parler du traumatisme créé par ses trois accidents majeurs : Three Miles Island aux États-Unis (1979), Tchernobyl en Russie (1986) et Fukushima au Japon (2011).

Aujourd'hui, avec 441 réacteurs nucléaires en service dans le monde, le nucléaire est la cinquième source d'énergie avec un petit 5,1 %, tout en fournissant 14 % de l'électricité mondiale. Même si la France, avec 58 réacteurs, est seconde derrière les États-Unis (104 réacteurs), on parle à son propos de « tout nucléaire » car ceux-ci produisent 75 % de l'électricité de notre pays ! Mais, depuis leur entrée en fonction, ces 441 réacteurs ont produit la bagatelle de 250 000 tonnes de déchets radioactifs – avec une durée de vie qui se compte en milliers, voire en millions d'années ! – et dont personne ne sait que faire. Faut-il les stocker en surface ? Faut-il les enfouir dans le sous-sol ? Faut-il les « transmuter » pour en réduire le volume ? Autant de questions vertigineuses avec de graves questions de sécurité, mais aussi d'éthiques. Est-ce bien raisonnable de laisser un tel cadeau empoisonné aux générations futures ?

De plus, depuis l'accident de Fukushima – qui a frappé les esprits avec sa « zone interdite » de 20 kilomètres tout autour de la centrale – un certain nombre de pays se sont engagés dans une remise en question du nucléaire. Le Japon hésite ainsi à rouvrir ses 43 réacteurs dont certains sont toujours situés en zone sismique. L'Allemagne a décidé de fermer ses huit réacteurs et la France promet de réduire de 75 % à 50 % la part du nucléaire dans la production d'électricité et cela d'ici 2025. Une transition énergétique encore bien timide…

### Un fonds pour démanteler les centrales françaises ?

Selon le WWF, le démantèlement des centrales françaises coûterait entre 300 et 400 milliards d'euros. Aussi, pour arriver à réunir une pareille somme, le WWF propose de créer un fonds indépendant des opérateurs du nucléaire, le « TESEN » (Fonds pour la transition énergétique et une sortie équitable du nucléaire) permettant le financement de la transition énergétique. Il répond à plusieurs objectifs :

- Faire payer le vrai coût de l'énergie nucléaire et réduire par là même la dépendance électrique de la France à cette énergie dangereuse.
- Sécuriser les financements à long terme dont la France aura besoin pour financer le démantèlement de la filière nucléaire.
- Apporter dans les prochaines décennies les financements nécessaires à la transition énergétique.
- Financer la transition énergétique à des taux raisonnables ce qui en diminuera le coût.
- Accélérer ainsi la rentabilité des énergies renouvelables et des opérations de sobriété et efficacité énergétiques.
- Clarifier la gouvernance de la sortie du nucléaire aujourd'hui éclatée et donc peu sûre, opaque et sans moyens.

Il serait financé, outre les provisions légales, par un prélèvement de quelques centimes sur chaque kilowattheure d'électricité nucléaire vendu. Pour le moment, seule la fermeture de la centrale nucléaire de Fessenheim, en Alsace, est programmée avant la fin du quinquennat de François Hollande, en 2017.

## Vive les énergies renouvelables !

Bon, vous allez nous dire : plus d'énergies fossiles (pétrole, charbon, gaz), pas d'hydrocarbures non conventionnels (gaz de schiste…) et attention au nucléaire, aux agrocarburants. Et puis quoi encore ? Que va-t-il nous rester ? Pour nous éclairer ? Nous chauffer ? Nous déplacer ? En un mot, vivre… Réponse : l'immense perspective des énergies renouvelables.

Pour réinventer nos sociétés, titre de ce huitième chapitre, quoi de mieux que de miser sur leur développement : solaire, éolien, géothermie… Leur potentiel est, en effet, immense. Ainsi, en 2011, dans un rapport mondial sur l'énergie et le climat, le WWF a bâti le scénario Ecofys, avec l'objectif d'arriver à « 100 % d'énergie renouvelable en 2050 » pour l'ensemble des pays de la planète !

Avant d'atteindre cet objectif ambitieux qui, pour le coup, résoudrait une bonne partie de la problématique du changement climatique, regardons, un par un, l'état des lieux de ces énergies prometteuses et durables :

- **Le solaire** : les projets se succèdent les uns aux autres. Entre le chauffe-eau solaire pour équiper sa maison individuelle et les projets « Désertec » en Tunisie, en Égypte et au Maroc, il y a un rapport d'échelle (et de puissance) de 1 à 700 000 ! D'ailleurs, on estime que si 0,3 % du désert était recouvert de panneaux solaires, toute l'Europe serait fournie en énergie. Seul véritable inconvénient de cette énergie : son intermittence. Mais le stockage de cette énergie s'améliore d'année en année, avec des panneaux photovoltaïques de plus en plus performants.

## Le soleil du Sahara très convoité

Le projet est aussi ambitieux que séduisant : couvrir le désert saharien de panneaux solaires pour fournir en énergie solaire une bonne partie du continent européen. En 2009, à l'initiative d'un consortium de grandes entreprises allemandes, le projet Désertec voit le jour à partir de ce constat prometteur : « En six heures, les déserts reçoivent plus d'énergie du soleil que l'humanité n'en consomme en une année. » Trois ans plus tard, le rapport intitulé « 2050 Desert Power » prévoit que « l'Europe importerait jusqu'à 20 % de ses besoins en électricité à partir de la région MENA (Moyen-Orient et Afrique du Nord) ». Une manne qui suscite d'énormes convoitises.

Aussi, en 2010, un autre regroupement d'entreprises françaises montent un projet concurrent « Medgrid », qui a pour vocation, toujours dans le cadre du développement de l'énergie solaire dans le bassin méditerranéen, de mettre en place un réseau d'interconnexion entre l'Europe et les pays du sud et de l'est de la Méditerranée. Devant cette concurrence fratricide, les promoteurs de Desertec et de Medgrid signent, en 2011, « un accord de coopération ».

Depuis, l'importance des investissements en jeu mais aussi l'instabilité politique née des « printemps arabes » ont quelque peu freiné les projets. D'autant plus que des critiques sur « un nouveau colonialisme solaire » ont vu le jour. Ainsi, le directeur de l'agence allemande de l'énergie a reconnu que si « la construction de centrales solaires en Afrique du Nord est judicieuse, le transport de l'électricité sur 3 500 km vers l'Allemagne l'est beaucoup moins. On a besoin de cette énergie sur place. » Et pour le moment, seule la construction d'une centrale solaire thermique à concentration, d'une puissance de 125 mégawatts (MW), a débuté à Ouarzazate, au Maroc.

- **L'éolien** : là aussi, le vent est porteur. Entre la mini-éolienne constructible dans son jardin et les projets de parcs éoliens off-shore au large des côtes françaises, il y a, là aussi, des milliers de mégawatts de différence. Au Danemark, leader européen en la matière, un cinquième de la production d'électricité est déjà fourni par le vent. Et si, tout comme pour le solaire, la production est variable en fonction de la vitesse des vents (le bon créneau d'exploitation est estimé entre 20 et 60 km/h), on sait parfaitement coupler les modèles de prévision de production avec ceux de prévision météorologique.

## Samsoe, l'île 100 % renouvelable

Située dans la mer de Cattégat, entre la Baltique et la mer du Nord, l'île de Samsoe (4 000 habitants) est devenue la vitrine écologique du Danemark. En effet, elle a été sélectionnée par l'état danois pour expérimenter la possibilité d'une indépendance énergétique de l'île grâce aux énergies renouvelables. Dix éoliennes ont été construites en mer et onze à terre. Résultat : 140 % d'émissions de $CO_2$ en moins depuis 1997 ! Et, avec 57 millions d'euros investis par les habitants de l'île eux-mêmes dans les projets éoliens, l'île de Samsoe produit désormais assez d'électricité verte pour subvenir à ses propres besoins et peut même en exporter vers le continent danois. Qui dit mieux ?

- **La géothermie** : dans l'antiquité, les Romains utilisaient déjà la chaleur présente sous la croûte terrestre pour chauffer les bâtiments et l'eau. Un procédé remis au goût du jour par de nombreuses municipalités, dont la ville de Paris qui l'utilise de plus en plus dans certains de ses logements sociaux. À l'inverse du solaire et de l'éolien, la géothermie permet, en effet, une fourniture constante d'électricité et de chauffage. Un problème qui est, en effet, le talon d'Achille de certaines énergies renouvelables. Aussi, en Islande, pays célèbre pour ses sources d'eau chaude, le quart de son électricité et la totalité de son chauffage proviennent de cette énergie renouvelable disponible en permanence. Et, preuve de son intérêt grandissant, au moins 70 pays l'utilisent déjà à travers le monde.

## Chevilly-Larue : 45 000 Habitants chauffés par la géothermie

Créé en 1985, le réseau de chaleur géothermique de Chevilly-Larue, L'Haÿ-les-Roses et Villejuif, trois communes de la banlieue parisienne situées dans la Val de Marne, dessert 45 000 habitants, ce qui en fait le plus grand réseau en Europe. Exploité par une société d'économie mixte, ce réseau est alimenté à 62 % par de la géothermie dite « profonde », c'est-à-dire de la chaleur puisée dans l'aquifère du Dogger, situé entre 1 500 et 2 000 mètres de profondeur, qui contient une eau dont la température varie de 65 à 85 °C. Le complément d'énergie est assuré par du gaz, fonctionnant en cogénération. Le tout sans nuisances : bruit, fumée ou… $CO_2$.

- **La biomasse :** ce terme désigne l'ensemble des matières d'origine organique (végétale ou animale) qui peuvent devenir une source d'énergie soit par combustion (le bois sous forme de bûches, granulés et plaquettes), soit après méthanisation (les boues d'épuration, les ordures ménagères ou encore les résidus agricoles transformés en énergie par la méthanisation) ou encore de nouvelles transformations chimiques (les algues ou les très controversés agrocarburants). La France, depuis le Grenelle de l'Environnement, ambitionne de doubler la part de la biomasse dans son mix énergétique. Un objectif en passe d'être réalisé avec la valorisation énergétique de sa filière bois, qui représente 46 % du total de sa biomasse. Attention, toutefois, à ne pas faire de celle-ci une dévoreuse de terres agricoles et de forêts !

## Enercoop ou l'électricité 100 % verte

Créé en France en 2006 par un réseau militant (Greenpeace, Les Amis de La Terre, le réseau des magasins Biocoop...), Enercoop est une société coopérative d'intérêt collectif (SCIC) qui propose de fournir à ses adhérents « une électricité éthique et 100 % verte ». Ceci dans le cadre de l'ouverture à la concurrence du marché de l'énergie décrétée par la Commission européenne à partir du 1er juillet 2007.

Contrairement à certains de ses concurrents moins scrupuleux, Enercoop s'approvisionne, elle, auprès de producteurs d'énergie renouvelable à 100 % : solaire, éolien, hydraulique et biogaz. Pas de trace de nucléaire chez eux... Ses bénéfices sont d'ailleurs réinvestis dans ces mêmes énergies renouvelables. Cette coopérative, agrée par l'État comme « entreprise solidaire », revendique environ 7 500 clients. Des débuts modestes en raison de ses prix qui sont, généralement, un peu plus élevés que ceux des fournisseurs « historiques » comme EDF ou encore GDF.

*Renseignements sur www.enercoop.fr*

En dehors de ces quatre piliers des énergies renouvelables, il y a d'autres pistes à explorer : l'énergie marémotrice, les hydroliennes, la microhydraulique (mais pas les grands et destructeurs barrages)... Mais, à chaque fois, la démarche doit être prudente et les impacts environnementaux soigneusement évalués. Comme d'ailleurs pour les installations de panneaux solaires ou les champs d'éoliennes qui suscitent parfois des oppositions en raison de leurs atteintes, supposées ou réelles, aux paysages.

La révolution de l'énergie est, en tout cas, en marche. Ainsi, selon l'Agence internationale de l'énergie, les investissements dans les énergies renouvelables sont en très forte progression. Ils ont ainsi été multipliés par cinq entre 2004 et 2010, passant de 55 milliards de dollars à 262 milliards. Toutefois, ils ont connu un léger tassement en 2011/2012 à cause de la crise économique. Néanmoins, au total, l'électricité produite à partir des énergies renouvelables non hydrauliques (solaire, éolien, géothermie et biomasse) a doublé ces cinq dernières années, pour atteindre 7 % du mix électrique mondial en 2014. D'ailleurs, c'est l'une des rares certitudes pour ce XXIe siècle, cette révolution de l'énergie, si elle continue à grandir – les experts du GIEC recommandent même dans leur dernier rapport « un triplement, presque un quadruplement de la part d'approvisionnement en énergie bas-carbone ou décarbonée d'ici à 2050 » – sera fondée sur un « mix énergétique », c'est à dire une multitude de solutions.

## L'hydrogène, terre promise de la 3e révolution industrielle ?

Certains penseurs voient même plus loin que les énergies renouvelables déjà mises en œuvre. Ainsi, Jeremy Rifkin, l'essayiste américain, spécialiste de prospective économique, est catégorique : l'hydrogène, une nouvelle ressource énergétique, inépuisable et propre, va bientôt être le fer de lance d'une troisième révolution industrielle. Dans un livre paru en 2012, *La troisième révolution industrielle. Comment le pouvoir latéral va transformer l'énergie, l'économie et le monde* (Éditions Les Liens qui libèrent) il prédit même que si cette nouvelle technologie n'est pas abandonnée aux grands trusts industriels, les piles à combustible, fonctionnant à l'hydrogène, permettront à chaque être humain de produire et même d'échanger sa propre électricité.

Une vision optimiste qui bute encore sur des problèmes techniques réels : ainsi, si le dihydrogène ($H_2$) est constitué d'un des éléments les plus répandus, l'hydrogène, il n'existe pas sur terre à l'état gazeux. Pour le produire, il faut « casser » les molécules – l'oxygène dans l'eau ($H_2O$) ou le carbone dans le gaz naturel ($CH_4$) – pour l'isoler. Mais les seules méthodes aujourd'hui au point sont polluantes et utilisées par… l'industrie pétrolière et la chimie. Ce qui ne préjuge en rien de nouvelles recherches en cours, notamment menées par l'industrie automobile. Mais la voiture à hydrogène n'est pas encore pour demain. Peut-être pour après-demain…

## Une révolution énergétique est lancée

Il n'y a qu'à voir l'ampleur des investissements pour s'apercevoir que nous assistons à une véritable révolution énergétique. Le couplage de l'intelligence artificielle et ses ordinateurs et smartphones par milliards, des énergies renouvelables, dont la plupart sont d'ores et déjà concurrentielles comparées aux énergies fossiles et nucléaires, ces énergies du passé, et de l'efficacité énergétique que représentent des modèles aussi éloignés que les transports collectifs ou les bâtiments passifs, montre que de très nombreux usages énergétiques vont être modifiés profondément dans les prochaines décennies. Mais la technique ne peut pas tout, on l'a déjà signalé. La généralisation des bonnes pratiques proviendra, en particulier, de leur insertion sociale, et de l'organisation politique de nos territoires. En matière d'insertion sociale, notons simplement que 70 % des parcs éoliens danois et allemands appartiennent aux habitants. En France, plus modestement, de multiples initiatives voient le jour, à l'exemple du réseau Taranis, installé en Bretagne, ou encore d'Energie Partagée, savant mélange entre le secteur associatif et le fonds d'investissement. Leur objectif : mobiliser les citoyens autour de solutions innovantes pour la production d'énergie renouvelable locale.

En guise d'organisation politique, signalons les dizaines d'initiatives portées par des communes, des syndicats d'énergie ou des régions, qui convergent également vers la valorisation de cette ressource énorme, présente dans chaque territoire, que représente l'énergie (Nous y reviendrons dans les chapitres 11 et 12).

### L'énergie citoyenne du pays du Mené

Au début des années 2000, la communauté de communes du Mené (7 communes et 6 500 habitants), un territoire rural des Côtes-d'Armor à l'écart des grands axes de circulation, a décidé de devenir autonome énergétiquement à l'horizon 2030. Après un voyage d'études à Güssing (Autriche), une ville pionnière en la matière, ces élus bretons ont décidé de mobiliser la population et d'investir dans toute une série de projets d'énergies renouvelables : chaufferie à bois alimentant un réseau de chaleur dans six centres-bourg, parc éolien participatif, usine de méthanisation, maisons solaires, pépinière d'entreprises spécialisées dans l'énergie. Avec comme objectif « de ne pas consommer plus que ce que nous avons sur le territoire (excédents de lisier, bois, vent, soleil) ».

## Quelques idées pour inventer la société d'après-demain

Fonctionnelle, circulaire, légère, sociale, solidaire et même industrielle : si l'on se réfère à ces qualificatifs, il semble bien que l'économie traditionnelle soit belle et bien en crise… de valeur ! Autant de nouvelles pistes, en tout cas, qui convergent vers un monde plus sobre en carbone.

## L'économie sociale et solidaire

Une croissance qui reposerait sur l'expansion continue des quantités et des volumes est vouée à l'impasse, faute de ressources naturelles suffisantes pour satisfaire les besoins de l'humanité au même niveau que ceux des pays riches. Jean Gadrey, économiste et professeur émérite à l'université Lille 1, plaide au contraire pour la « montée en puissance d'un autre moteur : la soutenabilité écologique et sociale », qui vise à satisfaire en premier lieu ce dont tout le monde a besoin : un accès aux services de santé et d'éducation, une solidarité entre générations, une alimentation saine, un habitat performant, etc. Leur trait commun : les services dont il est question doivent être fournis au plus près des populations, à l'appui d'emplois locaux dont la délocalisation est impossible. Deux exemples pour mieux comprendre :

- Le secteur de l'économie sociale et solidaire (ESS) rassemble les entreprises (coopératives, mutuelles, associations et fondations) qui cherchent à concilier activité économique et utilité sociale. L'ESS employait en France plus de deux millions de salariés en 2012, soit environ 10 % de l'emploi salarié des entreprises privées et 1,5 fois plus d'emplois que le secteur de la construction.
- Pour rappel, en France on estime à 17 millions le nombre de logements pas ou très mal isolés. L'objectif de réhabiliter 500 000 logements par an que s'est fixé le gouvernement se traduirait par la création de 75 000 nouveaux emplois, véritable ballon d'oxygène dans une filière lourdement touchée par la crise économique.

## De l'insoutenabilité du système

Toute production industrielle recourt à l'énergie pour extraire les ressources naturelles, les transformer en produits finis, puis les acheminer jusqu'à l'acheteur. Les besoins de l'humanité grandissent (la population mondiale est passée de 4,5 à 7 milliards en trente ans), la richesse produite dans le monde croît (elle a plus que doublé dans la même période) mais, et c'est plutôt une bonne nouvelle, l'extraction des ressources n'a augmenté que de 50 %. Certes, c'est encore beaucoup trop, puisque l'humanité s'achemine à grands pas vers un épuisement de certaines d'entre elles. Idem pour l'énergie : même si de nombreuses innovations ont amélioré le rendement énergétique des équipements d'une manière substantielle, l'explosion de la demande s'est traduite par la situation que l'on connaît en matière de pollution atmosphérique et de dérive climatique. Ce chiffre démontre cependant que « l'intensité en ressource » s'est réduite d'un tiers en trente ans. Cela signifie très concrètement que l'économie mondiale « fait mieux avec moins », puisqu'elle crée plus de richesse tout en mobilisant moins de ressources naturelles et d'énergie. Pour aller au-delà, c'est un autre modèle qu'il faut adopter. On en distingue à présent les prémices.

### Kalundborg ou l'invention de l'écologie industrielle

Complexe industriel installé non loin de Copenhague, Kalundborg a développé progressivement un réseau d'échanges entre les entreprises, basé sur le principe que le déchet de l'une peut servir à l'autre. Ainsi, la centrale thermique vend une part de sa vapeur à la raffinerie de pétrole, qui lui rétrocède ses eaux usées pour refroidir ses équipements, tandis qu'une autre partie est injectée dans le réseau de chaleur urbain. L'eau chaude de la raffinerie alimente des serres de production agricole et les bassins d'un élevage piscicole, tandis que le soufre, sous-produit du raffinage, est valorisé en acide sulfurique. À Kalundborg, ces contrats d'échange d'eau, d'énergie ou de matière permettent d'économiser chaque année des dizaines de milliers de tonnes de pétrole, de charbon, de gypse, et près de 3 millions de mètres cubes d'eau. D'autres projets industriels similaires, mais de moindre ampleur tout de même, ont vu le jour au Canada, aux États-Unis, et même en France à la Grande-Synthe, en lisière de Dunkerque, où collaborent plus de 300 entreprises. Le bénéfice pour le climat est manifeste : réutiliser un déchet avant son élimination finale lui donne une seconde vie et donc permet d'éviter une partie des émissions de gaz à effet de serre. Systématiser cette écologie industrielle est donc tentant, mais pas si simple. Des ressources mises en commun, quelques investissements peu rentables à court terme, une confiance établie sur la durée, une connaissance fine des besoins des uns et des autres : transformer de la sorte une zone d'activité existante se heurte à plusieurs obstacles. À l'inverse, le modèle pourrait guider l'installation des nouveaux parcs industriels, en particulier dans les pays du sud, peut-être plus attentifs à l'égard du gaspillage, nécessité oblige.

### L'économie circulaire, application du principe de Lavoisier

« Rien ne se perd, rien ne se crée, tout se transforme ». Force est de reconnaître que nos sociétés modernes et leurs montagnes de déchets, parfois incinérés à grand renfort d'émissions polluantes, ont perdu de vue cette maxime attribuée au chimiste Lavoisier. Deux siècles plus tard, l'économie circulaire cherche à lui redonner consistance. En quoi consiste-t-elle ? À mettre sur pied des systèmes de production dont les biens, arrivés en fin de vie, seraient entièrement réutilisables, rejoignant en cela le principe que sous-tend l'écologie industrielle : le déchet d'une industrie peut devenir la matière première d'une autre. L'objectif de l'économie circulaire est clairement de limiter au maximum le recours à de nouvelles ressources, en privilégiant les matières recyclées, en réparant plutôt que jeter, et en tenant compte de ces impératifs lors de la conception du produit (on parle alors d'écoconception).

### Un exemple : la bouteille en verre consignée

Grand Dieu, jeter une bouteille en verre ! Impensable en France jusqu'à la fin des années 1970 car la bouteille étant consignée, faire ses courses débutait invariablement par un passage au guichet de la consigne, où l'on vous rendait quelques centimes. Cette réutilisation des bouteilles en verre ne s'est pas perdue partout : outre la restauration, dont un tiers des récipients en verre sont consignés, au Canada, en Allemagne, en Belgique, en Alsace, le réflexe perdure, qui allie le bon sens économique à la vertu écologique. En effet, rien ne sert de briser une bouteille en la jetant dans le bac de collecte s'il faut en refondre une autre à l'identique, alors que la retourner, intacte, au point de vente initial permet sa réintégration dans la filière avec une grande économie de ressources minérales et énergétiques. Dans une étude rendue fin 2011, le consultant E & E prend très sérieusement en compte le retour de la consigne en France, estimant qu'en 2050 elle pourrait concerner 80 % des flacons et engendrer une diminution des trois quarts de la facture énergétique des verriers !

## *L'économie de fonctionnalité*

Poussons le raisonnement encore plus loin : quel est le temps annuel moyen d'utilisation d'une perceuse par un particulier ? Deux heures. En France, chaque année, il se vend plus de quatre millions d'outils électroportatifs tels que les perceuses, qui passent donc leur vie au fond du placard. Plutôt qu'acheter, on pourrait louer, prêter entre voisins, mettre à disposition dans un atelier collectif, etc. L'objectif final étant de faire des trous, plusieurs méthodes existent qui ne passent pas forcément par la case achat. C'est ce que se propose de faire, en quelque sorte, l'économie de fonctionnalité : vendre des services plutôt que des biens, ce que démontre d'ores et déjà plusieurs modèles économiques pour le moins robustes. Xerox, par exemple, est passé de la vente de photocopieurs à celle d'un service intégré d'impression de documents, comportant la mise à disposition, l'entretien, les réglages, le nettoyage, etc. L'entreprise a donc objectivement intérêt à prolonger la durée de vie des équipements dont elle reste propriétaire, tout en harmonisant et simplifiant les composants d'un modèle à l'autre, afin de réduire la durée des interventions. Avec un tiers d'émissions de $CO_2$ évitées par rapport à l'option vente, le résultat pour le climat se passe de commentaire. Michelin propose un service similaire, concernant cette fois les pneus qui équipent les camions et autres gros engins de travaux publics. La location comprend le gonflage périodique, le rainurage, le rechapage, puis l'élimination en fin de vie vers les filières de recyclage, multipliant par quatre la durée de vie moyenne du pneumatique.

Les vélos en libre-service, l'autopartage, les laves linges collectifs en sont d'autres exemples.

### L'entreprise légère, essai de définition

L'économie de fonctionnalité peut-elle se généraliser jusqu'à triompher de son ancêtre, l'économie de rapine, qui s'appuie sur le pillage des ressources naturelles puis leur gaspillage sous des monceaux de déchets ? Si l'on sait à présent qu'un découplage entre croissance économique et extraction des ressources naturelles est possible, la tendance dominante surfe sur « l'obsolescence programmée » et un culte de la consommation que ne se prive pas d'exploiter le marketing.

Circulaire, fonctionnelle, découplée, adepte des circuits courts : autant l'industrie lourde s'est construite sur l'acier, le charbon et la machine-outil autant l'entreprise légère croit en l'avenir : « elle devient circulaire en s'inspirant du fonctionnement des écosystèmes naturels (.. ) ; elle tire sa valeur économique des services qui aident à rendre les produits plus durables et à satisfaire les besoins des citoyens en bien-être », peut-on lire dans *L'Entreprise légère* (Delachaux et Niestlé, 2010). En huit mots, elle assume pleinement sa responsabilité sociale et environnementale.

## Compensation, piège à c...

Le principe est a priori séduisant : s'il m'est impossible de réduire mes émissions de gaz à effet de serre, je « compense » ces émissions en aidant à la réalisation d'un projet qui permettra, ailleurs, d'éviter un rejet équivalent. En général, ce système de compensation repose sur l'échange de « crédit carbone » : on verse une somme correspondant au poids de carbone émis, selon un tarif préétabli. Ses adeptes jurent, la main sur le cœur, que la compensation intervient en dernier recours, une fois épuisées les voies de la réduction des émissions. En effet, de nombreuses « success stories » ont vu le jour, à l'image d'initiatives d'aides au développement réellement utiles à leurs bénéficiaires (électrification solaire des communautés rurales des pays les moins avancés, par exemple). Le revers de la médaille, c'est que l'on compense désormais n'importe quoi, en se donnant bonne conscience et sans forcément s'attacher à la pertinence des projets compensés. Ainsi, ce loueur de véhicules qui affirme dans sa pub que « chaque fois que vous faites le plein, vous aidez à protéger les atouts naturels de l'Australie ». Avec un tel système, « plus je roule, plus je protège le climat »… Hé bien non, la lutte contre le changement climatique passe d'abord et avant tout par la réduction des émissions.

Un autre exemple pour bien comprendre. Vous êtes de sensibilité écologiste, vous devez aller impérativement à Rio au Brésil – par exemple au sommet de la Terre – et comme vous n'avez pas le temps de prendre un bateau vous avez donc mauvaise conscience d'effectuer ce voyage en avion. Et ainsi contribuer à libérer des tonnes de $CO_2$ dans l'atmosphère… La compensation carbone est faite pour vous ! Exemple concret : sachant que durant les 9 167 kilomètres qui séparent Paris de Rio de Janeiro, votre avion (un Boeing 777) va émettre 1,94 tonne de carbone, vous pouvez, par le biais du site de Climat Mundi par exemple, un des principaux opérateurs de la compensation carbone, participer au financement de foyers de cuisson à haut rendement en Érythrée pour la modique somme de 36,93 euros. Et ainsi vous achetez ce que l'économiste Jean-Marc Jancovici appelle « une indulgence des temps modernes »...

La compensation carbone volontaire est, en effet, un mécanisme de financement par lequel une entité (une administration, une entreprise mais aussi un particulier) peut remplacer une réduction à la source de ses propres émissions de gaz à effet de serre, par l'achat d'une quantité équivalente de crédits carbones auprès d'un tiers. Une sorte de bonne conscience du carbone émis. Dans ce marché florissant, beaucoup d'opérateurs – start-ups écologistes mais aussi ONG, fondations d'entreprises – se sont engouffrés. Certains par engagement sincère pour l'environnement, mais d'autres simplement pour verdir leur image. À tel point que l'Agence de l'environnement et de la maîtrise de l'énergie (ADEME) a édité en 2007 une charte de la compensation carbone qui recense les bonnes pratiques.

# Tous consomm'acteurs

Même en faisant nos courses, le consommateur que nous sommes tous peut commencer à agir. Il suffit parfois tout simplement de lire une étiquette ou de refuser un sac plastique. Bref, de devenir des « consomm'acteurs ».

## La veille des appareils électriques

Abracadabrantesque. Un téléviseur, une machine à café, une chaîne hi-fi consomment de l'électricité même lorsqu'ils sont éteints. Ou plutôt, pour être plus précis, lorsqu'ils sont en veille. Et pas qu'un peu : on estime qu'un téléviseur consomme davantage en veille que pendant son temps d'utilisation. À l'échelle française, les veilles consomment la production de trois réacteurs nucléaires. Du coup, l'Union européenne a imposé aux fabricants, en 2009, des normes qu'ils ont dix ans pour appliquer. Preuve que cela ne leur pose aucun problème, de nombreux articles déjà disponibles sur le marché ne consomment pratiquement plus rien en veille. Restera à renoncer aux super écrans géants à plasma d'un bon mètre de large, puis à diminuer le temps passé assis devant la télé, mais c'est une autre paire de manches clairement en dehors du périmètre du législateur... règles du marketing exceptées.

En attendant, on peut débrancher carrément l'appareil de sa prise d'alimentation électrique : là, on, est à peu près certain qu'il ne consomme plus rien !

## Topten : les meilleurs produits en un clic !

Topten permet aux consommateurs de trouver rapidement et facilement des informations sur les produits et services pour la maison et le bureau les plus performants.

Les critères pris en compte sont :

- consommation énergétique la plus faible possible
- faibles nuisances pour l'environnement
- utilisation facile
- très bonne qualité
- prix raisonnable

Le coût d'un produit ne se résume pas à son prix d'achat : les appareils consomment de l'énergie pendant toute leur vie, et sont parfois branchés 24 heures sur 24 !

Le guide Topten France, lancé en 2004, est une initiative du WWF-France et de l'association de consommateurs CLCV. Ce comparateur d'achat est soutenu par l'Ademe et fait partie du réseau Européen Euro-Topten, lui-même soutenu par la Commission européenne.

*www.guidetopten.fr*

## *L'étiquette énergie*

Comment guider le choix du consommateur sans passer par une réglementation contraignante ? En collant une étiquette. Mise en place dès 1992 en Europe sur les équipements électroménagers, l'étiquette énergie valorise les produits les plus efficaces, tout en stimulant la concurrence entre les fabricants sommés de rivaliser sur le plan technique pour en diminuer les consommations. Au fil du temps, l'étiquette énergie a clairement poussé au retrait du marché les classes d'équipements les plus énergivores, et ce succès a conduit le législateur à étendre sa portée d'abord aux produits bruns (téléviseurs) puis aux climatiseurs, lampes, caves à vin (!), véhicules (exprimée en $CO_2$) et désormais aux logements (qui disposent de deux étiquettes, l'une concernant les consommations d'énergie et l'autre les émissions de $CO_2$). Bien entendu, l'étiquette ne permet pas tout à elle seule : l'acte d'achat prend en compte de multiples critères (le prix, les caractéristiques techniques, l'humeur du client, etc.) ; quant aux consommations et autres émissions, elles dépendent fortement de l'usage. En vingt ans d'application, elle s'est révélée cependant d'une grande efficacité sur de nombreux produits.

## L'étiquette carbone

De là à systématiser ce principe, il n'y avait qu'un pas que le Grenelle de l'Environnement a commencé à franchir. Bon, ce n'est pas si simple tout de même. L'étiquetage carbone des produits de la grande distribution prend en compte cinq étapes décisives dans la vie d'un produit : l'extraction des matières premières, le transport, la fabrication, l'emballage et la distribution. Facile quand on maîtrise l'ensemble des informations, nettement plus complexe lorsqu'il s'agit de suivre à la trace un bien assemblé aux quatre coins du monde. Le groupe Casino s'est livré à l'exercice dès 1998, avec une centaine de références, qu'il cherche à étendre progressivement à l'ensemble de sa marque. Si le principe est louable, il faudra en étudier la portée sur le plan de la sociologie des comportements : pour le consommateur averti, il s'agit peut-être d'une information qu'il prendra en considération selon sa sensibilité écolo. Pour le consommateur lambda, soumis quotidiennement à l'avalanche des messages publicitaires (2 500 à 3 000 messages publicitaires et autres signaux marketing reçus chaque jour par un individu), le poids carbone du produit se trouve noyé au milieu d'une kyrielle d'indications (l'aspect, la composition, le prix, la date de péremption…). Pas sûr que ça éclaire sa conscience climatique.

## Du carbone dans ma poubelle !?

Certains déchets peuvent carrément être évités, à l'instar du gaspillage alimentaire. Hormis les produits alimentaires et autres matières biodégradables, une poubelle moyenne reçoit, chaque année, 250 kg de métaux, papiers cartons, verre, textiles et autres plastiques dont l'essentiel est recyclable sinon réutilisable (les bouteilles, dont la consigne est à remettre en service d'urgence). En France, seul un tiers des ordures ménagères est trié, recyclé ou composté, contre le double en Allemagne. Des progrès et donc des émissions de gaz à effet de serre évitées en perspective, comme le prévoit la loi Grenelle. Reste à passer à l'acte, notamment en organisant les filières de recyclage au plus près des bassins de consommation, de manière à réduire la facture énergétique (et climatique), des transports de déchets et, surtout, les émissions des incinérateurs et autres centres d'enfouissement technique que le *vulgum pecus* nomme, en général, des décharges à ordures.

## Une mission de base : renoncer aux sacs plastiques

Le degré zéro de la réduction des émissions de gaz à effet de serre, serait-on tenté d'écrire, consiste à traquer les gaspillages, ce dont nous devrions être conscients toute au long de la vie. Le sac de caisse en plastique à usage unique en constitue l'archétype. Pas cher (environ un centime d'euro pièce à la fabrication), léger (6 grammes en moyenne), et consommé massivement (17 milliards en France en 2003, mais 2 milliards « seulement » en 2011), ces objets font désormais l'objet de mesures de retrait dans plusieurs régions du monde : l'Irlande les taxe, l'Ouganda les proscrit, la Corse ou Mayotte ne les distribuent plus gratuitement, etc. Même la Chine s'y est mise : il est vrai que l'Empire du Milieu gaspillait il y a peu 37 millions de barils de pétrole par an pour leur fabrication. En France, la loi Grenelle a prévu d'en taxer l'usage, tandis que la plupart des grandes enseignes de distribution ont déjà organisé leur retrait. Affaire (presque) réglée.

# Chapitre 9

# Les outils politiques et économiques du changement

***Dans ce chapitre***

- Un peu de géopolitique mondiale
- Un demi-siècle de sommets internationaux
- Les outils de la fiscalité écologique
- L'initiative européenne
- La France et l'environnement

Le climat est devenu en quelques années un thème incontournable, cristallisant un grand nombre d'enjeux économiques sociaux et politiques, aussi bien à des échelles locales qu'au plus haut niveau, celui de la gouvernance internationale. De nombreux outils – du marché du carbone aux grandes conférences internationales sur le climat – ont été mis en place. Si leur efficacité laisse encore à désirer, il faut se souvenir que la lutte contre le changement climatique engage la géopolitique mondiale et plusieurs de ses corollaires (la solidarité et les financements internationaux ou encore la transition énergétique du monde), rien de moins… On en parlera beaucoup lors de la grande conférence mondiale sur le climat prévue à Paris, fin 2015.

## Un peu de géopolitique mondiale

Sommes-nous en train de passer de la guerre froide à la guerre chaude ? En tout cas dans un monde en proie à des conflits de plus en plus violents, la solidarité autour des biens communs (air, eau, climat) devrait être prioritaire.

## Une nouvelle solidarité mondiale ?

Le xx$^{e}$ siècle fut le siècle des grandes idéologies, mais aussi celui des grandes tragédies. Après les deux guerres mondiales, une division du monde s'opéra entre le bloc communiste et le bloc occidental. D'où l'expression de « guerre froide », dont les relents teintent toujours les relations internationales, un quart de siècle après sa fin officielle… Mais, avec la chute du Mur de Berlin, puis la crise du modèle économique dominant et l'apparition des grands thèmes écologiques, des nouvelles façons de penser voient le jour, tentant d'inventer une nouvelle solidarité à l'échelle de l'humanité. Notamment pour éviter la guerre « chaude », celle du changement climatique.

Pourtant, il suffit de participer aux Sommets de la Terre et autres Conférences des Parties réunies pour lutter contre le changement climatique pour se rendre compte aussitôt du hiatus. Les chefs d'État qui se succèdent à la tribune affirment tous qu'il ne saurait exister d'affaire plus grave que le monde entier devrait prendre à bras le corps séance tenante. Dépouillées des effets de manche, les décisions finales semblent toujours en deçà des ambitions. Dressés face à ce constat, plusieurs observateurs des relations internationales insistent sur la nécessité d'une nouvelle géopolitique mondiale, certains signalant même que ses prémices sont en train de voir le jour. Pour décrire ce changement que l'on devine irrésistible, certains ont développé le concept de « solidarité obligatoire », à l'instar du Français Pierre Radanne, président de l'association 4D (Dossiers et débats pour le développement durable). Pour lui en effet, « le climat terrestre étant un ensemble unique, indivisible, qui ignore les frontières, il représente la première question planétaire qui soit réellement à solidarité obligatoire ».

## Repenser la géopolitique mondiale

Face aux trois grandes mondialisations que nous vivons – économie des échanges, circulation de l'information, gestion écologique de la planète –, il devient nécessaire de développer le concept de « biens communs ». Air, mer, climat sont indispensables à la vie, n'appartiennent à personne de précis mais engagent l'avenir de tous. Certains pays, comme ceux regroupés dans le groupe G77 – qui regroupe la quasi-totalité des pays en développement, dont les pays africains – ont tenté de donner une consistance à ce nouveau concept (en quelque sorte, une extension à la Terre entière de la *res communis* héritée du droit romain), en adoptant la déclaration universelle des Droits de la Terre (voir encadré page suivante).

## Les droits de la « Terre-Mère »

Née en 2010 à l'initiative des peuples amérindiens (Bolivie, Équateur...), « la déclaration universelle des Droits de la Terre » a été adoptée par le groupe des pays du G77, qui regroupe la quasi-totalité des pays en voie de développement lors des conférences internationales sur le changement climatique, à la veille du dernier Sommet de la Terre, à Rio + 20. Elle dit ceci :

« Nous faisons tous partie de la Terre-Mère, une communauté de vie indivisible composée d'êtres interdépendants et intimement liés entre eux par un destin commun. Toutes les formes d'exploitation, d'utilisation abusive et de pollution ont causé d'importantes destructions à la Terre-Mère.

Pour garantir les droits humains, il est nécessaire de reconnaître et de défendre les droits de la Terre-Mère :

**Droits intrinsèques de la Terre-Mère :**

- le droit de vivre, d'exister et d'être respectée ;
- le droit à la régénération de sa biocapacité et à la continuité de ses cycles et processus vitaux, sans perturbations d'origine humaine ;
- le droit à l'eau comme source de vie, à l'air pur et à la pleine santé ;
- le droit d'être exempte de contamination et de pollution ;
- le droit de ne pas être génétiquement modifiée et transformée.

**Obligations des êtres humains envers la Terre-Mère**

Tout être humain se doit :

- de respecter la Terre-Mère et de vivre en harmonie avec elle ;
- de mettre en place des mesures de précaution pour éviter que les activités humaines n'entraînent l'extinction d'espèces, la destruction d'écosystèmes ou la perturbation de cycles écologiques et que les responsables soient tenus de restaurer l'intégrité et la santé de la Terre-Mère.
- de promouvoir des systèmes économiques qui soient en harmonie avec la Terre-Mère et conformes aux droits reconnus dans la présente Déclaration.

Nous invitons toutes les Nations à signer la Déclaration universelle des droits de la Terre-Mère au Sommet de la Terre 2012 au Brésil et de l'introduire dans leurs constitutions nationales.

Nous appelons l'Assemblée générale des Nations-Unies à l'adopter comme objectif commun de tous les peuples et nations du monde ».

Certains trouveront cette déclaration de la « Terre-Mère » peut-être trop naïve ou idéaliste, mais elle marque, incontestablement, le début d'une nouvelle de prise de conscience. D'ailleurs, des intellectuels comme Edgar Morin développent des concepts similaires comme celui de « Terre-patrie ». Ce qui apparaît, en effet, c'est qu'à la fois le système d'État-nation mais aussi celui de gouvernance mondiale ne sont plus adaptés aux enjeux écologiques du XXIe siècle.

## Faut-il modifier les règles de la gouvernance mondiale ?

Nombreux sont les observateurs qui mettent le doigt sur cette faiblesse, critiquant ainsi les limites de la prise en charge d'un intérêt général planétaire dans une gouvernance fondée sur la seule juxtaposition des souverainetés nationales. Une sorte « d'esprit de clocher » inadapté à la crise écologique. Selon eux, il faudrait, de toute urgence, dépasser l'organisation nationale née du traité de Westphalie en 1648. Ce dernier, négocié à Münster et à Onasbrück, a mis fin en Europe aux guerres de religion et a fondé le système international sur la souveraineté nationale. D'où l'organisation actuelle des Nations-Unies, toujours basée à la fois sur le droit de veto des pays les plus puissants et membres du Conseil de sécurité (à commencer par les vainqueurs de la Seconde Guerre mondiale : États-Unis, Royaume-Uni, France, Russie, Chine), mais aussi sur la règle de l'unanimité pour certaines décisions internationales. Un système lourd et contraignant dont on mesure assez régulièrement le manque d'efficacité lors des grandes conférences sur le changement climatique, notamment celle de Copenhague en 2009. Et qu'il va falloir changer ou tout du moins réformer, ce que permettent, en principe, les règles de fonctionnement de l'Assemblée générale des Nations-Unies. Enfin. Osons un parallèle. Édicté dès 1945 pour prévenir de nouveaux conflits, le règlement de l'ONU n'est pas parvenu à empêcher toutes les guerres, tant s'en faut, tandis qu'à plusieurs reprises des résolutions pourtant votées à l'unanimité n'ont pas été respectées par les belligérants. Preuve est donnée que les intérêts nationaux sont si vifs qu'ils occultent la nécessité généralement bien comprise de vivre en paix. Hé bien, la lutte contre le changement climatique suit un peu la même logique : son intérêt général est évident aux yeux de tous (à peu près !) ; mais les intérêts particuliers, à commencer par les enjeux énergétiques, divergent fortement, tandis que leurs avantages immédiats surpassent les inconvénients de moyen et long terme d'un climat déréglé. Dans un tel contexte, il faut être à la fois insistant sur le relèvement nécessaire du niveau d'ambition des décisions qui restent à prendre, et respectueux de celles déjà prises, puisqu'elles n'avaient rien d'évident. Ce qui n'empêche nullement d'être d'accord avec ce constat : « La planète est condamnée à une solidarité obligatoire, car les périls qui la menacent – réchauffement climatique, épuisement des ressources, pertes de la biodiversité – n'ont, eux, pas de frontières ».

# 1972-2015 : un demi-siècle de sommets internationaux

La prise en compte de l'environnement est relativement récente. Elle date, en effet, des années 1970 et correspond à un double phénomène : l'essoufflement du modèle de croissance économique apparu avec le premier choc pétrolier mais aussi des nombreuses catastrophes écologiques (Minamata, Seveso, Bophal, Tchernobyl...) qui ont, chacune, sensibilisé l'opinion publique aux enjeux environnementaux. Dans cette prise de conscience planétaire, les Nations-Unies furent sans conteste à l'avant-garde. Normal : les atteintes à l'environnement ignorent les frontières nationales. Le réchauffement climatique en est le meilleur exemple...

## 1972 : premier Sommet de la Terre à Stockholm

Le premier Sommet de la Terre eut lieu à Stockholm en Suède du 5 au 16 juin 1972. À vrai dire, il ne portait pas ce nom – l'expression vient des journalistes – mais s'appelait, de façon beaucoup moins glamour, « Conférence des Nations-Unies sur l'environnement ». Elle fut marquée par une opposition entre les pays développés et ceux qu'on appelait alors le tiers-monde, notamment sur les restrictions à apporter ou non au développement économique. Stimulée par la publication, quelques mois auparavant, du retentissant rapport Meadows sur « Les limites de la croissance », elle connut une libération de la parole, car de nombreuses associations d'environnement, tout juste naissantes, se rendirent dans la capitale suédoise pour tenir une sorte de happening post mai-68. Sans complexe, elles y rédigèrent une résolution demandant « un moratoire arrêtant pendant dix ans la chasse, le massacre et l'empoisonnement de l'environnement des êtres humains ». C'est beau, l'optimisme...

Côté officiel, la résolution fut beaucoup plus « sage ». La Conférence adopta, en effet, une déclaration en 26 principes, remplis de généralités. À part, précisément son article 26 qui soulignait la volonté « d'éliminer et de détruire les armes nucléaires », ce qui gêna à l'époque le représentant de la France, Robert Poujade, alors tout jeune ministre de l'Environnement. Surtout, chose qui paraît aujourd'hui incroyable, cette déclaration n'évoque pas une seule fois les problèmes climatiques ! Un domaine sur lequel la communauté internationale était très peu sensibilisée à l'époque : c'est pourtant en 1967 qu'étaient apparues les premières prévisions de réchauffement planétaire, lorsque deux scientifiques prédirent un doublement de la concentration de $CO_2$ d'ici le début du XXI$^e$ siècle et une élévation de la température moyenne de 2,5 °C. Ils se sont trompés dans les chiffres, mais pas sur le principe. En tout état de cause, il faudra patienter jusqu'en 1979 pour que se tienne la première conférence internationale sur le climat, sous l'égide de l'Organisation météorologique mondiale et du PNUE.

Deux conséquences très concrètes résultèrent néanmoins du sommet de Stockholm : la création de ce PNUE (Programme des Nations-Unies pour l'Environnement), et la décision de tenir un Sommet de la Terre tous les dix ans. Une promesse d'ailleurs tenue en 1982 à Nairobi, mais qui ne servit presque à rien puisque nous étions en pleine « guerre froide » entre les États-Unis et l'URSS. Le président américain de l'époque, Ronald Reagan, étant plus préoccupé par son projet de « guerre des étoiles » que par la sobriété écologique…

### « À l'époque, tout semblait permis ! »

Alain Bué, géographe à l'université de Paris VII, fut un des rares Français présents au premier Sommet de la Terre à Stockholm en 1972. Il décrit l'atmosphère (optimiste) de ce premier rassemblement planétaire dans un numéro spécial du Canard sauvage, le journal des JNE (Journalistes et écrivains pour la nature et l'écologie) consacré à 40 ans de Sommets de la Terre :

« À l'époque, tout semblait permis. Nous étions encore dans les "Trente glorieuses" avant le premier choc pétrolier de 1973. L'opinion commençait à se préoccuper de façon assez sérieuse des problèmes d'environnement, soulevés par des scientifiques depuis plus de vingt ans. On assistait à une éclosion des ministères de l'environnement, créés pour la plupart au début des années 1970 en vue de la conférence de Stockholm. Le biologiste René Dubos et l'ethnologue Margaret Mead proclamaient : "nous n'avons qu'une seule Terre". Il y avait une convergence des aspirations ».

## *1988 : création du GIEC par les Nations Unies*

Il faudra attendre l'année 1988 pour voir la communauté internationale se saisir à bras le corps du problème climatique en créant le Groupe d'experts intergouvernemental sur l'évaluation du climat. Autrement dit, le fameux GIEC, dont nous avons déjà parlé à de multiples reprises dans cet ouvrage. Rappelons juste, pour ceux qui ouvriraient le livre à cette page, qu'il a été créé, à la demande des membres du G7 – le club très sélect des pays riches et développés devenu entre-temps le G8, puis le G20 – par ces deux organismes dépendants de l'ONU que sont l'Organisation météorologique mondiale (OMM) et le Programme des Nations-Unies pour l'Environnement (PNUE).

Recherchant le consensus de la communauté scientifique, le GIEC a deux particularités : il publie à intervalles réguliers (1990, 1995, 2001, 2007, 2013/2014…) des rapports très complets sur l'évolution du climat et il donne… des boutons d'urticaire aux climato-sceptiques qui l'accusent de tous les maux.

## 1992 : le coup d'envoi du Sommet de la Terre à Rio

Tout le monde est d'accord là-dessus : le vrai premier sommet de la Terre fut… le troisième, celui organisé à Rio, au Brésil, en 1992. Pourquoi ? Parce qu'outre le nombre impressionnant de participants (116 chefs d'État firent le déplacement, de George Bush (père) à Fidel Castro… ainsi que plus de 1 500 ONG et 3 000 journalistes), il donna naissance aux trois grandes conventions – cadres qui structurent encore aujourd'hui toutes les actions en faveur de l'environnement à l'échelle de la planète :

- la convention sur la diversité biologique (CDB) ;
- la convention-cadre des Nations-Unies sur les changements climatiques (CNUCC) ;
- la convention des Nations-Unies sur la lutte contre la diversification (CLD).

Certes, tout comme la déclaration de Stockholm de 1972, lorsqu'on la relit vingt ans plus tard, la déclaration de Rio de 1992 ressemble avant tout à un patchwork d'intentions générales sur la nécessité de préserver l'Environnement. Mais pour la première fois, des concepts nouveaux apparaissent, comme celui de « développement durable » ou plus exactement « soutenable » (de *sustainable development*). Mais aussi celui d'Agenda 21, qui prévoit des dizaines de recommandations pour le XXIe siècle à destination des gouvernements et des collectivités locales. Autrement dit, enfin des programmes concrets d'actions et plus seulement des belles paroles…

Ainsi, suite à ce Sommet de la Terre de Rio, l'ensemble des pays signataires de la convention-cadre des Nations-Unies sur les changements climatiques (CNUCC) se sont engagés à se réunir chaque année en Conférence des parties (COP). Oui, encore un sigle… Mais le plus important, c'est d'en faire bon usage et de tenir sa parole. C'est chose faite en 1995, pour la première réunion de la COP à Berlin, en 1996 pour la deuxième à Genève et surtout en 1997, à Kyoto…

## 1997 : l'adoption du protocole de Kyoto

Kyoto, le nom de cette ancienne capitale impériale du Japon, surnommée « la capitale de la paix et de la tranquillité » et aujourd'hui peuplée d'un million et demi d'habitants, est devenue mondialement célèbre. Pourquoi ? Parce que c'est là, début décembre 1997, que les 159 pays réunis pour la COP 3 se mirent d'accord sur une réduction moyenne de 5,2 % des émissions de gaz à effet de serre d'ici 2008 à 2012. C'est ce qu'on appelle « le protocole de Kyoto ». Et à ce jour – c'est à dire avant la réunion de la COP… 21 prévue en 2015 à Paris – ce protocole est le seul accord juridique contraignant jamais signé pour diminuer les gaz à effet de serre et lutter concrètement contre le réchauffement climatique. Malgré son bilan imparfait, tous les militants sincères de la lutte contre le changement climatique y tiennent comme à la prunelle de leurs yeux.

Pour parvenir à ce résultat, il a fallu onze jours de négociations marathon et surtout trouver un compromis entre les pays riches et les pays en développement. En effet, malgré l'opposition systématique dès le départ des États-Unis, l'Occident, sous la pression positive d'une Europe pour une fois unie, a fini par admettre « sa responsabilité historique » dans le réchauffement climatique. D'où le fait que les contraintes de cet accord (la réduction des émissions de gaz à effet de serre) ne concernent qu'une quarantaine de pays industrialisés et pas les pays en développement et autres grands émergents, notamment la Chine.

Pourtant, même plafonné à 5,2 %, ce défi d'une réduction des émissions prévue sur une grosse dizaine d'années semblait si complexe à relever que plusieurs « mécanismes de flexibilité » furent introduits afin de faciliter l'atteinte des engagements des pays impliqués. Ils sont au nombre de trois, et nous les citons pour information, sans entrer dans les détails.

- En premier lieu, l'instauration d'un marché international de quotas carbone. Chaque pays engagé par ses réductions se voit alloué un certain quota. S'il dépasse son plafond d'émissions, il doit acheter les quotas qui lui manquent. S'il les réduit plus fortement que l'objectif initial, il peut vendre l'excédent. Objectif : encourager les États par la bonne vieille règle de la carotte ou le bâton.
- Second mécanisme de flexibilité : le mécanisme de développement propre, dit MDP. Il s'agit d'inciter les pays industrialisés engagés dans Kyoto à investir dans les pays en développement afin d'en réduire les émissions (ou d'éviter d'en émettre), en contrepartie de quoi les premiers reçoivent une unité de réduction certifiée d'émission (URCE). En effet, il peut être économiquement plus avantageux d'aider les pays du Sud que de le faire dans son propre territoire. Autant commencer par ce qui est le plus facile et rapide à mettre en œuvre.
- Enfin, le troisième mécanisme, dit de « mise en œuvre conjointe », consiste à encourager le financement, par les pays dont le protocole de Kyoto a plafonné les émissions à la baisse, de projets industriels (ou forestiers) de lutte contre le changement climatique dans d'autres pays signataires, en particulier ceux de l'Europe centrale et continentale ainsi que ceux de l'ex-Union soviétique.

Accord signé, accord appliqué ? Pas vraiment, car la suite fut une longue partie de cache-cache diplomatique et juridique dans laquelle bon nombre de pays signataires firent preuve de mauvaise foi et jouèrent la montre. Car, bien que signé en 1997, le protocole laissait la porte de la ratification ouverte jusqu'en… 2005 ! Avec une période d'application allant de 2008 à 2012… Une brèche dans laquelle s'engouffrèrent de nombreux pays. D'abord les États-Unis, furieux de ne pas se voir reconnaître « un droit à polluer ». Et qui, par la voix de George Bush (fils) ont toujours refusé, avec constance, de l'appliquer : « Je m'oppose au protocole de Kyoto », disait-il en 2001 dans une lettre ouverte adressée à quatre sénateurs républicains, un parti ouvertement climato-sceptique, « parce que 80 % de la population du monde en sont exempts, dont la Chine et l'Inde, et qu'il causerait un dommage sérieux à l'économie américaine. » Un peu plus tard, George Bush ajoutera même cette phrase, restée (tristement) célèbre : « Le mode de vie américain n'est pas négociable ! » Sous-entendu : laissez-nous rouler dans nos grosses voitures et faire marcher nos climatiseurs…

Mais il n'y a pas que les États-Unis qui n'aiment pas le protocole de Kyoto. Trois autres grands pays industrialisés – la Russie, l'Australie et le Canada – ont plus que traîné les pieds. La Russie, tout d'abord, a attendu la date limite de 2005 pour annoncer qu'elle ratifierait le protocole. Ensuite, c'est seulement en 2007 que l'Australie, avec l'arrivée au pouvoir du nouveau premier ministre travailliste, Kevin Rudd, a décidé de rejoindre le protocole de Kyoto. Quant au Canada, il s'est tristement singularisé, fin décembre 2011, en annonçant qu'il quittait le protocole de Kyoto. Il faut dire que, selon ce protocole, le Canada s'était engagé à réduire de 6 % ses émissions de gaz à effet de serre par rapport à leur niveau de 1990 et cela avant la fin 2012. Et que fin 2011, le Canada en était à + 17 % de ses émissions, notamment en raison de l'exploitation à tout va de ses sables bitumineux, une source de pétrole non conventionnelle mais très polluante… D'ailleurs, nous retrouverons tous ces mauvais élèves (Australie, Russie, Canada, rejoints par… le Japon) dans le même rôle, un peu plus tard, en 2012 lors de la COP 18 de Doha, chargée de négocier après les cinq ans d'engagement de la première période d'application du protocole de Kyoto (2008/2012), un Kyoto 2 pour la période suivante (2012/2020)…

## *2002 : « la maison brûle » à Johannesburg*

Il arrive parfois qu'une bonne formule bien utilisée reste dans l'histoire. C'est ce qui va arriver pour cette quatrième édition du Sommet de la Terre (troisième pour ceux qui négligent celui, quasi inexistant, de Nairobi en 1982) à Johannesburg, la capitale sud-africaine. Non pas que les débats sur la lutte contre la pauvreté, une des conséquences de l'effet Mandela qui vient de sortir son pays de l'apartheid, l'accès à l'eau potable ou encore du rôle croissant des pays émergents (Chine, Inde, Brésil…), n'étaient pas intéressants. Mais beaucoup des résolutions adoptées à Johannesburg ne sont que des répétitions des belles intentions déclinées à Rio, dix ans auparavant… Avec dans le rôle du « méchant », Colin Powell, représentant des États-Unis de George Bush, qui fut copieusement sifflé…

Et puis, un soir, Jacques Chirac, le président français, monte à la tribune. L'essentiel de son discours a été écrit par un certain Nicolas Hulot, venu comme conseiller spécial à Johannesburg. Et le président de la République va prononcer ces quelques mots qui vont rester célèbres : « Notre maison brûle et nous regardons ailleurs… Nous ne pourrons pas dire que nous ne savions pas ». En matière de sensibilisation au réchauffement climatique, personne n'a encore trouvé de formule plus imagée. Mais les pompiers se font toujours attendre…

### 2009 : la désillusion du sommet de Copenhague

Agir, enfin ! Tout le monde est persuadé que cela va se produire au sommet de Copenhague en 2009. La pression est maximum. Plus de 120 chefs d'état et de gouvernement ont annoncé leur présence. De Barack Obama, le président américain qui veut faire oublier le climato-scepticisme de George Bush, à Hu Jintao, le président chinois, représentant d'un pays devenu en quelques années le plus grand émetteur mondial de gaz à effet de serre. Sans oublier le charismatique Lula ou encore le « révolutionnaire » Hugo Chavez et les dirigeants européens au grand complet avec Nicolas Sarkozy et Angela Merkel. Les journaux du monde entier participent à la dramatisation des enjeux en parlant de « sauver la planète » (voir encadré) et même les ONG ne sont pas en reste en mettant en place des « comptes à rebours » pour trouver un accord mondial.

Trop de dramaturgie tue-t-elle l'enjeu ? En tout cas, les deux semaines de négociations accouchèrent d'un accord a minima. Enfin, un accord entre certains pays seulement, dont l'ONU se bornera à « prendre acte ». Contournant la règle de l'unanimité, cet « Accord de Copenhague » fut en effet négocié en catimini par 27 dirigeants des pays les plus puissants (une sorte de G20 élargi), réunis dans la nuit du 18 et 19 décembre, le jour de la clôture, pour éviter un échec trop visible : plusieurs délégations nationales, en effet, avaient annoncé qu'elles ne signeraient aucun accord à Copenhague… Dans ce texte de trois pages, qui n'a donc pas de statut juridique contraignant puisqu'il n'a pas été approuvé par l'assemblée onusienne, les signataires, dont les émissions cumulées de gaz à effet de serre pèsent tout de même pour 90 % du total mondial, s'accordent sur « la nécessité de limiter le réchauffement planétaire à 2 °C » (chiffre qui fait consensus dans la communauté scientifique), mais ne définissent pas les mesures pour y arriver. Les ONG présentes à Copenhague estimèrent même que les rares engagements chiffrés pris par certains pays risquaient d'entraîner le monde sur une trajectoire de réchauffement nettement supérieur à 3 °C. Et le Réseau Action Climat, réseau associatif des experts du climat, de pointer le danger que « l'écart se creuse entre la science et la politique ». Seuls éléments positifs annoncés à Copenhague : le montant de l'aide aux pays les plus pauvres – tant pour s'adapter que pour limiter leurs émissions de gaz à effet de serre – est fixé à 30 milliards de dollars entre 2010 et 2012 et de 100 milliards d'ici 2020, tandis qu'un mécanisme financier spécialement destiné à la préservation de la forêt et à la lutte contre la déforestation, dit REDD+, y voit également le jour. Par contre, le protocole de Kyoto est à peine mentionné dans les trois pages et aucune disposition n'est prévue pour sa prolongation au-delà de 2012…

Mais pourquoi, au fond, Copenhague a échoué là où Kyoto, douze ans plus tôt, avait réussi ? C'est simple : il est bien plus facile de négocier une réduction des émissions de gaz à effet de serre de 5,2 % étalée sur plus de dix ans, qu'une baisse de 20 à 40 % comme ce qui est requis pour 2020. Si la première anticipe une trajectoire qui repose en grande partie sur la poursuite de l'amélioration tendancielle de l'efficacité énergétique (par exemple, à usage et cylindrée comparables, un moteur de voiture consommait moins de carburant et émettait moins de $CO_2$ en 2007 qu'il ne le faisait en 1997), la seconde ne peut se faire sans prise en compte des grands déterminants de la croissance des pays émetteurs (l'économie des échanges, les besoins en matières premières, les investissements dans les alternatives aux énergies fossiles, etc.). Qui plus est dans un contexte où le monde et les rapports de force ont énormément changé depuis 1997, avec l'émergence de plusieurs pays devenus incontournables sur l'échiquier géopolitique du monde. On pense bien sûr aux BRICS (Brésil, Russie, Inde, Chine et Afrique du Sud), liste à laquelle s'ajouteront demain l'Indonésie, le Nigéria, le Mexique, etc. Ainsi va la marche du monde, avec le déclin qui n'est pas vraiment nouveau des « empires » que furent l'Europe et, désormais, les États-Unis…

Autant dire que le Sommet de Copenhague a sérieusement douché les espoirs placés dans une nouvelle gouvernance mondiale des enjeux environnementaux. Certains, sous le coup de la déception, en viennent à mettre en cause le principe du multilatéralisme cher à l'ONU, avec son principe « un État = une voix ». Mais par quoi le remplacer ? Un G20 sans autre légitimité que de rassembler les pays les plus riches et souvent les plus pollueurs ? D'autres, comme le philosophe Michel Serres, estiment que l'échec du sommet de Copenhague montre les limites du politique et de ces grands-messes où les chefs d'État défendent avant tout leurs intérêts nationaux et non les biens communs de l'humanité. Et dans une jolie mais cruelle formule livrée au *Monde* le 22 décembre 2009, Michel Serres de constater : « On a oublié d'inviter la Terre à la conférence sur le climat ».

### 56 journaux du monde entier sonnent le tocsin

C'est une première mondiale et qui ne s'est jamais reproduite depuis. Le 7 décembre 2009, jour de l'ouverture du Sommet de Copenhague, 56 journaux représentant 44 pays et parmi les plus prestigieux (*The New York Times*, *The Guardian*, El País, *La Repubblica*, *Clarin*, *Le Monde*, *Libération*...) publient, dans leurs éditions respectives, un éditorial commun, dans lequel, partant de ce constat, ils supplient les chefs d'état et de gouvernement réunis à Copenhague de trouver un accord : « À moins d'unir nos efforts pour prendre des mesures décisives, le changement climatique va ravager notre planète et, ce faisant, perturber fortement notre prospérité et notre sécurité (...) Les représentants politiques à Copenhague ont le pouvoir de façonner le jugement de l'histoire sur notre génération : celle qui a vu le défi et l'a relevé, ou celle qui était si stupide qu'elle a vu la calamité qui s'annonçait mais qui n'a rien fait pour l'éviter. Nous les conjurons de faire le bon choix ».

Depuis, on connaît la réponse...

## 2010/2012 : Cancún, Durban, Doha, ou comment relancer les négociations climatiques

Après les attentes déçues du sommet de Copenhague, le moral des négociateurs climatiques est au plus bas. Et le climat des différentes COP (Cancún en 2010, Durban en 2011 et Doha 2012) va s'en ressentir. Pourtant, petit à petit, conférence après conférence, des liens vont être retissés et la perspective d'un accord mondial pour lutter contre le réchauffement climatique, préservée. Le processus onusien est sauvé et sa légitimité progressivement rétablie, mais tout cela reste encore bien fragile...

D'abord, Cancún en 2010. Sous présidence mexicaine, les 193 pays acceptent à la fois de valider l'objectif défini à Copenhague – limiter le réchauffement à 2 °C par rapport à la « période préindustrielle » – et la création d'un fonds vert de 100 millions de dollars par an à partir 2020, pour lutter contre la déforestation en Afrique (se reporter plus loin au paragraphe « Financer la transition »).

Ensuite à Durban en 2011, c'est une feuille de route de négociation pour prolonger le protocole de Kyoto au-delà de 2020 qui est élaborée.

Enfin, fin 2012 à Doha (au Qatar, pays qui détient le plus haut niveau au monde d'émissions de gaz à effet de serre par habitant avec ses pistes de ski sous cloche et ses stades climatisés...), les pays décident, dans une certaine confusion, de baliser le calendrier qui doit mener à un futur accord mondial, et qui commence par une décision d'engager in extremis la seconde période d'application du protocole de Kyoto dont l'échéance finale était programmée… pour le 31 décembre ! Rappelons-le, il s'agit de l'unique accord juridique existant à ce jour, mais qui n'engage plus, désormais, qu'une poignée de pays dans l'objectif d'une réduction nette de leurs émissions de gaz à effet de serre : l'Union européenne à 27, la Suisse, la Norvège, Monaco, le Liechtenstein, le Belarus, l'Ukraine, le Kazakhstan… L'Australie, également, mais son nouveau gouvernement est désormais dirigé par un climato-sceptique notoire, qui ne devrait guère faire d'effort. En tout cas sans la Russie ni le Canada, le Japon et la Nouvelle-Zélande. Soit environ 15 % des émissions mondiales de gaz à effet de serre contre 45 % pour les pays concernés par la première période de Kyoto. Et les États-Unis ? Rien au niveau fédéral. Reste, pour sauver l'honneur de la « première puissance mondiale », les multiples initiatives, toutes volontaires, de réduction des émissions de gaz à effet de serre prises par des États, des villes et des milliers d'entreprises.

## *RIO + 20 ne répond plus*

Fallait-il revenir à Rio en 2012, vingt après, pour organiser un nouveau Sommet de la Terre, le cinquième en l'occurrence ? La question se pose d'autant plus que la dynamique fut loin d'être la même qu'en 1992. Des discussions de chiffonniers, à n'en plus finir, eurent lieu sur le texte « L'Avenir que nous voulons » proposé par les Nations-Unies, tandis que la société civile et les ONG étaient reléguées à une vingtaine de kilomètres du centre de congrès pour le « contre-sommet des peuples », accentuant un divorce apparu pour la première fois à Copenhague. Ainsi, d'après un comptage fait par les représentants du Muséum d'Histoire naturelle de Paris, le texte de la déclaration finale comporte 64 « réaffirmons », 161 « reconnaissons », « constatons », « insistons », « sommes conscients » et « prenons acte » et seulement 5 « décidons » ! Difficile de faire plus flou…

Néanmoins, dans ces 283 résolutions distillées dans un texte de 60 pages, les parties s'engagent à promouvoir une « économie verte » – visant à épargner les ressources naturelles de la planète et à éliminer la pauvreté, conformément aux huit objectifs du Millénaire, adoptés par les Nations-Unies en 2000. Le concept d'économie verte a d'ailleurs été vivement critiqué par certaines ONG qui y voient l'amorce d'une marchandisation de la nature. Mais, une fois de plus, le chiffrage des mesures et le financement sont les grands absents du communiqué final, une mauvaise habitude prise par ces sommets internationaux qui se contentent souvent de vagues résolutions et de vœux pieux. Tel que celui adopté par Rio +20 sur le changement climatique… (voir encadré).

### Pour Rio + 20, le changement climatique est une « priorité mondiale urgente »

« Nous réaffirmons que le changement climatique constitue l'un des plus grands défis de notre époque et nous sommes profondément inquiets de ce que les émissions de gaz à effet de serre continuent d'augmenter à l'échelle mondiale. Nous constatons avec une vive préoccupation que tous les pays, en particulier les pays en développement, sont exposés aux effets néfastes du changement climatique et en subissent déjà les conséquences accrues, notamment les sécheresses persistantes et autres phénomènes météorologiques extrêmes, la hausse du niveau des mers, l'érosion du littoral et l'acidification de l'océan, qui menaçaient la sécurité alimentaire en compromettant les efforts pour éliminer la pauvreté et parvenir à un développement durable. Nous soulignons donc que l'adaptation au changement climatique est une priorité mondiale urgente de premier ordre ».

Article 190 de la Déclaration finale du « Sommet Rio +20 » (19 juin 2012)

De plus, alors que certains espéraient la création d'une véritable Organisation mondiale de l'Environnement (OME), qui assurerait au troisième pilier du développement durable une véritable place entre la puissante Organisation mondiale du Commerce (OMC) et l'indispensable Organisation internationale du Travail (OIT), Rio + 20 a juste acté un simple renforcement des pouvoirs du Programme des Nations-Unies pour l'environnement (PNUE), dont le siège est heureusement maintenu à Nairobi. Pas de quoi rassurer les nombreux participants au colloque organisé à Rio par Edgar Morin et ses amis brésiliens dont le titre était « A Terra esta inquieta » (La Terre est inquiète). Et d'en appeler à un nouveau contrat social pour le XXI^e siècle…

## 2015 : Paris veut un accord mondial

Ce nouveau contrat social pour le XXI^e siècle verra-t-il le jour à Paris en 2015 ? Tel est, en tout cas l'ambition de cette COP 21, vers laquelle tous les regards convergent de nouveau. Puisqu'il s'agira cette fois de négocier et d'adopter un accord véritablement mondial, et non comme à Kyoto signé par les « seuls » pays développés. Une tâche d'autant plus ardue que la crise économique, à laquelle sont confrontés bon nombre de pays, a – hélas – fait passer au second plan la crise écologique. De plus, l'aggravation en 2014 de la tension internationale, avec ses nombreux conflits non résolus (Ukraine, Syrie, Irak, bande de Gaza) constitue un handicap supplémentaire : comment trouver un accord international sur le climat dans un tel contexte dégradé ?

En tout cas, le président de la République a maintenu sa décision symbolique, lors de la première conférence environnementale de son quinquennat, de présenter la candidature de la France à l'organisation de la COP 21 en 2015. Une annonce qui oblige la France et l'Europe à être particulièrement exemplaires dans la lutte contre le réchauffement climatique. Car si le processus de négociations multilatérales des Nations-Unies est, pour le moment, sauvé, le climat ne l'est pas encore…

## Nicolas Hulot cherche l'appui des religions

Nommé « Envoyé spécial pour la protection de la planète » par François Hollande dans la perspective de préparer la COP 21, la grande conférence sur le changement climatique prévue à Paris, fin 2015, Nicolas Hulot a choisi une stratégie originale. En effet, pour contourner l'égoïsme des États qui avaient en partie entraîné l'échec du sommet de Copenhague en 2009, le célèbre écologiste a décidé, à côté d'une diplomatie plus classique, de jouer la carte des religions pour aider à une prise de conscience véritablement universelle.

Reçu à deux reprises au Vatican, il a appris que le pape François préparait une encyclique sur « l'écologie de l'homme ». Puis il a reçu à Paris Bartholomée 1er, le patriarche œcuménique de Constantinople, surnommé « le patriarche vert », appuyant l'appel œcuménique « Un jeune pour le climat », une initiative lancée par Yeb Sano, le négociateur philippin sur le climat, et soutenue par plusieurs mouvements religieux de toutes confessions, ainsi que par des personnalités laïcs. Il a rencontré également plusieurs responsables musulmans.

Nicolas Hulot expliquait dans une interview à *La Vie* du 28 novembre 2013 ainsi cette stratégie dans ces termes : « La crise climatique est une composante d'une crise beaucoup plus profonde dans laquelle nos sociétés sont engluées. Dans cette crise, il y a une dimension intime, de sens, presque culturelle, spirituelle. Et si on se contente d'avoir une réponse purement économique ou technologique, ce sera insuffisant. Pour moi, tous ceux qui ont une dimension spirituelle doivent amener l'ensemble de l'humanité à réfléchir à la conversion de notre monde ».

La diplomatie climatique se donne donc jusqu'à décembre 2015, date-butoir pour parvenir à ce nouvel accord qui, selon les termes négociés au millimètre à Durban devra être « un protocole, un instrument légal ou une solution agréée, ayant force légale applicable à toutes les parties », dont les États-Unis et la Chine, espérons-le. Cette Conférence des parties, 21e du nom, se réunira au Bourget, près de Paris, et inaugurera une nouvelle et grande étape de négociations : celle consistant à caler dans les détails l'entrée en vigueur d'un nouveau protocole international en 2020. Si tout va bien. Et si cela ne se déroule pas aussi bien que le prévoit le Quai d'Orsay, grand orchestrateur de cette COP 21. Un Quai d'Orsay qui a décidé de confier à Laurence Tubiana, directrice de l'Institut pour le développement durable et des relations internationales (IDDRI), et particulièrement rôdée aux négociations du fait de sa participation aux précédentes conférences des parties, le pilotage de la Conférence mondiale sur le climat de Paris.

## Les questions qui fâchent

Que le lecteur en soit bien persuadé : édicter de manière consensuelle les règles d'une gouvernance mondiale de la lutte contre le changement climatique ressemble un peu à la quadrature du cercle, pour autant que l'on reste calé sur le fameux objectif du 2 °C. Nous allons tenter, en trois coups de cuillère à pot, d'en exposer toute la complexité. Pardon pour les raccourcis. Gouverner le climat c'est gouverner l'énergie ou, pour être plus précis, le contenu carbone de l'énergie. Or – nous l'avons déjà écrit à plusieurs reprises –, la demande mondiale en énergie est comblée par un recours massif aux énergies fossiles : charbon, pétrole et gaz naturel couvrent plus de 80 % des besoins planétaires. Un accord mondial pour la protection du climat consiste à dire à peu près ceci à l'ensemble de la communauté internationale : « à partir de 2020, fini l'orgie d'énergie fossile que le monde connaît depuis 1750 (début de la première révolution industrielle) ; il va falloir passer massivement à autre chose pour diviser par deux d'ici 2050 le volume de gaz à effet de serre émis par l'homme. Aucun pays émetteur ne pourra s'y soustraire, car la répartition des efforts tiendra compte du niveau de développement (entre autres paramètres). Ces efforts devront être mesurables et ils seront vérifiés. Les pays qui ne disposent pas des ressources suffisantes pourront bénéficier d'une aide internationale afin de négocier au mieux leur propre transition énergétique. Ainsi soit-il, pour l'avenir du climat et de l'humanité ». Parvenir à un tel accord international, contraignant, c'est-à-dire opposable sur le plan juridique et, un jour peut-être, assorti de sanctions pour les récalcitrants ressemble à une gigantesque partie de billard avec des coups qui partent dans tous les sens et dont la logique apparaît, parfois, le point enfin marqué. Comme tout billard qui se respecte, le nôtre a donc plusieurs bandes :

- Celle des **pays les moins avancés (PMA)** et les plus exposés à l'égard des effets du changement climatique (les petits états insulaires, par exemple) qui plaident sans relâche pour bénéficier d'un flux de moyens financiers et techniques leur permettant de répondre aux besoins énergétiques sans recourir aux fossiles ; ils en appellent à une justice mondiale qui leur accorderait réparation d'un mal-développement, et sont disposés à s'allier pour autant qu'un accord leur procurerait cet avantage.

- **Les pays émergents**, qui ne cessent de revendiquer une solidarité envers les PMA mais présentent autant de stratégies qu'ils sont eux-mêmes différents. La Chine et l'Inde, en particulier, exigent avant de se mettre à table que les pays industrialisés fassent beaucoup mieux qu'ils n'ont fait jusqu'à présent, responsabilité historique des émissions oblige. Elles se dotent progressivement de politiques climat-énergie de plus en plus consistantes, et font passer le message qu'elles signeront un accord pour autant qu'il ne les accable pas. La Chine, premier producteur mondial d'électricité solaire et éolienne, se bat sur tous les tableaux : hydraulique, nucléaire et, encore et toujours, charbon (elle en possède des réserves substantielles), et autres hydrocarbures (ses majors pétroliers sont sur tous les fronts). Sa balance commerciale et ses réserves de devises lui confèrent un rôle économique et financier de premier plan, sur lequel lorgne une grande partie du monde. Elle saura en jouer. L'Inde, dont la nature des besoins énergétiques est également immense, n'a de cesse de mettre en avant une exigence d'équité dans les négociations climat-énergie (voir l'encadré). Charge aux pays industrialisés, lesquels émettent le plus de gaz à effet de serre par habitant de démontrer, par leurs efforts, leur sincérité. Message bien compris par l'Union européenne, mais assez peu goûté des États-Unis. Afrique du Sud, Brésil, Russie : chacun de ces grands pays émergents voit les choses différemment, d'autant qu'ils sont, tour à tour, diversement producteurs et/ou exportateurs de pétrole, de gaz ou de charbon. Si les deux premiers mettent assez souvent sur la table des négociations des propositions utiles, quelle sera l'attitude de la Russie en 2015 ? Non qu'elle craigne ne plus vendre son gaz ; mais ce pays nous a habitués à une diplomatie au plus près de ces intérêts (comme tous les autres, en fait…) mâtinée d'une stratégie géopolitique directement issue des décombres de la guerre froide, ce qui est une autre paire de manches…

- **Le groupe des pays industrialisés** est lui-même éclaté sur des positionnements quasi antagonistes. En gros, il y a ceux qui disposent d'importants gisements de fossiles, à l'instar du Canada ou de l'Australie, et celui qui est dans la panade énergétique depuis la catastrophe de Fukushima et son système énergétique fichu en l'air sérieusement remis en question (le Japon, on l'a compris). Jusqu'à présent, ils ne montrent guère d'empressement à afficher des objectifs de réduction des émissions, alors qu'ils tirent de leurs pétroles bitumineux (Canada) et autre charbon australien un avantage économique réel. Les États-Unis sont également dans ce cas : l'avènement des gaz et huiles de schistes les a rendus autosuffisants, pour au moins quelques vraies années. Mais d'ici 2015 ? Les dirigeants des États-Unis ont une sainte horreur des traités internationaux et détestent prendre des coups sur des sujets de politique étrangère. On se souvient que le « Yes we can ! » du candidat Obama s'était sérieusement dégonflé, en 2009, à Copenhague : l'enjeu de la réforme de la santé de son pays, engluée au Parlement, lui interdisait alors de prendre quelque risque supplémentaire pour le climat du globe ; il avait même quitté le Danemark bien avant la fin de la COP (il ne fut pas le seul, du reste…) Heureusement, en juin 2014, alors qu'on désespérait de le voir bouger sur ce sujet, Barack Obama a surpris son monde en rendant public un projet de directive pour réduire de 30 % les émissions de $CO_2$ des centrales électriques américaines d'ici 2030 par rapport à 2005. Et il en a confié la mise en musique à l'Agence fédérale pour la protection de l'Environnement (EPA), bête noire des républicains et des climato-sceptiques. Reste l'Union européenne, qui se présente volontiers comme l'unique bon élève du bloc des pays industrialisés. C'était certainement vrai à l'époque de la mise en place du marché du carbone ETS (voir plus loin) puis de l'adoption du Paquet Climat Énergie, mais, sept ans après ce dernier, que restera-t-il de l'ambition européenne ? Quelles sont ses marges de manœuvre, prisonnière qu'elle est d'un fonctionnement nécessairement consensuel mais sans la moindre politique énergétique unifiée, partagée entre ceux de ses membres qui persistent dans le choix de l'atome (surtout la France, vous l'aurez compris…), les partisans des énergies renouvelables (l'Allemagne, la Suède, l'Espagne…) dont les moyens présentent tant d'écarts, et ceux qui restent lourdement attachés à l'exploitation assidue du charbon et demain, si l'occasion se présente, des gaz et pétroles non conventionnels (la Pologne, par exemple, et ses 90 000 « gueules noires » des mines de charbon silésien…) ?

## Financer la transition

Hormis ces positionnements politiques restent quelques questions pas vraiment traitées, dont celle des financements, par exemple. Plusieurs fonds ont été créés, dans les dernières années, à cette fin, à commencer par le Fonds Climatique Vert (FCV), qui vise à mobiliser 100 milliards de dollars par an à partir de 2020. Mais par quel miracle les abonder sur fond de crise permanente et d'endettements abyssaux pour de nombreux pays riches ? De nombreuses ONG exigent des Etats que ces fonds soient additionnels, c'est-à-dire qu'ils s'ajoutent aux autres leviers de financement déjà à destination des pays en développement. Il ne faudrait pas, en effet, que les bailleurs taillent dans les subventions aujourd'hui attribuées à la santé ou l'éducation sous prétexte d'urgence climatique. La réponse desdits États est pour le moins ambiguë… Les yeux des négociateurs se tournent alors vers les investisseurs privés. Non que serait attendu de ces derniers un empressement subit pour le « mécénat climatique » ; mais plutôt un raisonnement pragmatique, les incitant à investir dans des parcs éoliens et autres *smart grids* (réseau de distribution de l'électricité « intelligent » visant l'amélioration de l'efficacité énergétique de l'ensemble du réseau) plutôt que dans des autoroutes et des centrales à charbon. Or, sans perspective de profit, aucun investissement privé. Une centrale à charbon dégageant davantage de profits qu'un parc éolien, ces financements internationaux devront combler, dans une certaine mesure, le manque à gagner… En matière climatique, le « coût de l'inaction » serait incontestablement plus élevé qu'un investissement massif dans la transition énergétique.

### MRV, l'acronyme à haut risque

Comment mesurer les efforts entrepris par les pays pour réduire leurs émissions de gaz à effet de serre et ainsi mieux vérifier leurs affirmations ? C'est l'objectif de la procédure Measuring, Reporting and Verification, dont les bases avaient été jetées dès l'adoption du Protocole de Kyoto en 1997, mais dont la formule (et son acronyme MRV) apparurent dans le sillage de la COP 13 de Bali, dix ans plus tard. Plus précisément, il s'agit d'un ensemble de procédures devant permettre la collecte et le *reporting* (rapportage en bon français) d'informations relatives aux émissions des différents gaz à effet de serre par les pays concernés, puis leur évaluation et enfin, leur vérification. Cette procédure est déjà à l'œuvre dans de nombreux pays, à commencer par la France, qui répond à ses obligations communautaires (elles-mêmes dictées par la CNUCC, la convention-climat) par la production régulière d'un rapport d'inventaire relatif aux émissions de gaz à effet de serre, dit inventaire CITEPA, du nom de l'organisme qui en assure la compilation. Reste que cette procédure soulève encore trop de questions (format, délai, sanctions…) pour être réellement efficace.

## L'équité, ou la « responsabilité commune mais différenciée » des pays

L'Inde défend âprement une approche des engagements climatiques futurs qui repose sur la notion très importante (mais ô combien sensible !) de l'équité. Le pays est leader sur cette question depuis le début des années 1990 et les travaux de Sunita Narain et Anil Agarwal, qui font toujours référence autour d'un principe simple par lequel tout habitant de la planète devrait avoir le droit d'émettre la même quantité de gaz à effet de serre. Ce serait aux pays industrialisés, dont le revenu moyen ainsi que les émissions de gaz à effet de serre par habitant sont élevés, de faire le gros des efforts. Les autres pays, par principe en développement, grands émergents en tête, doivent pouvoir poursuivre leur croissance afin de satisfaire les besoins de la population. Et, en effet, il n'y a rien de comparable entre les émissions d'un Indien (deux tonnes par an) et celles d'un Nord-Américain (dix-huit tonnes). Aussi, face au « mode de vie américain non négociable », pour reprendre les propos prononcés par G. Bush à Rio en 1992, l'Inde et les autres pays du G77 (le groupe des pays en développement) affirment avec force que leur droit au développement l'est encore moins. Cette revendication d'équité n'est évidemment pas indifférente aux négociateurs du climat. Le Protocole de Kyoto, du reste, en a adopté le principe à travers la notion de « responsabilité commune mais différenciée ». Mais près de vingt ans plus tard, force est de reconnaître qu'il n'a guère convaincu les plus gros émetteurs mondiaux, à commencer par les États-Unis. Lesquels ont beau jeu de souligner nombre de difficultés qui parsèment une déclinaison climatique de l'équité. Car, si les niveaux des émissions indiennes et états-uniennes ne sont pas comparables, celles d'un Chinois (six tonnes par an) et d'un Français (six tonnes également) ne le sont pas plus. C'est que le total d'émission per capita (par habitant) ne traduit pas forcément celui du niveau de revenu. Entrent en lignes de compte de multiples facteurs, à commencer par le contenu carbone de la production électrique, l'efficacité du système énergétique national, sa spécialisation industrielle (et, en l'occurrence, la production en Chine de biens de consommation largement exportés ), sa géographie (les besoins en transports intérieurs dépendent de la superficie), son régime climatique (lequel détermine des besoins en chaleur et en froid), etc.

## D'Alternatiba au jeûne climatique en passant par une île universelle

Tirant la leçon de l'échec du sommet de Copenhague, la société civile s'est organisée de façon différente en vue du sommet de Paris en 2015. Les modes d'action se sont ainsi diversifiés, allant du militantisme constructif et alternatif au jeûne spirituel en passant par des gestes symboliques et éthiques.

Ainsi, Alternatiba est le nom des villages des alternatives au changement climatique. L'idée est née à Bayonne, en octobre 2013, quelques jours après la publication du 5e rapport du GIEC. Quelque 12 000 personnes répondant à l'appel de 98 organisations (ONG environnementales, associations de solidarité Nord Sud, syndicats de salariés et paysans…) y avaient adopté une Charte qui a donné naissance à plus d'une centaine d'Alternatiba dans toute l'Europe. Il s'agit d'appeler toutes les villes et tous les territoires d'Europe à mettre en route sans plus attendre la transition sociale énergétique et écologique nécessaire pour éviter le dérèglement profond et irréversible des mécanismes du climat.

Le mouvement de jeûne spirituel est, lui, né à la suite du geste de Yeb Sano, le négociateur philippin aux conférences de l'ONU sur le climat, traumatisé par le super-typhon Haiyan qui venait de frapper son pays, qui annonça au début du sommet de Varsovie en 2013 qu'il cessait de s'alimenter. Six mois après, en juin 2014, un collectif œcuménique d'organisations religieuses (catholiques, protestants, musulmans, juifs…) lançait avec lui « Le jeune pour le climat ». Et ceci chaque premier jour du mois, jusqu'au 1er décembre 2015. Avec différentes formes d'action : jeûne individuel ou collectif, jeûne de 24 h ou jeûne d'un repas et même un jeûne carbone. Car, comme le souligne Tareq Oubrou, recteur de la grande mosquée de Bordeaux : « le jeûne, c'est un acte de résistance pour s'arracher à l'addiction de la société de consommation ».

Il y a, également, cette proposition originale, faite par Emmanuel Hussenet, écrivain et ancien guide polaire, de devenir propriétaire symbolique de l'île Hans. Ce caillou rocailleux et inhabité de 1,3 km$^2$, situé au nord du Groenland à l'entrée de la mer de Lincoln, est à la fois revendiqué par le Danemark et le Canada, ceci afin d'exploiter ses ressources naturelles suite à la fonte de la banquise. Le projet « Hans Insula Universalis » consiste, au contraire, à proposer à chaque citoyen du monde de l'habiter : il suffit pour cela de faire un simple clic sur une page dédiée sur Facebook. Afin que l'île Hans n'appartienne à aucun pays, mais à la conscience universelle et aider ainsi à lutter contre le changement climatique. Et ceci toujours dans la perspective de bâtir une pression citoyenne avant Paris 2015.

## Une réglementation nécessaire du commerce international

Le commerce international est devenu une réalité incontournable. Il faut repenser le commerce international, à l'image de ces cargos qui déchargent leurs conteneurs remplis de produits « made in China » sur les quais des grands ports européens (Le Havre, Rotterdam…). Sans vouloir retourner en arrière et au bon vieux protectionnisme, n'est-il pas cependant temps d'intégrer les coûts écologiques et sociaux dans les coûts de production et d'acheminement de ces produits ? Notamment en y incluant le prix du carbone dépensé par ces porte-containers géants ainsi que des avions-cargos qui transportent cette marchandise à bas prix à l'autre bout du monde ? Et promouvoir, à l'inverse, des circuits géographiques plus courts, voire relocalisés. Belles intentions… Car dès qu'on rentre dans des cas concrets, ces questions de bon sens deviennent extrêmement compliquées.

Faut-il, par exemple, taxer les jeans ou les tee-shirts fabriqués à bon marché dans les usines du Bangladesh ? Notamment après l'effondrement en avril 2012 du Rana Plazza, cet immeuble de neuf étages qui abritait des ateliers de sous-traitance textile, et qui a causé la mort de 1 127 personnes, l'une des plus grandes catastrophes ouvrières jamais survenues dans le monde. Tel n'est pourtant pas l'avis des différents collectifs d'ONG comme Éthique sur l'étiquette ou Clean Clothes Campaign. Ils partagent ainsi la position des syndicats bengalais, qui se battent plutôt pour que les grandes marques de vêtements occidentales s'engagent dans des chartes éthiques contraignantes. Avec hausse des salaires locaux, amélioration des conditions de sécurité et inspection du travail indépendante. Mais sur le plan de la lutte contre le changement climatique, que pourrait-on escompter d'un renchérissement du prix de l'énergie nécessaire à leur acheminement, par exemple ? En fait, ce surcoût se traduirait par une augmentation marginale de quelques centimes pour l'acheteur de l'autre bout du monde. Car, quand bien même un porte-containers de type « Post Panamax » consomme, en navigation, plusieurs dizaines de tonnes de fuel par jour, les 15 000 conteneurs qu'il embarque contiennent au bas mot cent à deux cent mille tonnes de marchandises. Ça en fait, des tee-shirts ! Pour autant, cette taxe de quelques centimes permettrait d'abonder le Fonds Verts dont on a parlé plus haut, au titre des « financements innovants » discutés au gré des sommets internationaux du climat.

Même dilemme pour le commerce des fleurs coupées, dont on connaît l'importance dans l'économie de certains pays en Afrique (Éthiopie et surtout Kenya) ou en Amérique du Sud (Colombie, Équateur). Une industrie florissante (c'est le cas de le dire !), très importante en terme d'emploi, mais dont on sait aussi, à travers de nombreux reportages et rapports d'ONG, qu'elle utilise de nombreux pesticides, causant de graves maladies professionnelles et des atteintes parfois irrémédiables à l'environnement. Les fleurs coupées voyagent en avion. Autant dire que leur empreinte climatique n'est pas neutre. Là aussi, la solution n'est pas dans un boycott, qui pénaliserait d'abord les travailleurs de ces pays, mais d'abord dans l'application exigeante du droit international du travail et aussi dans le développement du commerce équitable (voir encadré) et de véritables labels crédibles. À nouveau, sans être de nature à dissuader les flux d'échanges, une taxation du kérosène nécessaire à leur acheminement permettrait de lever les financements bénéfiques… à l'essor économique des pays producteurs, puisqu'ils comptent parmi les plus pauvres du globe. L'organisation de cette redistribution est évidemment fort complexe et de tels mécanismes de levée de fonds souvent assimilés, par certains pays du Sud, à un protectionnisme supplémentaire de la part des pays du Nord. Quant à ces derniers, il ne faut pas sous-estimer le poids politique grandissant de la frange réactionnaire de leur opinion publique (et ce faisant de leurs représentants) dont certains remettent frontalement en question cette nécessité d'aider financièrement « les damnés de la Terre ». En définitive, pour ou contre une « taxe d'ajustement aux frontières » (c'est ainsi que la nomment les experts), qui viserait à rétablir une certaine loyauté dans les règles de concurrence ? Réponse affirmative pour les rédacteurs, mais son application devra se faire avec discernement. Car, comme on le signale en chapitre 11 « Vers des entreprises légères ? » avec un exemple pris auprès des cimentiers, il n'est pas acceptable que des entreprises contournent l'encadrement social et environnemental européen en installant sur ce continent de simples unités de reconditionnement de produits fabriqués ailleurs (en l'occurrence du ciment) et qui échappent, ce faisant, aux règles du marché-carbone. Une concurrence déloyale pour les producteurs locaux qui eux, sont soumis au plafonnement de leurs émissions, et qui amplifie, dans nos territoires, la casse de l'outil industriel et son cortège de destructions d'emplois.

## Vous avez dit commerce équitable ?

Le commerce équitable est un mouvement apparu dans les années 1950 en Europe, par l'intermédiaire de l'ONG Oxfam, qui visait à la fois à mieux faire connaître la production artisanale de communautés indigènes et à mieux les rémunérer pour leur travail. Ce mouvement, développé en France par Artisans du Monde, a véritablement pris de l'ampleur à la fin des années 1980 avec son extension à des biens alimentaires (café, thé, bananes, etc.) et l'apposition notamment du label Max Havelaar, crée par Frans van der Hoff, un prêtre ouvrier vivant au Mexique. Depuis, d'autres labels sont apparus comme Minga, Alter Eco, Ethiquable, Malongo…

On estime aujourd'hui que 1,5 million de paysans du Sud tirent leurs revenus du commerce équitable. La préoccupation environnementale fait partie des dix principes généraux adoptés par l'Organisation mondiale du commerce équitable (WFTO). En 2009, dans une tribune parue dans *Ouest-France*, Stéphane Le Borgne, président de la Fédération Artisans du Monde, s'interrogeait : « Le commerce équitable résistera-t-il à la menace carbone ? ». D'où la nouvelle politique de ces labels de plutôt favoriser à la fois l'agriculture biologique (plus de 50 % de la production actuelle), des cultures vivrières et aussi des circuits locaux à l'intérieur des continents, comme, par exemple, destiner l'artisanat andin d'abord aux grandes villes Amérique du Sud avant de s'adresser au marché européen.

Dernier exemple qui montre la complexité du sujet : l'affaire des panneaux photovoltaïques chinois. En juin 2013, la Commission européenne, saisie par des députés européens Verts, a débattu d'une demande de taxation de ces produits fabriqués en Chine. Ce pays est, en effet, devenu le premier producteur mondial, avec plus de 50 % de la production mondiale. Ces élus européens dénonçaient une pratique de dumping social : les modules chinois étant vendus à un prix 88 % inférieur à leur coût grâce à des subventions illicites du gouvernement chinois. Au risque de voir s'effondrer l'industrie européenne du photovoltaïque, avec ses 25 000 emplois, dont 3 000 en France. Prenant appui sur les États-Unis, qui venaient d'établir des droits de douane de 31 % à 250 % sur les panneaux photovoltaïques chinois, ces élus réclamaient donc des mesures similaires en Europe, au nom notamment de la défense de « la souveraineté énergétique ». Après de longs débats, la Commission européenne avait décidé, dans un premier temps, de timides mesures de rétorsion : des taxations allant de 11,8 % à éventuellement 47,6 %, et cela sur une période maximum de six mois. Mais, dès la fin juillet 2013, la Commission européenne faisait machine arrière en convenant d'un prix plancher pour les exportations de panneaux chinois à 56 centimes par watt alors qu'ils se vendent aujourd'hui à 59 centimes par watt ! Pourquoi un tel revirement ? Certains pays européens, Allemagne en tête, vendent énormément d'équipements à la Chine ; parmi ces derniers, l'électronique et les systèmes de commande desdits panneaux solaires. Ils n'ont peut-être pas intérêt à se fâcher. La relocalisation de l'économie reste encore un vaste chantier.

# Les outils de la fiscalité écologique

Comment passer des énergies fossiles aux énergies renouvelables ? La question n'est pas que technique, elle est avant tout politique, au sens noble du terme. Pour y arriver, les gouvernements ont, en effet, un instrument dans leurs mains : la fiscalité. Faut-il donner un prix au carbone ? Taxer davantage ce qui est polluant ? Encourager par des allégements fiscaux des pratiques vertueuses ? En un mot, inventer une fiscalité écologique, efficace économiquement et juste socialement. État des lieux des avancées et des blocages…

## Quand l'économie se tourne vers l'écologie

On oppose souvent l'écologie à l'économie. À tort. Il sera en tout cas beaucoup plus difficile de le faire depuis le 30 octobre 2006. Ce jour-là paraît, en effet, le rapport Stern, du nom de Nicholas Stern, ancien haut responsable de la Banque Mondiale. Avec ce volumineux rapport de 700 pages, commandé par Tony Blair, Premier ministre anglais de l'époque, cet économiste s'est donné pour mission de chiffrer le coût du réchauffement climatique pour l'ensemble de l'économie mondiale. Il est salé : 5 500 milliards d'euros, soit une perte de 5 % à 10 % du PIB mondial ! Tous les débats sur les rapports entre l'économie et l'écologie vont s'en trouver changés. Car, si la lutte contre le changement climatique a un coût financier indéniable – il est chiffré par ce même rapport à 1 % du PIB mais N. Stern lui-même, par la suite, l'a revu à la hausse – le coût de l'inaction est encore plus élevé. Et c'est ayant bien en tête ces chiffres qu'il faut désormais aborder tous les débats sur la fiscalité écologique : des plus anciens comme le principe « pollueur-payeur » ou plus récent comme « la taxe carbone ». Prenez vos calculettes…

## Le principe pollueur-payeur et ses limites…

Son énoncé respire le bon sens : une usine pollue un cours d'eau, c'est à elle de payer la facture de la dépollution. Mais en matière de climat, les choses s'avèrent un peu plus compliquées à mettre en œuvre… Prenons un exemple : les petites îles des Maldives sont – disons en 2050 (on se donne un peu de marge) – submergées par la montée des eaux, due au réchauffement climatique. À qui adresse-t-on la facture des destructions des habitations et de l'exil de sa population ? Aux États-Unis, en tant que promoteur du système économique dominant du XXe siècle ? À la Chine en tant que nouvelle puissance économique, la plus pollueuse de ce XXIe siècle ? Au consommateur occidental qui achète des produits « made in China » sans se soucier de son impact écologique et de son empreinte carbone ? Ou aux 193 pays de l'ONU qui, de sommet onusien en conférence internationale, ont été incapables, pour le moment, de se mettre d'accord sur des véritables mesures de limitation des gaz à effet de serre ?

On voit que la définition juridique du « principe pollueur payeur » aurait besoin d'une sérieuse clarification. D'autant plus qu'elle est encore loin d'être universelle. Elle date, en effet, de 1972 quand, la première, l'OCDE adopte ce principe de « pollueur-payeur » – repris par l'Acte unique européen de 1986 – en tant que principe économique visant l'imputation des coûts associés à la lutte contre la pollution. Puis, en 1992, le premier Sommet de la Terre à Rio y fera allusion mais sans un enthousiasme excessif, avec une formule très alambiquée : « C'est le pollueur qui doit, en principe, assumer le coût de la pollution, dans le souci de l'intérêt public et sans fausser le jeu du commerce international et de l'investissement ». À noter que la France, à travers l'adoption de la loi Barnier en 1995, sera, elle, plus précise. Puisque désormais l'article L110-1 du Code de l'Environnement stipule que « les frais résultant des mesures de prévention, de réduction de la pollution et de la lutte contre celle-ci doivent être supportés par le pollueur ».

Mais c'est une chose d'adopter ce principe dans des taxes, maintenant bien comprises, comme l'assainissement de l'eau ou encore sur les ordures ménagères, c'en est une autre de la mettre en vigueur pour lutter contre le changement climatique. Prenons un autre exemple : avec l'exploitation de plus en plus à grande échelle de son nickel, la Nouvelle-Calédonie est en train de devenir un des territoires au monde les plus émetteurs de gaz à effet de serre par habitant… En effet, ce territoire français détiendrait à travers son gisement de Koniambo plus de 30 % des réserves mondiales de nickel. Or son exploitation a fait bondir de plus de 60 %, selon un rapport de l'IRD, les émissions de gaz à effet de serre néo-calédoniennes, le minerai devant être fondu dans des fours électriques alimentés au charbon. Qui en est responsable ? La Compagnie d'exploitation ? Le gouvernement français qui laisse faire, d'autant qu'une partie des bénéfices de l'exploitation doit revenir aux Kanaks et aider à une redistribution plus égalitaire des richesses entre les différentes communautés ? Les industries qui achètent ce nickel sur le marché mondial ? Ou, en bout de chaîne, le consommateur qui l'utilise à travers toutes sortes d'alliages ? Cela fait beaucoup de points d'interrogation.

## L'État face au marché

Comment parvenir à réduire drastiquement les gaz à effet de serre des grands pays émetteurs ? Par une combinaison de moyens dont certains relèvent de l'action de l'État et d'autres du marché, c'est-à-dire de la capacité des acteurs économiques à s'organiser entre eux. L'action de l'État repose essentiellement sur les deux grands leviers que sont la réglementation et la fiscalité. Édicter des règles claires permet de voir loin : quand la loi stipule que la France doit réduire de 3 % chaque année ses émissions de gaz à effet de serre (Loi n° 2005-781 du 13 juillet 2005), l'action de l'État va dans le bon sens. Lorsque les règles suivent, c'est encore mieux, à l'image de la réglementation thermique du bâtiment, qui constitue un cadre de référence pour toute la filière. Même approche sur le plan européen lorsqu'un règlement du 23 avril 2009, certes trop laxiste encore, établit des normes de performance en matière d'émissions pour les voitures particulières. La fiscalité, elle, permet d'adresser un « signal-prix » pour orienter le consommateur vers les produits ou les services les moins carbonés, nous y reviendrons plus tard. Les outils de marché, enfin, cherchent à répondre à l'impératif suivant : les émissions de gaz à effet de serre ayant une multitude de causes, autant laisser les acteurs économiques s'emparer des leviers les plus efficaces pour réduire, à moindre coût, leurs rejets.

## Donner un prix au carbone

C'est en application de ce principe que l'Union européenne, signataire du protocole de Kyoto, a mis en place, dès 2005, un système d'échange de quotas d'émission (SCEQE, plus connu sous l'acronyme ETS, European

Trading System). Il s'imposait, fin 2013, à 11 000 établissements industriels (producteurs d'énergie, de ciment, de verre, métallurgistes, papetiers), ainsi qu'à l'aviation civile (pour les compagnies européennes assurant des vols intérieurs), le tout pesant une grosse moitié des émissions de $CO_2$ européennes.

Sur le papier, le principe paraît simple : les industriels gros émetteurs de gaz à effet de serre se voient imposer un plafond d'émissions annuelles (un quota) à ne pas dépasser, chaque pays disposant ainsi de sa « bourse des droits à polluer » (en France, il s'agit de la plate-forme Bluenext, gérée par la filiale Climat de la Caisse des Dépôts et Consignations). Les entreprises qui réduisent plus vite leurs émissions disposent alors de « permis négociables », qu'elles peuvent vendre (on attribue une valeur à la tonne de carbone) à celles qui ne parviennent pas à respecter leur quota. Ce dernier étant raboté au fil des ans (il s'agit, rappelons-le, de lutter contre le changement climatique en réduisant les émissions), les firmes sont incitées à investir dans des équipements économes plutôt que de payer un carbone, en théorie, de plus en plus cher. Si, à l'inverse, le prix à la tonne s'effondre (parce que l'activité ralentit et que les industries n'atteignent pas leur plafond), ce mécanisme d'incitation disparaît : investir dans des technologies ou des équipements propres coûte alors plus cher qu'acheter les permis du voisin Or, malheureusement, c'est justement cette seconde option qui s'est imposée, le marché, pourtant paré de toutes les vertus régulatrices, n'ayant pas vraiment joué le jeu. Loin de là…

LE SAVIEZ-VOUS ?

## La fraude aux quotas de carbone

C'est l'une des plus grandes arnaques écologiques de ce début de siècle. Début 2012, une enquête d'Europol révèle que l'Europe s'est fait escroquer sur le marché du carbone de 5 milliards d'euros, dont plus 1,5 milliard en France. Comment ? Des petits malins ont découvert qu'il suffisait d'acheter hors taxe des droits à polluer à l'étranger et de les revendre plein pot en France, en les majorant du taux de la TVA, soit 19,6 %. L'acheteur devait le régler immédiatement par virement, le plus souvent dans un paradis fiscal. Ensuite, le vendeur disparaissait sans reverser le montant de cette TVA au fisc français et sans laisser de traces. Et ceci, par la magie de deux/trois clics sur Internet.

Un rapport de la Cour des comptes, une enquête de Tracfin (Traitement du renseignement et d'action contre les circuits financiers clandestins) puis le tribunal correctionnel de Paris, saisi de l'affaire, ont établi que la combine était partie du quartier du Sentier à Paris et transitait notamment par des banques israéliennes. Pourtant, dès 2011, un rapport de Transparency International mettait en garde les dirigeants européens « contre les risques de corruption liés au financement de la lutte contre le changement climatique ».

## Les débuts difficiles et néanmoins prometteurs du marché carbone européen

Pour que cet instrument phare de la politique de l'Union européenne incite les industriels à investir dans des technologies propres, il aurait fallu que le prix du $CO_2$ se maintienne entre 25 et 30 euros la tonne. Or, à partir de 2008, le recul de l'activité économique a provoqué l'effondrement du cours du carbone, jusqu'au niveau plancher moyen de 6 euros la tonne ! Pas très encourageant pour les industriels. Pourtant, souligne la Caisse des Dépôts et Consignations dans une note consacrée au sujet, « les émissions de $CO_2$ des installations régulées par l'ETS ont reculé de 12,3 % entre 2005 et 2011 : environ 30 % de ces réductions résulteraient de la baisse de la production manufacturière et environ 60 % de ces réductions proviennent du déploiement des énergies renouvelables et de l'amélioration de l'intensité énergétique ». Soit une diminution totale d'un bon milliard de tonnes de $CO_2$, plus du double des émissions du territoire français. S'il est trop tôt pour évaluer la portée réelle d'ETS dans la réduction des émissions d'origine industrielle, ses débuts sont quand même prometteurs. Disons qu'un mécanisme analogue s'est révélé d'une grande efficacité, sur le long terme, lorsque les États-Unis ont décidé de tarir les émissions de dioxyde de soufre, à l'origine des pluies acides qui ont dévasté des milliers de kilomètres carrés d'étendues forestières et lacustres.

Plusieurs pays (ou régions) du monde ne s'y trompent pas. Désormais, il n'y a pas qu'un seul marché carbone réservé aux entreprises, mais plus d'une quinzaine de par le monde. La Norvège s'est dotée du sien en même temps que l'Union européenne, suivi par la Suisse. Trois systèmes de quotas régionaux ont été inaugurés plus récemment en Amérique du Nord : d'abord dans neuf états de la côte atlantique des États-Unis, puis au Québec, enfin en Californie (ce n'est pas rien : le PIB californien, c'est trois fois celui de la Suisse !). Le Japon a fait de même, précédé de la Nouvelle-Zélande et suivi du Kazakhstan, bientôt de la Corée du Sud. L'Australie devait lancer son propre système d'échanges, couplé à l'ETS européen qui plus est, mais patatras ! Ses nouveaux dirigeants ont fait marche arrière. Reste l'Empire du Milieu, qui vient de désigner les huit régions les plus riches de Chine pour expérimenter autant de bourses d'échange dans la perspective de se doter d'un système national. Dans la foulée d'un nouvel accord mondial pour le climat post-2020 ? Ça y ressemble… Bon, à combien se chiffrerait le poids en $CO_2$ de l'ensemble de ces systèmes ? À plus de quatre milliards de tonnes par an, soit 13 % des émissions mondiales (en 2010) ou encore 90 % des émissions européennes. « Ce n'est pas le marché du carbone qui est défaillant, mais la politique même de lutte pour le climat qui est en cause », écrit Terra Nova dans une note en juin 2014. En clair, c'est la volonté politique qui manque…

## Touche pas à mes avions

Les nombreux épisodes du projet de l'Union européenne d'inclure le secteur aéronautique dans son marché de quotas sont révélateurs des difficultés d'imposer au plan mondial « une gouvernance climatique ». À l'origine, une directive adoptée en 2011 vise à obliger les compagnies aériennes faisant voler des avions dans le ciel européen à acheter l'équivalent de 15 % de leurs émissions de $CO_2$. Cette mesure envisagée par l'Europe était pourtant de bon sens : l'aviation mondiale est exempte de tout effort dans la lutte contre le changement climatique alors qu'elle représente 3 % des émissions mondiales de $CO_2$ et que cette part est appelée à progresser très rapidement. Chinois, Russes, Indiens et Américains n'ont pas hésité une seule seconde à monter au créneau, jugeant cette mesure « discriminatoire », la Chine brandissant même la menace de geler ses commandes de plusieurs Airbus… Cela malgré un avis contraire de la Cour européenne de justice de Luxembourg qui, dans un arrêt rendu public le 6 octobre 2011, a jugé que « la législation de l'UE ne portait pas atteinte à la souveraineté des autres États ». Pourtant, de peur de subir des représailles commerciales, un ensemble de huit compagnies aériennes européennes (Air France, British Airways, Iberia…) a réclamé la mise en place d'un moratoire. Une demande acceptée par la commissaire européenne à l'action pour le climat, qui a repoussé l'application de cette mesure à la fin 2013, date d'un congrès de l'Organisation de l'aviation civile internationale (AOCI). Où ces grands consommateurs de kérosène ont promis-juré de prendre des mesures pour réduire leurs émissions de gaz à effet de serre.

Aujourd'hui, à la veille de l'éventuelle prolongation du protocole de Kyoto, cette affaire montre que le marché du carbone est à la croisée des chemins. Certaines ONG, de sensibilité altermondialiste, réclament son abandon pur et simple, lui reprochant son manque d'efficacité et son côté spéculatif. D'autres comme Steven Chu, l'ancien secrétaire américain à l'Énergie d'Obama, souhaitent toujours, au contraire, fixer « un prix mondial du carbone ». Bon courage. Comme disait l'autre, « la route est droite, mais la pente est rude ».

## *Fiscalité : « taxer les mauvaises choses »*

Taxer les mauvaises choses, détaxer les bonnes. Cet adage, attribué à Keynes, se trouve au centre de la politique menée depuis 1991 par la Suède. Ce pays a procédé, deux décennies durant, à un redéploiement fiscal, consistant à réduire l'impôt sur le revenu en contrepartie d'un alourdissement progressif des taxes sur l'énergie. L'Allemagne a lancé une opération similaire, basée sur un transfert de la pression fiscale du travail (une « bonne chose » puisque tous les Allemands ont besoin de travailler) vers l'énergie, plus ou moins taxée selon le niveau de pollution (cette « mauvaise chose »). En deux ans, les consommations de carburant auraient baissé de 5 %..

En France, la situation est contrastée. Certaines énergies sont fortement taxées en comparaison de la moyenne européenne, à l'instar de l'essence sans plomb, tandis que d'autres se situent à un niveau largement inférieur (le fioul). L'emblématique TIPP (taxe intérieure sur les produits pétroliers) connaît quant à elle tellement d'exonérations (l'aviation civile, les taxis, la défense nationale, la navigation commerciale…) que notre pays se place dans la moyenne inférieure des états européens en matière de taxation de l'énergie selon l'ADEME.

De nombreux économistes, comme Patricia Crifo, Matthieu Glachant, Stéphane Hallegatte, Eloi Laurent, Gilbert Raphaël, plaident pour l'urgence d'une remise à plat de la fiscalité française de manière à « encastrer la réforme de la fiscalité climatique dans une réforme fiscale globale ». Dans leur esprit, il ne s'agit pas d'alourdir la pression de l'impôt, mais d'assurer un équilibre « selon quatre critères : financement des services publics, justice sociale, efficacité économique et soutenabilité environnementale ». Avec en arrière-plan la question du financement de la transition énergétique à laquelle une contribution climat-énergie participerait. Vingt ans après son instauration en Suède, en France, on attend toujours la taxe !

## Quand la France renonce à la taxe carbone

Pilier du « pacte écologique » proposé par Nicolas Hulot en 2007, puis repris dans les conclusions du Grenelle de l'Environnement, le projet de taxe carbone fut abandonné en rase campagne par Nicolas Sarkozy, fin mars 2010, victime à la fois d'un lâchage général de la classe politique (droite et gauche confondues) et du lobbying du patronat.

Pourtant, au début de l'été 2009, Nicolas Sarkozy avait pris soin de nommer Michel Rocard, un ancien Premier ministre socialiste, à la tête d'une conférence de consensus, chargé de fixer les modalités d'une taxe carbone, applicable en France dès 2010. Rebaptisé « Contribution climat énergie » et fixé autour d'un prix plancher de 32 euros la tonne de $CO_2$, ce dispositif complexe devait s'appliquer à la fois aux industries polluantes, aux entreprises du tertiaire et aux ménages. Mais le patronat fit valoir que les entreprises les plus polluantes étaient déjà concernées par le dispositif du marché du carbone, né du protocole de Kyoto, et réussi à obtenir des dérogations. Dès lors, les socialistes, par la voix de Ségolène Royal, jugèrent qu'il s'agissait « d'un impôt absurde et injuste », ne frappant que les ménages, notamment ruraux, ceux qui étaient obligés de se servir de leurs voitures pour aller travailler. Cela malgré la proposition d'un « chèque vert » de 130 euros redistribué en direction des ménages les plus modestes. Saisissant, en décembre 2009, le Conseil constitutionnel, les socialistes obtinrent même l'abrogation de l'article sur la taxe carbone, au nom de l'égalité devant l'impôt. Il ne restait plus qu'à l'enterrer. Ce qui fut fait par cette phrase de Nicolas Sarkozy, le 23 mars 2010 : « Je subordonne la création d'une taxe carbone intérieure à une taxe aux frontières européennes ». Ce qui lui valut ce commentaire de Michel Rocard sur France Inter le 24 mars 2010, très déçu : « l'argument qui dit qu'il faut attendre un accord à l'échelle européenne est criminel, compte tenu de l'urgence ». Et d'avertir que « dans une dizaine d'années, pour les gens qui prendront du retard dans le combat » contre le réchauffement climatique, « on parlera d'un « crime contre l'humanité »…

# L'initiative européenne

Elle est souvent critiquée mais force est de reconnaître que l'Europe a souvent été l'ensemble politique le plus en pointe dans la lutte contre le changement climatique. Un engagement qui a récemment un peu faibli mais pourrait se révéler décisif lors de la conférence de Paris en 2015.

## Une génération d'engagement européen

Directive Eurovignette (taxation des poids lourds pour l'utilisation de certaines infrastuctures), European Trading System : si l'Europe est déjà évoquée dans les pages précédentes, les éléments qui y sont décrits ne constituent qu'une partie seulement de l'initiative européenne de lutte contre le changement climatique. En effet, l'Union européenne s'est longtemps située à la pointe de cette lutte, même si les effets conjugués de la crise économique et financière, de l'élargissement vers les pays de l'Europe centrale et orientale et d'une nouvelle donne énergétique mondiale tempèrent, depuis quelques années, les ambitions de départ. Ces dernières, toutefois, sont incontestables : dès 1992 et son adoption, l'Union européenne et l'ensemble des États membres ratifient la Convention-Cadre des Nations Unies sur les Changements climatiques (CCNUCC), engageant donc l'ensemble des États de l'Union à réduire leurs émissions de gaz à effet de serre. Engagement confirmé lors de l'adoption du Protocole de Kyoto, en 1997, les États membres de l'Union européenne décidant une réduction collective de 8 % de leurs émissions entre 1990 et la période de 2008 à 2012. Reposant seulement sur des initiatives nationales, cette répartition de l'effort fut jugée insuffisante tant et si bien que la Commission proposait dès 2000 la mise en place d'un Programme européen sur le Changement climatique (PECC1). Compilant les actions réputées les plus efficaces à moindre coût, ce PECC1 comprenait notamment la directive Quotas, acte de naissance de la première bourse mondiale du carbone, cet ETS dont on a parlé plus haut et qui couvrait, dès 2005, onze mille établissements industriels lourds pour une réduction d'émissions de gaz à effet de serre à l'époque équivalente à 18 mois d'émissions françaises.

L'évaluation de ce PECC amena sur les fonts baptismaux, à son tour, un bouquet de règlements et directives connu sous le nom de Paquet Climat Énergie. Adopté, quant à lui, en 2008, il fut assez vite jugé plutôt décevant par les ONG.

## « 3 × 20 » : le Paquet Climat Énergie

Ce Paquet Climat Énergie stipule qu'à l'horizon 2020, les 27 États membres de l'Union européenne seront parvenus à réduire de 20 % leurs émissions de gaz à effet de serre, et même de 30 % si d'autres pays du monde s'engagent dans un accord climatique ambitieux, tout en améliorant leur efficacité énergétique de 20 % et en répondant à leurs besoins énergétiques à hauteur de 20 % par le recours aux énergies renouvelables. C'est ambitieux ? Beaucoup ? Pas assez ? Tout dépend de l'angle de vue. C'est ambitieux si l'on relit le discours des chefs d'État : l'Europe, à les entendre, resterait à la pointe de la lutte mondiale contre le dérèglement climatique. C'est décevant si l'on se remémore les chiffres avancés à l'époque par le GIEC, replaçant cette réduction de 20 % dans une fourchette ultra-basse : le GIEC préconisait une réduction de 25 à 40 % des émissions pour stabiliser l'élévation des températures en deçà du fatidique +2 °C qui parsème ses écrits. C'est carrément manquer d'ambition, signalent les spécialistes, puisque l'amélioration tendancielle des performances des équipements consommateurs d'énergie est du même ordre de grandeur, et ce sans aucun effort. C'est nul, s'époumonent les ONG car, outre que certains de ces objectifs ne sont pas contraignants et n'appellent nulle sanction si un État ne les respectait pas, les mécanismes de flexibilité que prévoit le « paquet » permettront à l'Europe d'aller réduire ses émissions… chez les autres, c'est-à-dire sur d'autres continents.

*Dura lex, sed lex* : le « paquet » fut adopté en l'état, faute d'avoir su dégager un consensus meilleur pour le climat entre des pays européens dont les stratégies énergétiques divergent fondamentalement, à commencer par les nouveaux entrants, Pologne en tête, dont l'essentiel de l'électricité est produite à partir du charbon et qui ne veut certainement pas se rendre dépendante du gaz naturel de Vladimir Poutine. Et, en effet, l'histoire donne raison aux ONG : 4 % seulement des réductions d'émissions, selon leurs estimations, proviendraient d'actions entreprises sur le territoire européen. On peut déplorer, bien sûr, cette situation. Mais un accord plus ambitieux aurait-il pu porter ses fruits ? Pas sûr. Parce que personne n'avait prévu la nouvelle donne énergétique qui gouverne à présent le monde.

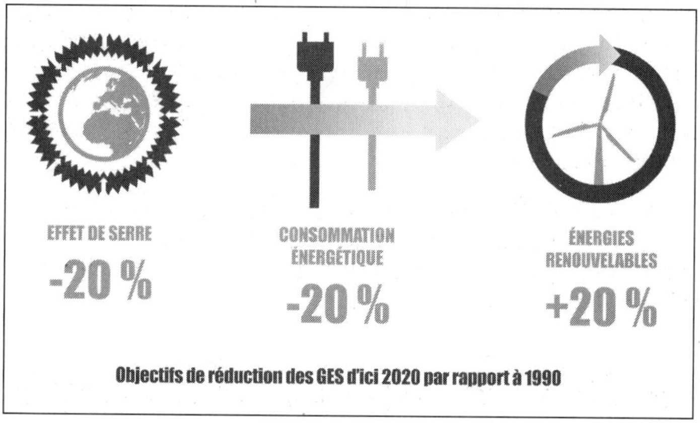


**Figure 9-1 :** Objectifs de réduction des GES d'ici 2020

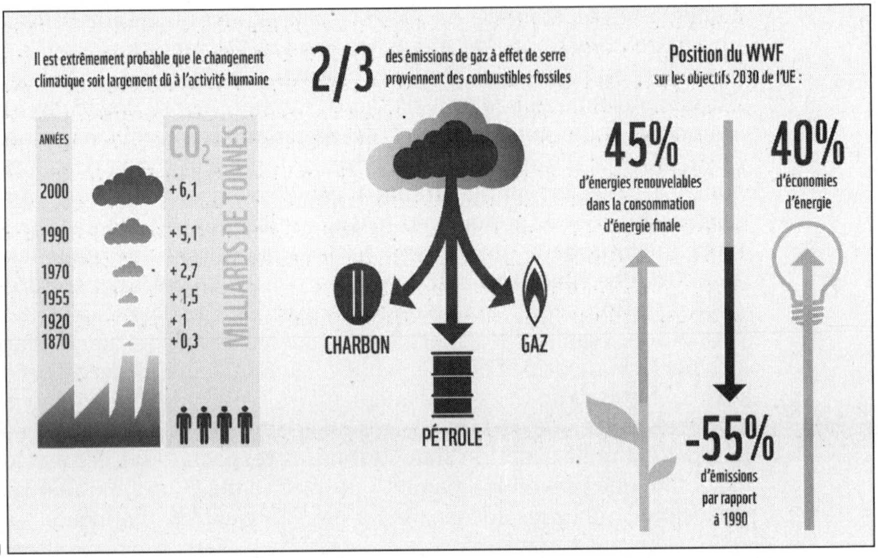


**Figure 9-2 :** Position du WWF sur les objectifs de l'Union européenne

# *Le mythe de l'indépendance énergétique*

Depuis longtemps les géologues connaissaient l'existence de gaz naturel en dehors des gisements conventionnels : le méthane associé au pétrole, longtemps « torché », c'est-à-dire brûlé, car considéré jusqu'il y a peu comme un déchet d'exploitation ; le gaz de houille, durement imprimé dans la mémoire collective des corons sous le nom de grisou et responsable de la mort de milliers de mineurs ; le gaz de schiste, du nom de la roche feuilletée qui le recèle, et dont l'exploitation s'est brusquement révélée rentable, aux États-Unis pour le moment, pour diverses raisons technico-économiques. Cet afflux brutal de gaz de schiste sur le marché américain entraîna une dépréciation du cours mondial du charbon telle qu'actuellement, il est beaucoup moins onéreux de produire de l'électricité dans une centrale thermique à charbon qu'avec du gaz naturel ou a fortiori, un champ solaire ou éolien. Pour l'Europe qui a décidé de privilégier, notamment, le recours aux renouvelables, cette situation non prévue par les signataires du « paquet » se traduit par un renchérissement du coût de production de l'électricité et donc, se lamentent les grands argentiers des États, par une perte de compétitivité de l'industrie européenne. Laquelle est en crise pour bien d'autres raisons, à commencer par l'environnement économique et financier depuis le début de la crise des *subprimes* en 2008, justement. Et donc fonctionne au ralenti. Et donc n'émet pas autant de carbone que prévu initialement par ETS. Et donc maintient le cours du carbone à un niveau particulièrement bas. Et donc rend encore plus étroite la marge de négociation dans le cadre de l'élaboration d'un nouveau PECC, certains

États membres de l'Union européenne lorgnant à présent vers les gaz (et pétrole) de schiste pour rétablir a minima leur indépendance énergétique, et déplorant l'abandon du charbon européen qu'un fantasme persistant affuble désormais du qualificatif de « propre ». Du charbon propre ? Oui oui. Et des gaz de schiste dont l'extraction serait respectueuse de l'environnement ? Si si. Du moins, selon les affirmations de leurs partisans. Combien de temps perdurera cette situation ? Combien de temps, accessoirement, certains gouvernements cramponnés à un moratoire interdisant les forages gaziers non conventionnels tiendront-ils leurs engagements ? Aucune idée. Tout dépend du volume et de l'exploitabilité des gisements, des alternances politiques et de la résistance des populations. À bon entendeur…

# La France et l'environnement

De l'adoption du principe de précaution dans la constitution de la Ve République à la grande messe du Grenelle de l'environnement, la France parle beaucoup d'écologie. Mais les actes ne suivent pas toujours les beaux et grands discours…

## La politique française s'intéresse à l'environnement

Officiellement, la France s'intéresse à l'environnement depuis 1971, année de la création du ministère de l'Environnement. Son premier titulaire a été Robert Poujade avec le titre officiel de « ministre délégué auprès du Premier ministre, chargé de la Protection de la Nature et de l'Environnement ». Depuis cette date, 26 ministres et 3 secrétaires d'État se sont succédé à ce poste qui a connu différentes dénominations : de ministre de « la Qualité de la vie » à celui « du Développement durable », puis de « l'Écologie », sa dénomination actuelle. Au total plus de quarante ans de politiques publiques en faveur de l'environnement, avec des hauts et des bas…

## La constitution française et le principe de précaution

Le principe de précaution a une place de choix en France, puisque depuis 2005, il est intégré à la Constitution de la ve République. C'est une avancée juridique très importante car le principe de précaution est un des fondements mêmes de toute action de lutte contre le changement climatique. Puisqu'il s'agit bien, en fonction de risques éventuels, de prendre des mesures préventives pour épargner les générations futures. D'ailleurs, le deuxième rapport du GIEC, publié en 1995, était déjà très clair à ce propos, puisqu'il écrivait ceci à destination des décideurs : « il incombe aux parties de prendre des mesures de précaution pour prévoir, prévenir ou atténuer les causes des changements climatiques et en limiter les effets néfastes ». Et, il ajoutait par rapport à tous ceux qui dénoncent dans le principe de précaution, « une règle paralysante », voire une quête chimérique du « risque zéro » : « Quand il y a risque de perturbations graves ou irréversibles, l'absence de certitude scientifique ne doit pas servir de prétexte pour différer l'adoption de telles mesures, étant donné que les politiques et les mesures qu'appellent les changements climatiques requièrent un bon rapport coût-efficacité, de manière à garantir des avantages globaux, au coût le plus bas possible ». Et n'oublions pas que depuis le rapport Stern est passé, chiffrant le coût de l'inaction à plusieurs milliards de dollars…

En France, dans la foulée de l'article 15 adopté lors du premier Sommet de la terre à Rio en 1992, la loi Barnier de 1995 – il était alors ministre de l'Environnement – y fait une référence explicite, tout en y ajoutant les notions de « réaction proportionnée » et de « coût économiquement acceptable ». Mais surtout, c'est en février 2005 que le Parlement, réuni solennellement en congrès à Versailles à l'initiative de Jacques Chirac, a inscrit la Charte de l'Environnement dans la Constitution française, en y intégrant dans son article 5, le fameux principe de précaution. Si sa rédaction définitive a été l'objet d'un laborieux compromis entre ceux qui voulaient une retranscription fidèle du principe de précaution tel que défini à Rio et ceux qui craignaient une application paralysante pour la vie économique, force est de constater que la France est désormais un des rares pays du monde où le principe de précaution a une des bases juridiques les plus élevées. Cocorico…

## Le principe de précaution de Rio à… Versailles

« En cas de risque de dommages graves et irréversibles, l'absence de certitude scientifique absolue ne doit pas servir de prétexte pour remettre à plus tard, l'adoption de mesures effectives visant à prévenir la dégradation de l'environnement ».

Principe 15 de la déclaration adoptée au Sommet de la Terre de Rio (1992).

« Lorsque la réalisation d'un dommage bien qu'incertaine en l'état des connaissances scientifiques, pourrait affecter de manière grave et irréversible l'environnement, les autorités publiques veilleront, par application du principe de précaution, et dans leurs domaines d'attribution, à la mise en œuvre de procédures d'évaluation des risques et à l'adoption de mesures provisoires et proportionnées afin de parer à la réalisation du dommage ».

Article 5 de la Charte de l'environnement, intégré à la Constitution de la Ve République lors de la réunion du Parlement à Versailles (2005).

## La politique française et le facteur 4 réglementaire

Le terme « facteur 4 », apparu pour la première fois en 1997 avec la publication de l'essai *Facteur 4 : deux fois plus de bien-être en consommant deux fois moins de ressources* coécrit par Amory B. Lovins, Hunter Lovins et Ernst Ulrich von Weizsäcker, désigne à présent l'engagement pris par un pays de diviser par quatre ses émissions de gaz à effet de serre sur quarante ans. Ce principe, contenu en filigrane dans le protocole de Kyoto, a, là aussi, été repris – nouveau cocorico ! – par les pouvoirs publics français avec une certaine solennité. Ainsi, le 20 février 2003, lors de la 20e session plénière du GIEC à Paris, Jean-Pierre Raffarin, alors Premier ministre de Jacques Chirac, prend l'engagement de « diviser par un facteur 4 les émissions nationales de gaz à effet de serre au niveau 1990, d'ici 2050 ». Un engagement qui sera repris dès lors par tous les gouvernements et présidents successifs, de droite comme de gauche, du Grenelle de l'Environnement (2007) au débat national sur la transition énergétique (2013). Cet objectif, très ambitieux, sera l'objet en 2005 de la loi POPE (loi de Programmation fixant les orientations de la politique énergétique de la France) dont découlent, secteur par secteur (bâtiment, transports, agriculture, forêt, etc.), les principales mesures réglementaires pour y arriver.

Si, comme on le verra un peu plus loin, la volonté politique n'a pas faibli au niveau des discours, il en est autrement au niveau des faits et des mesures concrètes. Ainsi, en février 2013, le Conseil général de l'Environnement et du Développement durable (CGEDD) publie un bilan d'étape sur l'application du facteur 4 en France. Le bilan est sans appel : « la France n'est pas sur la voie du facteur 4 (...). Elle est plutôt sur un rythme de facteur 2 ou de facteur 2,5 », conclut en substance ce rapport très complet de 220 pages. L'objectif était-il trop ambitieux ?

### Le climat de la France au XXIe siècle

Au cours du XXIe siècle, la France va devenir plus chaude et pluvieuse, avec davantage d'épisodes météos extrêmes. Telle est la principale conclusion du rapport sur « Le climat en France d'ici à 2100 », commandé en 2010 et remis en septembre 2014 par le climatalogue Jean Jouzel aux pouvoirs publics.

Selon l''équipe d'experts scientifiques, la hausse des températures connaîtra dans notre pays deux paliers : un premier de 0,6° à 1,3 °C d'ici 2050, puis un second de 2,6 à 5,3 °C d'ici la fin du siècle. Ces vagues de chaleur « pourraient même dépasser les 5 °C en été dans le Sud-Est ».

...

...

D'autre part, les phénomènes météos extrêmes – vagues de chaleur, sécheresses, grosses pluies – seront plus marquées d'ici à 2100. Les vagues de chaleur d'été pourront dépasser les 20 jours dans le Sud-Est, voir 40 jours dans le scénario le plus pessimiste. Quant aux précipitations, elles devraient augmenter dans la seconde partie du XXIe siècle sur une large partie du territoire métropolitain, avec une hausse de plus de 5 % allant jusqu'à 10 % dans le Nord-Est. Les marchands de parapluie comme de parasol peuvent se frotter les mains...

## Du Grenelle de l'environnement à...

Le Grenelle de l'Environnement en 2007 fut une séquence inédite de la vie politique française dans laquelle pas moins de 400 représentants des ONG, des syndicats, du patronat, des élus et de l'administration – un dialogue à cinq jamais encore organisé sur ce sujet en France – discutèrent de tous les grands dossiers environnementaux du moment : transports, OGM, pesticides, agriculture bio, rénovation thermique des logements, etc. Et cela pendant presque cinq mois. Sans tabou ? Pas tout à fait, car le nucléaire fut exclu dès le départ des sujets de discussion. Cette grande messe de l'environnement faisait suite à la campagne électorale de 2007 où tous les candidats à l'élection présidentielle étaient venus signer le « Pacte écologique » proposé par Nicolas Hulot. Le candidat Nicolas Sarkozy avait laissé entendre qu'il réunirait, dès le début de son quinquennat, une grande conférence environnementale de ce type. Une promesse tenue.

### L'origine du mot « Grenelle »

La France aime bien les symboles, et le mot « Grenelle » en fait partie. Il tire son origine mythique des événements de mai-68 quand Georges Pompidou, alors Premier ministre du Général de Gaulle, prend l'initiative de réunir les syndicats pour trouver une issue à la crise sociale et politique. Les accords signés (augmentation de 35 % du SMIC, création de la section syndicale d'entreprise, etc.) porteront le terme d'accords de Grenelle, car ils ont été pour la plupart négociés au ministère du travail, situé rue de Grenelle à Paris. Dès lors, ce terme de « Grenelle » sera repris pour désigner des consultations publiques sur des sujets majeurs, comme le Grenelle de l'Environnement. Pourtant, ce dernier sera organisé en 2007 au siège du ministère du Développement durable, Hôtel de Roquelaure, situé non pas rue de Grenelle mais boulevard Saint-Germain à Paris.

Lancé officiellement le 21 mai 2007, le Grenelle de l'environnement s'acheva par une grande réunion de deux jours, les 24 et 25 octobre 2007, où pas moins de deux prestigieux prix Nobel de la paix, la Kényane Wangari Maathai et le vice-président américain Al Gore, écoutèrent un vibrant discours de Nicolas Sarkozy : « Je veux que le Grenelle soit l'acte fondateur d'une nouvelle politique, d'un New Deal écologique en France, en Europe, dans le monde ». Bigre… Et au-delà des nombreuses mesures annoncées, l'engagement du président de la République dans la lutte contre le changement climatique fut aussi catégorique : « Il faut avoir le courage de reconnaître que nous ne pouvons plus définir des politiques en ignorant le défi climatique, en ignorant que nous détruisons les conditions de notre survie. Aussi, tous les grands projets publics, toutes les décisions publiques seront arbitrés en intégrant leur coût pour le climat, leur "coût en carbone." »

La suite fut, malheureusement, un peu plus décevante. Si, en effet, la loi dite « Grenelle 1 » – une loi-cadre qui reprenait tous les grands principes énoncés lors de cette grande conférence – fut adoptée en 2009 à la quasi-unanimité de tous les parlementaires, la loi dite « Grenelle 2 » qui fixait les modalités d'application fut très contestée en 2010. D'autant que tout le monde avait en tête une autre déclaration tonitruante de Nicolas Sarkozy en visite le 6 mars 2010 au salon de l'agriculture : « L'environnement, cela commence à bien faire ! ». De plus, très déçu par l'abandon de la promesse présidentielle d'instituer une taxe carbone (voir plus haut), Nicolas Hulot décida de claquer la porte des groupes de travail mis en place par le gouvernement après le Grenelle. Et Isabelle Autissier, présidente du WWF, enfonça le clou en déclarant, dans une interview à *La Vie*, le 11 novembre 2010 : « le Grenelle est devenu du bricolage »…

Pour autant, quelques années plus tard, cet épisode du Grenelle s'est avéré précieux sur deux points que ne traduit pas forcément la complexité réglementaire qui en découle : les sujets environnementaux sont désormais incontournables dans l'ensemble du territoire, et il n'y a guère de collectivités qui ne s'en soient pas saisies dans le sillage du très médiatique Grenelle de l'Environnement ; les associations et ONG, entre autres acteurs environnementaux mis sur le devant de la scène, ont acquis une légitimité que personne (pour le moment) n'a vraiment cherché à remettre en question.

## … la transition énergétique

Après les espoirs suscités puis déçus, en grande partie, par le Grenelle de l'Environnement, François Hollande, le successeur de Nicolas Sarkozy à l'Élysée, a tenté de ranimer la flamme. En effet, dès le début de son quinquennat, il organise, les 14 et 15 septembre 2012, lui aussi, une « grande messe » baptisée cette fois Conférence environnementale. Le principe est un peu le même que le Grenelle, mais sur un temps plus limité : deux jours de réunion entre les mêmes acteurs convoqués en 2007 (ONG, syndicats, patronat, administration, élus) au Conseil économique et social. Et avec la promesse de se retrouver tous les ans pour faire un bilan d'étape.

Le discours est alors très volontariste, avec certaines annonces spectaculaires (moratoire sur l'exploration des gaz de schiste, fermeture de la centrale nucléaire de Fessenheim en 2016) et la promesse solennelle de mettre en place une véritable fiscalité écologique. François Hollande a même réaffirmé l'engagement de la France pour appliquer le fameux « facteur 4 ». En effet, lors de cette conférence, le nouveau président de la République rappela, tout d'abord, que notre pays avait adopté en 2008, avec les 27 de l'Union européenne, le paquet énergie climat qui vise, d'ici 2020, à réduire de 20 % nos émissions de gaz à effet de serre, à baisser de 20 % notre consommation d'énergie et de porter à 20 % la part des énergies renouvelables dans la consommation énergétique. Mais il a mis la barre plus haut, en affichant un objectif – conforme aux premières orientations européennes – de - 40 % en 2030, puis de - 60 % en 2040 ». Et d'annoncer, pour y arriver, deux décisions fortes : l'organisation de la COP 21 à Paris en 2015 et le lancement d'un grand débat national sur « la transition énergétique » qualifiée de « loi la plus importante du quinquennat ». Les cinq objectifs du projet de loi sur la transition énergétique (voir l'encadré) sont ambitieux, même s'il subsiste de nombreuses incertitudes sur la baisse réelle du nucléaire dans la part du mix énergétique mais aussi sur le financement de nombreuses mesures annoncées dont l'immense chantier de la rénovation thermique. Comme pour le Grenelle 1, puis le Grenelle 2, le diable se cache dans les détails, c'est à dire dans les décrets d'application.

## L'appel pour la transition énergétique

Comme pour conjurer les résistances des différents lobbies – il n'est qu'à voir ce qu'y est arrivé à l'écotaxe devenue un modeste « péage de transit » pour les poids lourds –, la quasi-totalité des ONG d'environnement (du WWF à Greenpeace en passant par la Fondation Nicolas Hulot ou encore les Amis de la Terre) de nombreux syndicats (CFDT, CFTC, UNSA, Confédération paysanne), des mouvements associatifs (Fondation Abbé Pierre, Ligue des droits de l'homme, Comité 21, Attac), des entreprises du secteur de l'environnement ainsi que des personnalités (Isabelle Autissier, Christiane Hessel, Edmond Maire, Jean-Marie Pelt...) ont signé, en juin 2014, un appel intitulé « La transition énergétique est une chance ». Pour eux, la France se doit de promouvoir une véritable transition énergétique, ne serait-ce que pour montrer l'exemple à la veille de la conférence de Paris en 2015.

## Un plan national d'adaptation au climat...

Quand il s'agit de traduire de beaux discours en actes concrets, il faut, on vient de le voir, de la patience. Beaucoup de patience. Notamment en France. Où il a fallu toute la première décennie des années 2000 pour arriver à la présentation du premier « Plan national d'adaptation au changement climatique » (PNACC) en… 2011. Mais pour y arriver, que de structures, de rapports et de sigles barbares, souvent peu compréhensibles du grand public ! Et qui n'aident pas à rendre la lutte contre le changement climatique, très glamour… Jugez-en par vous-même.

Tout commence en 2000 avec la mise en place d'un Programme national de lutte contre le changement climatique (PNLCC). C'est ce dernier qui crée l'Observatoire national sur les effets du réchauffement climatique (ONERC). Grâce à ses travaux, un Plan Climat national verra le jour en 2004, qui donnera naissance à une « Stratégie nationale d'adaptation au changement climatique » en 2007, reprise et complétée par les lois « Grenelle 1 » (2009) et « Grenelle 2 » (2010). Vous nous suivez toujours ? Comme tout le monde perdait un peu son latin avec ses différentes structures, Nathalie Koscuisko-Morizet, alors ministre en charge de l'Environnement, présente en 2011 le « Plan national d'adaptation au changement climatique » pour la période 2011-2015. Avec ses 84 actions déclinées en 230 mesures, ce PNACC a de la niaque ! De plus, pour une meilleure visibilité (et implication) du grand public, il dégage cinq axes forts d'action pour les cinq ans à venir :

- **La forêt :** en identifiant les zones sensibles aux incendies.
- **L'eau :** avec l'objectif d'économiser 20 % de l'eau consommée chaque année d'ici 2020.
- **Les infrastructures :** en contrôlant la solidité des infrastructures de transports (rails, routes…) notamment en raison des risques de dilatation causée par la chaleur.
- **Le littoral :** en anticipant les conséquences de la montée du niveau de la mer.
- **La santé :** en surveillant les maladies émergentes, notamment celles qui peuvent être véhiculées par les moustiques (dengue, chikungunya…).

## Les 5 objectifs de la loi sur transition énergétique

Ces objectifs ont été affichés par le ministère de l'écologie lors de la présentation par Ségolène Royal de l'avant-projet de loi sur la transition énergétique le 18 juin 2014 :

**1.** Réduire de 30 % les émissions de gaz à effet de serre françaises pour contribuer à l'objectif européen de baisse de 40 % de ces émissions en 2030.

**2.** Diminuer de 30 % la consommation d'énergies fossiles en 2030.

**3.** Ramener la part du nucléaire à 50 % de la production d'électricité en 2025.

**4.** Porter la part des énergies renouvelables à 32 % de la consommation énergétique totale.

**5.** Diviser par deux la consommation finale d'énergie d'ici 2050.

## ... surtout territorial et local !

Si, au plan national, cette stratégie d'adaptation au changement climatique semble désormais sur de bons rails, elle a pris pas mal de retard. Heureusement, le Plan Climat national de 2004 avait eu la bonne idée d'impliquer les collectivités territoriales en les incitant à lancer leur Plan Climat Énergie territorial (PCET). Encore un sigle, mais celui-là va se montrer efficace.

Un PCET porte, en effet, deux objectifs très concrets :

- **l'atténuation** : il vise sur un territoire donné à réduire les gaz à effet de serre dans la perspective du facteur 4. Par exemple, la création de modes de transports durables (tramway, covoiturage, vélo…) ;
- **l'adaptation** : il réduit la vulnérabilité d'un territoire à des impacts du changement climatique qu'on sait ne plus pouvoir éviter. Par exemple, l'érosion du trait côtier.

Du coup, plus de prise de tête, du genre « Est-ce que je lutte contre le changement climatique ? » ou « Est-ce que je m'adapte ? » Non, je fais les deux. Une simplicité qui, faisant fi des lourdeurs nationales et centralisatrices de la France, va créer une émulation sur tout le territoire. D'autant plus que la loi avait prévu que ce PCET pouvait constituer le volet climat de l'agenda 21. Ce plan d'action pour le XXI^e^ siècle, adopté lors du Sommet de la Terre de Rio en 1992 et qui vise à donner une cohérence à un ensemble de politiques publiques en faveur d'un véritable développement durable.

## Qu'est-ce qu'un plan climat-énergie territorial ?

Introduit dans le Plan Climat français en 2004 et confirmé par la loi Grenelle 2 de juillet 2010, le Plan Climat Énergie territorial (PCET) s'impose désormais à toutes les collectivités de plus de 50 000 habitants. Régions, départements, communautés urbaines, communautés d'agglomération et autres communes ou communautés de communes avaient jusqu'au 31 décembre 2012 pour présenter leur copie à l'État. De quoi s'agit-il ? D'un projet de territoire qui consiste à rendre celui-ci compatible avec un triple objectif : appliquer au niveau local les « 3 × 20 » européens (réduction de 20 % des émissions de gaz à effet de serre, production de 20 % d'énergie renouvelable, amélioration de 20 % de l'efficacité énergétique) d'ici 2020, et à plus long terme le facteur 4 (division des trois quarts des émissions de gaz à effet de serre à l'horizon 2050), ainsi qu'adapter le territoire aux effets du changement climatique. Nécessairement compatible avec les documents d'urbanisme (le schéma de cohérence territoriale, le plan local d'urbanisme) et le Schéma régional Climat Air Énergie (SRCAE), le PCET peut traduire le volet climat-énergie d'un Agenda 21, autre projet d'orientation et de planification des collectivités en matière de développement durable (les pouvoirs publics sont plutôt féconds en matière de production « d'objets » à portée politique et réglementaire...). Concrètement, à quoi ressemble un PCET ? C'est d'abord une démarche, la plus systématique possible, d'animation du territoire avec état des lieux, quantification et hiérarchisation des objectifs et plan d'action pour réduire les émissions de gaz à effet de serre en question, à commencer par les secteurs du bâtiment, des transports mais également de l'urbanisme, dont les enjeux conditionnent toujours l'usage du territoire. L'adaptation au changement climatique doit, quant à elle, se traduire par des actions destinées à réduire la vulnérabilité du territoire aux manifestations du changement climatique, à commencer par la protection des habitants et de leurs biens.

Quatre cent quarante collectivités sont concernées en France par l'obligation d'élaborer un PCET.

LE GESTE ANTI-$CO_2$

## Chalon-sur-Saône, ville pionnière...

S'il y a bien une ville qui mérite la palme d'or anti-$CO_2$, c'est bien cette sous-préfecture de Saône-et-Loire. En effet, dès 2002, cette ville de 45 000 habitants s'est lancée en partenariat avec le WWF, l'ADEME, la région Bourgogne et l'Union européenne dans un ambitieux programme de réduction de ses émissions de gaz à effet de serre. Installation d'une chaufferie à bois, création de quartiers d'habitat HQE, renouvellement de l'éclairage municipal avec des lampes basse consommation, prédiagnostic énergétique pour les entreprises, maison de l'environnement, pistes cyclables... : en deux ans, la ville bourguignonne avait réduit ses émissions de $CO_2$ de 10,9 % alors que son objectif initial était de 5,2 % en quatre ans !

Récoltant les lauriers (prix Territoria, ruban du développement durable, exposition universelle à Aichi au Japon...), la ville a su conserver son avance en présentant, début 2013, un ambitieux Plan Climat Énergie territorial (PCET). Cette fois à l'échelle du grand Chalon, soit 105 000 habitants, plus du double...

# Chapitre 10

# Aider la nature face au changement climatique

***Dans ce chapitre***

- Humanité et nature ne font qu'un
- Desserrer les contraintes
- Restaurer les écosystèmes (après avoir protégé ceux qui restent…)
- S'adapter ou disparaître

## Humanité et nature ne font qu'un

Vous l'avez compris, la vieille opposition issue de certaines grandes pensées antiques a vécu : homme et nature ne s'opposent pas.

### Vieux débat et science neuve

Pourquoi aider la nature ? On se souvient d'un ancien débat, qui opposait les protecteurs de la nature à quelques humanistes autoproclamés, lesquels reprochaient aux premiers de se préoccuper davantage des petits oiseaux que de la faim dans le monde. Quelques dizaines d'années plus tard, nous sommes empêtrés dans une situation paradoxale qui montre un retard à peu près constant dans tous les grands objectifs visant à améliorer le sort de l'humanité, tandis que le constat d'un environnement global proche de la rupture paralyse les sommets internationaux.

Force est de reconnaître que la vision occidentale du développement, basée sur le pillage des ressources naturelles, dont l'objectif demeure l'accumulation des biens, conduit à un échec patent qu'aucun « verdissement » ne saurait empêcher. Reste que selon l'adage « le changement c'est maintenant », on ne peut plus rester les bras ballants et, tandis que la planète s'échauffe, se contenter de le déplorer. D'autant qu'une donnée majeure s'impose désormais : en matière d'interaction homme-nature, le savoir scientifique apporte un regard neuf et documenté sur une multitude de choses, à la portée tant du grand public que de la caste dirigeante.

## Une assurance tous risques

Le débat est donc tranché : embarquées sur une seule galère et soumises aux mêmes tourments, humanité et nature ne font qu'un ; elles réclament une attention et une solidarité de soins égales tandis que le traitement prodigué à l'une bénéficie presque toujours à l'autre. Même les journaux télévisés en conviennent : lutter contre la pollution protège à la fois la nature et la santé humaine. Préserver l'intégrité des milieux naturels diminue la vulnérabilité des populations exposées aux aléas. Gérer intelligemment les ressources permet d'en conserver pour celles et ceux qui nous suivent.

Appliqué à la litanie des catastrophes climatiques, un petit aperçu permet de comprendre cette mécanique de solidarité obligatoire : des inondations dévastent un fond de vallée ? C'est qu'en plus du dérèglement climatique, on a déforesté le bassin versant et loti le champ d'expansion des crues. Une tempête tropicale ravage le littoral auparavant épargné ? C'est qu'en plus du dérèglement climatique, on a rasé la mangrove et dynamité les récifs coralliens. Des incendies répétés réduisent en cendres les forêts ? C'est qu'en plus du dérèglement climatique, des monocultures d'arbres ont progressivement remplacé la diversité des boisements originels. Une invasion de méduses interdit la baignade ? Le réchauffement des eaux de surface et la surpêche des poissons conduisent à leur prolifération…

## Notre assurance-vie

Bien entendu, la fragilisation d'un écosystème est pratiquement toujours la conséquence d'un cumul de causes qui ne sauraient être réduites à ce genre de simplifications. Tous les observateurs s'accordent toutefois sur plusieurs points très importants : les conséquences humaines des aléas climatiques sont souvent évitées lorsque les milieux naturels sont en bon état. De plus, les services qu'ils nous rendent vont bien au-delà de cette fonction de protection rapprochée (le lecteur pourra se reporter au chapitre 7 « L'homme et la nature malades du climat »), à tel point qu'ils constituent l'assurance-vie de l'humanité depuis l'apparition de cette dernière et pour le temps qu'il lui reste à parcourir la Terre. Pratiquement tous les écosystèmes sont à présent dégradés et dans nombre de cas, cette dégradation s'accélère, le stress climatique se combinant aux autres causes. Si l'on souhaite bénéficier longtemps encore des services que nous rend la nature, il nous faut donc l'aider à faire face aux agressions qu'elle subit, dont le changement climatique ; et puisque ces agressions sont quasiment toutes d'origine humaine, dans la plupart des cas l'homme peut y remédier.

Nous allons donc nous atteler à réécrire, en quelques paragraphes, une modeste partie de l'histoire actuelle de la protection de la nature. En effet, comme la tâche est immense et la littérature abondante, cette histoire sera réduite à quelques éléments qui prennent sens dans le cadre de la lutte contre le changement climatique. Enfin, nous écartons d'emblée tout risque d'assimilation à un quelconque « intégrisme écologique » en faisant nôtre ce postulat : si, à l'échelle planétaire, l'homme est devenu en un rien de temps le problème majeur, lui seul possède la boîte à outils qui lui permettra de réparer ses erreurs, en réduisant son emprise sur les milieux naturels afin qu'ils soient mieux armés face au changement climatique. L'homme est donc aussi la solution.

# Desserrer les contraintes

La nature n'a pas attendu le changement climatique pour subir, massivement, l'impact des activités humaines et son cortège de destructions directes et de pollutions diverses. Pour autant, des milieux naturels en bonne santé sont susceptibles de mieux s'adapter à cette nouvelle contrainte climatique. À condition de stopper leur dégradation.

## Pourquoi aider la nature ?

Bon, reposons la question pour mieux y répondre. Pourquoi aider la nature ? C'est elle qui satisfait une grande partie de nos besoins, à travers l'exploitation de ressources constituées de la diversité des plantes et des animaux. Cette biodiversité, assemblage d'espèces, de populations et de gènes, est à la fois unique, irremplaçable, interdépendante. Quelques exemples : la reproduction de la plupart des plantes, cultivées ou non, dépend des insectes, des oiseaux et parfois même des mammifères qui pollinisent les fleurs ou transportent les graines. Plus proche de nous, une fonction biologique aussi essentielle que l'assimilation des nutriments dans le tractus digestif est l'œuvre de milliards de bactéries et autres virus qui peuplent nos intestins. Du plus petit des micro-organismes jusqu'aux grands vertébrés, des terres émergées aux océans profonds, ces interdépendances sont légion, à commencer par le contrôle des populations de méduses, pour reprendre l'exemple, par les grands prédateurs que sont notamment les requins et les thons. Décimez ceux-ci et vous obtenez en retour la prolifération des méduses.

### La campagne des Quatre Nuisibles

Décrétée par Mao pour des considérations hygiénistes, la campagne des « Quatre Nuisibles » sévit en Chine à la fin des années 1950. Rats, moustiques, mouches et… moineaux furent exterminés des années durant. Pourquoi donc les moineaux ? Ces passereaux étaient suspectés de dévorer les grains de riz. Or, le moineau friquet (cousin rural du notre moineau des villes) montrent un régime alimentaire diversifié : des graines certes, mais aussi beaucoup d'insectes et leurs larves, qu'il picore au sol. Privés de prédateurs, les insectes ravageurs des cultures connurent une prolifération telle que cette destruction des moineaux, étendue par zèle ou bêtise à la plupart des autres oiseaux (y compris de stricts insectivores), aggrava la grande famine chinoise au cours de laquelle 30 millions d'habitants périrent de faim.

## *Biodiversité immense et puits de carbone*

Il est deux biomes (ensemble d'écosystèmes caractéristiques d'une aire géographique et nommé à partir de la végétation et des espèces animales qui y prédominent) qui attirent plus particulièrement notre attention, car ils constituent à la fois de colossaux réservoirs, particulièrement inventifs, de biodiversité, et jouent un rôle essentiel dans l'évolution du climat : les océans et les forêts. À eux seuls, ils couvrent plus de 80 % de la surface terrestre et, si l'on a coutume d'affirmer que les forêts tropicales renferment la biodiversité terrestre la plus élevée, les scientifiques s'accordent à penser que les trois quarts de la biodiversité marine restent à découvrir. Forêts et océans hébergent une diversité biologique immense et réellement diverse, serait-on tenté d'insister, dans la mesure où ces biomes montrent des réalités fort différentes que l'on se trouve à cheval sur l'Équateur ou sous la banquise, au fond des fosses sous-marines ou (presque) au sommet des montagnes.

Outre ces trésors, forêts et océans possèdent l'inestimable fonction de réguler le climat mondial, par les échanges thermiques, les cycles de l'eau et du carbone dont ils sont des parties prenantes, voire les moteurs. Un chiffre pour l'illustrer : ils « épongent » près de la moitié du carbone émis chaque année par les activités humaines, le retranchant de l'atmosphère et le stockant en leur sein, dissous ou envoyé par le fond en milieu marin, intégré sous forme de sucres et autres fibres à la structure même des végétaux terrestres. Ils contribuent donc à limiter fortement le dérèglement climatique. Or, plusieurs alertes laissent à penser qu'ils touchent eux aussi leurs limites.

Enfin, et ce n'est pas accessoire, océans et forêts possèdent une grande valeur, puisque les économistes chiffrent à près de 500 milliards de dollars par an le poids économique mondial des filières du bois et de la pêche. Par comparaison, le PIB de la France se situait à 2 612 milliards de dollars en 2012.

### 2010 : l'accord de Nagoya sur la biodiversité

Alors que, suite au Sommet de la Terre de Rio en 1992, tous les regards étaient tournés vers les COP chargées de mettre en musique la convention-cadre sur le climat, celles consacrées à la convention sur la diversité biologique se déroulaient dans une assez grande indifférence. Tout change avec celle organisée en octobre 2010 à Nagoya. Après la désillusion de Copenhague, tous les observateurs prévoyaient un autre échec. Pourtant, les 193 pays se quittent avec la conclusion d'un accord qualifié d'« historique ». Ainsi, un plan stratégique visant à freiner le rythme de disparition des espèces à l'horizon 2020 est adopté, avec notamment une extension massive des aires protégées, tant marines que terrestres. La surface terrestre protégée devrait passer de 13,5 % à 17 % et celle des océans de 2 % à 10 %. Et un Protocole sur l'accès et le partage des avantages (APA) de l'exploitation des ressources génétiques de chaque pays est adopté. Alors que certains dénoncent une porte ouverte à « la marchandisation de la nature », ses promoteurs y voient, au contraire, la possibilité pour les peuples autochtones et indigènes de protéger leurs savoirs traditionnels et leur biodiversité.

Le plus important de ce sommet réside dans l'annonce de la création de l'IPBES (Intergovernemental Science Policy Platform on Biodiversity and Ecosystem Services), qualifié de « GIEC de la biodiversité ». Tout comme son homologue pour le climat, l'IPBES sera prioritairement chargé d'établir le consensus de la communauté scientifique sur l'état des lieux de la biodiversité puis de faire des recommandations aux décideurs pour la protéger. Il s'agit de donner à l'extinction accélérée des espèces la même visibilité qu'au changement climatique. En 2012, le siège de l'IPBES a été fixé à Bonn, en Allemagne.

## Le triste sort des océans

À l'heure où quelques grandes firmes cherchent à vendre des équipements de capture et séquestration du carbone, à l'image des hauts-fourneaux et des centrales électriques à charbon qui pourraient en être un jour équipés à grands frais, il est un « puits de carbone » totalement gratuit qui ne souffre d'aucune comparaison : l'océan global contiendrait soixante fois le volume total de gaz carbonique présent dans l'atmosphère. Rien que pour cela, il méritérait qu'on lui érige une statue, et qu'on entreprenne de le mettre à l'abri des agressions les plus communes : la destruction de ses milieux par chalutage des fonds ou artificialisation du littoral, la pollution provoquée par les trois quarts de l'humanité qui vivent le long des côtes ou sur les berges des fleuves, la surexploitation des espèces qui conduit nombre de populations de poissons consommables à l'effondrement, les introductions d'espèces marines invasives dans des régions qui en étaient auparavant dépourvues, et désormais le changement climatique dont le cortège de maux est décrit au chapitre 3. Desserrer les contraintes qui rendent un peu plus précaire l'équilibre général du système océanique relève donc de l'urgence, et il eût été appréciable que la communauté internationale réunie à Rio pour le sommet de la Terre de 2012 s'emparât plus vigoureusement qu'elle ne le fit de cet objectif pourtant vital.

## *Les dessous de la mer : une immense poubelle*

Quelques dizaines de bombes atomiques « égarées » en mer et tout autant de sous-marins nucléaires coulés au fond des océans, plus de 700 supertankers et des dizaines de chimiquiers entraînés par le fond avec leur chargement dans les quarante dernières années, des cargos de déchets toxiques volontairement coulés par les mafias au large de l'Italie ou de la Somalie : alors que les médias s'emparent régulièrement de ces scandales, la mer se remplit de polluants ainsi que le montre l'analyse des tissus adipeux d'ours polaires, rorquals et autres albatros peu susceptibles de fréquenter les zones industrielles. Tout le monde le sait, du plagiste et du pêcheur du dimanche jusqu'à l'ONU et son cortège de conventions internationales : l'océan est le réceptacle d'une énorme quantité de déchets plus ou moins toxiques ; en effet, le recyclage et le retraitement ne concernent qu'une minorité des effluents agricoles, domestiques et industriels que l'humanité produit chaque jour. Tout le reste file à la mer, rejeté depuis le littoral, convoyé par les fleuves ou émis par les navires. C'est ainsi que des millions de tonnes d'hydrocarbures et autres produits chimiques rejoignent des milliards de macro et microdéchets plastiques, dont l'accumulation puis la lente dégradation n'en finissent pas d'intoxiquer l'ensemble de la chaîne alimentaire, du phytoplancton à la baleine et de la crevette au consommateur d'icelle. Prenez une mer semi-fermée à l'instar de la Méditerranée, modeste en superficie mais immense en valeur écologique, socioculturelle et économique : les experts estiment qu'elle reçoit, chaque année, 100 000 à 200 000 tonnes de pétrole déballasté ou émis par les cheminées des navires et plusieurs dizaines de millions de tonnes d'effluents divers, farcis de molécules pathogènes et de perturbateurs endocriniens…

LE SAVIEZ-VOUS ?

## Un 7e continent… de plastiques !

Depuis sa révélation par de nombreuses expéditions scientifiques (Tara Océans, Algalita Marine Research Foundation), cette expression désigne une immense plaque de déchets évoluant dans le nord de l'océan Pacifique et d'une superficie d'un tiers de celle des États-Unis ! En fait, si l'image d'un gigantesque amas de sacs plastiques, bouteilles, bidons est parlante, il s'agit plutôt d'une « soupe de plastique » plus ou moins agrégée par des tourbillons marins et constituée d'une multitude de microplastiques, dont le diamètre est souvent inférieur à 5 mm, qui se trouve à la surface de l'eau et jusqu'à 30 mètres de profondeur. Avec des pics de 969 777 fragments de plastiques par km$^2$ !

D'autres expéditions scientifiques ont montré que ce « 7e continent » de plastiques existait également dans d'autres océans, notamment dans l'Atlantique Nord au large des États-Unis et en Méditerranée. Des dégâts considérables causés à la vie marine et évalués à 13 milliards de dollars en 2014 par l'ONU.

### Pollution marine : les solutions

Cela paraît simple, en effet : si la mer se remplit de polluants, il suffit d'arrêter de les y déverser. C'est bien là le problème. Pour réduire l'apport de polluants chimiques, « il suffit » de durcir la réglementation en la matière, à l'instar du règlement européen REACH qui rend obligatoire, en principe, la démonstration de l'innocuité pour l'environnement naturel des molécules mises sur le marché. Mais outre qu'il ne s'applique que partiellement au sein de l'Union européenne et pas du tout en dehors, il est loin de couvrir toutes les substances déjà utilisées et méconnaît presque totalement les effets délétères de leurs cocktails, lorsque divers produits se retrouvent en contact à l'issue d'un long cheminement. Il « suffit » peut-être, alors, de mieux traiter les effluents avant que leur pollution parvienne à l'océan. Certes, mais une ville sur deux, sur la rive sud de la Méditerranée, n'est pas équipée de station d'épuration, et de toute manière celles des villes du nord ne rabattent jamais complètement la pollution. C'est ainsi que, terragène à plus de 80 %, la pollution des océans rend les poissons des estuaires parfois impropres à la consommation et provoque des tumeurs chez les baleines, crée d'immenses zones mortes en mer Baltique et dans le golfe du Mexique, alimente des marées vertes sur les côtes bretonnes ou pousse des amas gélatineux sur les plages de l'Adriatique ou de la Manche…

C'est donc en amont que se trouvent les solutions, par une limitation des rejets industriels, un meilleur traitement des effluents domestiques, un changement de modèle agricole qui évite à l'avenir le lessivage permanent de sols gorgés de nitrates et autres pesticides, une meilleure valorisation des déchets plutôt qu'ils finissent emportés par les flots, une surveillance étroite doublée des équipements portuaires appropriés pour des navires innombrables… Bon, tout ceci n'évitera pas le risque d'un nouveau Fukushima et ses dizaines de milliers de milliards de becquerels déversés dans l'océan Pacifique, mais cela contribuera à soulager très significativement le milieu marin, dont les capacités de régénération sont par ailleurs remarquables.

### Les océans vidés

On dénombrait à travers le monde, en 2006, plus de deux millions de navires de pêche à moteur, lesquels ravirent aux océans, la même année, 92 millions de tonnes de poissons. Si l'essentiel de cette flotte est composé de petites embarcations dont le rayon d'action ne dépasse guère quelques milles nautiques, plus de 23 000 navires de fort tonnage ponctionnent la ressource dans toutes les mers du monde, cette industrialisation menant droit à la faillite d'innombrables pêcheries locales, soit dit en passant. Cette présentation du contexte, les gros méchants navires-usines contre les gentils artisans-pêcheurs, si elle paraît un peu manichéenne, montre dans nombre de cas une imbrication des pratiques plutôt confuse. Mais elle repose sur un certain nombre de faits qui, eux, sont avérés : 85 % des effectifs de poissons exploités à des fins commerciales de par le monde sont déjà surpêchés ou risquent de l'être à très court terme, particulièrement les poissons pélagiques à l'image des thons ou des anchois, que les navires traquent à coup de sonars et d'écrans radars. Lesquels ne sont pas précisément des équipements courants à bord des cotres et autres pirogues… Tout aussi préoccupants, les grands fonds sont à présent chalutés pour remonter les prises qui font défaut en surface, ravageant un écosystème dont on ignore à peu près tout, sauf leur très grande fragilité face à ces bulldozers des mers qui retournent tout sur leur passage. Fort précises dans le maniement des données, les ONG ont coutume d'affirmer que 10 % des bateaux (les plus gros) raflent 90 % des prises… et de l'argent public : selon la FAO et la Banque mondiale, « le montant total des subventions à la pêche, qui influent directement sur la capacité de pêche et alimentent la surpêche, s'élevait à 10 milliards de dollars en 2000 », 80 % de ce montant étant attribués par les pays développés au bénéfice exclusif d'une flotte clairement surcapacitaire, forcée d'exploiter une ressource de plus en plus rare, et qui met en péril, de ce fait, un équilibre écologique dominé par les grands poissons…

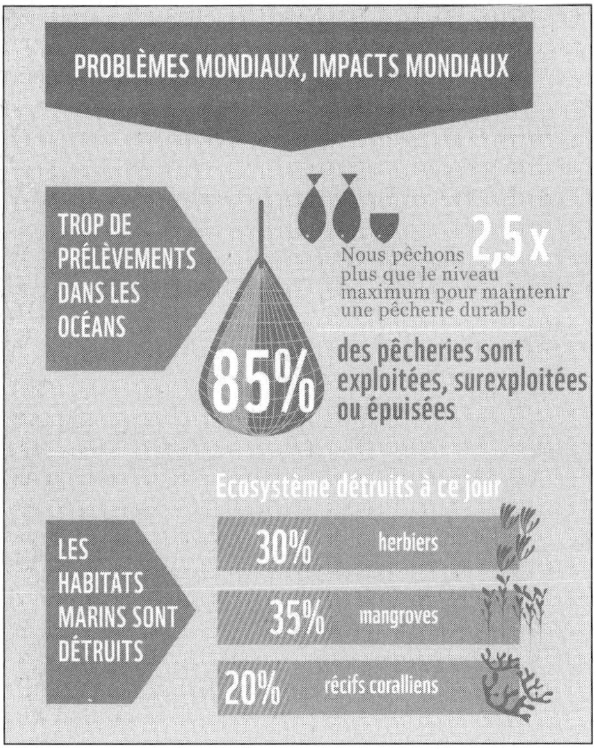


**Figure 10-1 :** Les impacts de la surpêche

## *Surpêche : les solutions*

Comment desserrer l'étau de la surpêche ? Comment éviter, comme l'affirme Greenpeace, qu'au rythme actuel, les océans soient vides de poissons dès 2048 ? Trop de bateaux et pas assez de poissons, assènent les écologistes. L'effort de pêche est assurément trop intense, et l'indispensable décélération repose sur une panoplie de mesures qui, si elles s'emboîtent fort bien, exige une approche très différente de ce qu'elle est aujourd'hui, à commencer par la gouvernance de la haute mer : celle-ci répond à une logique que l'on pourrait qualifier, pour le dire sans trop de sévérité, de pillage éhonté.

Outre cette difficulté qu'aucune instance supranationale n'est parvenue à surmonter, l'histoire récente de l'évolution des populations de poissons montre que relâcher l'effort de pêche ne garantit pas toujours l'avenir des espèces. Ainsi le cabillaud, qui assura des siècles durant la richesse de nombreuses communautés de pêcheurs, dont l'exploitation sur les grands bancs fut brusquement arrêtée faute de poissons, ne parvient pas trente ans plus tard à restaurer ses stocks, sa place dans la chaîne trophique ayant été conquise par d'autres espèces. Idem pour le flétan atlantique, surpêché puis soumis à des quotas de prélèvement drastiques mais dont les populations ne regonflent guère, leurs individus se faisant piéger dans les engins de pêche destinés à d'autres espèces. Ainsi faut-il déterminer des quotas maximums de prises annuelles, promouvoir des labels de pêche durable auprès du consommateur, mais aussi imposer des aires marines protégées afin que les poissons s'y reproduisent en toute tranquillité. Au-delà de ces actions, une approche novatrice cherche à se mettre en place progressivement : celle des Unités d'exploitation et de gestion concertée (UEGC), d'où les types de pêche les plus nuisibles sont bannis et dont la gestion est confiée aux pêcheurs responsables, qui savent mieux que quiconque l'intérêt de ne prélever qu'avec discernement les poissons à haute valeur commerciale. Soulignant en écho que la surexploitation des uns conduisait inéluctablement au chômage des autres, le WWF faisait, en 2008, la une de la presse spécialisée avec cette formule forte de sens : « Poissons, pêcheurs, même combat » !

## À la dérive

Tout comme l'océan glacial Arctique, les parages antarctiques, « dernière frontière sauvage du monde » sont menacés par le développement incontrôlé des activités humaines, à commencer par la pêche industrielle. Réunis en novembre 2013 dans l'objectif de freiner leurs impacts, les 32 États membres de la Convention sur la conservation de la faune et de la flore antarctiques se sont séparés sans se mettre d'accord. En jeu, l'instauration de sanctuaires marins, d'une superficie équivalente à cinq fois la France, destinés à préserver des sites considérés par les scientifiques comme particulièrement importants pour l'avenir de cette immense région. Défendant les intérêts de leurs flottes de pêche respectives, les représentants russes et chinois n'en ont pas voulu. Tant pis pour les manchots et autres cétacés.

### *Mangroves et récifs coralliens*

Ancrant leurs racines-échasses dans l'estran des régions tropicales, les mangroves « flottent » entre deux mondes, la terre et la mer. Parfois considérés comme « les forêts tropicales sous-marines », les récifs coralliens crèvent quant à eux plus rarement la surface des flots. Au sein des unes prédominent les végétaux : les célèbres palétuviers. Les autres sont l'expression d'une symbiose entre des animaux (les cnidaires, embranchement au sein duquel on trouve également les méduses) et des algues (les microscopiques zooxanthelles). Tout les sépare et pourtant tout les rapproche : formations distinctes, elles sont à la fois riches d'une biodiversité considérable, d'une grande utilité pour la protection du rivage et la reproduction des organismes marins, et fragiles face aux agressions humaines et autres tempêtes tropicales. Ces *hotspots* de biodiversité focalisent l'attention de nombreuses institutions, à commencer par les ONG qui les ont hissés très tôt au rang de milieux naturels prioritaires, mais aussi des organisations gouvernementales à l'image de l'IFRECOR (Initiative française pour les récifs coralliens) pour la France. En effet, notre pays est particulièrement concerné par leur protection, par le biais des départements et territoires ultramarins situés des Antilles à l'île de la Réunion, de la Guyane à la Nouvelle-Calédonie et plus loin encore en Océanie. Car la hausse prévisible du niveau de la mer et de l'intensité des tempêtes liées au réchauffement climatique laissent planer une menace supplémentaire. Menacés, les mangroves et les récifs coralliens ? C'est un euphémisme, puisqu'ils ont perdu 40 % de leur superficie mondiale depuis les années 1970. Si les premières sont encore fréquemment comblées pour gagner de la place sur la mer ou rasées pour l'élevage des crevettes et l'exploitation du bois, les seconds font l'objet d'une surpêche effroyable, parfois au cyanure ou à l'explosif, sont concassés pour recharger les plages de baignade et étouffent sous les apports de sédiments et de matière organique issus de l'érosion et de la pollution des rivages.

On les protège aussi, bienheureusement, à l'image des actions remarquables conduites par la communauté kanak avec l'assistance du WWF en Nouvelle-Calédonie, ainsi qu'à plus grande échelle au sein du « Triangle de Corail », région marine plus vaste que l'Europe, riche du tiers de tous les récifs coralliens de la planète et principale frayère mondiale pour la reproduction des thons, entre autres. Puisqu'on accumule les superlatifs, signalons également que la mangrove constitue très certainement le puits de carbone le plus efficace au monde. Il y a donc mieux à faire que de la transformer en mobilier de jardin ou en crevettes surgelées. Comme dirait l'autre, « faisons vite, ça chauffe ! »

## Sur la plage abandonnée...

Des coquillages et des crustacés, mais pas seulement. Des poissons, des algues, des bactéries ou des virus anonymes que se chargent d'essaimer accidentellement les navires qui circulent sur toutes les mers du monde, quand leur introduction n'est pas tout simplement volontaire : responsables de quelques catastrophes écologiques, les espèces envahissantes s'insinuent au cœur de milieux naturels peu préparés face à cette intrusion, à l'image de Caulerpa taxifolia, célèbre « algue tueuse » en provenance des tropiques, échappée de l'aquarium de Monaco et désormais installée sur les hauts fonds méditerranéens. Autre exemple, la vénus améthyste (quel beau nom !) lâchée dans la baie de San Francisco a complètement éradiqué ses cousines les palourdes indigènes. Dans les Caraïbes, c'est plutôt la rascasse volante qui pose problème, en raison de sa voracité et de ses nageoires aux épines venimeuses : nul ne sait ce qu'elle fait là, mais elle s'y trouve bien, quoique à des milliers de kilomètres de l'océan Indien qui l'a vu naître. Sur les côtes bretonnes, pêcheurs et scientifiques mettent à jour un inventaire singulier, qui recense un nouveau poisson, une éponge, 19 crustacés, des anémones de mer, plusieurs algues, des protozoaires… auparavant absents du littoral armoricain et désormais en voie d'expansion au détriment des espèces autochtones et parfois des activités humaines. À l'image de la crépidule, petit mollusque dont la population bretonne pèse désormais, au bas mot, plusieurs centaines de milliers de tonnes. Plus loin, dans les confins indo-pacifiques, c'est le « coussin de belle-mère » (une grande étoile de mer) qui dévore les coraux, tandis qu'au large du cap Nord, le « crabe de Staline » (le crabe royal du Kamtchatka) et son mètre cinquante d'envergure font le désespoir des écologistes… et le bonheur des pêcheurs qui y trouvent une appréciable source de revenus. Bref, partout autour du monde, de telles introductions ont lieu, comme le signale l'UICN (Union internationale pour la conservation de la Nature) qui estime à plus de 7 000 le nombre d'espèces transportées chaque jour dans les ballasts des navires en circulation. Si la plupart d'entre elles ne parviennent pas à s'implanter au gré des escales, celles dont la présence est favorisée par l'augmentation de la température de l'eau finissent par poser problème et exigent des moyens colossaux pour limiter leurs dégâts, lorsque c'est possible.

INSOLITE

## Moules zébrées et tireurs d'élite

La moule zébrée, mollusque d'eau douce, est symptomatique de l'impact que peut poser une espèce introduite dans un milieu où elle ne souffre guère de prédateur. Originaire du bassin caspien, désormais établie dans les Grands Lacs et la plupart des bassins versants nord-américains (elle a conquis également l'Europe occidentale), dotée de capacités reproductives affirmées (chaque femelle pond plusieurs millions d'œufs), cette moule s'agrippe à toutes sortes de supports, recouvre les fonds, élimine ses concurrentes, colmate les canalisations, etc. Impossible de lutter, à tel point que les autorités états-uniennes estiment son préjudice économique à près d'un milliard de dollars entre 1989 et 2000.

À l'inverse, les Australiens sont parvenus à empêcher l'invasion du littoral par une autre espèce de moules, d'eau salée celle-ci, découverte à temps dans une marina et éradiquée depuis. Bon, pour ce faire, il a fallu déployer une escouade de tireurs d'élite afin de protéger des crocodiles les plongeurs chargés de gratter les coques et les pontons…

## Une histoire de forêts

Aider les forêts à desserrer les contraintes dont elles sont victimes revient à raviver la querelle entre les optimistes qui fondent leur jugement sur l'évolution des forêts européennes et notamment françaises, dont la superficie s'est accrue au cours du XXe siècle, et les pessimistes qui déplorent a contrario une destruction massive des forêts primaires, que celles-ci se trouvent sous les tropiques ou dans les régions boréales. Si, sur le plan sémantique, les deux ont raison, en réalité, ils ne parlent pas de la même chose : ni leur définition de la forêt ni les ordres de grandeur dans lesquels ils se situent ne sont identiques.

Ainsi, la surface forestière a cru, en un siècle, d'environ 6 millions d'hectares en France métropolitaine, mais elle décroît chaque année du double à l'échelle mondiale : une destruction évidemment sans commune mesure, dont les répercussions sont d'ores et déjà mondiales. Si, par ailleurs, une partie des coupes est replantée, ce sont bien souvent des plantations incomparablement plus pauvres en biodiversité que le couvert originel. Conclusion sans appel, la biodiversité forestière mondiale est engagée dans un processus d'érosion massive et irréversible dans nombre de régions car, si quelques années suffisent à raser des massifs entiers (l'Indonésie, par exemple, a perdu plus de 80 % de sa forêt primaire en cinquante ans d'exploitation), il faudrait plusieurs siècles pour qu'un couvert végétal analogue se reconstitue… si on laisse faire la nature et à condition que le changement climatique le permette, ce qui est loin d'être gagné…

### Forêts coupées, forêts détruites

Nombreuses en effet sont les causes de la déforestation, qui rendent illusoire le rêve d'un retour à l'état initial. L'exploitation du bois et de ses dérivés (pâte à papier principalement) constitue la première de ces causes, ce qui en soi n'est pas blâmable : de tout temps, l'homme a puisé dans la forêt une partie des ressources conditionnant sa survie. Ce qui pose problème, en revanche, c'est l'augmentation rapide de la demande, tirée par la croissance économique des BRICS en particulier. Ainsi, selon la FAO (Organisation des Nations-Unies pour l'alimentation et l'agriculture), la consommation mondiale des produits forestiers a crû de 20 %, au cours de la dernière décennie, et cette tendance n'est pas près de se retourner.

Outre ce secteur d'activité, lourd d'un chiffre d'affaires de 400 milliards de dollars par an, la conversion des sols anciennement forestiers en surface agricole constitue l'autre grande cause de déforestation. Celle-ci prend des visages très différents en fonction de la nature des productions : rien de comparable, en effet, entre la culture sur brûlis, pratiquée depuis le néolithique, dont dépendent les conditions de vie de centaines de millions de personnes à travers le monde mais qui contribue, objectivement, à la régression de massifs forestiers, la conversion des terres en pâturages pour l'élevage des bovins, et les gigantesques monocultures de palmier à huile ou de soja. S'y ajoutent et parfois s'y mêlent la production de charbon de bois dont les auréoles de déforestation s'étendent de plus en plus loin autour de villes en pleine expansion, la construction d'infrastructures nouvelles, souvent routières, dont les percées alimentent la fragmentation du milieu forestier, l'exploitation minière, la prospection pétrolière, les grands barrages hydroélectriques dont les masses d'eau noient des bassins versants, etc.

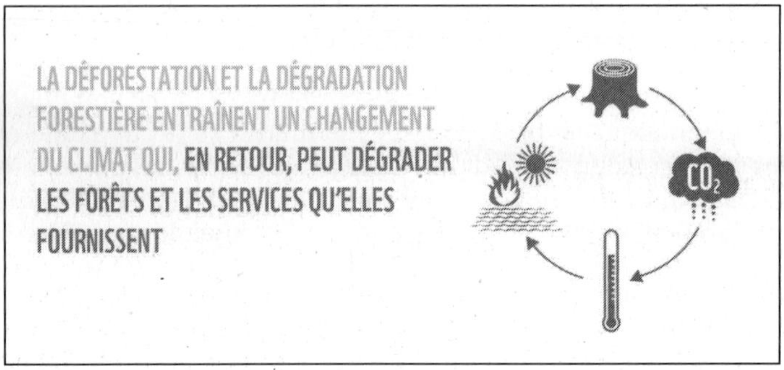


**Figure 10-2 :** Conséquences de la déforestation

## Déforestation : les solutions

Voici enfin quelques-unes des solutions, puisque des causes aussi multiples suggèrent un large éventail de pistes d'action. Reconnaissons déjà que la plupart des sources de déforestation s'imbriquent. Le prolongement d'un réseau routier ou le lancement d'un grand chantier favorisent la pénétration du milieu et le développement de nouvelles activités dont la base économique repose bien souvent sur l'extraction directe des ressources forestières : invariablement ces nouveaux occupants génèrent de nouveaux besoins en bois d'œuvre et de chauffage (ou plutôt de cuisson), comme on l'observe en Afrique Centrale en particulier. L'attribution des concessions d'exploitation forestière, quant à elle, précède la conversion agricole à large échelle, le produit de la vente du bois en Asie du Sud-Est par exemple, finançant les plantations de palmiers à huile dont l'entrée en production prend plusieurs années. Si la solution évidente pour notre public occidental passe par le refus de ces projets destructeurs au nom de la sauvegarde des dernières forêts primaires du monde, sur place la réalité en appelle à une certaine circonspection : pourquoi renoncer à l'exploitation du bois lorsque votre pays en est recouvert et que la valorisation de cette ressource permettrait peut-être de (mieux) subvenir aux besoins essentiels de la population ? Parfois cependant, une réalité plus triviale s'impose, sur fond de pillage des ressources au profit des puissants, de corruption notoire, de violence armée et de condition de vie indigne pour une population qui en subit les ravages.

Face à un tel contexte, ajoutent les pragmatiques, puisque la déforestation trouve une partie de ses causes dans l'explosion de la demande mondiale en produits forestiers et agricoles, c'est au marché mondial de s'équiper des règles et conditions qui permettront l'essor d'un modèle de développement soutenable, juste vis-à-vis des régions exploitées et de leurs populations, et durable pour ce qui relève de la préservation des forêts à haute valeur de conservation (c'est-à-dire riches en biodiversité et de grande valeur pour les gens qui y vivent). Si ces règles n'existent pas encore, quelques bonnes idées se sont mises en place, modestement il est vrai, mais il faut bien commencer. Et les rapports de forces sont si déséquilibrés…

## Le Virunga et le Yasuni qui pleurent, les Dongria Kondh qui rient

Premier parc national créé en Afrique dès 1925, le Virunga, dans l'est de la République démocratique du Congo, a mérité son inscription au patrimoine mondial de l'UNESCO en 1979 pour la biodiversité exceptionnelle qu'il abrite : grands singes, une des dernières populations viables de gorilles de montagnes, quelques okapis rarissimes, des hippopotames et une diversité d'habitats exceptionnels. Déjà affecté par l'instabilité politico-militaire d'une région à la croisée des frontières entre l'Ouganda, le Rwanda et la République démocratique du Congo, il est susceptible d'abriter dans ses tréfonds d'importantes réserves de pétrole. Or, pour son grand malheur, en 2010, le gouvernement de RDC a octroyé des permis d'exploration couvrant 85 % de la superficie du parc à deux compagnies pétrolières : Total et Soco. Ces projets ont provoqué une large opposition aussi bien de gouvernements européens que d'ONG internationales dont le WWF et des communautés locales autour du parc des Virunga. Sous la pression du WWF, Total s'est engagé en 2012 à ne pas explorer à l'intérieur du parc et plus largement à ne pas opérer au sein d'aucun site classé au patrimoine mondial en date de juin 2013. Malgré son entêtement, la compagnie britannique Soco a fini par se rallier à cet engagement en juin 2014. Cependant, la sécurisation définitive du parc dépendra de l'annulation des concessions pétrolières par le gouvernement.

En Équateur, c'est au tour du parc amazonien de Yasuni d'entrer en rébellion. On se souvient qu'en 2007, le chef de l'État avait déclaré être prêt à renoncer aux gisements pétroliers dans son sous-sol à la condition que la communauté internationale verse à son pays la moitié du montant des dividendes attendus par leur exploitation, soit 3,6 milliards de dollars. Son appel n'a pas vraiment été suivi d'effet et le Congrès a autorisé les premiers forages en octobre 2013. Populations locales et ONG continuent à s'y opposer.

Car la lutte peut être payante. L'État de l'Odisha possède 90 % des réserves indiennes de chrome et 40 % de sa bauxite. Plusieurs compagnies s'y sont engagées, dont la multinationale Vedanta Ressources, qui produit depuis 2000 de l'aluminium en exploitant les terres des Dongria Kondh,

…

...

peuple autochtone de 8 000 âmes. Durement touchés par la pollution engendrée par l'activité minière, les habitants se sont opposés à Vedanta Ressources dans son projet de construction d'un nouveau complexe métallurgique en plein dans leur montagne sacrée. Entraîné dans le combat judiciaire, le gouvernement gelait une première fois le projet en 2010, Vedanta perdant instantanément 30 % de sa valeur boursière. Depuis, les recours se suivent et (pour l'instant), se ressemblent : en janvier 2014, les autorités indiennes ont annulé définitivement le projet. Victoire pour les Dongria Kondh !

### *Le grand scandale du bois illégal*

Jusqu'à 40 % du bois exploité dans les forêts tropicales est coupé illégalement. Ce chiffre, considérable, décrit une situation dans laquelle la tragédie se mêle au cynisme. Car, dans la filière, tout le monde est au courant depuis des décennies. Plus précisément, qu'est-ce que ce bois illégal ? « Du bois récolté en violation de la réglementation, sans permis légal ou valide », nous enseigne le WWF. Souvent coupé au vu et au su de tous, transporté par la piste ou le fleuve puis chargé sur un navire-grumier et enfin débarqué dans nos ports, ce bois est débité en planches ou en tasseaux dans nos rayons dominicaux de bricolage. Le tout sur la base de permis falsifiés, de bakchichs graisseux, de déclarations à l'import-export truquées, et d'un étiquetage fantaisiste apposé dans les magasins. Bref, la confusion est sciemment entretenue et les grumes, illégalement coupées du Brésil à la Russie et du Cameroun à l'Indonésie, parfois transformées à l'autre bout du monde, intègrent des filières dont l'opacité a longtemps arrangé une multitude d'acteurs du métier.

Pourtant, la situation va changer, et ce principalement grâce à l'action des ONG. Sensibilisés par les occupations de terminaux portuaires menées par Greenpeace et les enquêtes minutieuses du WWF auprès des grandes enseignes, pouvoirs publics et grande distribution se sont progressivement saisis du problème, jusqu'à l'adoption du règlement européen FLEGT (Forest Law Enforcement Governance and Trade, soit Application des réglementations forestières, gouvernance et commerce). Ce système de double déclaration (à l'export comme à l'import) aspire à assécher la part de bois illégal qui pesait, en 2006, entre 16 et 19 % des importations européennes. Cependant, éradiquer ce fléau demandera des années, car s'il est désormais interdit d'importation, le bois illégal pénètre toujours en Europe. Ainsi, en décembre 2013, neuf mois après l'entrée en vigueur du règlement RBUE (Règlement sur le bois de l'Union européenne) interdisant l'importation de bois illégal, les autorités allemandes saisissaient un chargement de wengé, bois africain surexploité, alors qu'il s'apprêtait à gagner la Suisse via leur territoire. La Suisse, paraît-il, n'est pas en Europe. Mais l'Allemagne, si.

## Certifier l'origine du bois pour mieux protéger les forêts

Lutter contre le bois illégal est nécessaire, mais pas suffisant. Rasée légalement ou pas, une forêt primaire ne repousse pas et quand bien même elle serait replantée, ce ne sont pas ces arbres à croissance rapide qui feront revenir les éléphants ou les bonobos. D'où le rôle absolument crucial de la certification forestière. Son principe est simple : garantir au consommateur que le bois qu'il acquiert provient d'une forêt gérée durablement. C'est au Sommet de la Terre de Rio, en 1992, que s'est imposée la définition d'une telle gestion, compatible avec le maintien des équilibres écologiques, bénéfique sur le plan social aux populations qui y vivent et viable au niveau économique. La crédibilité de la démarche doit s'accompagner d'un label de manière à aider le consommateur à faire le bon choix lorsqu'il achète le bois dont il a besoin ou ses produits dérivés. Le premier de ces labels apparut en 1993 : c'est le fameux FSC, « Forest Stewardship Council » (Conseil de bonne gestion forestière), qui reste, plus de vingt ans plus tard, la procédure de certification la plus exigeante et la mieux adaptée aux forêts tropicales. Que trouve-t-on derrière ce FSC ? Dix critères, qui garantissent le droit des peuples autochtones et celui des travailleurs, améliorent leur bien-être (par la construction d'écoles, de dispensaires...), structurent un plan de gestion comprenant la protection des forêts à haute valeur de conservation et une exploitation raisonnée de ce qui ne l'est pas, prévoient un suivi et une évaluation des actions par des observateurs indépendants, etc.

D'autres labels sont apparus par la suite dont PEFC (Programme for the Endorsement of Forest Certification Schemes, soit Programme de reconnaissance des certifications forestières), peut-être au départ mieux adapté que le FSC aux forêts européennes, mais dont le cahier des charges, plus souple, n'offre pas les mêmes garanties en matière de préservation durable des équilibres écologiques. La plupart des autres labels sont carrément complaisants et constituent les cache-sexe des forestiers moins scrupuleux...

Malheureusement pourrait-on dire, l'intérêt pour le bois FSC est si fort qu'il outrepasse l'offre disponible, car seuls 7 % des surfaces forestières sont certifiés de la sorte dans le monde. Un état de fait qui donne un argument en or à ceux qui dénoncent l'exploitation industrielle des dernières forêts anciennes : passer d'une logique d'exploitation à une protection stricte est absolument nécessaire à leurs yeux, puisque à ce rythme la certification forestière n'empêchera pas la disparition des dernières forêts primaires. La réponse aux besoins en bois reposerait avant tout sur la mobilisation des ressources locales qui, en France par exemple, ne manquent pas. Pertinent, ce raisonnement oublie toutefois une réalité évoquée un peu plus haut : on ne rase pas les forêts tropicales pour seulement récupérer le bois, loin de là.

## Huile de palme, soja et viande de bœuf

Desserrer les contraintes pesant sur les forêts en les exploitant plus « durablement » pour mieux les aider à faire face au changement climatique, la belle affaire ! Que fait-on quand la demande mondiale en produits alimentaires explose sous les coups conjugués d'un accroissement de la classe moyenne et d'une uniformisation des comportements tirée par le stéréotype occidental ? Parmi les principaux moteurs de la déforestation, la demande en huile de palme, soja et autre viande de bœuf constitue un des défis les plus urgents et complexes à relever. Elle embrasse, en amont, d'énormes besoins en surfaces de production situées sous les tropiques (le palmier à huile ne pousse pas ailleurs) pour produire des volumes tout aussi énormes d'huile alimentaire, de graines et tourteaux de soja destinés à l'alimentation animale, dont la consommation augmente proportionnellement au pouvoir d'achat et à l'accroissement de la population. Zoom sur l'huile de palme et le soja.

### Faut-il une taxe Nutella® ?

C'est le débat qui a agité les parlementaires français entre 2012 et 2014. À l'origine, un rapport du sénateur Yves Daudigny sur la fiscalité comportementale, c'est à dire les prélèvements sur le tabac, l'alcool et les boissons sucrées. Dans celui-ci, ce sénateur de l'Aisne s'étonnait notamment que l'huile d'olive, réputée bonne pour la santé du consommateur, soit taxée 40 % de plus que l'huile de palme. D'où sa proposition d'augmenter de 300 % la taxe sur l'huile de palme, qualifiée par la presse « d'amendement Nutella® » en raison de son utilisation, avec la noisette, le lait et le chocolat, dans la confection de la célèbre pâte à tartiner, très prisée des adolescents.

D'ailleurs, la célèbre marque italienne Ferrero, propriétaire de la marque Nutella®, ne s'y est pas trompée en organisant une vigoureuse campagne de publicité insistant à la fois sur ses avantages nutritionnels (elle était attaquée pour sa trop grande utilisation d'acides gras saturés) et son approvisionnement « en huile de palme durable ». L'amendement a été depuis abandonné mais les ventes de Nutella® ont connu un certain tassement.

En quelques années seulement, l'huile de palme s'est imposée comme première huile alimentaire consommée au monde, en raison notamment de la faiblesse de ses coûts de production. Logiquement, celle-ci pourrait à nouveau doubler d'ici 2025. Puisque la plantation de palmiers porte une large part de responsabilité dans la déforestation de l'Indonésie et de la Malaisie, quelles sont les alternatives ? En Europe, on pense immédiatement à en réduire l'usage, par ailleurs déconseillé par de nombreux nutritionnistes. Plusieurs enseignes de distribution l'ont fait, oscillant entre conviction réelle et *greenwashing*, provoquant la colère des pays producteurs, lesquels ont beau jeu de faire remarquer que l'Union européenne ne consomme que le dixième de la production mondiale. De plus, ajoutent-ils, un hectare de palmiers produit dix fois plus d'huile que la même surface ensemencée en soja, colza ou tournesol. À moins de réduire la consommation nette d'huile alimentaire, s'attaquer à l'huile de palme conduit à augmenter en proportion les surfaces dédiées aux autres oléagineux, ce qui est préjudiciable à l'environnement. Finalement, producteurs, multinationales de l'alimentation et de la distribution semblent se mettre d'accord autour de la table ronde sur l'huile de palme responsable, connue par son acronyme RSPO (Roundtable on Sustainable Palm Oil). Parmi les critères (jugés trop peu sévères par plusieurs observateurs) qu'impose ce système de certification trône l'interdiction de déforester pour planter des palmiers. Dis, monsieur, si on a déjà coupé la forêt pour en exploiter le bois, on peut planter des palmiers sur ces terrains désormais dégradés ? Ben oui…

La production de soja confine également au dantesque : une surface de culture très largement supérieure à celle consacrée au palmier à huile, équivalente à celle d'un bon quart nord-ouest de la France (Bretagne et Île-de-France incluses !) et une production doublée dans les vingt dernières années, en pleine croissance, même si l'espèce humaine n'en est qu'un consommateur indirect. Sur les 40 kg de soja récoltés par an et par Terrien, seuls 15 % sont en effet consommés directement ; le reste part dans le gosier et l'estomac des volailles et du bétail, sous forme de grains ou de tourteaux, le résidu de pressage du soja après extraction de l'huile. Outre sa contribution à la déforestation en Amérique du Sud en particulier, cette culture menée à grande échelle exige des quantités invraisemblables de pesticides, dont les surplus s'écoulent dans les rivières et empoisonnent la nature et les gens. Les alternatives ? Manger moins de viande, pardi ! Et comme l'on sait que ce n'est pas si simple, c'est également vers la mise en place d'un système de certification que s'oriente la filière mondiale du soja, la RTRS ou Table ronde sur le soja responsable, en anglais Roundtable on Responsible Soy (créée en 2006). On s'en doute, cette Table ronde sur le soja est fortement décriée, à commencer par le fait qu'elle conduit à attribuer un label de « production durable » au soja OGM (génétiquement modifié), désormais largement dominant dans le paysage mondial. Pour leur défense, ses partisans soutiennent que la Table ronde exclut toute nouvelle déforestation. Dis, monsieur, et si on a déjà coupé la forêt pour en exploiter le bois, on peut semer du soja ? Eh oui.

Une autre voie s'ouvre cependant. Si l'on est incapable de se passer totalement de bidoche (le rédacteur est dans ce cas...), on peut s'approvisionner directement auprès d'éleveurs, si possible locaux, qui nourrissent leurs bêtes avec des céréales ou cette excellente alternative au soja d'importation qu'est la luzerne, voir même avec de l'herbe ! Bon, si la viande est plus chère au détail (c'est à voir...), elle est bien meilleure et on en mange moins. Moins mais mieux, c'est un slogan qui s'applique également au paragraphe suivant.

## *L'éléphant, le moabi et le calao*

Bien distinguer une forêt d'une plantation d'arbres. Cette règle de base n'est guère aidée par la langue française qui désigne indifféremment une monoculture de pins maritimes comme la forêt des Landes, par exemple, et l'incroyable richesse de la forêt amazonienne. De ce côté-ci de l'Atlantique, une vingtaine d'espèces d'arbres que le pin écrase de sa suprématie ; de l'autre, plus de 16 000. Une grosse centaine d'espèces d'oiseaux, migrateurs compris, fréquentent la *pignada* landaise contre 1 300 dans la *selva da Amazónia* au dernier recensement, soit un cinquième de l'avifaune terrestre. Bien entendu, la comparaison s'arrête là. Des questions de climat, de superficie... et des siècles d'interventions humaines font la différence. Ce que nous tentons d'exposer dans ces lignes, c'est qu'une forêt, naturelle et tropicale de surcroît, n'est pas seulement un peuplement sylvestre, mais un assemblage bien plus complexe et interactif de végétaux supérieurs, mousses et fougères, de champignons et d'animaux vertébrés ou non, de microorganismes par légion, etc. Avec l'homme aussi, qui intervient massivement ou pas. Nombre de ces espèces ont besoin les unes des autres, à l'image de la relation bien connue prédateur-proie ou bien afin d'assurer la fonction essentielle de la reproduction. Il en est ainsi de nombreux arbres qui dépendent des animaux pour la fécondation des fleurs, mais aussi (c'est moins connu) pour la dissémination des graines, gage d'une reproduction réussie par la conquête de nouveaux territoires. Plusieurs études estiment qu'une majorité d'arbres des forêts tropicales (jusqu'aux trois quarts en Guyane) sont concernés, des animaux aussi différents que les perroquets, les chauves-souris, les rongeurs, les ongulés ou les singes assurant ce service : « toi, l'arbre, tu me laisses manger tes fruits et moi, l'animal, je m'en vais planter tes graines au loin ». C'est ainsi qu'en Afrique, le moabi, arbre immense et de grande valeur pour les populations locales, entretient une relation privilégiée avec l'éléphant, qui raffole de ses fruits mais n'en digère pas les graines dont il parsème la forêt au gré de ces vagabondages. Mieux encore, les sucs digestifs de certains oiseaux, le calao par exemple, favorisent la germination des graines lorsque l'oiseau les défèque, tandis que les singes les transportent sur des distances considérables, participant au renouvellement forestier. Supprimez les éléphants, calaos, singes et autres animaux à valeur marchande et vous obtenez ce que l'on nomme une forêt vide, compromettant l'avenir des arbres qui n'ont guère d'autre solution pour assurer leur descendance. Ce syndrome, dont souffre l'Afrique Centrale en particulier, est fortement lié à la demande de viande de brousse, dont la consommation s'accroît continuellement. Si tous les grands animaux en font les frais, poussant les éléphants de forêt et les grands singes vers leur crépuscule, militer pour l'intégrité des forêts à haute valeur biologique passe aussi par une meilleure préservation de leur faune. La répression du braconnage va alors de pair avec la lutte contre la pauvreté et le soutien aux filières locales d'élevage, doublées d'une sensibilisation de fond, forcément longue, autour du principe que la valeur d'un gorille heureux de se fondre dans la canopée sera toujours supérieure à celle de sa viande, même nappée de sauce gombos.

## Restaurer les écosystèmes (après avoir protégé ceux qui restent...)

Il s'agit d'être humble face à la nature : sauf à engager des moyens colossaux, il est plus facile de la protéger que de la « recréer ». Sans pour autant mépriser les replantations d'arbres et autres réintroduction d'animaux.

### Recréer la nature

Ce fut le titre d'un colloque organisé il y a plus de vingt ans sur les rives landaises du marais d'Orx, réserve naturelle du sud de l'Aquitaine. Que s'y était-il dit ? Que si de nombreuses actions de restauration des milieux naturels montraient des résultats intéressants, leurs maîtres d'œuvre se devaient de conserver une grande humilité, tant l'écologie des milieux dégradés souffre d'une méconnaissance que ne parvient à dissiper que très lentement l'amélioration continuelle du savoir scientifique. Ainsi, en guise de « recréation » de la nature, savait-on réinstaller des parcelles renaturées avec un nombre limité d'espèces, en quelque sorte des milieux naturels simplifiés. La nature ayant horreur du vide, les observateurs assistaient en général à une reconquête spontanée par des espèces supplémentaires, souvent décrites comme ubiquistes et dotées de bonnes capacités d'adaptation. Les naturalistes se sont dotés, depuis, des techniques qui permettent de réintroduire en milieu naturel des espèces bien plus exigeantes, à l'instar du condor de Californie, par exemple, grand rapace disparu de son milieu d'origine, dont les effectifs nés dans les zoos furent relâchés à partir de la fin des années 1990 et qui sillonnent à nouveau, désormais, les cieux états-uniens. Appliqué aux océans et aux forêts, ce raisonnement plaide pour une approche prudente : si recréer une forêt primaire ou un récif corallien relève d'une vision idéalisée et simplificatrice de la nature, « aider la nature » à reprendre ses droits en restaurant les milieux dégradés montre certainement une grande utilité.

## Restaurer la qualité ou planter la quantité ?

Faut-il planter des arbres ? Oui, bien entendu, si cette action reste complémentaire de la protection des forêts remarquables et vise à réparer les erreurs d'une gestion aventureuse. Mais pas n'importe comment ni n'importe où. Surtout pas, par exemple, en remplacement des prairies de fauche des fonds de vallées et des coteaux, riches en orchidées, fritillaires et autres fleurs menacées. Car alors le remède serait pire que le mal, en prenant le relais des grands remembrements agricoles qui ont bouleversé ces milieux prairiaux. Planter des arbres aux abords voir en remplacement des grandes cultures, a contrario, ne présente que des avantages : leurs racines maintiennent les sols, évitent l'érosion, favorisent l'infiltration de l'eau et dépolluent les sols, tandis que les frondaisons freinent la vitesse du vent, jettent leur ombrage sur les terres voisines, abritent toute une faune (mammifères, oiseaux, insectes…) et laissent tomber au sol, l'automne venu, les feuilles riches de matière organique. Sans oublier la capture et la séquestration naturelle du carbone… Mais là, prudence, les partisans de la compensation des émissions par la plantation d'arbres, il y a quelques années, présentaient cette dernière comme une solution idéale, argumentant, la larme à l'œil, que leurs jeunes plantations piégeaient davantage de carbone que les forêts anciennes. Un blanc-seing donné, dans leur esprit tordu, à l'exploitation des « grands bois ». Mais finie la supercherie : ils n'avaient comptabilisé que le carbone du tronc et des branches, en oubliant celui des feuilles. Les scientifiques s'accordent dorénavant sur un résultat strictement inverse : les grands et vieux arbres sont assurément de meilleurs puits de carbone.

## Replanter ? Quelles essences ?

Certes, une plantation d'arbres ne fait pas la forêt et ne fera pas revenir instantanément les espèces qui ont disparu de la couverture forestière originelle, mais une plantation d'arbres d'espèces diversifiées peut concourir sérieusement à la restauration des forêts dégradées. Avec un dilemme cependant : rien ne dit qu'à l'horizon du prochain siècle, les conditions climatiques permettront la croissance d'espèces indigènes, adaptées depuis des millénaires à un environnement relativement stable, avec ses précipitations, son ensoleillement, ses températures annuelles dont on sait qu'ils vont fortement évoluer à l'avenir. En Europe, par exemple, diverses essences nord-africaines sont d'ailleurs plantées dans des parcelles-tests afin d'en étudier le comportement, et de préparer les futures alternatives face au dépérissement, dans maintes localités déjà constaté, des chênes et autres hêtres sensibles au stress climatique.

Même raisonnement sous les tropiques : restaurer les forêts dégradées et même planter simplement des arbres, récrée de la valeur sur des sites qui n'en ont plus, procure du bois de feu, réenclenche le cycle de l'eau, ombrage les cultures, fait revenir plantes et animaux, atténue l'effet des tempêtes, freine la progression du désert, etc. Oh, bien entendu, certains acteurs économiques cherchent, en finançant des reboisements parfois substantiels, à se doter d'une nouvelle image philanthropique et écologiste, ou même à valoriser le carbone atmosphérique qu'ils estiment piéger par leurs soins, mais là ne réside pas l'essentiel : le simple geste de planter un arbre incite à en faire plus, car il cimente la communauté autour d'un projet lancé vers l'avenir, porteur de sens et d'une dimension profondément patrimoniale.

## Gohapin, province du nord, Nouvelle-Calédonie

Quel sens concret donner au développement durable ? C'est en s'interrogeant de la sorte que la tribu de Gohapin a entrepris le reboisement du versant de la montagne de l'Aoupinié qui surplombe cette partie du territoire kanak. À l'initiative de cette démarche, le bureau néo-calédonien du WWF qui accompagne Gohapin depuis 2003. Un mot sur l'Aoupinié. Il s'agit d'un des principaux massifs de Nouvelle-Calédonie, auparavant couvert d'une forêt humide tropicale riche d'espèces endémiques, à l'image d'*Amboreïa trichopoda*, plus ancienne plante à fleurs connue au monde, en quelque sorte l'ancêtre encore vivant de toutes ces plantes qui se différencièrent des autres il y a 135 millions d'années. Comme dans beaucoup d'autres sites, la couverture végétale de l'Aoupinié subit les agressions des feux de brousse incontrôlés, des coupes de bois, des ravages des cochons ensauvagés, de la concurrence de plantes importées d'autres continents, etc. Après discussion au sein des conseils de tribu, Gohapin s'est mis à planter des arbres, beaucoup d'arbres, des dizaines de milliers d'arbres. Pourquoi ? Parce que l'Aoupinié est son château d'eau, parce que nombreux parmi ces arbres sont les mellifères dans lesquels les abeilles butinent de quoi fabriquer leur miel, parce que les fruits régalent une cohorte d'oiseaux et de roussettes (grandes chauves-souris), parce l'arbre constitue un lien essentiel entre l'homme et son territoire, parce que la culture kanake y accorde une grande importance, parce que les autres et même le monde entier finiront par s'en inspirer. Et enfin, parce que de bonnes et belles volontés se sont levées un beau matin avec l'idée de faire quelque chose de bien. Grand coup de chapeau à nos amis du Caillou, comme on dit là-bas.

## L'Amazonie, un test grandeur nature

Prenons un exemple prestigieux pour illustrer à la fois la façon dont est considérée la forêt et le retour de boomerang qui en découle : la première forêt tropicale du monde avec ses 6,5 millions de $km^2$, « la forêt amazonienne ». On sait que, là-bas, les coups de tronçonneuses sont liés notamment à la désastreuse monoculture du soja, qui, pour l'essentiel, sert à engraisser nos animaux d'élevage.

Mais voilà qu'intervient le changement climatique pour ajouter sa « petite » touche. En effet, suite aux nombreuses sécheresses qui ont frappé l'Amazonie, notamment en 2005 et en 2010, le premier massif tropical pourrait bientôt dégager plus de $CO_2$ qu'il n'en absorbe. Comment ? Tout simplement parce qu'un nombre croissant d'arbres sont détruits, notamment les plus grands d'entre eux, qui, en se décomposant, libèrent de grosses quantités de dioxyde de carbone. De plus, l'assèchement des écosystèmes forestiers provoque de nombreux feux de forêt, gros pourvoyeurs, eux aussi, de carbone. Des études scientifiques ont même montré qu'au lieu de capter son milliard et demi de tonnes de $CO_2$ habituel, la forêt amazonienne pourrait bientôt relâcher 5 milliards de tonnes de $CO_2$ dans l'atmosphère ! Soit ce que rejettent annuellement les États-Unis avec leurs énergies fossiles. Une paille, quoi.

La biomasse de la forêt brésilienne stocke 100 milliards de tonnes de carbone, ce qui correspond à plus de 10 ans d'émissions mondiales de combustibles fossiles. Il y a donc de la marge, si l'on tient vraiment à faire n'importe quoi. Et le Brésil est plutôt bien parti à ce niveau : si, un temps, la déforestation de l'Amazonie avait marqué un net recul, l'adoption, fin 2011, d'un nouveau code forestier par le Sénat brésilien en a marqué le retour. Ce nouveau code prévoit, en effet, de revenir sur la définition de « réserve légale » qui obligeait un propriétaire forestier en Amazonie à laisser sauvage 80 % de sa superficie. Avec le nouveau code, le seuil tombera à 50 % pour les propriétés dites « familiales ». Mais rien n'empêchera un grand propriétaire d'en bénéficier en divisant sa propriété en petites parcelles. Et comme si cela ne suffisait pas, le Sénat a voté une amnistie pour les violations environnementales commises en Amazonie depuis 2008. Autant dire une véritable incitation à ne pas respecter la loi.

De plus, l'achèvement probable en 2015 de la construction du barrage de Belo Monte sur le fleuve Xingu – qui en fera le troisième plus grand barrage au monde – risque d'y accentuer de nombreux dégâts environnementaux : terres indiennes inondées, fragilisation des écosystèmes, perturbation de la pêche, construction de nombreuses routes d'accès… Le cacique Raoni, qui avait déjà entrepris une tournée mondiale en 1989 avec le chanteur Sting pour alerter sur la déforestation de l'Amazonie, a dû reprendre, à 84 ans, son bâton de pèlerin dénonçant lors d'un « SOS Amaziona Tour » en Europe en juin 2014, à la veille de la Coupe du Monde de football au Brésil, « un génocide » de son peuple. Pour lui, « sans forêt, il n'y aura plus d'ombre, les vents vont se lever, la terre va s'assécher… », comme il l'a dit à l'hebdomadaire *La Vie* le 12 juin 2014. Un sombre avertissement de portée planétaire.

### Complètement REDD : REDD + !

Même si le résultat global du sommet de Copenhague en 2009 semble s'être résumé à un simple feu de broussailles, les discussions ont été enflammées sur la question cruciale de l'avenir des forêts. Cela a au moins eu pour vertu d'aboutir à la création du projet REDD + pour « Reduction of Emissions from Deforestation and Forest Degradation, conservation, sustainable management and enhancement of forest carbon stocks ». Ce qu'on peut traduire en bon français par « Réduction des émissions liées à la déforestation et à la dégradation des forêts, conservation, gestion durable et augmentation des stocks de carbone forestier ». Ce mécanisme (complexe et parfois détourné de son objet) a un objectif clé : donner plus de valeur aux forêts tropicales debout que coupées, un mécanisme qui s'applique uniquement aux pays en voie de développement.

Il avait été décidé lors de ce même sommet de Copenhague que les pays développés, principaux émetteurs de gaz à effet de serre, alimenteraient un fonds vert pour le climat de 100 milliards de dollars par an (à partir de 2020) qui pourrait, entre autres, alimenter le mécanisme REDD +. Mais jusqu'à présent, les engagements pris n'ont pas été à la hauteur. La crise économique et financière des pays riches est passée par là, ramenant les solutions à la crise écologique au second plan, comme si cela était accessoire.

## Peut-on replanter des coraux ?

Prélevez un fragment, scellez-le dans un ciment quelconque (mais non toxique !), mouillez-le par quelques brasses et le tour est joué : votre corail se met à repousser et, si la chance lui sourit, son bouquet ne tarde pas à égayer les hauts fonds. Des Philippines à la mer Rouge, de Singapour à l'île Maurice, la transplantation des coraux permet de restaurer des récifs dégradés, quand elle ne constitue pas une mesure compensatoire à leur destruction préméditée au nom du développement économique. Las, si la technique est au point, y recourir à grande échelle est terriblement onéreux. Et puis, comme en génie forestier, on repeuple généralement avec un nombre très faible d'espèces, ce qui ne reflète guère l'incroyable diversité d'un récif.

# S'adapter ou disparaître

De nombreuses espèces seront capables de s'adapter, en s'implantant dans de nouveaux territoires ou en modifiant substantiellement leurs habitudes. Bien d'autres, en revanche, risquent de disparaître, car elles occupent aujourd'hui des « niches écologiques » étroites et souvent irremplaçables.

## Ponts de singes et crapauducs

Face au dérèglement climatique, les naturalistes notent d'ores et déjà de multiples stratégies de survie. Entre autres réponses à la modification des paramètres climatiques, certaines espèces paraissent aujourd'hui clairement perdantes, à l'instar de celles qui vivent dans les étages supérieurs des montagnes ou en périphérie des pôles, qui voient leurs effectifs fondre littéralement : si vous vivez sur la glace et que celle-ci se dilue dans le grand océan, rares en effet sont vos zones de repli…

D'autres migrent. Les oiseaux, les insectes, les chauves-souris et même beaucoup de végétaux migrent (ces derniers lorsque leurs graines sont emportées par le vent), s'en allant ailleurs chercher de nouveaux gîtes et couverts qu'elles ne trouvent plus dans leur région d'origine. Encore faut-il que cet ailleurs soit disposé à les accueillir : la nature ayant horreur du vide, s'imposer dans une nouvelle localité se fait en général au détriment des autochtones…

Mais enfin, pour les animaux cités qui ont l'avantage d'être pourvus d'ailes, une migration est physiquement possible. Mais pour les autres ? Les rampants ? Les enracinés aux lourdes semences (un noyer, par exemple), les inféodés aux plans d'eau fermés, la gent trotte-menu incapable d'escalader le moindre obstacle, les adeptes de la vie souterraine, les reclus du fond des bois, les prisonniers des canopées ? Que faire, lorsqu'on rencontre un barrage, un fossé, une voie rapide, un bras de mer ou un fleuve dont l'autre rive est hors de portée ? Comment poursuivre, lorsque tout à coup la forêt dense laisse place à l'infini monotone d'une culture labourée jusqu'à l'os ? Aucune chance de passer. L'élan est coupé. La voie du retour compromise, on tente quelques brasses, un court slalom, trois pas d'escalade ou bien rien du tout. C'est ainsi que la nature disparaît. Parce qu'elle n'a guère de place où se rendre, corsetée par les infrastructures des hommes, contenue dans des espaces fragmentés, racornie faute de brassage génétique et, désormais, à la merci d'un climat déréglé, genre d'imprévu fatal à l'immobilisme.

Alors, avec mansuétude, l'homme a imaginé des voies de contournement et des passages protégés. Des « crapauducs » vers lesquels convergent les courts sur pattes afin de se glisser sous une autoroute. Des « passages pour grande faune », sorte de ponts végétalisés qui enjambent les voies. Des « ponts de singe » en laissant jointives les cimes des arbres sous lesquelles serpentent une nouvelle piste. Des « trames vertes et bleues », joli euphémisme âprement négocié boulevard Saint-Germain, au temps du Grenelle de l'Environnement. Des « corridors biologiques » qui renaturent les continuums par lesquels plantes et animaux peuvent se répandre vers de nouveaux territoires. C'est ça aussi, aider la nature : permettre aux partenaires de se rapprocher en dépit des obstacles, aider leur progéniture à fuir des habitats désormais invivables, ouvrir à la colonisation de nouveaux espaces, offrir à la diversité de la vie l'occasion de créer de nouveaux assemblages.

## Des ours polaires en Antarctique

Il est pourtant des situations sans issues. Nous avons tous en tête le sort tragique de l'ours polaire, bientôt privé de banquise et des phoques dont il fait ses repas, et dont l'avenir en dehors des zoos ne dépasse guère la moitié du siècle. Pourquoi ne pas envisager d'implanter une de ses populations carrément en Antarctique, continent qui semble se réchauffer moins vite que l'Arctique ? Si la réponse paraît baroque aux scientifiques de la conservation (quid de son impact sur l'écosystème, du risque de dégénérescence de l'espèce, etc. ?), au niveau politique c'est plus clair : un tel projet aurait l'allure d'une capitulation face à un changement climatique que nous estimerions inéluctable, placé dans la trajectoire du scénario noir du GIEC, c'est-à-dire la course effrénée de l'économie-monde dans un délire de charbon, de pétrole bitumineux et autres gaz de schiste.

À l'autre extrémité du transect thermique mondial, les espèces des régions torrides ont elles aussi des soucis à se faire. Autrefois très répandu à travers toute l'Afrique du Nord mais victime d'une chasse outrancière au XXe siècle, l'oryx algazelle a complètement disparu du milieu naturel dans les années 1970. Plusieurs programmes de réintroduction sont en cours au Maghreb, en Arabie, au Tchad, dans le désert de Néguev en Israël… Mais voilà : conçus à une époque où le changement climatique paraissait encore bien théorique, ceux-ci n'ont pas pris en compte le risque d'une modification si puissante des milieux arides de type sahélien qu'elle serait fatale à l'oryx. Où sa survie ne serait-elle pas compromise à l'avenir ? Aux abords du Kalahari, répondent les spécialistes. Problème : s'y trouve déjà son cousin l'oryx gazelle, espèce distincte dont il serait regrettable qu'elle pâtisse de cette intrusion. Quant au dik-dik argenté, minuscule antilope de la taille d'un agneau qui ne fréquente qu'une étroite bande de terre aux confins de la Somalie, nul n'a encore identifié un site naturel propice à sa survie si, par cas, le dérèglement climatique poussait ses feux de quelques degrés. La corne de l'Afrique est déjà une des régions du monde où la température atteint des records de chaleur. Ne pourrait-on pas tout simplement déplacer le dik-dik dans une région moins chaude ? C'est son milieu d'origine qu'il faudrait déplacer, et avec lui la complexité d'un équilibre écologique qui n'existe nulle part ailleurs.

### Aider la nature : petit résumé à l'usage des décideurs

Résumons. Aider la nature à surmonter cette nouvelle menace que constitue le changement climatique, dont on ne répétera jamais assez qu'en dépit des bouleversements parfois profonds qui l'ont déjà atteinte par le passé, celui-ci est trop rapide et systémique pour lui permettre de s'adapter tranquillement, passe avant tout par la préservation de ses milieux. Assurance-vie de l'humanité bien avant même que celle-ci n'ait eu la conscience d'exister, la nature a besoin d'espaces de liberté et de diversité, ainsi que plus largement d'une protection contre les méfaits de l'anthropocène. Dans de nombreuses régions du monde, cependant, les atteintes à l'écosystème sont si profondes qu'elles conduisent à l'extinction de kyrielles d'espèces. L'atteste par exemple la célèbre image de la forêt tranchée net et dont la lisière rectiligne laisse brutalement place à l'immense étendue d'un soja fraîchement planté : hier, dans les grands bois, des milliers d'espèces se côtoyaient plus ou moins pacifiquement. Désormais, même équipé d'une loupe, le naturaliste a bien du mal à observer autre chose que Glycine max (c'est le nom scientifique du soja) sous les relents du glyphosate dont on l'asperge à grand jet. Bilan : alors que de nombreuses sous-régions couvertes de forêts et autres fonds marins restent inexplorées sur le plan scientifique, excavatrices, tronçonneuses et chaluts profonds les rasent à grande vitesse, poussant dans la tombe des espèces qui n'ont même pas encore été découvertes. L'illustre la « querelle de chiffres » suivante : selon le WWF, ont été décrites en Amazonie, en quatre ans seulement depuis 2010, 183 nouvelles espèces de vertébrés (mammifères, oiseaux, reptiles, amphibiens et poissons, c'est-à-dire les plus faciles à observer) qui ne vivent que là, tandis que chaque année la surface boisée régresse de 27 000 km$^2$, en dépit des mesures de protection déployées au Brésil et sur le plateau des Guyanes en particulier. Un lézard qui disparaît, c'est un petit pan de la biodiversité mondiale en moins, et avec lui son génome original. Est-ce grave ? On renvoie à la tête de chapitre. Ce qui est certain, en revanche, c'est qu'à moins d'en congeler les derniers exemplaires, le lézard parti, la combinaison de ses gènes l'est également, pour toujours.

## *Les banques de semence*

C'est un peu plus facile pour les plantes, pour autant bien sûr qu'elles soient répertoriées. En conserver des graines dans de profonds congélateurs constitue une garantie de dernier recours face à la transformation à grande échelle de la surface de la Terre : telle est la vocation des banques de semences, ces établissements qui s'attachent à stocker en leur sein des petits grains d'espoir. Sur les 3 800 espèces de plantes qu'abrite le Conservatoire botanique national de Brest, par exemple, 1 730 sont menacées de disparition dans leur milieu naturel, quelques centaines au bord de l'extinction totale et plusieurs dizaines… déjà éteintes. De multiples formes de banques de graines existent dans le monde. Plusieurs centaines visent à conserver des espèces cultivées, à l'instar du Centre international d'amélioration du maïs et du blé au Mexique, de l'Institut international de recherche sur le riz aux Philippines ou, plus près de nous, des collections de l'Office national des Forêts. Fille d'un partenariat international, la Banque de semences du millénaire ambitionne, quant à elle, de stocker des dizaines de milliers d'espèces, dans les îles britanniques, en application de la Convention sur la diversité biologique. Son originalité provient de son financement : elle reçoit une part des bénéfices de la loterie nationale. Un bémol tout de même : en dépit de leur utilité, ces banques ne stockeront jamais qu'une infime partie de la diversité sauvage du vivant.

INSOLITE

## Svalbard globale frøhvelv

Conçue comme une chambre forte, cette réserve de semences est creusée dans le sous-sol du Spitzberg, île de l'archipel norvégien des Svalbard, au large du cap Nord. Inaugurée en 2008, elle abrite d'ores et déjà les graines de milliers de plantes, pour l'essentiel des cultivars provenant d'autres banques de semences situées dans des régions politiquement plus instables que la Scandinavie. Si les concepteurs de la Réserve mondiale de semences du Svalbard ont pris soin de la construire à une altitude suffisamment élevée pour éviter tout risque de submersion par la fonte des glaces, ses galeries d'entreposage ne sont pas naturellement assez froides, et ce en dépit de la proximité géographique avec le pôle Nord. Elles sont donc réfrigérées par des équipements dont l'énergie provient… de la combustion du charbon, extrait des mines voisines. On n'est pas à un paradoxe près…

# Dans mon jardin

Aider la nature, c'est à la portée du premier venu. Que l'on vive en ville ou à la campagne, nombreux sont les interstices propices à la vie sauvage : un jardin public dont un coin est laissé « à l'abandon », un potager dont les légumes ne reçoivent aucun pesticide, un rond-point ensemencé avec des fleurs des champs, une toiture végétalisée ou une collection de nichoirs fixés dans les arbres des cours d'école, sont autant de parcelles de nature qui ne relèvent pas de l'anecdote. Multipliés à grande échelle, ces « petits » gestes peuvent se révéler bien utiles pour la survie des mésanges et des papillons, apportent gîte et couvert aux crapauds, hérissons et autres insectes butineurs dont la « biodiversité banale » fait le quotidien, et entretiennent une proximité entre l'homme et la nature qui rend celle-ci plus familière au premier. Or, on le sait depuis Neandertal, l'être humain ne protège que ce qu'il aime, et l'on n'aime que ce que l'on connaît. D'où cette absolue nécessité de se « frotter » aux plantes et aux bestioles, de les aider à prospérer et de se laisser subjuguer par leur spectacle continuel. On peut nommer cela l'éducation à l'Environnement. Peut-être en effet qu'en attribuant un nom savant aux choses banales elles en deviennent respectables. Peut-être aussi cette reconquête spatiale de notre environnement de proximité annonce un mouvement plus large, qui persuadera enfin l'humanité que face au changement climatique, la fraîcheur des arbres nous protégera toujours mieux que les murailles de béton, et que les océans retrancheront le carbone de l'atmosphère toujours mieux que ne le feraient les usines. Dit autrement, l'apaisement que procure la contemplation d'une nature vivifiante, assis dans un jardin ou perdu dans la brousse, nous aidera à affronter les sombres précurseurs que les gaz à effet de serre accumulent à l'horizon. Aidons la nature, elle nous le rendra au centuple.

## Gentil coquelicot…

En 2014, pour la huitième édition de la fête de la Nature, les organisateurs ont eu la bonne idée de mettre en place, sur le modèle des sciences participatives, « un observatoire des coquelicots » en partenariat avec Tela Botanica (un réseau de 22 000 naturalistes francophones) et le CNRS, afin d'étudier les incidences du changement climatique sur leur floraison. Le suivi sur 50 espèces (30 arbres, 10 plantes herbacées et 10 oiseaux) a déjà montré que l'ensemble des cycles végétaux est en avance, d'environ un mois par rapport aux années 1970 pour le lilas et le marronnier.

# Quatrième partie

# Et maintenant, comment on fait ?

### *Dans cette partie…*

L'être humain a encore – et toujours ! la capacité de prendre son destin en main.

Cette troisième partie se propose de vous donner les moyens de sauver le monde, ni plus ni moins, et de recenser les différentes solutions à mettre en œuvre, des entreprises plus « vertes » en passant par la réinvention des villes et l'introduction de nouvelles habitudes alimentaires pour y parvenir.

## Chapitre 11

# Vers des entreprises légères ?

***Dans ce chapitre***

- Coresponsables du changement climatique
- Climat de crise et crise climatique
- L'économie verte contre les crises
- Long et tordu sera vers la vertu le cheminement des entreprises
- Émissions de GES des entreprises : c'est pas moi, c'est l'autre
- L'immobilisme face à l'avant-garde des bonnes pratiques
- La grande mutation du transport des marchandises

Les entreprises sont une des sources principales d'émissions de gaz à effet de serre et de dégradation des milieux naturels. Mais elles détiennent également une grande partie des solutions. Les entreprises peuvent-elles développer un nouveau modèle, au centre duquel trouveraient place la nature et le climat ?

## Coresponsables du changement climatique

De l'entreprise individuelle jusqu'à la firme multinationale, la description du panorama est nécessaire pour savoir de quoi on parle. Car, si l'activité économique est l'une des principales sources d'émissions de gaz à effet de serre, les entreprises, dont la diversité est impressionnante, n'émettent évidemment pas de la même manière.

Pourquoi la lutte contre le changement climatique se préoccupe-t-elle d'embarquer dans ses rangs les acteurs économiques que sont les entreprises ? Tout simplement parce qu'une grande part des besoins humains sont mis à notre disposition par une multitude d'entreprises, grandes ou petites, mues précisément dans l'objectif de produire et de fournir des biens ou des services à destination des clients ou usagers que nous sommes.

Autrement dit, pour reprendre les mots de l'ADEME sur son site, « parce qu'elles sont au centre de l'activité économique qui engendre, en amont comme en aval, des émissions de gaz à effet de serre, mais aussi parce qu'elles jouent un rôle crucial dans le progrès technique par leur capacité d'innovation, les entreprises doivent s'engager. »

## Petite ou grande entreprise ?

« Ma petite entreprise ne connaît pas la crise », affirmait un chanteur trop tôt disparu. Outre que ce n'est pas si sûr en ces temps de marasme économique, une chose est certaine : la plupart des entreprises contribuent, souvent malgré elles, à la crise climatique. Mais si, par le simple fait de consommer une énergie bien peu renouvelable, pratiquement toutes émettent des gaz à effet de serre, elles le font dans des proportions très variables. En effet, tout dépend de leur taille, de leur secteur d'activité, du type et de la quantité d'énergie consommée. Rien de comparable entre une grande industrie dite « intensive en énergie », à l'exemple d'un producteur d'acier, d'aluminium ou de ciment, et une microentreprise commerciale de dépannage informatique. Aucun point commun entre un groupe comme Carrefour, qui emploie plus de 412 000 personnes à travers le monde, et les trois millions d'entreprises françaises comptant moins de 10 salariés…

Disons pour résumer que les entreprises des secteurs privés et publics français, qui emploient près des deux tiers de la population active, pèsent directement ou indirectement sur environ 55 % de l'énergie finale totale consommée en France. C'est dire le défi que constitue la grande mutation des entreprises vers un avenir « décarboné ».

## Secteurs gourmands en énergie… et en euros

Quels sont les secteurs les plus concernés ? Commençons par les plus gourmands : le secteur économique le plus consommateur d'énergie reste celui de l'industrie (plus de 20 %), deux fois plus que ceux du tertiaire (les commerces, les services…), du transport des marchandises ou des déplacements de salariés et professionnels. Mais attention : ce n'est pas parce que l'on consomme le plus d'énergie que l'on émet le plus de gaz à effet de serre ! Tout dépend du type d'énergie utilisée : en France, c'est bien le secteur des transports (marchandises et voyageurs confondus) qui émet le plus de dioxyde de carbone, suivi par le bâtiment et l'industrie. Normal : les réservoirs des automobiles et des camions sont en général remplis de pétrole…

Cette situation représente un coût collectif colossal : en France, en 2012, la facture énergétique a frôlé 68 milliards d'euros, c'est-à-dire à peu près l'équivalent du déficit commercial. Faut-il rappeler que notre pays dépend en grande partie des importations d'énergies fossiles, dont les cours sont particulièrement élevés ces dernières années ?

En tout état de cause, on ne s'étonnera guère si dans ce chapitre on parle « bagnoles », ciment, papier carton et moteurs électriques !

# Climat de crise et crise climatique

Réorienter l'économique dominante vers un modèle à faibles émissions de gaz à effet de serre n'est pas tant un problème technique qu'une gigantesque équation financière. Car une telle transition énergétique a un coût : celui de la mise au rebut des équipements consommateurs d'énergies fossiles...

## Les grands secteurs économiques affectés

Une autre manière de considérer la relation entre le changement climatique et les entreprises consiste à observer les grands secteurs économiques qui seraient plus particulièrement affectés par le réchauffement climatique. Dans une étude réalisée en 2008 auprès des dirigeants des 500 plus grandes sociétés mondiales (l'indice FT 500 pour les connaisseurs), le cabinet d'audit KPMG insiste sur la vulnérabilité et les risques encourus par les grands groupes des secteurs suivants :

- l'énergie pétrolière et gazière, pour des raisons évidentes d'immense responsabilité dans la hausse mondiale des émissions de gaz à effet de serre ;
- l'aviation, responsable selon ses acteurs économiques de 2 % des émissions, mais bien plus en réalité si l'on prend en compte notamment les effets de la circulation des avions à haute altitude ;
- les transports, et leur dépendance à l'égard du pétrole ;
- le tourisme, secteur vulnérable en montagne où l'activité des stations de ski de moyenne altitude est déjà en perte de vitesse ;
- les services médicaux, qui pourraient à l'avenir se retrouver confrontés aux limites imposées par les événements climatiques extrêmes ;
- la finance, car elle continue à « *encourager les investissements (...) qui n'anticipent pas les changements* ».

*Dans son étude, KPMG affirme que « les financiers ne mesurent pas forcément le risque que le réchauffement fait peser sur leurs activités »* et note qu'en règle générale, les dirigeants ne s'estiment pas particulièrement concernés par les impacts physiques du changement climatique. Par contre (ça ne manque pas d'humour…), la plupart d'entre eux redoutent « l'apparition de nouvelles lois et règlements en matière de réduction des émissions de gaz à effet de serre ».

## Le financement, ou la grande incertitude

Réduire les gaz à effet de serre émis par les entreprises passe obligatoirement par un moindre recours aux énergies fossiles. Certes, de multiples solutions technologiques existent, mais si la technologie devait sauver le monde, cela se saurait. En fait, les observateurs s'accordent sur deux points cruciaux : d'une part, seule une panoplie d'outils associant signaux politiques forts, progrès technologiques, organisation des sociétés et changement des comportements parviendra à mettre sur les rails l'économie de demain. D'autre part, ce changement a un coût, qu'il faut financer tout de suite tandis que les bénéfices (la baisse de la facture énergétique) se manifesteront plus tard, et progressivement. Autrement dit, impulser un tel mouvement implique d'avoir le temps, de voir venir, et de posséder les ressources nécessaires (ou d'en persuader banquiers et actionnaires). C'est là que le bât blesse. Trop d'entreprises sont dans une incertitude telle quant à leur propre avenir qu'en vérité, ce grand chambardement leur semble hors de portée. Plusieurs raisons à cela.

La première est justement cette histoire de temps disponible. Investir dans un équipement industriel lourd, rentable au bout de 10 ou 20 ans, est une sacrée prise de risque quand les agences de notation exigent des entreprises cotées en bourse la publication trimestrielle de leurs résultats financiers. Sur un autre plan, peut-être plus prosaïque, on retient de discussions avec la grande distribution, par exemple, qu'elle s'estime prête à engager la rénovation écologique de ses centres commerciaux à la condition d'un retour sur investissement dans les trois ou quatre ans maximum. Ce qui écarte en clair toute réhabilitation « lourde ».

## Confluence des crises

Enfin, lorsqu'elle a besoin de financer son développement, l'entreprise fait appel aux banques ou aux actionnaires. La crise économique qui sévit depuis 2008 a considérablement réduit l'accès au crédit au point de menacer la survie de pans entiers de l'économie. On ne jettera pas la pierre aux dirigeants d'entreprises pris dans une telle tourmente, soumis au diktat d'un actionnariat qui, lui, continue d'exiger un rendement annuel à deux chiffres en contrepartie de l'argent qu'il a prêté, et peu soucieux du climat du futur…

Mais alors, pourrait-on rétorquer, la raréfaction croissante des énergies fossiles (euh… disons que c'est surtout vrai pour le pétrole conventionnel…) et les tensions sur le prix du baril constituent des signaux qui devraient en inciter beaucoup à revoir leurs consommations d'énergie. C'est vrai, et d'ailleurs de nombreuses entreprises s'y emploient, comme on le verra dans quelques pages. Surtout les activités intensives en énergie, et l'on comprend pourquoi : dans le transport aérien par exemple, la part du carburant représente en moyenne 30 % des coûts opérationnels. Ce n'est pas rien.

Si, en matière de réduction de la dépendance au pétrole, « le changement c'est maintenant », il n'en demeure pas moins que tourner le dos à l'abondance énergétique a un coût : celui du remplacement par des modes de production moins gloutons et plus vertueux pour le climat. Osons la comparaison : se préoccuper de sa santé coûte toujours plus cher, à court terme, que faire l'inverse. Mais à long terme en général, on y gagne. Il en va de même pour le climat, tellement lié à l'énergie : les entreprises qui s'en préoccupent aujourd'hui consentent un effort dont elles se trouveront gagnantes demain. Les experts ne prévoient-ils pas une poursuite de l'augmentation des prix de l'énergie dans les prochaines années ? Reste, on l'aura compris, à tenir bon d'ici là.

# L'économie verte contre les crises

Si plusieurs secteurs économiques présentent une sensibilité particulière à l'égard du changement climatique, tous, en revanche, redoutent l'instabilité des marchés de l'énergie. Sauf, peut-être, « l'économie verte » qui cherche justement à s'en affranchir.

## Une entreprise « responsable » ?

Où commence, où s'arrête la « responsabilité climatique » d'une entreprise ? Aux limites fixées par la réglementation, estiment les tenants d'un libéralisme pur et dur. Ce à quoi le WWF rétorque dans son rapport « Relations entreprises 2010-2011 » : « Le monde de l'entreprise, moteur de notre économie, de nos sociétés, est l'un des principaux leviers pour enrayer la croissance des impacts environnementaux et sociaux (…). La prise en compte de sa responsabilité globale est donc à la fois une opportunité et l'unique chemin vers une économie du moindre impact ». Les tables rondes du Grenelle de l'Environnement, en 2007, ont livré une bataille homérique à ce sujet. Entre les ONG, pour lesquelles la responsabilité sociale et environnementale des entreprises doit s'étendre aux filiales et prendre en compte les sous-traitants, et les représentants des organisations patronales, qui répugnent à ce que la réglementation s'immisce trop loin dans leurs activités, le dialogue a fini par tourner court. « Il est impossible de savoir réellement comment opèrent nos sous-traitants à l'autre bout du monde ! », se défendent ces derniers. « Si vous ne vous en préoccupez pas, alors les pires pratiques persisteront, à coup de travail des enfants, de pollution chronique et de dérèglement climatique », soutiennent les organisations environnementales.

## RSE : un peu d'histoire et de lutte des classes

En fait, la querelle est ancienne et n'a pas attendu le Grenelle de l'Environnement pour éclore. Dès la fin du XIXe siècle, les premiers socialistes, vite qualifiés « d'utopistes » par leurs pourfendeurs, soutenaient que la finalité d'une entreprise n'est pas d'enrichir dirigeants et actionnaires. Ils appliquèrent cette idée en créant les premières coopératives ouvrières de production et en installant les prémices du mouvement mutualiste contemporain. Plus d'un siècle plus tard, la vieille affirmation selon laquelle l'entreprise a pour unique but le profit est complètement dépassée, et finalement, la querelle s'est déplacée vers une nouvelle ligne de front qui oppose l'encadrement réglementaire de l'Environnement aux démarches volontaires. D'un côté, un corps de normes imposées par l'État fixant des interdits et brandissant des pénalités en cas de non-respect ; d'un autre des chartes engageant « sur l'honneur » leurs signataires, et des labels de qualité reposant sur l'innovation et la volonté de conquérir de nouveaux marchés tout en préservant l'environnement. Finalement, la loi du 3 août 2009 (loi Grenelle 1) a tranché le débat : les mesures relatives à la responsabilité sociétale des entreprises (RSE) se limitent principalement à la publication des informations relatives à la politique de l'entreprise, ce que traduisent les rapports sur le développement durable publiés chaque année par environ 700 grandes entreprises en France.

## L'émergence d'une nouvelle filière

Si la RSE tarde à se mettre en place pour *toutes* les entreprises, certaines sont bien plus engagées que d'autres dans la voie de « l'économie légère », à commencer par les développeurs d'énergies renouvelables. N'en déplaise aux détracteurs des éoliennes et autres énergies décentralisées, ce secteur est l'un des plus prometteurs en termes de création de richesse et d'emplois pérennes dans les prochaines années. On a assez dit et écrit l'intérêt pour le climat de substituer aux énergies polluantes de la vieille économie celles, légères et désormais rentables, des renouvelables. Le coût de revient de l'électricité produite par les aérogénérateurs est d'ores et déjà comparable avec celui des autres équipements de production, thermique ou nucléaire, de conception récente. Sans le moindre risque sur la santé, l'environnement ou le climat, car exempt de toute radioactivité ou d'émissions de gaz à effet de serre. Mais en termes d'emplois, qu'en est-il ?

La 12e édition du baromètre EurObserv'ER sur l'état des énergies renouvelables en Europe nous le dit : le secteur comptait en 2011 plus d'un million d'emplois, en augmentation de 30 % sur deux ans, pour 137 milliards d'euros de chiffre d'affaires. Soit le double de celui d'EDF ou, désormais, les deux tiers de celui de Total. C'est sûr, la transition énergétique est en marche !

## Le « green business » entre fantasme et réalité

« La croissance verte, c'est comme la reconstruction après la guerre, il va falloir détruire un stock de capital très carboné et le remplacer par un nouveau moins émetteur, remplacer les véhicules, les chaudières, modifier l'habitat, les axes de transports… Cela va créer des revenus et des emplois, engager une dynamique », nous dit Jacques le Cacheux, directeur de recherche à l'OFCE (Observatoire Français des Conjonctures Economiques), dans *Enjeux-Les Échos* en novembre 2009. Oser la comparaison de l'après-guerre, même avec des termes plutôt abscons pour le profane, suggère l'imminence d'un affrontement global, qui du reste a déjà commencé : le dérèglement climatique et son cortège de catastrophes en sont une première incarnation, et échapper à la poursuite du fléau exige un sérieux coup de collier. La seconde provient du terrain géopolitique. La puissance des nouveaux venus sur la scène mondiale, les fameux BRICS, est telle que nombreux sont les plans de relance des pays industrialisés à avoir fait appel à leurs capitaux pour sauver leurs économies nationales. La relance par l'économie verte ? Oui, mais sans oublier que la France est loin d'être le seul pays à miser dessus : en quelques années, la Chine est devenue le leader mondial de la fabrication de panneaux photovoltaïques, destinés à équiper les toitures, entre autres, de la « vieille Europe ». Lesdits panneaux, faut-il l'ajouter, intègrent du silicium fabriqué aux États-Unis, de l'électronique coréenne, de l'automatisme allemand, etc. Industries lourdes ou entreprises légères, l'économie est globalisée et les emplois suivront en fonction des besoins, lesquels sont loin d'être tous délocalisables.

# Long et tordu vers la vertu sera le cheminement des entreprises

On peut faire semblant d'œuvrer dans le sens du développement durable. On peut aussi spéculer sur le cours du baril de pétrole. Sans trop espérer pour autant que son envolée se conjugue en miracle climatique. Pas si simple.

## Le greenwashing, l'écoblanchiment des irresponsables

Depuis l'aube de l'humanité, une minorité de voyous cherche à entourlouper les autres. C'est ainsi que la nature humaine est faite, ce que démontre à l'envi l'actualité économique, à grands coups de publicités mensongères ou de tromperies sur la marchandise. Comme beaucoup d'acteurs économiques, cette minorité active a cédé à la vogue du développement durable. Non dans l'objectif louable de bonifier ses manières, mais au contraire pour ne rien changer tout en se drapant faussement d'écologie. Cette pratique a un nom : le *greenwashing*. En bon français on parle d'écoblanchiment. Le *greenwashing* est donc une technique marketing à laquelle recourent les publicitaires et leurs clients pour verdir d'écologie un produit ou une marque. Ce subterfuge, qui concerne à peu près tous les secteurs d'activités, a généralement pour objectif de restaurer une image mise à mal par des pratiques hostiles à l'environnement ou le vide sidéral d'engagements qui n'en sont pas.

### Le prix Pinocchio des Amis de la Terre

À quoi ressemble le *greenwashing* ? Voici trois exemples en lien avec le changement climatique, en partie inspirés par le prix Pinochio attribué chaque année par l'organisation écologiste des Amis de la Terre dans l'objectif de dénoncer ces pratiques :

- une campagne de promotion du « *green banking* », pratique d'investissement prétendument compatible avec l'environnement, alors que dans le même temps la banque concernée, le Crédit Agricole, investissait la bagatelle de 64 millions d'euros dans la centrale thermique à charbon de Medupi en Afrique du Sud ;
- une pub pour la Jeep Cherokee, mettant en scène un grizzli avec un trousseau de clés (de voiture) entre les dents, suggérant que ce gros 4 × 4 incite au rapprochement avec la nature alors qu'avec ses 218 à 365 grammes de $CO_2$ émis par kilomètre (données constructeur), il contribue activement au dérèglement climatique ;
- une autre pub, de Total cette fois-ci, affirmant que ses forages pétroliers réalisés à grande profondeur ne dérangent pas la faune, tout en présentant la photo d'un poisson de surface (un tétrodon). Quand on connaît l'impact de l'exploitation pétrolière off-shore sur le milieu marin…

### Le cours du baril : chance ou malédiction ?

Le prix du fioul domestique a plus que doublé dans les dix dernières années, progressant cinq fois plus vite que l'inflation. Agités par le spectre d'une pénurie mondiale (trop de demande, pas assez d'offre), de nombreux observateurs craignent les effets dévastateurs d'une brusque envolée du cours du pétrole, qui se révélerait tragique pour tous ceux (particuliers, entreprises) qui n'auraient pas les moyens d'y faire face. Un raisonnement un peu rapide en déduirait qu'une telle situation serait bénéfique au climat. Des prix plus élevés signifieraient un ralentissement des consommations et donc une diminution des émissions de gaz à effet de serre. Or, jusqu'à présent et après analyse des conséquences des chocs pétroliers qui se sont succédé depuis 1973, force est de reconnaître que la rareté relative du pétrole, qu'elle soit causée par une fermeture volontaire des robinets ou un tarissement des gisements, n'a pas bloqué la croissance mondiale sur une longue période, ni même freiné durablement le recours aux carburants fossiles (la consommation mondiale de pétrole a augmenté de près de 60 % entre 1973 et 2010 selon la CNUCED)... La réponse immédiate à la crise climatique ne peut donc s'y trouver.

## C'est pas moi, c'est l'autre

Réduire les gaz à effet de serre implique de savoir combien on en émet. Évidemment, si c'était facile, on le saurait. D'autant qu'il peut paraître opportun d'en « oublier » quelques (centaines de) millions de tonnes.

### Apprendre à compter : le bilan carbone

Si apprendre à compter est une des bases de la pédagogie, comptabiliser les émissions de gaz à effet de serre est la première étape d'un plan de lutte contre le changement climatique. Plusieurs méthodes cohabitent, qui reviennent peu ou prou à évaluer les émissions d'un site industriel, d'une activité ou d'un territoire en relevant les consommations d'énergie, puis en les convertissant en $CO_2$. Ainsi, une tonne de gazole « pèse » à peu près 3 t de $CO_2$, contre 2,344 t précisément pour une « tonne équivalent pétrole » de gaz naturel. Quant au bois, son facteur d'émission est égal à zéro, puisque l'on considère que le $CO_2$ émis lors de la combustion du bois est aussitôt capté par d'autres arbres en pleine croissance. En France, cette comptabilité carbone trouve son expression normalisée dans le bilan carbone, nécessaire au calcul du Bilan des émissions de gaz à effet de serre (BEGES), imposé par la loi Grenelle 2 aux entreprises de plus de 500 salariés.

## L'emboîtement des périmètres

Dresser un tel bilan n'est pas si simple. Chaque produit, chaque service proposé par l'entreprise est source d'émission de gaz à effet de serre, et ce à chaque étape de son cycle de vie. Un bilan exhaustif devrait donc prendre en compte les trois périmètres suivants :

- Les émissions internes directes, provenant de sources dépendant de l'entreprise : rejets atmosphériques d'une usine, émissions liées aux consommations d'énergie de chauffage ou aux flottes de véhicules ;
- Les émissions intermédiaires provenant de la production d'électricité et de chaleur achetées et consommées par l'entreprise, ainsi que du transport des employés (trajets domicile-travail et déplacements professionnels) ;
- Les autres émissions indirectes, en provenance de ses fournisseurs (extraction et production de matières premières, construction des infrastructures, fabrication des équipements nécessaires à l'activité de notre entreprise), ou liées à l'utilisation puis à l'élimination des produits vendus par l'entreprise.

En France, c'est le troisième périmètre qui pose le plus de problèmes aux entreprises. Il implique en effet que ses fournisseurs établissent en parallèle leur propre bilan, une gageure lorsqu'ils sont établis très loin au-delà des frontières. Quant aux émissions liées à l'utilisation des produits et à leur fin de vie, les choses sont plus claires : la réglementation n'impose pas de les prendre en compte. Allez donc exiger des constructeurs automobiles qu'ils intègrent à leur bilan carbone les émissions des deux millions de voitures neuves mises en vente chaque année !

## Le cas emblématique des banques

Quand on analyse sérieusement les grands secteurs économiques à l'aune de ces trois périmètres emboîtés, on a une sacrée surprise. Quel est le secteur français le plus émetteur ? La sidérurgie ? Les cimentiers ? La pétrochimie ? Raté, ce sont les banques et assurances. Non pas, bien sûr, à cause du chauffage des locaux ou des berlines de fonction, mais par les émissions indirectes, prises ici dans le sens des émissions des activités, infrastructures et autres équipements financés ou assurés. Placements financiers, crédits à l'investissement, contrats d'assurance couvrent en effet des pans entiers de l'économie, comprenant notamment des aéroports et des centrales thermiques, des mines de charbon et des plates-formes pétrolières, des chaînes d'assemblages et des usines d'engrais chimiques… Dans une étude rendue fin 2009 à quelques semaines de l'ouverture de la conférence des Nations-Unies sur le climat de Copenhague, le WWF et l'agence de notation Vigéo estimaient ainsi le poids des émissions du secteur « banques et assurances » à 3,68 milliards de tonnes de $CO_2$, soit huit fois le montant total des émissions annuelles de la France ! Responsabilité sociale et environnementale des entreprises, quand tu nous tiens…

## Émissions « oubliées » et autres importations

Tollé immédiat. Faire porter aux banquiers la responsabilité finale de la majorité des investissements néfastes de la planète ? Et pourquoi pas celle des crimes commis par les armes à feu au motif qu'ils financent l'industrie de l'armement ? « Nulle banque ne peut se permettre de faire l'impasse sur la question climatique (…), c'est au niveau des émissions induites par le financement d'activités émettrices de gaz à effet de serre que ce secteur peut le plus significativement exercer ses engagements », répondent Vigéo et WWF. En clair, les banques ont le choix : investir dans le pétrole et le charbon ou financer l'économie légère, celle des énergies renouvelables et des activités décarbonées.

Le nier conduirait à se défausser de ses responsabilités. Remarquer qu'en la matière, la pratique est usuelle : la désindustrialisation de l'Europe s'est traduite par la relocalisation des usines dans les pays à bas revenus. Ces usines (et les transports de marchandises induits) émettent des millions de tonnes de $CO_2$, comptabilisés (en principe) par les pays d'origine, dont la plupart ne sont pas engagés par le protocole de Kyoto. Résultat : le $CO_2$ des biens importés que nous consommons ici n'apparaît pas dans nos émissions nationales. Le ministère de l'Écologie estime officiellement à 50 % la part des émissions supplémentaires « évitées » par cette carambouille climatique.

LE SAVIEZ-VOUS ?

### La désalinisation, un remède miracle pour la consommation humaine ?

Pour les grandes multinationales de l'eau, il n'y a pas de doute. Il est vrai que dans un monde où l'eau douce est à la fois une denrée rare et menacée par le changement climatique, en raison de la baisse des précipitations et de l'augmentation des cycles de sécheresse, la désalinisation a tout d'une solution miracle. Poussant comme des champignons, il y a déjà 17 000 usines de dessalement réparties dans 120 pays, avec une grosse concentration autour de la Méditerranée (la plus grosse usine du monde est à Barcelone et produit 200 000 $m^3$ d'eau par jour), dans le golfe Persique, autour de la mer Rouge ainsi qu'en Australie et aux États-Unis.

…

...

Seulement voilà, le procédé miracle est encore très cher, de 0,4 à 1,8 euro le $m^3$ suivant la technique choisie, soit deux à trois fois plus cher que la production à partir d'eau de surface. De plus, cette technologie onéreuse n'est pas exempte de pollution, avec les déchets de sels rejetés dans l'océan, une véritable saumure toxique qui accentue l'acidification des océans. Mais aussi l'énergie considérable nécessaire à ce processus industriel est génératrice de grandes quantités de gaz à effet de serre. Autrement dit, pour fournir de l'eau qui est menacée par l'augmentation des gaz à effet de serre, on en produit encore plus en prenant le risque de dégâts collatéraux en chaîne... On attend aussi l'usine à fabriquer les rêves, mais elle n'est pas encore terminée.

# L'immobilisme contre l'avant-garde

Si la plupart des entreprises montrent une attitude plutôt frileuse en matière de réduction de leurs émissions de gaz à effet de serre, certaines, en revanche, et pas des moindres, en font un objectif stratégique. Notamment les entreprises grosses consommatrices d'énergie.

## Comment bougent (ou pas) les entreprises dans la vraie vie ?

Nous avons évoqué plus haut l'étude Vigéo-WWF « Entreprises et changements climatiques », publiée quelques semaines à peine avant le sommet international de Copenhague. Elle montrait, ce n'est un secret pour personne, l'écart entre les pratiques des grands secteurs industriels, et la trajectoire nécessaire pour amorcer au plus vite la décrue mondiale des émissions. Il s'avère que cette étude a été actualisée deux ans plus tard. Ses principales conclusions sont donc particulièrement pertinentes car éclairées, en quelque sorte, par la poursuite du débat sur les enjeux de la lutte contre le changement climatique. Certes, deux ans, c'est court pour bouger. Mais justement, beaucoup de chefs d'entreprises raisonnent sur un temps court tandis que leurs préoccupations liées à l'accès à l'énergie ne cessent de grandir. D'autres sont coutumiers des investissements de long terme et, comme l'écrivait un des auteurs, « force est de reconnaître qu'ils n'anticipent pas la confluence des crises et ses lendemains incertains. (...) En tout état de cause, le WWF France ne voit guère émerger de stratégie basée sur une réduction accélérée de l'exposition aux risques environnementaux et énergétiques ». Bienheureusement, quelques pionniers sortent du lot, et les paragraphes suivants évoquent l'action menée par certains d'entre eux, qui par ailleurs sont partenaires du programme « Climate savers », mis en œuvre à l'initiative du WWF il y a 15 ans.

### Schmidheiny, ou le développement durable au goût d'amiante

Quelques mois avant le sommet de Rio + 20, une décision de la justice italienne a quelque peu refroidi la confiance dans la sincérité des engagements de certaines entreprises dans le développement durable. En effet, le tribunal correctionnel de Turin a condamné à 16 ans de prison Stephan Schmidheiny, ancien responsable de la société Eternit, pour sa responsabilité dans le scandale de l'amiante ayant entraîné de graves maladies, parfois mortelles, chez 3 000 ouvriers italiens.

Or, ce PDG Suisse a une double face « écolo » : ancien bras droit de Maurice Strong, le Canadien chargé de préparer pour l'ONU le premier Sommet de la Terre en 1972 à Stockholm, il est, en effet, devenu le président du World Business Council for Sustainable Development (WBDCS) – qui compte 190 entreprises mettant en avant leur engagement pour... le développement durable. D'ailleurs, de nombreuses ONG avaient protesté contre sa venue à Rio + 20. Il est d'ailleurs toujours président d'honneur du WBDCS.

## Zoom : le cas emblématique des moteurs électriques

Rien de plus banal qu'un moteur électrique dans l'industrie. Pompes, ventilateurs, convoyeurs mécaniques, machines-outils, etc., font le quotidien des usines et autres ateliers de transformation, et leurs consommations représentent plus de 70 % des usages de l'électricité dans l'industrie. C'est dire les gains potentiels de ce secteur. On avait connaissance de compresseurs éreintés par les fuites d'air, d'un massicot développant une puissance invraisemblable pour quelques feuillets, de ponts roulants de plusieurs dizaines de tonnes pour soulever de modestes charges, découverts lors du déploiement de la phase éco-industrielle du programme PRIVILEGES, vaste opération de réduction volontaire des émissions de gaz à effet de serre engagée avec succès à Chalon-sur-Saône dans les années 2000. E & E, un bureau d'étude spécialisé sur les questions énergétiques et climatiques, estime à l'équivalent de la production de deux réacteurs nucléaires le potentiel d'économie d'énergie d'ici 2020 réalisé par l'adoption de pratiques allant d'un meilleur dimensionnement des machines au choix de moteurs plus efficaces, adossés à des variateurs de vitesse, etc. Temps de retour sur investissement : inférieur à trois ans.

Ainsi, sans jeter aux orties leur modèle économique, nombre d'entreprises pourraient sans problème s'engager bien plus fermement dans la stratégie, gagnante à tous les coups, d'une trajectoire vers un avenir industriel plus vertueux. Plusieurs en font la démonstration.

## L'industrie papetière réduit ses émissions

On connaît peu Catalyst Paper de ce côté-ci de l'Atlantique. Avec ses 2 milliards de dollars de chiffre d'affaires et ses 3 000 employés, cette compagnie canadienne est l'un des plus gros papetiers d'Amérique du Nord, leader mondial du papier pour annuaire téléphonique, par exemple. Lancé dès 2002 dans un programme d'efficacité énergétique et de réduction de ses émissions, Catalyst Paper est parvenu six ans plus tard à diminuer de – tenez-vous bien – 70 % ses émissions de gaz à effet de serre, selon le programme « Climate savers » du WWF. Cogénération de vapeur turbinée en électricité, substitution du fuel par la biomasse (un papetier, par définition, manipule des milliers de tonnes de bois dont une partie peut alimenter ses chaudières), réduction et recyclage des déchets…

Sofidel, multinationale italienne et second producteur européen de papier d'essuyage, a débuté sa démarche environnementale par l'achat de bois issu de forêts gérées durablement. Sur le front du changement climatique, elle alimente ses usines en énergie renouvelable : recours au bois-énergie bien entendu, mais aussi aux microcentrales hydroélectriques et autres panneaux photovoltaïques.

Pour Arjowiggins Graphic, partenaire stratégique du WWF depuis 2009, il s'agit de réduire de 23 % ses émissions de $CO_2$ entre 2007 et 2014, en accélérant le recours au papier recyclé, en brûlant des copeaux de bois pour couvrir les besoins de ses usines, etc.

## L'acier : faire du neuf avec du vieux

Un milliard et demi de tonnes. Tel est le montant, considérable, de la consommation annuelle d'acier dans le monde, dont près de la moitié provient de la fonte de la ferraille. La production d'une tonne d'acier « neuf » émettant 1,6 tonne de gaz carbonique, on entrevoit sans difficulté l'enjeu que représente l'augmentation du recyclage. Pour l'Europe, l'étude E & E envisage un recours, à terme, très largement dominé par cette pratique. Pour réduire encore davantage la facture carbone de l'acier, d'autres progrès technologiques sont prévisibles. Ainsi, ce procédé qui utilise non plus du coke mais directement du charbon dans les hauts fourneaux, et ce en quantités très inférieures. Deux « détails » toutefois : les installations sidérurgiques ont une durée de vie en principe assez longue, et ne sont donc pas renouvelées fréquemment. C'est un sérieux frein à l'innovation. L'autre rejoint un problème autrement plus complexe : l'essentiel de la demande mondiale est tiré par les pays émergents, dont les besoins en infrastructures et équipements sont colossaux. Il est donc fort peu probable que la demande en acier faiblisse à court terme, et tous les experts pronostiquent une augmentation des émissions mondiales de $CO_2$ de la sidérurgie. À raison de 5 % par an, cette croissance se traduirait par un doublement en 15 ans, noyant les progrès techniques envisagés…

Cette conclusion s'applique également au ciment, ce qui n'est pas une raison pour bouder les efforts réalisés.

## Le ciment fait sa révolution industrielle

Numéro un du ciment dans le monde, n° 2 des granulats, n° 4 du béton : le groupe Lafarge (15 milliards d'euros de chiffre d'affaires, 1 600 sites de production, 68 000 collaborateurs) enchaîne les superlatifs. Et dans le domaine de l'environnement et de la lutte contre le changement climatique ? Après tout, l'industrie cimentière est responsable à elle seule de 5 % des émissions mondiales de $CO_2$… La fabrication du ciment impose en effet de porter à haute température un mélange de calcaire et de marne, cette phase exigeant beaucoup d'énergie. Précurseur, Lafarge est un des premiers cimentiers majeurs à avoir intégré au plus haut niveau de sa stratégie la réduction de ses consommations d'énergie et des émissions de gaz à effet de serre. Convaincu qu'à terme ce choix lui permettra de se démarquer de ses concurrents, Lafarge s'est efforcé de réduire de 20 % ses émissions, objectif qu'il poursuit avec une baisse supplémentaire de 14 % attendue d'ici 2020. Par quels moyens ? Substitution de combustibles fossiles dans les cimenteries (Lafarge s'engage à couvrir la moitié de ses besoins avec des combustibles non fossiles) et recherche-développement de ciments à basse teneur en calcaire sont ses principaux leviers. En outre, le cimentier incorpore à ses bétons une quantité croissante de matériaux issus de la déconstruction ou de la démolition des bâtiments, afin de diminuer la part des granulats extraits dans les milieux naturels. L'enjeu est considérable : la France consomme chaque année près de 400 millions de tonnes de ciment et de granulats, selon le syndicat français de l'industrie cimentière !

# La grande mutation du transport

La responsabilité particulière des transports dans les émissions de gaz à effet de serre oblige à se pencher sur ce secteur économique énorme et atypique. Pour mieux déceler, notamment, les « signaux faibles » d'une possible révolution à venir.

## Du transport en général

Devinette. Qui a dit « La réduction des émissions de $CO_2$ est une priorité » ? Un ancien PDG de PSA Peugeot Citroën en 2001. Et qui a écrit « Les transports en l'an 2030 s'éloigneront, plus qu'ils ne se rapprocheront, de la viabilité écologique » ? L'OCDE, qui n'est pas à proprement parler réputée « écologiste ». En quarante ans, la demande en transport a quadruplé, allongeant les trajets tandis que le nombre de déplacements s'est considérablement accru. Le résultat est que le transport représente le premier secteur en France, avec plus d'un tiers des émissions nationales de gaz à effet de serre, en constante augmentation depuis les Trente Glorieuses ! Le défi du Facteur 4 est donc particulièrement redoutable, et chacun sait qu'il dépend d'une combinaison de facteurs dont beaucoup reposent sur l'action des entreprises. Quoi de neuf de ce côté-là ? Beaucoup en réalité, même si l'on est encore loin de la décrue des émissions souhaitée, à tel point que la Commission européenne estime que le transport pourrait être le seul secteur dont les émissions progresseraient d'ici 2030, avant d'amorcer une baisse. Cela démontre au passage que le transport des biens ou des personnes reposera probablement encore longtemps sur les énergies fossiles, « énergie embarquée » dont le potentiel énergétique permet de s'affranchir d'un réapprovisionnement trop fréquent…

## Ce que transportent les camions sur nos routes

Qui n'aura pas remarqué, en croisant une autoroute, des poids-lourds immatriculés dans toute l'Europe, Russie et Turquie comprises ? Certes, la réglementation européenne étant ainsi faite, n'importe quelle entreprise de transport implantée dans les frontières de l'Union peut « caboter » indifféremment du rocher de Gibraltar à la Laponie et du Bosphore à l'Atlantique. Et transporter à peu près n'importe quoi. En 1999, une petite étude du WWF France citait quelques exemples croustillants : des crevettes danoises traversant l'Europe en camion frigorifique pour que les « petites mains » marocaines les décortiquent ; des chaussures allemandes direction le Portugal pour que d'autres « petites mains » enfilent les lacets dans les œillets (il paraît qu'à l'époque les machines le faisaient très mal...) ; des noix du Quercy se trimballant jusqu'en Moldavie pour que des autochtones payés au lance-pierre décortiquent les cerneaux à la main. Bref, excellent indice de mondialisation, le transport répond à la loi de l'offre et de la demande, couplée à « la division internationale du travail » selon laquelle un ouvrier chinois est payé 8 à 10 fois moins qu'un travailleur français, lequel gagne cinq fois plus, en moyenne, qu'un salarié marocain... Inutile de préciser que de tels trajets contribuent au changement climatique. Pour couvrir les 5 690 kilomètres aller-retour entre Cahors et Chisenau (capitale de la Moldavie), un poids lourd consomme en moyenne 1 700 litres de gazole ; il émet donc 4,5 tonnes de gaz carbonique. Tout ça pour des noix...

## Les bonnets rouges contre l'écotaxe

À l'automne 2013, ce mouvement est né en Bretagne d'une alliance hétéroclite entre patrons de l'agro-alimentaire, salariés d'abattoirs et d'usines en difficultés, syndicalistes agricoles de la FNSEA mais aussi de régionalistes bretons. Prenant le nom de « bonnets rouges » – en référence au soulèvement de 1675 de la Bretagne contre de nouvelles taxes décidées par le roi Louis XIV – ce mouvement prend pour cible les portiques installés sur les principaux axes routiers pour collecter l'écotaxe. En fait, une redevance sur le transport effectué par les poids lourds, décidée par le Grenelle de l'Environnement et votée depuis à l'unanimité par le Parlement.

Le mouvement enfle : des portiques sont brûlés ou démontés un peu partout et deux grosses manifestations réunissent des milliers de personnes à Quimper, puis à Carhaix. Le gouvernement prend peur et décide de « suspendre » l'écotaxe. Après plusieurs mois de tergiversations, Ségolène Royal, nouvelle ministre de l'écologie et hostile à ce qu'elle appelle « l'écologie punitive », décide en juin 2014 de remplacer l'écotaxe par un « péage de transit poids-lourds ». Mais au lieu de concerner 15 000 kilomètres, comme prévu dans le projet initial, le nouveau dispositif, applicable à partir du 1er janvier 2015, ne concernera que 4 000 kilomètres, dont une seule route (transversale) en Bretagne.

Plus grave : au lieu des 1,2 milliard d'euros de recettes supplémentaires attendus par l'État – qui devaient financer des modes de transport alternatifs et beaucoup moins polluants (tramway, métro, bus, etc.) – la nouvelle taxe ne devrait rapporter que 550 millions d'euros. Et les écologistes, qui auraient préféré qu'on parle dès le début de « pollutaxe», de regretter ce véritable gâchis qui risque de compromettre le financement de pas loin de 120 chantiers d'infrastructures de transports durables dans toute la France.

## Juste-à-temps et zéro stock sont dans un camion

Hyperspécialisation, accès aux matières premières, coûts variables de la main-d'œuvre : la recherche systématique de la meilleure combinaison de coûts de production fait faire le tour du monde à de nombreux produits de consommation courante. Un simple yaourt, l'exemple est connu, parcourrait 9 000 kilomètres entre le pâturage et la table du consommateur. Les différences étapes du cycle de vie d'un jean, du champ de coton jusqu'à la gondole du magasin le plomberait de 25 litres de pétrole selon Alternatives économiques (en 2009) ; un vélo ferait plusieurs fois le tour de la Terre avant de pouvoir rouler, dès lors que son assemblage fait appel à des pièces fabriquées aux quatre coins du monde ; quant à l'élevage industriel, il est à l'image de ce pauvre cochon, né au Canada et élevé en Australie, puis abattu et consommé en Belgique comme le révèle la lecture attentive des étiquettes…

Pourtant, d'énormes progrès ont été faits sur le plan technologique. Un poids lourd a vu sa consommation moyenne réduite de 30 % en trente ans et bien peu, désormais, retournent à vide ou même avec un chargement incomplet. Mais ces améliorations « unitaires » ont été noyées dans l'explosion du trafic, imposé par les lois du juste-à-temps (l'usine limite ses stocks au strict minimum, et réapprovisionne ses chaînes « juste à temps ») et du zéro-stock (on ajuste en permanence la production aux commandes).

Il n'empêche. Aucune fatalité dans cette situation, à commencer par la maîtrise des coûts. Au cours du baril, le poste « consommation de carburant » représente un quart du prix de revient du transport routier longue distance. Une combinaison de mesures allant du suivi des consommations au bridage des moteurs en passant par l'écoconduite et la pose d'équipements aérodynamiques permettrait de réduire de 20 % les consommations de gazole.

## Logistique comparée

On peut aussi choisir avec discernement son mode de transport. Le WWF a estimé l'empreinte carbone associée au transport d'une tonne de marchandise depuis Sfax (Tunisie) jusqu'à la région parisienne. Entre le recours au navire ou à l'avion, les résultats vont de 50 kg à plus de 2 tonnes de $CO_2$ émis ! En première lecture, on en déduira que le transport maritime, grâce aux volumes embarqués, émet peu de gaz à effet de serre par tonne transportée. En seconde, on comprendra que la part de ce type de transport dans le prix d'un produit manufacturé est si faible que ce n'est pas l'augmentation du cours du baril qui freinera le commerce mondial, avec l'inévitable allongement des distances et son corollaire, les émissions de gaz à effet de serre. D'autant qu'une fois parvenu au port, il y a de très grandes chances que le lot en question gagne sa destination finale par la route, confirmant qu'en matière de transports, la majorité des émissions provient des déplacements de proximité...

## Le cargo à voile

De plus, le trafic maritime s'efforce lui aussi d'améliorer ses performances. Comment consommer moins de fioul ? En se (re)mettant à la voile ! Non pas celle accrochée au « mât qui fait des cercles et désigne toutes les étoiles du doigt », comme l'écrivait Blaise Cendrars, car il ne s'agit pas de revenir aux trois-mâts, mais, sur un plan plus trivial, d'équiper des cargos d'une traction auxiliaire de propulsion-éolienne. Telle est en tout cas l'expérimentation conduite en 2007 par le Beluga Skysail, qui a rallié le Venezuela depuis Brême (Allemagne) avec à son bord 10 000 tonnes de marchandises diverses. Le déploiement d'une voile de type cerf-volant lui aurait permis d'économiser 20 % de fuel.

## Les avions : quoi de neuf dans le ciel ?

Si les navires font des économies, qu'en est-il des avions ? Oh, pas les avions de chasse (jusqu'à 3 000 litres de kérosène par heure de vol...), mais les avions de ligne. Déjà que la facture de carburant constitue un tiers du prix du billet, l'aviation civile va devoir réduire ses émissions ou bien acheter des permis au titre de son intégration dans le système d'échanges de quotas ETS (voir plus haut). Deux bonnes raisons de faire des économies, à ceci près que cette activité, mondialisée depuis longtemps, subit une concurrence acharnée entre les pays engagés dans le protocole de Kyoto et les autres, bien plus nombreux. Les compagnies aériennes européennes supputent donc que le renchérissement des coûts du kérosène affectera tôt ou tard celles qui ne maîtrisent pas assez leurs consommations. Autant se situer du bon côté. En 2008, à l'issue du Grenelle de l'Environnement, les principaux opérateurs du secteur (Aéroports de Paris, Air France-KLM, etc.), ont signé avec l'État une convention comportant notamment l'engagement de réduire de 50 % d'ici 2020 les émissions par passager. Au-delà d'un renouvellement accéléré de leurs flottes, il s'agit de mieux calculer les trajectoires pour diminuer les distances parcourues, alléger la masse embarquée, incorporer des biocarburants (lesquels posent d'autres problèmes environnementaux) et... asseoir les voyageurs dans les trains plutôt que dans des vols courte distance. L'avion, adepte de l'intermodalité ? L'avenir le dira, tant il est vrai que le ferroviaire émet peu de gaz à effet de serre, comparé à l'aérien.

Le secteur aérien, il faut le dire, a exercé un lobby intense contre toute réglementation climatique contraignante. Pratique à proscrire.

LE GESTE ANTI-$CO_2$

### À quand le retour du dirigeable ?

Finalement, hormis prendre le train, ce que la géographie ne permet pas toujours, peut-être une partie de la solution proviendra-t-elle, un peu comme la voile dans la navigation maritime, d'un retour en grâce d'un objet du passé : le dirigeable ? Plus léger que l'air, il permet de transporter des masses parfois imposantes sur de longues distances avec une grande économie de carburant. Certes, il ne circule pas à la même vitesse qu'un avion de ligne, mais son intérêt pourrait justement provenir de sa navigation apaisée, et d'un besoin en infrastructure sans commune mesure avec celles d'un aéroport international. Alors, sérieux le dirigeable ? Plusieurs compagnies y croient, quelques prototypes ont volé ces dernières années, il ne manque plus que le bon modèle économique pour en assurer la viabilité. Lequel se fait attendre…

## Bougeons avec La Poste !

On l'a déjà écrit, on le répète : le meilleur moyen qu'ont les entreprises de transport pour diminuer leurs émissions de gaz à effet de serre consiste à réduire les consommations de carburant. Choix du bon mode, éco-conduite, optimisation logistique, réglage des véhicules, de nombreuses actions vont dans la bonne direction. Seront-elles suffisantes pour enrayer le changement climatique ? Certainement pas ou du moins pas dans les proportions attendues. Entendons-nous bien : parvenir à réduire de 20 % ses émissions par la mise en œuvre d'une panoplie de moyens, à l'instar des engagements pris par le groupe La Poste pour son activité courrier, est une très belle performance, synonyme de diminution de la facture de carburant (– 5 % en 3 ans) et de moindres rejets de gaz à effet de serre (– 10 000 tonnes) sur fond de maintien du service public. Mais le bilan est objectivement plombé, en l'occurrence, par des constructeurs automobiles qui donnent parfois l'impression de vivre sur une autre planète.

## L'automobile et le Facteur 4

À quand une production en masse de véhicules décarbonés ? La question fait débat dans les colloques, les experts se disputant à coups d'hydrogène ou de voitures électriques. Tordons le cou à l'idée que cette dernière pourrait sauver le climat : s'il s'agit de se substituer aux 35 millions de véhicules thermiques en circulation en France, la production électrique du pays n'y suffirait pas. Surtout aux heures de pointe, lorsque la consommation d'énergie est à son comble. Il y a même fort à parier que cette flotte de véhicules électrifiés entraînerait un surcroît d'émissions de gaz à effet de serre. Alors, que faire ? Les signaux marketing émis par les constructeurs automobiles depuis des dizaines d'années glorifient une utilisation extravagante de la voiture : capables d'embarquer une famille complète avec tous ses bagages à des vitesses nettement supérieures aux maxima autorisés ! L'usage réel, lui, est plus modeste : « Un trajet en voiture sur deux est réalisé sur une distance inférieure à 3 km », nous enseigne l'ADEME, alors que le taux d'occupation moyen est de 1,20 passager par véhicule. Autant dire que nos berlines surpuissantes ne servent à rien, hormis flatter les ego des mâles dominants attachés à une représentation sociale désuète. Mais pour l'entreprise ? Où sont les véhicules très peu consommateurs avec lesquels elle pourrait renouveler sa flotte ? Tout comme les utilitaires, les voitures particulières ont connu une amélioration remarquable de leurs performances. Sur banc d'essai, un bloc moteur brûle, en moyenne, un tiers d'essence en moins qu'il y a trente ans. Mais en condition normale de circulation, pour un modèle dont l'usage est identique, les consommations ont au contraire augmenté au cours de la même période ! Coupables, les options et autres équipements embarqués qui se sont traduits par une hausse importante de poids, et la recherche de performances (accélération notamment) qui a tourné le dos aux petites cylindrées. Rêvons un peu. À quoi ressemblera la voiture dans vingt ans ? En ville ou plutôt en périphérie, on imagine bien de petits véhicules, pourquoi pas électriques, couplés aux énergies renouvelables et notamment au solaire : après tout, une voiture passe 95 % de son temps à l'arrêt dont une douzaine d'heures, chaque jour, « sous le soleil exactement ».

Mais au-delà des réponses technologiques, peut-être la véritable révolution proviendra d'un rapport tout simplement différent à l'automobile : à quoi bon la posséder si l'on peut en trouver, en libre-service et en location lorsqu'on en a besoin ?

# Chapitre 12

# Réinventer les villes

***Dans ce chapitre***

- Le climat malade de la ville
- La ville malade du climat
- La ville de demain

## Le climat malade de la ville

Les trois quarts des émissions de gaz à effet de serre s'échappent des villes du monde et de leurs conurbations. Il faut dire qu'elles concentrent désormais plus de 50 % de l'humanité, cette tendance se renforçant à grande vitesse puisqu'il est admis qu'à horizon 2030, plus d'un milliard et demi d'habitants supplémentaires pourraient s'y installer. Autant écrire qu'une solution globale à la question climatique dépend étroitement de la manière dont nous (re)construirons et (ré)utiliserons nos villes, et de la mise en œuvre du (ou plutôt des) modèle(s) de fonctionnement qui permettront à cette population de vivre décemment tout en réduisant rapidement et massivement leurs émissions carbonées. Le défi est tel et sa complexité si grande que ce chapitre ne parviendra qu'à effleurer sa surface, soulevant davantage d'interrogations qu'il n'apportera de réponses définitives.

### Qu'est-ce qu'une ville ?

La vision dominante de la ville se construit par opposition à celle de l'espace rural, sur un plan spatial. Certes, la ville, concentration de nombreux habitants, est par nature singulièrement différente de la campagne, dont l'habitat diffus rythme l'espace. Mais alors, dans le débat qui nous occupe, cette communauté humaine concentrée sur une faible surface est-elle nuisible ou bénéfique à l'évolution du climat ? La question est d'autant plus compliquée qu'aujourd'hui, ville et campagne se mêlent et s'entremêlent dans l'espace « périurbain », mi-ville, mi-campagne, à l'urbanisation discontinue et dont nous reparlerons plus tard.

Les moteurs historiques qui ont fait (et font encore) converger vers les villes des populations entières sont associés à de multiples fonctions, qu'elles soient ou qu'elles aient été par le passé défensives, résidentielles, économiques, etc. : si, jadis, la ville et ses épais remparts offraient aux yeux de beaucoup une sécurité appréciable, désormais, s'en persuadent les nouveaux migrants attirés par ses lumières, la ville et son activité perpétuelle offrent de multiples niches de survie économique.

Pour autant, la perfection n'étant pas de ce monde, deux ou trois constatations supplémentaires s'imposent. La première interroge la qualité de la vie urbaine : meilleure, ou pas, qu'en zone rurale ? La question n'a rien d'anodin, puisqu'elle conditionne la vigueur de l'expansion démographique des villes. Pas sûr qu'une seule réponse suffise, car s'il faut déplorer l'effroyable condition du « bidonville global » et son milliard d'habitants, de nombreuses régions du monde rural suintent d'une misère qui n'a pas grand-chose à envier à son homologue citadin. L'autre concerne directement la lutte contre le changement climatique : la ville et sa concentration humaine devraient permettre, en principe, des économies d'échelle ; or leurs émissions de gaz à effet de serre, mesurées par habitant, ne sont-elles pas supérieures à celles de la population rurale ? On vit différemment que l'on se trouve en ville où au-dehors, c'est une lapalissade. Les usages et activités, les sollicitations multiples, l'abondance qui semble y régner expliquent cette différence de niveau de vie, et donc la consommation accrue de biens et de services, lesquels recèlent leur propre contenu énergétique. Les quatre cinquièmes de l'énergie consommée dans le monde proviennent, on ne le dira jamais assez, de la combustion du triptyque charbon-pétrole-gaz naturel. Conclusion : en règle générale, un urbain émet davantage de carbone qu'un rural. Toute la question est de savoir comment cette tendance évolue et quels sont ses moteurs.

## Petit tour du monde des tendances en cours

En 2030, la planète comptera 5 milliards d'urbains (contre 3,5 milliards aujourd'hui) et ce sont les pays en développement ou émergents qui connaîtront l'essentiel de cet accroissement. Passons sur les villes déjà construites (en Europe, la ville ne s'étend que de 1 % par an) pour tenter de visualiser les conséquences de cette expansion qui s'annonce phénoménale. Selon une étude publiée fin 2012 dans les *Proceedings of the National Academy of Sciences*, l'espace urbain mobilisé en 2030 conduirait au triplement des surfaces déjà bâties dans le monde trente ans auparavant. Rien d'étonnant, puisque se construit en Chine par exemple, tous les six mois, l'équivalent de la région Île-de-France.

Cette accélération continue de l'artificialisation des sols se traduit sur toute la surface du globe par une consommation spatiale par habitant en augmentation. Autrement dit, chaque urbain mobilise pour ses besoins une surface plus grande qu'il ne le faisait par le passé. Ainsi, chaque jour d'ici 2030, ce sont en moyenne 180 km$^2$ qui s'urbanisent d'un bout à l'autre de la planète, soit bien davantage que l'équivalent de la ville de Paris (surtout en Asie aujourd'hui et demain en Afrique). Construction de millions de logements bien sûr, mais aussi de bâtiments commerciaux, industriels, tertiaires et des centaines de milliers de kilomètres d'infrastructures principalement routières que réclame ce mode de vie.

D'aucuns estimeront que c'est à la racine du mal qu'il faut s'attaquer, à savoir le moteur même de l'urbanisation. Mais voilà : outre que cette dernière est déjà puissamment à l'œuvre (les deux tiers des zones urbaines prévues en 2030 n'avaient aucune existence réelle en 2000 mais la plupart étaient déjà planifiées), il est une « vérité qui dérange » sur laquelle personne n'a véritablement de prise : la transition démographique (la diminution des taux de natalité et de mortalité), quoique en cours dans de nombreuses régions du monde, ne modifiera guère ces ordres de grandeur sur une si courte durée.

## Vers une explosion de l'empreinte écologique des villes

Voici quelques exemples de la démesure qui nous attend : à l'horizon 2030, en Chine, l'expansion de dizaines de villes entre Hangzhou (banlieue de Shanghaï) et Shenyang (proche de la frontière nord-coréenne) consolidera un corridor urbanisé et continu de 1 800 kilomètres. L'équivalent de la distance entre Madrid et Berlin. La Chine en effet, toujours elle, prévoit de construire d'ici là l'équivalent de la surface urbanisée européenne, pour loger plusieurs centaines de millions de néo-urbains.

L'Afrique ne sera pas en reste : on estime que le Nigéria, le delta du Nil, le golfe de Guinée multiplieront par six leurs surfaces bâties principalement en habitat horizontal, ces constructions inférieures à deux étages qui conjuguent de faibles densités et un linéaire d'infrastructures dont l'ampleur est colossale. Ce gaspillage effrayant d'espaces engendrera d'immenses impacts en cascade, car l'empreinte écologique d'une ville s'étend bien au-delà de ses frontières physiques : outre de fantastiques besoins en matériaux de construction, il faudra les nourrir, ces citadins, notamment en multipliant les élevages à grande échelle (puisqu'un urbain mange plus de viande qu'un rural), mettre à disposition des milliards de biens de consommation, leur distribuer une énergie qui aujourd'hui n'est produite par personne, et gérer quotidiennement des montagnes de déchets et d'effluents.

Dès lors, comment s'étonner qu'un citadin d'un pays émergent émette 4 à 5 fois plus de gaz à effet de serre qu'un rural, simplifiant, en quelque sorte, la question de la lutte contre les changements climatiques à l'équation suivante : comment freiner l'augmentation (dans les villes du Sud) et réduire drastiquement (dans celles du Nord) ces émissions pour que le monde majoritairement urbain que connaîtra la prochaine génération sorte de l'impasse climatique, tout en permettant à la population la plus précarisée d'accéder à un confort de vie amélioré et des conditions de vie décentes ?

LE SAVIEZ-VOUS ?

### Une croissance urbaine parmi les plus rapides au monde

Fondée en 1887 par un cheikh contraint par les autorités coloniales à s'installer avec ses disciples dans ce qui était alors une savane boisée, Touba, au Sénégal, s'est progressivement imposée au titre de ville sainte, et dès lors a connu une activité marquée par les pèlerinages et les fêtes religieuses. Sa population, dont une part importante se consacrait directement ou indirectement aux activités agricoles, comprenait 30 000 habitants en 1970, lorsque les grandes sécheresses frappèrent de manière répétée les zones rurales du nord du pays. L'attractivité exercée par la ville, une économie plutôt florissante, son organisation spatiale alors remarquable, virent affluer des milliers de personnes, Touba franchissant la barre des 250 000 habitants à la fin des années 1980, puis 500 000 habitants douze ans plus tard. En 2010, les autorités estimaient la population à près d'un million six cent mille, l'extension urbaine passant de 3 à 120 $km^2$ en 30 ans seulement. Un peu comme si les agglomérations de Lyon ou Marseille s'étaient construites dans le même laps de temps… Au-delà de cette croissance spectaculaire, Touba est toujours citée comme un exemple à suivre en terme d'administration locale et de planification des équipements, quand bien même ces derniers « courent après » une croissance démographique exponentielle.

## *Ça se passe (plus ou moins) près de chez nous*

On ne sera guère surpris d'apprendre que les bâtiments résidentiels et activités tertiaires, le transport des biens et des personnes, les industries et la gestion des déchets sont les principaux contributeurs citadins à l'effet de serre. En fait, toute activité susceptible de se développer en ville émet des gaz à effet de serre, sauf bien entendu si l'énergie dont elle a besoin provient de sources exclusivement renouvelables ou non carbonées (la circulation à vélo par exemple). Mais grossièrement, on tient là les principaux responsables.

Ce qui est en revanche surprenant, ce sont les fantastiques écarts entre les villes du monde. L'agglomération de Buenos Aires (quatorze millions et demi d'habitants) émet cinq fois moins de gaz à effet de serre par habitant que Sidney (quatre millions et demi). Los Angeles, trois fois plus que Barcelone.

Paris, deux fois moins que Hambourg, mais près de quatre fois plus que São Paulo. Et Denver, au Colorado, deux fois plus que Bangkok ou Shanghai (ce sont bien sûr des ordres de grandeur). Quelles en sont les raisons ? La présence ou non d'établissements industriels incorporés au tissu urbain constitue un premier indice. Paris n'en compte pour ainsi dire pas, Shanghai des milliers. Pour le coup, il s'agit bel et bien d'une conséquence directe de la division internationale du travail, en vertu de laquelle Paris (enfin, les pays riches) a délocalisé une part substantielle de ses industries dans les pays à bas coûts de main-d'œuvre. Au-delà de cette parenthèse et des différenciations économiques, sociales et écologiques qui en découlent, trois facteurs prépondérants émergent de la centaine de mégapoles auscultées dans une étude publiée en 2011 : la nature du mix énergétique nécessaire à la production d'électricité et de chaleur, la densité urbaine de laquelle dépend directement l'usage de la voiture particulière, et le niveau de vie qui conditionne l'abondance des biens de consommation. Ainsi, si Rotterdam figure dans le peloton de tête des villes les plus émissives par habitant, les causes proviennent de sa vocation industrialo-portuaire, fortement consommatrice de fuel. Si São Paulo émet vingt fois moins, c'est en raison du pouvoir d'achat limité d'une grande partie des Paulistes (les habitants de São Paulo) pour lesquels l'usage de la voiture est prohibitif, mais aussi de l'efficacité des transports publics. Si, enfin, Bangkok émet autant par habitant que Miami, c'est avant tout par l'origine de sa production électrique, très carbonée, et massivement absorbée par une activité industrielle considérable. Mais alors, pourquoi Miami, qui n'offre pas cette caractéristique, émet-elle autant ? Parce que sa densité est très faible, obligeant à recourir à l'automobile pour les déplacements, et que grâce à leur pouvoir d'achat élevé, les Miamians, comme ils sont surnommés aux États-Unis, consomment énormément.

## Un constructeur visionnaire

René Panhard, constructeur automobile, y croyait dur comme fer. Commentant une photo, prise en 1892, de voitures alignées dans la rue : « si elles avaient été attelées avec des chevaux, elles n'auraient pas pu tenir dans un espace aussi petit, ce qui démontre en passant que, lorsque la traction mécanique sera adoptée dans les villes, il n'y aura plus d'encombrements dans les rues ». Eh bien, c'est complètement raté. L'engouement pour la « bagnole » est tel que même les villes moyennes doivent faire face aux bouchons des heures de pointe. Il faut dire que pour tout un tas de raisons (politique industrielle, vision du modernisme, appétit de consommation), l'après-guerre (celle de 39-45, précisons pour les nouvelles générations…) a incité nos édiles locaux à adapter la ville à la voiture. On en connaît le résultat : des boulevards urbains, rocades et autres échangeurs autoroutiers en forme de « plats de spaghettis » qui ceinturent nos villes, défigurent leurs faubourgs et encouragent l'étalement urbain, tandis que l'automobiliste captif ronge son frein.

## Suivre le bon exemple

Ces comparaisons ont-elles un sens tant les réalités géographiques, sociales et économiques sont différentes ? Réponse affirmative : tout d'abord, nombreuses sont les mégapoles des pays du sud (grands émergents comme pays en développement) dont les émissions par habitant sont relativement basses. Pour ces villes d'Asie, d'Afrique et d'Amérique latine, tout l'enjeu consiste à poursuivre leur développement sans remettre en question leur sobriété carbone. Ce n'est pas gagné, mais elles possèdent pour avantage le retour d'expérience de leurs aînées des pays riches. Justement, ces dernières démontrent le rôle essentiel de la densification urbaine et d'un service de transport en commun efficace, associée à une production d'électricité la plus propre possible. C'est, en gros, ce qui différencie Barcelone de Denver : lorsqu'un Catalan émet 4,2 tonnes de $CO_2$ par an et un parisien 5,2 tonnes, un Denverite en rejette 16 tonnes. Il faut dire que ce dernier vit dans une ville onze fois moins dense, qui plus est logée à 1 600 mètres d'altitude, et donc si froide en hiver que les besoins en chaleur ne sont nullement comparables à ceux du littoral méditerranéen.

À choisir, « toutes choses climatiques égales par ailleurs », c'est de Barcelone ou de São Paulo qu'auraient raison de s'inspirer les planificateurs des villes en pleine expansion des grands pays émergents (ça tombe plutôt bien pour São Paulo car, justement, le Brésil en fait partie…), plutôt que de courir après un hypothétique *american way of life* éloigné pour encore longtemps d'une quelconque soutenabilité climatique… Là comme ailleurs, face au péril d'un climat en perdition, il y a urgence. Car, tandis que la ville globale connaît une expansion démographique de 4 % par an, ses émissions de gaz à effet de serre, tous continents confondus, progressent quant à eux deux fois plus vite.

## D'où s'échappent ces gaz à effet de serre ?

Chauffer et éclairer les bâtiments (et produire l'électricité à ces fins), répondre aux besoins énergétiques des entreprises, transporter les personnes et les marchandises, gérer et éliminer les déchets (à défaut de suffisamment les recycler…) : tels sont, comme partout dans le monde, les postes d'émissions de gaz à effet de serre de nos villes. Du moins les émissions directes. Car il faudrait y ajouter les indirectes, celles contenues dans tous les produits que nous consommons au quotidien, du champ à l'assiette pour reprendre une expression déclinable à l'envi (de la forêt au mobilier de jardin, de la mine au téléphone portable, de l'océan à la « marmite du pêcheur », etc.). Même si les émissions de gaz à effet de serre des produits que nous utilisons sont du même ordre de grandeur que celles des usages quotidiens de l'énergie (déplacements et logements), contentons-nous des émissions directes produites au sein d'un territoire urbain.

À Grenoble, par exemple, 65 % des émissions de gaz à effet de serre sont imputables aux secteurs du bâtiment et des activités tertiaires, 34 % aux transports et 6 % à l'industrie. Mais il s'agit de la ville de Grenoble. Car une comptabilisation à l'échelle de l'agglomération donne des résultats sensiblement différents : 39 % pour le bâtiment et tertiaire, 24 % pour le transport et 35 % pour l'industrie. Dans ce cas d'espèce, la question ne tient pas tant du résultat brut (il n'y a guère d'industries en centre-ville, la belle affaire !), mais du bon périmètre de prise en compte des émissions pour définir une politique locale appropriée de lutte contre le changement climatique. Rappelons que du périmètre d'intervention dépendent également les portages politiques et réglementaires desdites actions : la loi n'attribue pas à la ville les mêmes compétences qu'à l'agglomération, le bon emboîtement des interventions décidées à l'échelle de chaque collectivité en fonction d'un calendrier, d'un budget et d'objectifs différenciés, se rapprochant dangereusement du casse-tête dès lors que s'y superpose l'ensemble du mille-feuille administratif français…

Il s'agit d'une vraie difficulté, mais laissons-la de côté. Après tout, nombre de collectivités déclinent à travers leur Plan Climat Énergie territorial une remarquable intelligence du « bien travailler ensemble ».

## Bâtiments, transports : la ville s'étale

Revenons aux chiffres précédents. Bâtiments, transports, activités tertiaires, industries, auxquels s'ajoute plus modestement le secteur des déchets : on tient là le quinté des émissions urbaines directes. Pour en savoir plus sur l'industrie, on se reportera utilement au chapitre précédent, « Vers des entreprises légères ? » ; quant aux déchets, ils patienteront jusqu'à la fin de ce chapitre-ci. Les paragraphes suivants se concentreront sur les bâtiments et les transports. Et les activités tertiaires ? Elles sont tellement disparates qu'il serait difficile de généraliser en quelques lignes. Pour autant, qu'ont en commun un service administratif, un établissement scolaire, les services de restauration et la librairie de quartier ? Des besoins en énergie spécifique à leur activité, certes, mais aussi, beaucoup, en bâtiments et en transports. Décidément, ces deux secteurs sont incontournables. Ce sont d'ailleurs ces deux-là qui ont poursuivi la hausse de leurs émissions de gaz à effet de serre en France depuis 1990, référence de base pour le respect des engagements du protocole de Kyoto, et ce (au moins) jusqu'à la grande crise économique à l'œuvre depuis 2008. Une augmentation imputable, en grande partie, à l'étalement urbain, cette tendance à repousser toujours plus loin les limites de la ville.

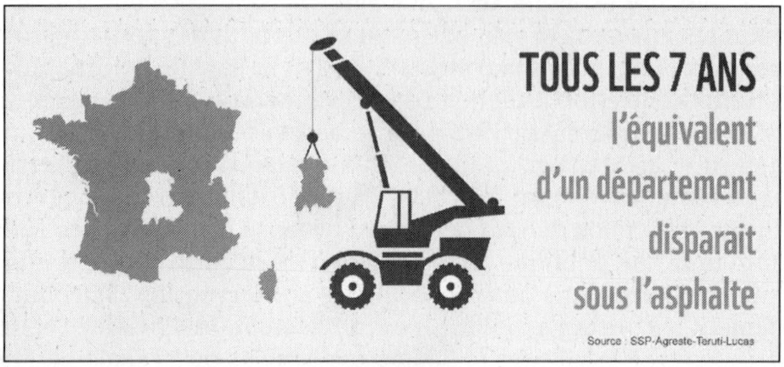


**Figure 12-1 :** L'étalement urbain

## Le non-aménagement des villes

Il est normal que la ville s'étende dès lors que de nouveaux arrivants s'y installent. La tendance en cours, en France particulièrement depuis la fin des années 1960, se traduit cependant par une expansion urbaine plus rapide que la croissance démographique. Artificialisation des sols et hausse continue des consommations d'énergie, notamment pour les déplacements, sont les premières conséquences de cet étalement urbain, dont un chiffre donne l'ampleur : 79 000 ha se sont urbanisés chaque année entre 2006 et 2011 selon l'INSEE (soit l'équivalent d'un département français tous les sept à dix ans), à parité entre les zones d'habitat et celles dévolues à l'activité économique, infrastructures comprises. Cette consommation d'espace s'effectue au détriment des sols agricoles et des milieux naturels, hypothéquant pour longtemps les capacités alimentaires des couronnes urbaines et érodant sans cesse un peu plus la biodiversité.

Dénoncé par toutes les parties prenantes du Grenelle de l'Environnement, l'étalement urbain reste pourtant difficile à maîtriser : il illustre la conjonction de tendances aussi diverses que l'augmentation de la surface de logement par habitant, une préférence, des décennies durant, pour la villa individuelle avec un grand jardin autour, la surenchère de zones d'activités et commerciales aboutissant à un clonage navrant des entrées de ville, un recours généralisé à la voiture dans les déplacements de la vie quotidienne ; ce mode de transport dont sont pratiquement prisonniers, il faut le reconnaître, des millions de nos concitoyens.

LE SAVIEZ-VOUS ?

### En route vers le Grand N'importe Quoi

Les causes sous-jacentes de l'étalement urbain trouvent parfois leur racine dans l'absurdité. Comment vendre un logement en temps de crise ? En offrant une voiture à l'acquéreur, pardi ! Du Danemark à la Catalogne, de l'Alsace à la Bretagne, des professionnels de l'immobilier ont pensé ainsi se libérer plus facilement du fardeau des logements invendus, en partant du principe que le ménage intéressé par un bien éloigné du centre-ville aurait forcément besoin d'un second (parfois un troisième) véhicule. Il paraît que le succès n'est pas au rendez-vous, les acquéreurs potentiels cherchant à négocier en vertu d'une autre logique : « si vous êtes prêt à m'offrir un véhicule neuf, alors vous pouvez certainement consentir un rabais substantiel sur le prix de vente du logement ! »

## La facture transport s'alourdit

De banales considérations économiques viennent compléter ce tableau. Les prix des terrains et la fiscalité locale, conjugués à la rareté relative des parcelles vacantes au sein même des espaces déjà construits, décroissent proportionnellement à leur éloignement avec la ville-centre. Considérations politiques aussi, puisque le meilleur moyen pour un maire de rater sa réélection est de refuser de nouveaux permis de construire, et parfois clientélistes (pas facile de résister au lobby exercé par les grandes enseignes pour l'ouverture d'un nouvel hypermarché), etc.

Bref, cette histoire condamne les habitants et usagers des périphéries urbaines, souvent mal desservies par les transports en commun et éloignées des commerces et services, au recours systématique à la voiture. L'INRETS (Institut National de Recherche sur les Transports et leur Sécurité) et ses études « Budgets énergie environnement déplacements » montrent qu'un ménage périurbain consomme trois fois plus d'énergie pour ses transports qu'une famille de taille identique domiciliée en centre-ville, pour une facture annuelle moyenne de 5 700 euros entre l'acquisition et l'usage de la voiture ! Conclusion : 28 % des 15,5 tonnes de $CO_2$ rejetés chaque année par un ménage français sortent du tuyau d'échappement… et 22 % de son logement.

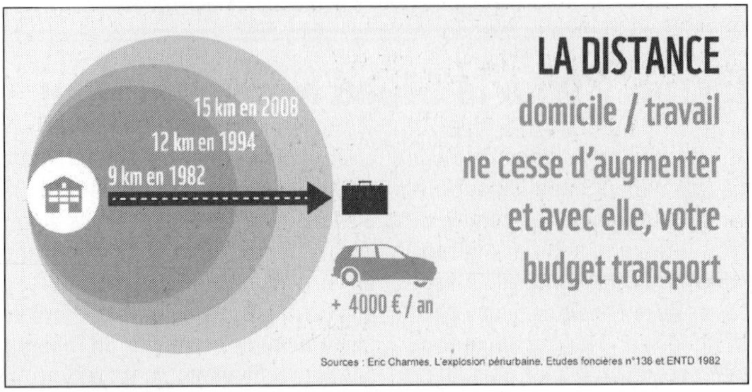


**Figure 12-2 :** Augmentation de la distance domicile-travail

## *Celle du logement aussi*

Chauffage des logements, production d'eau chaude sanitaire et électricité nécessaire à la kyrielle des besoins domestiques consomment de l'énergie ; l'essentiel provient tout de même du chauffage. Ils émettent donc des gaz à effet de serre, en proportions diverses selon la nature du mix énergétique, le type et la superficie du logement, le niveau de confort recherché par ses occupants… et la qualité de l'enveloppe thermique de la construction. Car, à cette planification urbaine pour le moins désordonnée, synonyme d'étalement urbain et de « bagnole » omniprésente (cette dernière a assuré huit déplacements sur dix en 2011), s'ajoutent de piètres performances en matière d'isolation thermique des logements. Les raisons sont connues. Il a fallu attendre 1975 pour que s'impose la première réglementation, conséquence d'un choc pétrolier qui avait convaincu les pouvoirs publics (et les Français en général) de réduire leurs consommations d'énergie. Or, bon nombre de logements antérieurs à cette date, et en particulier ceux construits depuis la Seconde Guerre mondiale (approximativement un quart du parc actuel) sont de véritables passoires thermiques. Pour donner un ordre d'idée, la dépense d'énergie par logement varie grosso modo d'un à dix : les plus performants (étiquette énergie « A ») consomment 50 kWh/m$^2$/an (ces bâtiments à basse consommation constituent maintenant la norme à atteindre pour les nouveaux logements) quand la dépense énergétique des moins bien isolés s'élève à plus de 450 kWh/m$^2$/an (les fameuses passoires thermiques). Quant à la moyenne nationale, elle s'établissait, selon une étude conduite de 2006 à 2011, à 270 kWh/m$^2$/an (étiquette énergie « E »). En d'autres termes, s'empressait d'ajouter l'étude, 80 % des logements français sont plutôt « énergivores ». Un élément déterminant dans notre longue marche vers le Facteur 4 et le dénouement de la crise climatique.

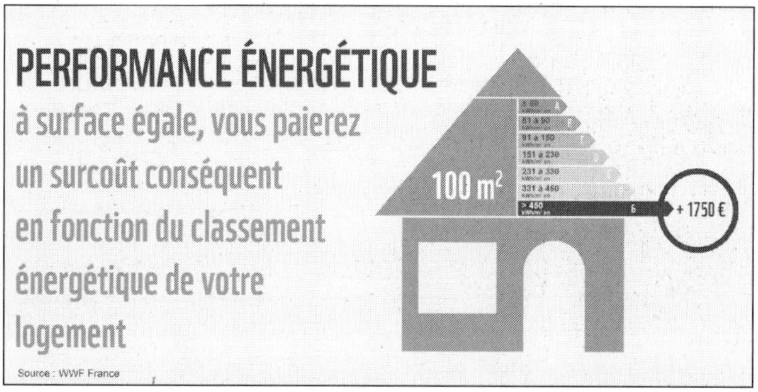


**Figure 12-3 :** Classement énergétique des logements

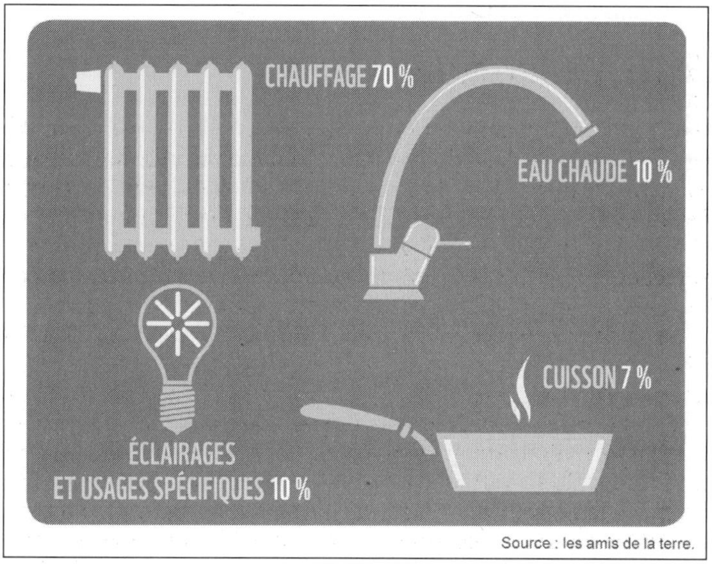


**Figure 12-4 :** Sources des GES dans l'habitat

## Grenelle dans mes lampes : la fin des lampes à incandescence

Parmi les mesures emblématiques décidées à l'issue des tables rondes du Grenelle figure le retrait programmé des lampes à incandescence. En effet, une lampe à incandescence consacre 5 % de l'énergie consommée à éclairer son environnement. Le reste se perd en chaleur. Après un siècle de bons et loyaux services (ne nions pas le progrès que fut l'éclairage électrique !), ce petit radiateur suspendu au plafond est désormais interdit à la vente dans l'Union européenne, au nom des économies d'énergie. En France, son remplacement par des lampes plus économes (fluocompactes et bientôt LED) permettrait d'économiser le double de la consommation d'électricité annuelle de Paris.

## La facture s'alourdit (bis)

Qui dit logement énergivore dit facture salée pour le locataire ou le propriétaire, d'autant plus salée si on est chauffé à l'électricité. En effet, toujours selon la même étude, les logements chauffés à l'électricité consomment en moyenne 20 % d'énergie en plus que ceux chauffés au gaz. Logique, puisque la volonté de réduire les consommations d'hydrocarbures au titre de la « chasse au gaspi » (voir ci-dessous) s'est accompagnée d'un déploiement massif d'équipements de chauffage connus pour leur piètre efficacité (ces convecteurs électriques à effet joule surnommés « grille-pain » par les chauffagistes), alors que l'enveloppe thermique des logements fuyait de toutes parts. Certains rétorqueront que l'électricité, en France, provient majoritairement du nucléaire et de l'hydraulique ; ce type de chauffage n'émettrait guère de gaz à effet de serre. C'est oublier que pendant les pointes de consommations hivernales, lorsqu'il fait froid, la France importe massivement l'électricité dont elle a besoin des pays voisins, laquelle est beaucoup plus carbonée. Les deux tiers des logements les plus consommateurs d'énergie (classes E, F et G) sont chauffés à l'électricité. Rien d'étonnant à ce que les dépenses de chauffage des Français dépassent mille euros par an, cette moyenne n'étant pas sans poser problème à un grand nombre de nos concitoyens.

INSOLITE

### Un peu d'histoire : la chasse au gaspi

Il est une époque que les plus jeunes n'ont pas connue : pour réduire les conséquences économiques des chocs pétroliers de 1973 puis 1979, les gouvernements d'alors édictèrent une série de mesures destinées à rationner les consommations, et donc les importations, de carburant. Vitesses abaissées sur les routes, température des locaux plafonnée à 19 °C, premières réglementations thermiques du bâtiment, interdiction d'éclairer les immeubles de bureaux lorsqu'ils sont vides d'occupants et même – mais oui ! – un gouvernement qui annonce l'interruption des programmes télévisés le soir à 23 heures ! La chasse au Gaspi, incarnée par un slogan fameux (« En France, on n'a pas de pétrole mais on a des idées ! ») fut régulièrement sortie de la naphtaline à chaque tension sur le cours du baril. Il en est toutefois des économies d'énergie comme en toute chose : l'autorité de l'État a tellement fondu que de telles mesures, supposées impopulaires, nécessitent un passage par Bruxelles ou l'arbitrage complexe d'une gouvernance à cinq mise en scène, plus de trente ans plus tard, par le Grenelle de l'Environnement.

## Avoir froid chez soi

Cette réalité est tellement visible qu'elle fait même l'objet d'une définition légale : « est en situation de précarité énergétique », signale la loi Grenelle 2 du 12 juillet 2010, une personne « qui éprouve dans son logement des difficultés particulières à disposer de la fourniture d'énergie nécessaire à la satisfaction de ses besoins élémentaires en raison de l'inadaptation de ses ressources ou de ses conditions d'habitat ».

Beaucoup de monde se cache derrière « cette personne », puisque l'INSEE estimait en 2011 à 3,8 millions le nombre de précaires énergétiques, dont la quasi-totalité déclare souffrir du froid dans leur logement. Sans surprise, les ménages modestes subissent une double peine car ils cumulent les difficultés d'un habitat peu performant et de ressources financières trop faibles. Mauvaise isolation, équipements de chauffage défaillants ou obsolètes, recours à une énergie de plus en plus chère : si 48 % des précaires déclarent se chauffer – ou plutôt ne pas assez se chauffer – à l'électricité, on n'oublie pas pour autant les occupants des pavillons individuels construits il y a quarante ans en périphérie de ville, parfois chauffés au fioul par des chaudières hors d'âge qui, eux, souffrent d'une forme de précarité énergétique supplémentaire : mal desservis par les transports en commun, ils sont contraints d'utiliser leur voiture dans leurs déplacements au quotidien. Lorsqu'on ne possède pas les revenus qu'il faut, on se serre la ceinture en arbitrant sur les autres postes de dépenses : les loisirs, l'alimentation, l'habillement, la santé.

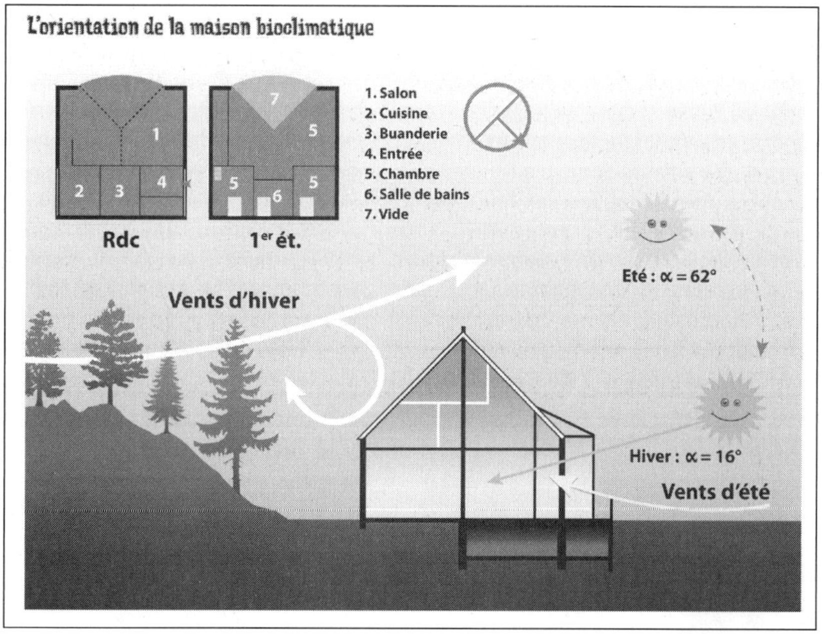


**Figure 12-5 :** L'orientation de la maison bioclimatique

## Un chantier capital

Issu du Grenelle de l'Environnement et sanctuarisé par la loi, l'objectif poursuivi par l'État est de réduire de 38 % la consommation d'énergie des bâtiments existants d'ici 2020. Renforcer les performances énergétiques des logements déjà construits relève d'une politique à plusieurs dividendes : on vient en aide aux plus démunis tout en préservant le portefeuille de l'ensemble des Français, on lutte contre le changement climatique tout en épongeant une part du déficit commercial lié à l'importation d'énergie, on crée des emplois par milliers, tant les besoins sont immenses à l'échelle d'un parc immobilier qui comptait, au 1er janvier 2012, plus de trente-trois millions de logements, dont 80 %, on l'a compris, doivent être rénovés. Combien d'emplois ? Parmi les activités créatrices d'emplois, nous dit le Centre International de Recherche sur l'Environnement et le Développement, « la première est la rénovation thermique des logements, ce qui s'explique en partie par l'ampleur du programme de rénovation et en partie par le contenu en emploi élevé de la branche bâtiments ». Et de chiffrer à 300 000 le nombre d'emplois nouveaux (et non délocalisables !) dans ce seul secteur, pour les trente ans qui viennent. Ce ne serait pas de la bonne politique, peut-être ?

### Les certificats d'économie d'énergie, c'est compliqué : pourquoi, comment ?

Comment généraliser les réductions des émissions de gaz à effet de serre en accélérant les économies d'énergie ? La loi d'orientation sur l'énergie de 2005 a choisi d'importer en France le système de certificats d'économies d'énergie déjà connu de nombreux pays européens. En quoi consiste-t-il ? À obliger les fournisseurs d'énergie à réduire leurs propres consommations et inciter leurs clients à réduire les leurs. Tous les opérateurs sont concernés, y compris les hypermarchés (premiers distributeurs de carburants) et c'est la raison pour laquelle certains d'entre eux proposent par exemple à leurs clients de financer une partie de l'isolation de leur logement : en contrepartie des travaux, dont le résultat en termes d'économies d'énergie peut être calculé, ils empochent les précieux certificats. Ce dispositif, qui a déjà encouragé des milliards d'euros d'investissements dans les travaux d'économies d'énergie, s'élargit progressivement à un nombre toujours croissant d'entreprises : il se situe au cœur du dispositif mis en œuvre pour rallier l'objectif européen de 20 % d'amélioration de l'efficacité énergétique d'ici 2020, prévu par le Paquet Climat Énergie.

# La ville malade du climat

Construites de longue date ou en pleine expansion, les villes sont rattrapées par la crise climatique. Il faut dire que, excepté quelques expérimentations comme les quartiers durables WWF (voir plus bas le paragraphe « La ville selon le Panda et ses 10 cibles ») ou l'écoville au milieu du désert Masdar City (Émirats arabes unis), aucune ville, sur le plan mondial, ne s'est construite en anticipant l'évolution d'un paramètre aussi déterminant et multiforme que le changement climatique.

## L'imprévoyance des hommes

Aucune cité littorale, jusqu'à un passé très récent, n'avait intégré à ses outils de planification une élévation du niveau des mers de plusieurs dizaines de centimètres telle que nous la connaîtrons d'ici la fin du siècle.

Aucune directive technique unifiée, pour évoquer un des outils normatifs du secteur des BTP (bâtiments et travaux publics), n'avait prévu jusqu'à présent l'augmentation de la récurrence des événements extrêmes, à l'instar de précipitations massives qui devraient obliger, dorénavant, à réviser à la hausse le diamètre des conduites de collectes des eaux pluviales, par exemple.

Aucune ville, enfin, n'est préparée à une augmentation des températures annuelles moyennes de plusieurs degrés, faisant du climat marseillais en 2100 l'équivalent de celui du Caire en 2000, ou de celui de Paris celui qui règne, aujourd'hui, dans le sud de l'Espagne.

On peut multiplier les exemples : aucune des villes érigées « en dur » depuis soixante ans dans le nord de la Sibérie n'était prête au dégel du pergélisol, dans lequel la plupart des fondations des bâtiments sont arrimées. Sa fonte, conséquence d'une élévation de 2 ou 3 degrés déjà relevée dans certaines localités de ces vastes régions, se traduit par l'effondrement d'immeubles, la rupture de canalisations, la dislocation d'infrastructures. Plus au sud, dans les régions du monde soumises à une aridité croissante, c'est bien entendu au manque de disponibilité en eau que sont confrontées nombre de localités, dont pourtant les consommations par habitant n'ont que peu à voir avec les nôtres. Un ménage français consomme en moyenne 350 litres d'eau par jour, contre 25 au Mali…

## La vulnérabilité des territoires urbains

Ainsi, non seulement la ville climato-compatible doit faire mieux (en termes de services) avec moins (d'émissions carbonées), mais elle doit s'adapter rapidement aux conséquences du changement climatique. Ce n'est à vrai dire une nouveauté pour personne, et de nombreux édiles locaux l'ont parfaitement compris et parfois mis en œuvre. De manière réfléchie et méthodique, à l'instar de la ville de Montréal et ses cheminements végétalisés, ou plus spontanée lorsque les conditions locales sont à ce point intégrées que les constructions sont bioclimatiques. Comment, toutefois, ne pas (re)faire le constat de la profonde inégalité de moyens entre riches et moins riches ? Personne ne doute des capacités financières et économiques des pays du nord de faire face, dans la mesure du possible, aux manifestations prévisibles du changement climatique. On ne voit pas bien, en revanche, comment adapter la ville globale qui s'étend dans les autres pays chaque jour davantage, juxtaposition d'immeubles de grande hauteur aux façades de bétons mal isolées et d'un habitat rampant en « parpaing-bac acier », pour citer le modèle constructif cosmopolite, réchauffé l'hiver comme on peut et refroidi l'été venu, dans le meilleur des cas, par un climatiseur à l'efficacité énergétique proche du néant…

Les lignes suivantes reviendront sur quelques-uns des problèmes qu'il convient d'anticiper, avant d'aborder les solutions de la « ville de demain ».

## Îlot de chaleur + canicule + pollution = grand danger

Tout voyageur traversant une ville de part en part en fait l'expérience : il fait généralement plus chaud en centre-ville que dans la campagne environnante. Ce phénomène bien connu des météorologues sous la dénomination « d'îlot de chaleur » résulte de plusieurs causes : lorsque le soleil brille, les matériaux de construction, à commencer par le bitume, le béton ou les tuiles emmagasinent la chaleur pour la restituer lorsqu'il fait plus frais. Les circulations d'air sont moindres qu'à la campagne. Et la pollution engendrée par le trafic routier, le chauffage des immeubles ou l'activité industrielle stagne en une véritable chape, qui peut rester plusieurs jours si les conditions météorologiques sont réunies pour que cette pollution soit retenue au ras du sol. Il en résulte une différence de température allant parfois jusqu'à plusieurs degrés entre l'hypercentre et la périphérie, situation qui n'offre pas que des avantages, loin de là.

Ainsi, l'été 2003 et sa canicule ont provoqué en France une surmortalité estimée à 15 000 personnes, pour la plupart âgées, tant les îlots de chaleur urbains bloquaient toute fraîcheur nocturne nécessaire à la régulation de la température du corps. Associé à la pollution, ce phénomène est désastreux : l'Organisation mondiale de la Santé estime, toujours pour la France, à 42 000 par an le nombre des victimes d'une surmortalité liée aux particules et autres oxydes d'azote, principalement émis par les véhicules et les chauffages urbains.

Or, que pronostiquent les climatologues pour les prochaines décennies ? À l'horizon 2050, en France, un été sur trois pourrait connaître un épisode caniculaire comparable à celui du mois d'août 2003…

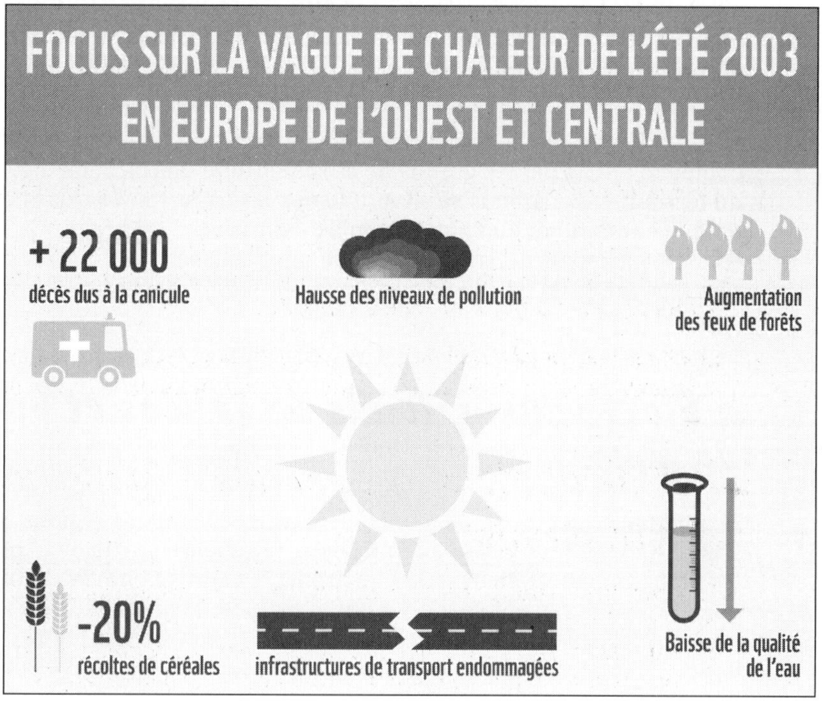


**Figure 12-6 :** Les conséquences de la canicule de 2003

## *Précipitations, inondations, submersions*

L'autre mauvaise nouvelle concerne ces phénomènes inquiétants et déjà traités dans les pages précédentes que sont d'une part la survenue d'événements météorologiques extrêmes, à l'image des précipitations massives et soudaines, et la hausse globale du niveau des océans.

Ces épisodes pluvieux diluviens, certaines régions métropolitaines les connaissent bien, à l'instar du Languedoc et ses « dépressions cévenoles » qui font crever d'énormes cumulonimbus bloqués sur les montagnes éponymes dans leur remontée depuis la Méditerranée. Si les statistiques régionales n'enregistrent guère d'évolution significative dans ce cas d'espèce, les observateurs avertis notent que ces deux dernières décennies ont connu, un peu partout à travers le monde, une recrudescence de précipitations diluviennes dont la trace n'existait pas dans les annales météorologiques. Et si, à ce jour, les modèles mis au point par les climatologues alertent sur un « risque d'augmentation de l'occurrence des événements extrêmes » consécutif à l'intensification du changement climatique, les impacts déjà constatés des épisodes de fortes pluies se révèlent de véritables catastrophes lorsque l'urbanisation s'est emparée des territoires soumis aux inondations. Et c'est sans compter tous les problèmes de « submersion » localisée même loin des fleuves et littoraux, dus à ce surplus d'eau pluviale qui ne peut être absorbé par nos villes asphaltées, bétonnées, etc.

La situation est même tout à fait préoccupante lorsque la topographie conjugue « plats pays », grands fleuves et littoral marin. Sans digue, un quart du territoire néerlandais se situerait sous les eaux, tandis que Shanghai, dont le nom traduit du chinois signifie « sur la mer », verra probablement d'ici 2100 la moitié de sa superficie plonger sous les eaux. Ce qui ne sera pas sans poser de problème aux 23 millions d'habitants qui s'y croisent déjà aujourd'hui !

## « Plats pays », fonds de vallées et bords de mer

Manhattan, Calcutta et, plus près de nous, le littoral des régions Nord-Pas-de-Calais (les « Pays-Bas français »), la majeure partie de l'Aquitaine, les étangs languedociens et la Camargue, le marais Poitevin et son trait de côte déjà durement éprouvés par la tempête Xynthia en 2010, sont en première ligne, à l'instar des estuaires qui verront immanquablement les lignes d'eau monter, rongeant le trait de côte, submergeant des équipements implantés trop bas, inondant les zones mal protégées. Plusieurs pays en sont conscients, à commencer par les Pays-Bas (on les comprend…) ou la Frise allemande qui organise un « repli stratégique » des portions de littoral trop dispendieuses à protéger. « Anvers monte ses digues de 9 m, Amsterdam prévoit un barrage flottant contre la tempête. Nous, rien », tempêtait Daniel Haloo, un élu de Dunkerque il y a quelques années. Ce n'est pas complètement exact. Mais force est de reconnaître que les fonds de vallées et quelques communes littorales exposées voient encore des constructions sortir de terres au motif que les permis de construire ont été attribués et qu'il s'agit de « coups partis », voire que l'accès au foncier est moins dispendieux qu'ailleurs dans ces zones où personne, des siècles durant, n'avait eu l'idée d'ériger d'autre construction qu'un abri à bateau…

En France, « 7,5 % des zones urbanisées sont exposées au risque d'inondation. Ces zones se sont accrues de 1,2 % entre 2000 et 2006 au détriment d'espaces naturels ou agricoles », nous enseigne le Commissariat général du Développement durable, qui rappelle utilement que « les inondations, qui représentent 70 % des catastrophes naturelles déclarées en France entre 2000 et 2010, sont les événements naturels les plus fréquents de la décennie ».

## Face à l'incertitude

Quelle est la nature du risque que le changement climatique fait courir à chaque ville ? Selon quelle ampleur ? À quel horizon ? Avec quelle fréquence de retour ? La science ne se confond pas avec la divination. Même si les modèles de prévision des climats du futur affichent une résolution de plus en plus fine, il est des doutes qu'elle ne pourra pas dissiper. Comment, dans ces conditions, adapter la ville face à l'incertain, face à ce cumul d'incertitudes ? En suivant quatre grands principes généraux.

- Le premier consiste à éviter de commettre l'irréparable, à savoir des aménagements qui mettraient en danger les personnes et les biens. Ne lotissons plus ces « plats pays » littoraux, vaguement protégés par des digues, et évitons d'y ériger des installations industrielles que les grandes marées ou les crues soudaines transformeraient en dangers mortels. Combien d'usines chimiques ou de centrales nucléaires sont-elles construites en zones de futur risque majeur ?
- Le second consiste à prévoir la réversibilité. Si le territoire en question devient trop exposé, sachons anticiper, déplacer, réagencer, déconstruire, rebâtir. Que les ingénieurs des travaux publics mettent leur savoir-faire au profit d'aménagements d'un nouveau genre, adaptés face aux éléments tempétueux ; que les bâtiments et voiries apprennent à résister aux grands écarts de température.
- Le troisième se nomme mesure « sans regret ». Les mesures qui en découlent sont rentables et utiles en elles-mêmes, ou quelle que soit l'amplitude du réchauffement. L'amélioration de l'habitat est une mesure sans regret en ce qu'elle améliore le cadre de vie tout en permettant d'anticiper les crises climatiques et énergétiques : on n'a plus à s'interroger sur son opportunité, il faut y aller ! Un réseau de pistes cyclables en est une autre car il ne nuit à personne tout en faisant partie de la solution.
- Le dernier principe relève de la gouvernance. Quand bien même la menace est réelle, elle reste confuse et éthérée. « D'ici 2100, on a le temps de voir venir ». Comme si une convention d'études (il fallait bien que les chercheurs désignent une échéance !) résumait le dérèglement

climatique en cours. En quoi sommes-nous concernés ? Que pourrait-il advenir si nous restions les bras ballants ? De quelles solutions notre territoire peut-il s'emparer ? Sont-elles à notre portée ? Comment les mettre en œuvre, qui peut le faire et avec qui ? Quel avantage notre communauté peut-elle en attendre ? Autant de questions qui ne trouveront une réponse que par le débat contradictoire, l'acceptation de la controverse, la concertation et enfin, la construction collective. Le temps des décisions *top-down* a vécu. Il nous a assez menés à la catastrophe. Il est temps, en matière d'adaptation des villes au changement climatique comme en beaucoup d'autres choses, de parier sur l'intelligence collective, laquelle est bien plus que simplement proportionnelle au nombre de cerveaux disponibles.

## La ville de demain

Ville durable, ville résiliente, ville intelligente, ville verte… Les qualificatifs se multiplient depuis quelques années, peut-être en réponse à la crise profonde dont les modèles urbains traditionnels pâtissent. Pour autant, cette terminologie n'est pas sans rappeler la ville radieuse chère à Le Corbusier, l'utopie coopérative de la ville harmonieuse d'Owen, ou la cité-jardin d'Howard. En fait, au-delà des mots et du sens qui s'y cache, la reconnaissance du rôle colossal que jouera le monde urbain dans la lutte contre le changement climatique remet en lumière le triptyque social-économique-environnement du rapport Bruntland sur le développement durable (1987). Semble même s'opérer une convergence avec les préoccupations des glorieux ancêtres d'un urbanisme profondément humaniste, horrifiés, dès la fin du XVII<sup>e</sup> siècle, à la vue des bas-fonds des cités industrielles (il suffit de relire Dickens…). Ils en conçurent en réaction des projets qu'aujourd'hui on qualifierait de durables, à l'image de la *Teoria general de la urbanizacion* que rédigea l'architecte catalan Cerdà après avoir composé le plan d'extension visionnaire de Barcelone.

Ce qui est neuf, en revanche, c'est d'une part le sentiment profond de la finitude du monde, qui doit nous convaincre de ne plus négliger comme avant l'avenir (climatique) de la planète, mais aussi cette réalité qui s'impose avec l'explosion des surfaces urbanisées. Jamais auparavant en effet, de si puissantes mégapoles n'étaient sorties de terre si vite tandis que d'innombrables extensions urbaines et villes nouvelles perceront la surface du monde dans les trente ans qui viennent. Puisque le contexte environnemental, c'est un euphémisme, incline à la prudence, il est plus que temps de réfléchir aux contours de la ville de demain, résiliente aux impacts du changement climatique, sobre dans sa dépense énergétique, et désirable dans ce qu'elle est susceptible d'offrir à ses habitants.

## Scoop : la ville de demain est déjà construite !

Du moins en partie, comme le mettent en évidence de manière fort encourageante les réseaux de collectivités ICLEI (Conseil international des initiatives environnementales locales), Énergie-Cités ou Climate Alliance. Qui prend la peine d'examiner leurs professions de foi verra que ces réseaux partagent l'ambition de bâtir une vision partagée de la transition énergétique et climatique des villes. Ils s'appuient pour cela sur les réalisations concrètes et opérationnelles des collectivités qui les composent et capitalisent sur plusieurs milliers d'expériences locales menées par leurs membres. Ils se sont d'ailleurs structurés en réponse aux premiers travaux du GIEC, dès 1990, et pressent les grandes institutions internationales (les Nations-Unies, la Commission européenne) de reconnaître l'importance de leur responsabilité dans la bataille climatique. En Europe, ces réseaux se sont coalisés dans la Convention des maires, en vue notamment d'intervenir dans le cadre du sommet international de Copenhague en 2009. Quatre ans plus tard, plus de 5 400 collectivités étaient engagées à leurs côtés, représentant 177 millions d'européens, ce qui n'est pas rien !

### Paris, en plein climat-fiction...

Imaginer à quoi Paris pourrait ressembler en 2100 avec un thermomètre affichant deux degrés de plus : tel est le pari que se sont fixé deux jeunes architectes, Yannick Gourvil et Cécile Leroux. À l'occasion d'une exposition au pavillon de l'eau en 2012, ils ont dessiné vingt cartes postales futuristes représentant les vingt arrondissements parisiens en prises avec un réchauffement climatique « modéré ». Une vision où les toits sont accessibles et végétalisés, les vélos se déplacent sur des voies rapides à la place des voitures, des potagers sont installés au-dessus des voies ferrées, le périphérique est transformé en parc paysager, les stations de métro deviennent des places à ciel ouvert...

Cela ne suffira pas, car les prévisions du GIEC sont aujourd'hui bien au-delà des 2 °C et les villes, à défaut d'aménagement urbain, pourraient devenir, au contraire, des îlots de chaleur... Ainsi, des simulations menées, fin 2012, par les chercheurs de Météo France et du Centre scientifique et technique du bâtiment (CSTB) ont établi que les températures du cœur historique de la capitale pourraient grimper de « 3,5 °C à 5 °C d'ici la fin du siècle ». Avec un nombre de jours de canicule multiplié par douze...

## En route vers le zéro carbone

Bien des types de réalisations se côtoient au sein d'un tel florilège, et toutes les collectivités ne se situent pas sur les mêmes trajectoires en termes de réduction de leurs émissions de gaz à effet de serre. Plusieurs, cependant, affichent l'objectif de décarboner complètement leur territoire, à l'instar de la ville suédoise de Växjö (80 000 habitants) qui se fixe 2050 pour parvenir à cet objectif, avec une étape intermédiaire de réduction de 75 % des émissions de gaz à effet de serre de ses habitants d'ici 2025. Son action s'enracine au lendemain du premier choc pétrolier. Les besoins en chaleur et autres formes d'énergie étaient importants, mais les produits pétroliers virent leur prix exploser en quelques mois. Växjö se tourna alors vers la ressource forestière pour chauffer les bâtiments, la Suède répondant par ailleurs à la demande électrique à plus de 95 % par des sources renouvelables (en grande partie l'hydraulique) et nucléaires. Mais ce n'est pas suffisant, et un virage décisif fut pris en 1991 lorsque l'état suédois instaura une taxe carbone. Celle-ci, qui atteint désormais cent euros la tonne (on se prend à rêver lorsqu'on se remémore les vicissitudes de l'instauration de l'écotaxe française en 2013), constitua un stimulus local déterminant pour la réorientation des transports et des déplacements. Priorité fut donnée à l'usage du vélo et des transports collectifs (la méthanisation des déchets alimente les bus en biogaz), puis au recours aux biocarburants (éthanol sous-produit de l'industrie forestière). À ce jour, la qualité de l'offre en transports doux a convaincu près de la moitié de la population à renoncer à l'usage de la voiture particulière…

À bien observer l'histoire de Växjö, quel fut le véritable déclencheur de l'action municipale ? L'état écologique des lacs qui ceinturent Växjö était tellement dégradé par la pollution, dans les années 1970, que la municipalité décida de passer à l'acte, en vertu de ses compétences, afin de montrer aux autres territoires que la protection de l'environnement n'était nullement incompatible avec le confort de vie des habitants et le développement économique. Démonstration réussie.

**Figure 12-7 :** Émissions de GES d'un bus et d'une voiture

## Lutter contre l'étalement urbain et densifier l'existant

Si d'autres villes ont adopté des cheminements différents, les plus performantes sur le plan de la réduction des consommations d'énergie carbonée prennent toutes à bras le corps la question de l'étalement urbain. Que leur topographie s'y prête (l'expansion d'une ville comme Vancouver par exemple est limitée par les montagnes qui l'entourent) ou que l'action intervienne en réponse à un choix politique (Fribourg-en-Brisgau, fortement opposée à un projet d'implantation de centrale nucléaire), toutes les initiatives probantes reposent sur une forte adéquation entre l'urbanisme et la mobilité et, plus largement, une vision du territoire que les spécialistes nomment « la ville des courtes distances ».

En premier lieu, ce couplage entre l'urbanisme et les réseaux de transport repose sur une évidence : ouvrir de nouveaux espaces périurbains à la construction sans prévoir leur raccordement aux transports collectifs génère toujours un flot de voitures supplémentaires. C'est donc à un raisonnement inverse que se sont livrées de nombreuses collectivités : densifier intelligemment, là où il y a du terrain recyclable (terrain vague, espace à l'abandon…), et viabiliser les futures zones d'habitations à condition qu'elles se situent le long ou en prolongement des réseaux de transports en commun (la loi Grenelle 2 du 12 juillet 2010 prévoit désormais cette disposition dans le cadre des Schémas de cohérence territoriale), que ceux-ci soient routiers (les réseaux de bus) ou ferrés (métro, tramways et TER). Ainsi répond-on à la demande récurrente de « vivre à la campagne » (ou du moins entouré de verdure) tout en freinant l'artificialisation des terrains agricoles ou naturels. Mais développer ou maintenir un service de transport coûte cher. L'équation économique repose alors sur un volume de voyageurs supplémentaires que seul un surcroît de densité rend possible. *Exit* par conséquent la maison individuelle fichée au beau milieu de son demi-hectare de pelouses, et bienvenue au semi-collectif, à la mitoyenneté intelligente, aux maisons superposées, aux quartiers « densifiés mais pas trop », liant les avantages de la ville et de la « campagne ». Ces nouvelles densifications d'habitat, très éloignées sur les plans sociaux, écologiques et esthétiques des lotissements en « raquette » comme des immeubles de grande hauteur, offrent l'avantage d'une qualité de vie, reposant sur peu d'espaces verts privés mais beaucoup de partagés. Plébiscités par leurs habitants, ces nouveaux logements le sont aussi par une « masse critique » d'usagers des transports collectifs suffisante pour empêcher une dégradation des aides pour ce secteur.

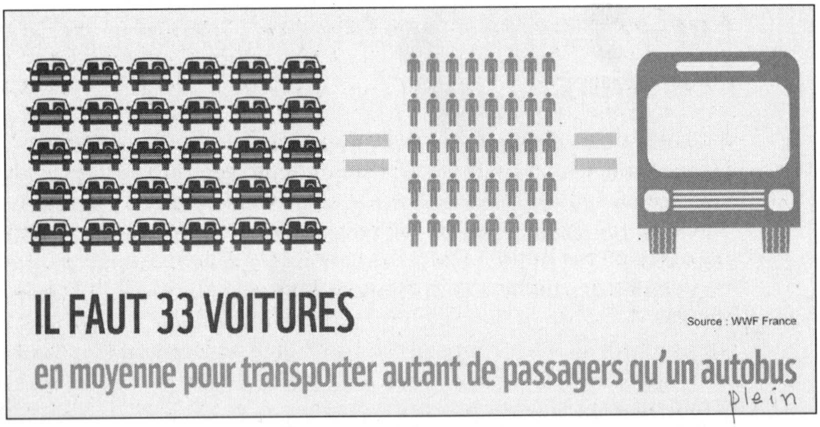


**Figure 12-8 :** Voiture ou bus : combien de passagers transportés ?

## La bagnole, la ville et moi : vers un divorce à l'amiable

L'après-guerre et ses Trente Glorieuses ont doublement promu l'automobile en tant qu'objet de représentation sociale et de liberté de circulation. Ce début du XXIe siècle offre une situation plus contrastée, entre un espace rural et suburbain dont les résidents, faute de mieux, sont forcés de se déplacer par des moyens motorisés souvent individuels, et un centre-ville où prendre la voiture aux heures de pointe relève de l'engluement délibéré. En application de plans de déplacement urbains qui conjuguent limitation de l'usage de la voiture et mesures favorables aux autres modes de transports, la plupart des métropoles nationales ou régionales enregistrent une évolution sensible des comportements. Ainsi Lille et Lyon, par exemple, montrent une baisse de 15 à 20 % de l'usage de la voiture en dix ans. Concernant la capitale des Gaules où « moins d'un tiers des usagers pensent qu'elle est indispensable en ville, y compris pour l'activité économique » selon une enquête SYTRAL-Grand Lyon, la part de la voiture dans les transports a glissé sous la barre symbolique des 50 %. Félicitations aux Lyonnais.

# *Transports collectifs et covoiturage*

Du point de vue des émissions de gaz à effet de serre comme de la cohésion sociale, il n'y a aucun doute : les transports en commun doivent se développer. Oui mais voilà, leur coût peut se montrer dissuasif. Chaque kilomètre de tramway, par exemple, mobilise vingt millions d'euros, auxquels s'ajoutent deux millions de frais d'exploitation chaque année.

Les transports en commun ne se limitent pas, bien heureusement, aux métros, trams et autres trolleybus. Du taxi collectif au bus à haut niveau de services (en site propre, aux horaires cadencés), une palette de véhicules plus accessibles économiquement circule dans de nombreux territoires, parfois si fortement plébiscités par leurs usagers qu'ils atteignent le seuil de saturation. Que faire lorsqu'ils sont pleins à craquer et que les finances de la ville ne sont pas extensibles ? Laisser s'allonger les bouchons ? « Ma conviction est que les marges de manœuvre ne se situent pas dans les transports en commun, mais dans la voiture ! Aujourd'hui, il y a davantage de places libres dans les voitures que dans les trains », note Yves Crozet, directeur du Laboratoire d'Économie des Transports de Lyon, dans un entretien avec la revue *Millénaire3*. Point de vue iconoclaste, écologiquement incorrect ou porteur de bon sens ? Au lecteur de se faire une opinion. Mais au train où se développe le covoiturage ou l'autopartage, l'histoire lui donne plutôt raison.

## Critique (bienveillante) des écoquartiers

La floraison d'écoquartiers que connaît l'Europe appelle cependant quelques commentaires. En théorie, un écoquartier vise à répondre aux principes qui fondent le développement durable. Il doit permettre la mixité sociale, proposer des activités commerciales et services de proximité, et limiter le plus possible ce que les experts nomment les « externalités écologiques » : consommer moins d'eau et d'énergie, produire moins de déchets et autres polluants, abriter dans ses espaces interstitiels davantage de biodiversité, etc. Dans la pratique, si plusieurs de ces objectifs sont correctement déclinés, beaucoup pêchent par quelques tares conceptuelles : pas assez centraux et plutôt isolés, ces nouveaux quartiers restent mal desservis par les transports en commun. Trop modestement dimensionnés, ils peinent à attirer commerces et services. Certains, qui plus est parmi les plus célèbres, ont complètement raté la dimension sociale, attirant une frange bobo qui n'est pas des plus sobres ni des plus écolos. Ou encore l'écoquartier Bo01 à Malmö (Suède) dont l'objectif avoué était de hisser tellement haut les performances thermiques des logements que le comportement de leurs occupants n'aurait que peu d'incidence…

N'empêche. Ces « défauts de jeunesse » ne doivent pas écarter deux paramètres essentiels. La population française devrait compter, en 2050, dix millions d'habitants supplémentaires. Il faudra les loger sans répéter les erreurs du passé. Remplir toutes les « dents creuses » des villes, ainsi que les urbanistes désignent les espaces urbains vacants, ne sera pas suffisant, et de nouveaux quartiers s'imposeront. Les versions améliorées des écoquartiers actuels deviendront alors la norme. D'autre part, quantité de réalisations montrent d'excellents résultats. Sans même rendre visite au quartier Vauban de Fribourg-en-Brisgau, l'un des fleurons du genre, les quartiers de Lyon

Confluence ou des rives de la Haute Deule à Lille, le quartier de la caserne de Bonne à Grenoble ou encore les opérations de renouvellement urbain de la petite ville de Mordelles (agglomération de Rennes) parviennent à concilier renouvellement urbain et impératifs climatiques. Que demander de plus ?

## Longtemps pédestre fut la ville

Que demander de plus ? La ville à portée de pieds ! Cette ville des courtes distances, « c'est faire en sorte que l'ensemble des habitants ait accès aux services de base du quotidien en un maximum de 10 minutes à pied ou à vélo », nous disent J. Delcroix et H. Rohmer dans leur *Urbanisme pour une ville désirable*. Si cette mixité fonctionnelle a pour objectif de réduire drastiquement le recours à la voiture, seul un niveau de densité suffisant le permet. Car plusieurs de ces services répondent à des impératifs économiques incontournables : une boulangerie a besoin de 2 à 3 000 habitants à moins de dix minutes à pied ; un pressing ou un supermarché (pas un hyper !) trois fois plus, ce qui implique une certaine densité de constructions, incompatible avec des formes urbaines telles que des tours ou des constructions diffuses. Établissements scolaires et crèches, médecins, bureau de poste, agence bancaire, espaces verts, terrains de jeux sont autant de services de proximité qui peuvent prendre place dans cette ville des courtes distances. Mais au fait, la plupart des villes étaient à portée de pied avant que le culte de l'automobile n'impose ses cylindres jusqu'au cœur de nos cités historiques ! Certes, mais le monde a changé, et relocaliser l'emploi à proximité des zones d'habitations relève de la gageure en ces contextes de crise économique, de précarité professionnelle et de spécialisation des activités. Peut-être, demain, le développement du télétravail évitera aux salariés une partie de leurs déplacements subis, mais pour le moment cette alternative est à manier avec prudence. Finalement, si l'emprunt d'un bus, du métro ou d'un vélo permet de se rendre au travail, c'est déjà pas si mal.

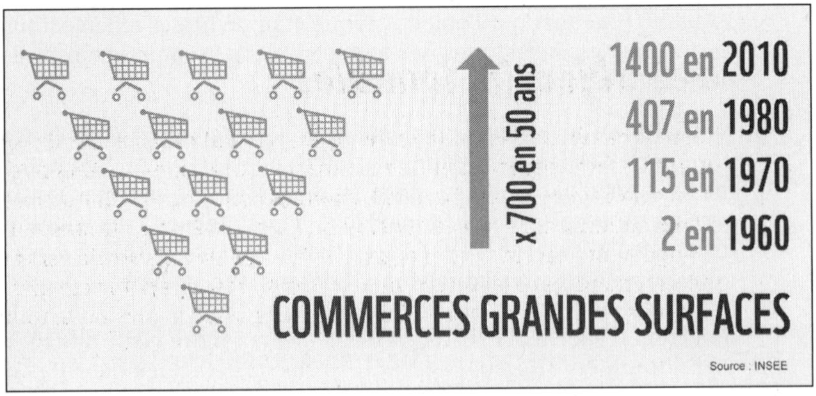


**Figure 12-9 :** Augmentation du nombre de grandes surfaces

## À Paris, à vélo, on dépasse les autos

« En partant à l'heure, on est sûr d'arriver à l'heure ». Cet adage, plébiscité par les cyclistes, résume assez bien un des grands atouts de la bicyclette, qui permet de s'affranchir des contraintes de circulation ou de stationnement.

Le vélo, c'est le moyen de transport urbain le plus rapide sur des distances inférieures à 5 km (or en ville, selon l'INSEE, 75 % des déplacements motorisés couvrent une distance inférieure à 3 km), l'un des moins onéreux et des plus sains (un automobiliste inhale deux fois plus de polluants qu'un cycliste) et, contrairement aux idées reçues, il est aussi sûr que les autres. Restent les problèmes du vol et de la pluie, mais force est de reconnaître que ces désagréments délictueux ou météorologiques n'effraient pas les Danois ou les Néerlandais, qui pratiquent au quotidien dix fois plus le vélo que les Français.

Qu'il soit personnel, en libre-service ou à assistance électrique, le vélo est le mode de transport urbain par excellence, hélas marginalisé pendant des décennies mais qui, heureusement, reconquiert des parts modales depuis une dizaine d'années. Effet de mimétisme ou conjugaison de ses différents atouts, la progression remarquable de la circulation des cyclistes dans les grandes villes suit souvent l'instauration de Vélib', Vélov' et autres dispositifs de libre-service, qui se répandent désormais sur la Terre entière. Cet effet d'entraînement se ressent sur les ventes : en France, on achète, chaque année, davantage de vélos que d'automobiles : c'est la « Vélorution ! » !

En termes de réduction d'émissions de gaz à effet de serre, on s'en doute, le vélo surpasse tous les autres modes, marche exceptée. Selon une étude de la Fédération européenne des Cyclistes, l'Union européenne serait en mesure, si la pratique du vélo par ses citoyennes et ses citoyens atteignait le niveau des Danois en 2000 (2,6 km par jour en moyenne), de remplir un quart de l'objectif de réduction des émissions assigné au secteur du transport. Rien ne nous interdit de faire aussi bien que les Danois…

## Des objectifs louables

Résumons-nous. Des milliers de villes, partout dans le monde, ont choisi de prendre « leur responsabilité climatique ». Certaines y sont contraintes par la loi (en Europe en particulier), d'autres sont portées par la volonté de leurs édiles ou stimulées par le civisme de leurs habitants. Toutes ont pris des engagements de réduction des émissions de gaz à effet de serre qui passent massivement par l'instauration d'une cohérence territoriale, des économies d'énergie drastiques et la substitution des fossiles par les renouvelables.

En France, la réglementation impose depuis quelques années un « verdissement » des plans locaux d'urbanisme, elle renforce les prérogatives des intercommunalités, elle accompagne la réalisation de réseaux de transports collectifs en site propre. Les logements neufs répondent obligatoirement à la norme BBC depuis le 1er janvier 2013, et dans quelques années ils seront BEPAS ou BEPOS. Des subventions, primes et autres crédits d'impôt sont accordés pour faciliter les travaux d'amélioration de l'habitat, le remplacement des vieilles chaudières, l'acquisition de véhicules moins polluants, etc. Pourtant, des écarts considérables distinguent les trajectoires décrites par les plans climats, de nombreux observateurs s'inquiétant des difficultés rencontrées dans le respect des objectifs qu'ils fixent.

### Normes des logements neufs

BBC : bâtiment à basse consommation. Consommations d'énergie en chauffage et refroidissement inférieures à 50 kWh/m$^2$/an.

BEPAS : bâtiment passif. Consommations de chauffage inférieures à 15 kWh/m$^2$/an.

BEPOS : bâtiment à énergie positive, qui produit plus d'énergie qu'il n'en consomme grâce aux énergies renouvelables.

## *Coup de gueule pour les énergies renouvelables*

Les cas des énergies renouvelables est à cet égard particulièrement éloquent et, désolé de l'écrire dans ces termes, très franchouillard dans ses multiples contradictions. Plébiscitées par les Français (à 96 % selon les enquêtes d'opinion de l'ADEME), ces énergies n'en finissent pas de surmonter les injonctions contradictoires dont elles font l'objet.

Le développement de l'énergie solaire et les milliers d'emplois qui s'y rattachent exigent un soutien constant des finances publiques. La Cour des comptes en fustige le montant, confortant le ministère du Budget dans sa volonté de couper des crédits qu'il juge inutiles. Dans la même veine, le crédit d'impôt dont bénéficiaient les poêles à bois a été amputé, les tarifs d'achat de l'électricité renouvelable systématiquement remis en question, sans oublier les éoliennes : le Grenelle de l'Environnement, à l'unanimité des présents, en réclame davantage ? Qu'à cela ne tienne, le parlement, conduit par un quarteron de députés hostiles, complexifia si bien la réglementation afin d'en freiner l'essor qu'il eut été plus facile d'installer une centrale à charbon qu'un bouquet de quelques aérogénérateurs !

Les conséquences de ces atermoiements sont connues : dépassé par l'Allemagne, l'Espagne, la Chine ou le Danemark, notre pays prend du retard, perd des emplois, rate des opportunités industrielles tandis que ses dirigeants préfèrent vanter les mérites d'un savoir-faire que personne n'achète, à l'image de l'EPR, ce réacteur nucléaire supposé de nouvelle génération dont les coûts de construction, en Finlande ou dans la Manche, ont triplé le devis initial. Faites ça dans n'importe quelle entreprise privée et vous coulez la boutique ! Il est vrai qu'en France, le nucléaire bénéfice du soutien constant de la technostructure...

## Une politique locale en faveur du climat

Dans le contexte que l'on connaît d'incertitudes à la fois politiques, économico-financières et climatiques, cette longue marche de milliers de cités vers un avenir énergétique et climatique plus soutenable mérite d'être plus qu'encouragée. C'est ainsi qu'Énergie-Cités l'a auscultée pour en déceler les principaux leviers d'action. En résumant outrancièrement, les paramètres déterminants sont au nombre de sept :

- **Un renversement de la logique de l'offre vers celle de la demande.** En effet, le système énergétique qui s'est construit historiquement est celui des « grandes compagnies » qui monopolisent de gros équipements de production afin de satisfaire ce qu'ils imaginent être les besoins croissants de leurs clients. Le tropisme habituel pousse celles-ci à proposer « toujours plus ». Ce renversement consiste, pour les collectivités exemplaires, à analyser finement les besoins des usagers dans une approche de maîtrise puis d'économies d'énergie à confort égal grâce, par exemple, à l'amélioration thermique des bâtiments.
- **Une gestion intégrée multi-énergies et multi-réseaux.** Chauffage des locaux, éclairage, transports nécessitent des sources d'énergie et des réseaux différents, dont certains peuvent être interconnectés. Une chaufferie-bois, par exemple, peut alimenter en chaleur un quartier d'habitation et un établissement scolaire, et « turbiner » la chaleur résiduelle pour la transformer en électricité.
- **Une production décentralisée.** Plus proche des besoins, plus adaptée au territoire, une production d'énergie basée sur l'exploitation de ressources locales (et renouvelables) concourt à la création d'emplois, bénéficie à l'économie locale, et renforce une « estime de soi et de son territoire ». En France, hélas, l'état central montre une réticence historique à « lâcher la bride » aux collectivités afin qu'elles s'emparent

de la question énergétique. Pas étonnant, dans ces conditions, que les réalisations les plus probantes proviennent de pays à forte tradition décentralisée (Autriche, Belgique, Allemagne, Espagne...).

- **Un plan d'action à l'échelle du bassin de vie.** Bien souvent, en France, les contours de l'action locale épousent ceux de ses 36 681 communes (pour 89 000 dans toute l'Union européenne). Or, en matière de planification territoriale comme de politique énergie-climat, ces limites ne font pas grand sens : les réseaux de transports d'énergie, les infrastructures de transport notamment et, bien sûr, le comportement des usagers s'en affranchissent allègrement. Agir à l'échelle intercommunale permet de prendre à bras le corps l'ensemble des problématiques d'un bassin de population, en y apportant des réponses cohérentes tout en générant des économies d'échelle.
- **Une gouvernance participative.** Comment récolter l'adhésion des citoyens à l'égard d'une politique énergie dont les arcanes techniques confinent parfois au mystère ? En soumettant ses enjeux au débat public, puis en faisant dire les pistes d'amélioration par la vox populi. Procédures de concertation, forums de discussion, conférences de consensus sont autant de formes qu'empruntent les processus collaboratifs destinés à associer, dès leur conception, la population à l'élaboration des décisions qui la concernent. Ces dernières gagnent alors en légitimité aux yeux d'habitants qui en comprennent d'autant mieux les contraintes qu'ils les ont diagnostiquées avec l'appui des services techniques.
- **Des financements innovants.** Le calcul provient, une fois de plus, du réseau Énergie-Cités. À combien se montent les dépenses énergétiques de chauffage, de production d'eau chaude sanitaire, et d'électricité des logements dans une agglomération, de 250 000 habitants par exemple ? À 250 millions d'euros par an, sans compter l'inflation et l'évolution désormais à la hausse du coût de l'énergie. Cette dépense colossale sert principalement à acheter des kilowatts électriques et des combustibles fossiles. Autrement dit, chaque année, un flux financier substantiel quitte le territoire pour s'évaporer dans le grand marché de l'énergie. Oh, certainement, il fait des heureux là où il passe (à Wall Street, en Arabie Saoudite ou en Russie), mais il crée bien peu de richesse dans son territoire d'origine. Comment retenir cet argent ? En économisant l'énergie et en exploitant les énergies renouvelables locales, pardi ! Sauf que, pour y parvenir, il faut investir des sommes que les banques traditionnelles rechignent à prêter. Parmi ces financements innovants, on trouve des sociétés d'économie mixtes qui prennent en charge les travaux d'isolation là où ce n'est pas immédiatement rentable, des citoyens qui se regroupent en coopératives afin d'investir de concert dans des parcs éoliens, des groupements d'acheteurs d'énergie renouvelables (comme Énergies partagées ou Énercoop), des syndicats

intercommunaux de production d'énergie qui réinvestissent les profits dégagés par la vente de l'électricité excédentaire dans la réhabilitation des bâtiments, etc.

- **Un engagement politique fort.** Ce n'est pas rien d'engager le territoire pour les dizaines d'années à venir. De décréter le renoncement progressif au pétrole. D'annoncer l'autonomie énergétique du territoire à 15 ou 20 ans. De planifier de coquettes dépenses d'investissements. De reprendre la main sur la production de logements et la construction de surfaces commerciales. Les élus qui le font risquent gros, car en général les habitants leur demandent des comptes aux élections suivantes. Pourtant, partout où la transition est à l'œuvre, elle repose sur l'engagement politique, lequel est plus que souvent stimulé par des citoyens avides de renverser le cours des choses, parfois lecteurs assidus des rapports du GIEC et conscients que nous n'avons pas beaucoup de temps devant nous pour inverser les courbes du climat. Mais comment exiger de tels engagements lorsque l'objectif paraît hors de portée ou bien, ironie des temps modernes, quand on s'interroge sur le modèle de durabilité des villes qui n'existent pas encore, celles vers lesquelles convergeront demain le milliard et demi de nouveaux urbains que le monde comptera dans vingt-cinq ans ?

## En Picardie, du service public dans l'efficacité énergétique

Réduire les émissions de gaz à effet de serre de l'habitat ancien (70 % du parc existant) implique souvent d'engager de lourds travaux de rénovation. Conçus à une époque où l'on ne se souciait guère des factures d'énergie, ces bâtiments peu ou mal isolés nécessitent une reprise complète de leur enveloppe thermique. Des travaux qui ont un coût : l'Observatoire permanent de l'amélioration énergétique du logement chiffre à 20 500 euros le montant moyen de chaque opération. Or, cet effort outrepasse les capacités financières de nombreux propriétaires de logements aux revenus modestes. Certaines collectivités ont donc conçu des dispositifs qui permettent d'avancer les fonds, puis de se rembourser sur les économies d'énergie réalisées. « Dans cette période de crise profonde où les Picards risquent dans les prochaines années de devoir choisir entre se nourrir, se déplacer et se chauffer, le service public de l'efficacité énergétique est une réponse pour diminuer les factures de chauffage des logements, améliorer le confort des habitants et leur qualité de vie » estimaient le Conseil régional et l'ADEME à l'occasion du lancement du dispositif en Picardie. Les entreprises du bâtiment ont immédiatement capté le signal : 650 nouveaux emplois sont en voie de qualification pour les trois premières années, 3 500 à partir de 2018.

## La ville « post carbone »

Paris ou Barcelone sont bien placées, aujourd'hui, en matière d'émissions de gaz à effet de serre par habitant. Mais si elles souhaitent relever le défi climatique, elles doivent, d'ici 2050, les diviser par quatre ou cinq. Paris n'a d'ailleurs pas le choix puisque cet objectif est inscrit dans la loi. Vertigineux, quand bien même elles appartiennent au monde riche et à une Union européenne plutôt en avance en matière de prise en compte des enjeux environnementaux. Pour tout dire, on ne sait pas trop comment faire, à moins de déployer un scénario negaWatt certes séduisant, mais qui effarouche plus d'un conseiller ministériel. C'est donc fissa qu'il va falloir proposer de nouveaux modèles décarbonés aux mégapoles dont les cheminées rejettent de sombres précurseurs climatiques, mais aussi aux villes petites et moyennes qui vont accueillir d'ici 2030 la majorité de l'urbanisation. Alors quels modèles ? À quoi ressemble une ville post carbone et d'abord, de quoi s'agit-il ?

Rompre avec la dépendance aux énergies fossiles en quittant un mode de fonctionnement basé sur la combustion de quantités extravagantes de charbon, pétrole et gaz naturel ; se préparer aux pires impacts du changement climatique : le plan de vol de la société post-carbone paraît simple. Sa mise en œuvre est possible (l'exemple de Växjö le prouve), elle est d'ailleurs revendiquée partiellement par des territoires aussi éloignés que l'île de la Réunion, la commune de Montdidier (département de l'Aisne) ou la ville d'Oulu en Finlande dont les 200 000 habitants supportent l'hiver des températures de – 40 °C. Mais justement, citer ces exemples montre déjà la diversité des approches : on ne s'y prend pas de la même manière selon que l'on vit sous les tropiques ou à proximité du cercle polaire. Se projetant au-delà de la dimension géographique, plusieurs *think tanks* se sont efforcés d'établir des scénarios prospectifs, à l'image du programme « Repenser les villes dans la société post-carbone » dont on ne résumera pas les travaux pourtant passionnants (le rapport final compte 300 pages), mais dont on retiendra une phrase : « Aller vers des villes post-carbone, c'est fondamentalement choisir de nouvelles façons de vivre la ville mais aussi de les développer. [Cela] passe d'abord par la capacité à traduire en termes d'opportunité (d'emplois, de relations sociales, de qualité de vie, d'économies budgétaires, d'attractivité…) ce qui est le plus souvent présenté en termes de coûts, de contraintes, ou de bilan énergétique ou $CO_2$ ». Ce qui renvoie pour partie à l'émergence de modes de « déconsommation », pour reprendre le néologisme d'une chercheuse de l'Université du Maine, Cyria Emilianoff.

LE GESTE ANTI-$CO_2$

### L'éclairage des bureaux et autres enseignes commerciales

Il paraît que les Japonais n'en sont pas revenus. La pénurie d'électricité consécutive à la mise à l'arrêt de l'ensemble du parc électronucléaire, au lendemain de la catastrophe de Fukushima, s'est traduite, du jour au lendemain, par l'extinction des enseignes lumineuses qui drapent les immeubles nippons. Comme quoi, une fois de plus, nécessité fait loi. Hé bien, il semblerait que la France lui emboîte le pas, puisque décision a été prise d'interdire l'éclairage commercial entre 1 h et 6 h du matin, sauf impératif particulier.

Idem pour l'éclairage des bureaux, dont les gestionnaires sont sommés de réduire son intensité voire d'éteindre les lumières en cas d'inoccupation. Bon, il aura fallu attendre 2012 pour y parvenir, preuve que les habitudes sont tenaces : éclairer les bureaux la nuit ne sert strictement à rien et coûte des sommes folles aux entreprises et aux administrations.

## Les villes et communautés en transition

Quand bien même les meilleures décisions du monde seraient prises dans les sommets internationaux, ce serait aux territoires de les mettre en pratique. Ceux-ci, pour qui ne s'en souviendrait pas, sont composés de collectivités, d'entreprises et de citoyens. Or dans bien des cas, ces derniers n'attendent pas que les dirigeants d'en haut leur prescrivent la marche à suivre ; fréquemment, au contraire, c'est de leur audace que vient l'initiative, comme le montre le mouvement des villes en transition.

Au départ, comme souvent, c'est d'une crise que naquit le questionnement : comment résister à l'inflation brutale du prix de l'essence à la pompe, consécutive du troisième choc pétrolier de 2005-2006 (d'aucuns y logent le début historique du pic pétrolier). À Totnes, petite ville du sud-ouest de l'Angleterre, se réunirent des citoyens avec l'idée d'identifier des actions permettant de réduire concrètement la dépendance envers les énergies fossiles, rebâtir une économie locale basée sur une production et des services de proximité, et acquérir des réflexes basés sur une vision radicalement positive : une crise, selon les *transitioners*, est une magnifique occasion de changer de modèle.

Or, le monde connaît des centaines de milliers d'initiatives qui montrent que l'on peut très bien vivre (voir vivre mieux) avec beaucoup moins de pétrole. Pour autant, plusieurs conditions sont nécessaires : que la communauté se mette en mouvement (et non qu'elle attende des consignes qui ne viendront jamais), et qu'elle établisse sa propre feuille de route (en l'occurrence un Plan d'action de descente énergétique, étalé sur vingt ans). Si plus d'un millier de villes sont à présent engagées dans le mouvement des Villes et Communautés en Transition, l'expérience montre que la pérennité des actions qui s'y déploient repose sur une concertation intelligente avec les municipalités. Ces dernières sont donc à l'écoute de leurs citoyens. On ne s'en plaindra pas.

LE SAVIEZ-VOUS ?

### Songdo, ville nouvelle et pas marrante

Il y a dix ans à peine s'étalaient des vasières que picoraient les limicoles en transit, étape appréciable dans leur longue migration entre les antipodes. Culminent à présent les gratte-ciel de Songdo, ville nouvelle de la zone franche d'Incheon, lieu d'implantation du grand aéroport international de Corée du Sud. Destinée à recevoir 300 000 emplois dans les cinq ans, Songdo n'est pas à proprement parler une grande ville dans cette région du monde. Question d'échelle. Mais, selon ses thuriféraires, c'est une ville durable au point que le Fonds Verts pour le Climat, instance onusienne en charge de la gestion du fonds en question, a décidé de s'y installer. Pas sûr pour autant qu'un *transitioner* trouve plaisir à y vivre. Car si 40 % de sa surface est dévolue aux espaces verts (euh… combien de parcours de golf, déjà ?) et les déchets aspirés vers l'incinérateur par un réseau de collecte pneumatique, alors que tous les parkings sont souterrains et les toits des buildings végétalisés, Songdo égrène le long de ses avenues et terrasses ensoleillées des chapelets de caméras chargés de traquer le délinquant écologique. Hyperconnectée, hypersécurisée, bardée de capteurs qui mesurent en temps réel les consommations d'énergie, les déplacements des véhicules et les comportements des habitants, cette ville conçue et réalisée par un aciériste, un banquier et un géant nord-américain de l'immobilier vise l'exportation : le marché des villes nouvelles, en Asie pèserait plusieurs centaines de milliards de dollars.

## *Smart cities, smart citoyens*

À l'origine était un concept récent et prometteur, celui de ville intelligente, traduction française de la *smart city*. Mais voilà : adoptée facilement grâce à un marketing séduisant, elle est progressivement réduite à un assemblage hypertechnologique, et c'est bien dommage. L'idée générale est de « verdir » l'action des habitants en mettant à leur disposition des informations susceptibles d'encourager les bons choix. Exemple, si je reçois sur mon smartphone le message d'un automobiliste adepte du covoiturage qui m'annonce son passage devant ma porte dans cinq minutes, je vais sans doute laisser mon véhicule au garage. Ainsi, de deux voitures potentiellement en circulation il ne s'en déplace qu'une, ce qui représente une amélioration de l'efficacité énergétique de 50 % ! Renversant et terriblement « smart ».

Des astuces technologiques pour faciliter la vie des usagers, on en répertorie plus d'une. Plus besoin de mettre mon lave-linge en route, c'est mon fournisseur d'énergie qui le fait à ma place, à l'heure qui lui paraît la plus avantageuse pour… Pour quoi en fait ? Pour m'éviter de le faire tourner en plein pic de consommation, alors que l'électricité est la plus carbonée ? Vertueux ! Pour détourner « mes » électrons au profit des clients dont les besoins sont si forts qu'ils sont prêts à les payer très cher ? D'accord si le contrat qui nous lie le stipule et si j'en tire avantage. Pas d'accord si cette gestion de la demande, qui paraît saine au demeurant, se transforme en intrusion, le fournisseur décidant à ma place de ce que je dois faire. Sous la *smart city* se tapit le problème redoutable des libertés individuelles. Mais l'essentiel n'est peut-être pas là. Après tout, certains sociologues considèrent que la société hyper connectée dans laquelle nous évoluons nous place déjà en état de servitude volontaire.

La question primordiale est la suivante : sommes-nous bien certains que la technologie sauvera le climat ? La réduction des émissions de gaz à effet de serre des villes repose sur la combinaison d'éléments qui ne se résument certainement pas à une connexion permanente avec la « toile », aussi utile soit-elle. L'organisation du territoire et la planification des activités économiques ne relèvent pas tant de la technologie que du politique. De même que les choix d'investissements, qui croisent quelque part l'ingénierie financière mais aussi quelque chose de plus ténu, relatif à la conscience ou à la responsabilité : lorsque Fribourg-en-Brisgau s'est lancée dans son aventure énergétique, les économistes orthodoxes ont dû s'étrangler face à tant d'irrationnel ! Car tourner le dos à l'électricité nucléaire, à l'époque comme aujourd'hui, devait leur sembler d'une grande stupidité. Pourtant, le retour d'expérience des premiers programmes d'habitats à basse consommation montre que l'écart mesuré entre les prévisions et la réalité des dépenses énergétiques dépend beaucoup des comportements, lesquels sont avant tout culturels. L'exemplarité des actions territoriales de maîtrise de la demande repose, dans de multiples cas, sur l'accompagnement humain des habitants par des ambassadeurs de l'énergie, comme s'y emploient les ambassadeurs du tri, par exemple, dans le domaine de la réduction des déchets. C'est concret, c'est humain, c'est démocratique, efficace et intelligent : bref, c'est *smart* ! Le mot de la fin revient à Énergie-Cités, réseau qui aura nourri grandement notre réflexion. « Le citoyen doit trouver dans les technologies un moyen de simplifier et d'améliorer son quotidien. Il ne doit pas être asservi à cette technologie ni déresponsabilisé par elle de ses actes ».

### Gaz : le samedi, c'est gratuit !

Le 1er août 2013, le fournisseur britannique British Gas annonçait qu'il s'apprêtait à proposer à ses clients équipés de « compteurs communicants » une nouvelle offre selon laquelle, en contrepartie d'une restriction des livraisons d'électricité en semaine, la compagnie ne leur facturerait plus la consommation du samedi. L'objectif de British Gas vise à détourner une partie de la demande domestique vers le week-end, quand ralentit l'activité industrielle. Avantage pour le particulier : une facture réduite. Avantage pour le fournisseur : il vend son électricité au plus offrant, tandis qu'une meilleure gestion des consommations évite de coûteux investissements pour couvrir la pointe.

## Il n'y a pas que le carbone dans la vie

La ville est d'abord une communauté humaine installée dans un territoire urbain. Elle n'est pas seulement durable parce qu'elle parvient à réduire ses émissions de gaz à effet de serre et ses consommations d'énergie, mais parce que la communauté qui l'occupe adopte le principe de poursuivre et développer ses activités dans les limites d'une empreinte écologique compatible avec le bon état de la planète. Laquelle comporte des ressources renouvelables (ou pas), mais également une multitude de formes vivantes que l'on nomme la biodiversité, que côtoie une humanité à laquelle on souhaite tout le bonheur du monde.

Cette vision très fleur bleue amène plusieurs déductions. La première, très débattue, rejoint le constat de l'insoutenabilité du mode de vie dominant, occidental à l'origine et désormais globalisé. La seconde s'appuie sur de multiples réalisations qui suggèrent qu'un autre monde est possible, à condition d'en avoir conscience et de le désirer. La troisième, c'est une excellente nouvelle, relève que plusieurs territoires font la démonstration au quotidien qu'il est possible de réduire l'empreinte climatique des villes en créant de l'emploi local, de préserver la faune et la flore tout en respirant la joie de vivre.

## La ville selon le Panda et ses 10 cibles

Au départ était BedZed (*Beddington Zero fossil Energy Development*), expérience pilote démarrée en 2002 dans la banlieue de Londres. Oui, affirmaient ses bâtisseurs, il est possible de diviser par deux son empreinte écologique sans renoncer au confort. Ce que démontrèrent ses occupants.

Mais les quatre-vingt-deux logements de BedZed, rétorquèrent ses détracteurs, demeurent un échantillon bien trop faible pour en tirer quelque conclusion que ce soit. Qu'à cela ne tienne, Mata de Sesimbra (Portugal), Brighton (Grande-Bretagne), Sonoma Mountain (Californie), Jinshan (Chine) hébergent dix ans plus tard des dizaines de milliers d'habitants.

Deux organisations (Bioregional et WWF) sont à l'origine de ces « quartiers durables » puissance dix, qui ne se contentent pas de viser un horizon décarboné : chaque localité s'engage à appliquer une méthodologie qui comprend précisément dix objectifs, déclinés dans un Plan d'action de durabilité. Que contient-il ? Comme on s'y attend, une cible « zéro carbone », à charge pour chacun d'adopter le cheminement qui lui convient. Une autre « zéro déchet », qui vise au recyclage total du contenu de la poubelle, y compris par la valorisation matière ou énergie. Une troisième concerne la mobilité et ses modes doux. Une autre, pas la plus facile à atteindre, promeut l'économie circulaire : 50 % au moins des matériaux de construction sont produits localement, en provenance notamment des chantiers de déconstruction. Sont plébiscités les produits alimentaires de saisons, de provenance locale et si possible biologiques. On n'oublie pas l'eau, abordée par un traitement in situ et une imperméabilisation des sols le plus faible possible.

Dans ces quartiers durables (le WWF ne peut pas faire moins), la biodiversité est au minimum maintenue et valorisée, au mieux réinstallée, y compris en toiture et le long des façades. Enfin, les trois dernières cibles insistent sur les dimensions humaines du développement durable : l'équité (mixité sociale et générationnelle, activités économiques), la culture locale et sa capacité cohésive, la qualité de vie et le bien-être. En France, premier quartier à avoir adhéré à la charte des quartiers durables du WWF, Lyon Confluences, à terme fort de ses 16 000 habitants, de ses 25 000 emplois… et de ses castors qui glissent le long des berges du Rhône. Le tout à portée de vélo (ou de tram) de la place des Terreaux.

# Chapitre 13

# Nourrir le monde

***Dans ce chapitre***

- Empreinte écologique et démographique
- Changement climatique et perturbations agricoles
- Changer de modèle agricole
- Relocaliser l'économie

« 700 millions de petits Chinois. Et moi, et moi et moi » chantait déjà Jacques Dutronc dans les années 1960, alors que nous n'étions qu'un peu plus de trois milliards sur la planète Terre. Aujourd'hui, alors que la Chine compte environ 1,3 milliard d'habitants et la planète, elle, plus de 7 milliards d'habitants (depuis le 31 octobre 2011 selon l'ONU), nous sommes pris d'un nouveau vertige : sommes-nous trop nombreux sur Terre ? Et, questions corollaires : arriverons-nous à nourrir tout le monde ? Est-ce supportable écologiquement ?

Les choix et les habitudes alimentaires ont, en effet, un impact important sur les émissions de gaz à effet de serre. De son côté, le changement climatique a lui aussi de fortes conséquences sur l'agriculture. À travers nos choix alimentaires (carnivore ou végétarien ? bio ou entomovore ?), nous pouvons non seulement réduire ces émissions de gaz à effet de serre, mais aussi favoriser l'adaptation de ce secteur au changement climatique et ainsi mieux répartir les ressources alimentaires dans le monde. Pour nourrir tout le monde…

## Empreinte écologique et démographique

Faut-il réduire la population mondiale pour sauver le monde ? Le sujet est hautement sensible et de nombreux écologistes abordent cette question du bout des lèvres. Car entre les malthusianistes – du nom du révérend Thomas Malthus, un pasteur anglican qui, à la fin du XVIII^e^ siècle, conscient de la rareté à venir des ressources, prôna le premier un contrôle de l'augmentation de la population – et ceux, qui, à l'instar de l'écologue René Dubos, affirment que ce n'est pas l'homme qui pose problème mais « la masse de choses inutiles qu'il traîne derrière lui », les débats sont vifs. Sans oublier deux autres groupes antagonistes et très présents dans ce débat de société : les féministes qui, au nom du libre choix des femmes à disposer de leur corps, défendent le droit au contrôle des naissances (un combat partagé par de nombreux hommes) et ceux qui, au nom de convictions religieuses, s'y opposent (on se rappelle de la condamnation de la pilule en 1968 par Paul VI dans son encyclique *Humanae Vitae*).

## Une question controversée...

C'est pourtant bien le Fonds des Nations-Unies pour la population (UNFPA) qui dans son rapport de 2009 sur l'état de la population mondiale, présenté lors du sommet de Copenhague, a affirmé que le réchauffement climatique ne pourrait être endigué que par une réduction massive de la population mondiale. C'est la thèse également de l'Optimum Population Trust (OPT), une ONG britannique qui milite pour la réduction de la population mondiale, en faisant le lien entre l'empreinte écologique (qui représente les surfaces de terre et d'eau nécessaires pour produire les ressources consommées par un individu et absorber les déchets qu'il génère) et la pression démographique. En sachant toutefois qu'un enfant né aux États-Unis, d'après une étude de l'Université d'Orégon de 2010, est responsable de l'émission de 1 664 tonnes de $CO_2$, cinq fois plus qu'un bébé venant au monde en Chine et... 91 fois plus qu'un enfant né au Bangladesh !

## ... et éthique

Admettons toutefois qu'il faille, pour des impératifs écologiques, limiter à tout prix l'augmentation de la population. Comment y arriver ? Par l'éducation et le libre accès aux contraceptifs, une revendication légitime ? Ou par la coercition, à la manière de la Chine qui, avec sa douloureuse politique de « l'enfant unique », a provoqué de nombreux drames familiaux avec à la fois des avortements forcés, voire des infanticides de filles, les couples chinois favorisant la naissance d'un descendant masculin ? On voit que ce débat démographique est profondément éthique. Et pose en fait la question de la liberté de chacun. D'autant plus difficile à poser que tout le monde ne s'accorde pas sur le constat.

Pourtant tout cela n'est pas antagoniste : la régulation démographique va souvent de pair avec la promotion du statut des femmes (or, l'explosion de la démographie est avant tout le fait de pays « en voie de développement »). Leur affranchissement, leur droit à la contraception, à l'éducation, à la vie sociale et économique, sont des étapes nécessaires pour stabiliser la population et pour lutter contre la pauvreté. La maîtrise démographique semble être avant tout issue d'un développement de l'éducation générale, de la démocratie et du respect des femmes dans leur choix d'avoir, ou pas, des enfants. Autrement dit, la lutte contre le changement climatique pourrait bien passer par la lutte pour la condition féminine. De quoi changer le climat de la planète à bien des niveaux…

## De 7 milliards à 10 milliards d'habitants ?

D'un côté, l'anglais Fred Pearce, qui, en restant à une population de 7 milliards d'hommes sur la planète, estime que la population mondiale va cesser de croître d'ici une génération. De l'autre, l'américain Alan Weisman s'inquiète des capacités de la planète à nourrir bientôt 10 milliards d'humains sur Terre. Avec cet écart de trois milliards d'habitants (une paille !), on voit que les prévisions démographiques n'ont rien à envier à certaines prévisions climatiques. Si une incertitude subsiste sur la hausse de la population envisagée pour la fin du XXI^e^ siècle, un constat s'impose : l'explosion démographique a déjà eu lieu.

En effet, pendant des millénaires, la population mondiale est restée relativement stable. Elle n'a dépassé le cap du milliard d'habitants que depuis le début du XIX^e^ siècle et celui de deux milliards en 1930… C'est surtout depuis la fin de la Seconde Guerre mondiale qu'on peut parler d'explosion démographique : 3 milliards en 1960, 4 milliards en 1975, 5 milliards en 1990, 6 milliards en 2000 et 7 milliards le 31 octobre 2011 selon les Nations-Unies. Depuis, le compteur s'affole, avec des prévisions oscillant entre 9 et 10 milliards d'habitants pour la fin du siècle.

En tout cas, on ne peut que regretter que, suite aux pressions des différentes autorités religieuses, les différents Sommets de la Terre – de celui de Stockholm en 1972 à celui de Rio + 20 en 2012 – aient passé sous silence la question démographique. Car, comme d'autres facteurs pouvant avoir une incidence sur l'état écologique de la planète, elle mériterait d'être posée et débattue sereinement.

## En finir avec le gaspillage alimentaire

Les chiffres sonnent comme une absurdité, un immense gâchis : un tiers de la production mondiale de nourriture, soit 1 600 milliards de tonnes, va au rebut ! Un scandale planétaire qui a été révélé au grand jour par l'Organisation des Nations-Unies pour l'alimentation et l'agriculture (FAO) dans son rapport 2011. Celle-ci écrit, noir sur blanc, que « le volume de nourriture perdue ou gaspillée chaque année est équivalent à plus de la moitié de la production céréalière mondiale, soit 2,3 milliards de tonnes en 2009-2010 ». En France, ce sont 20 à 30 kg que chaque Français jette à la poubelle (davantage encore dans les pays anglo-saxons).

Toutefois, les causes ne sont pas les mêmes suivant l'endroit où on habite dans le monde.

Ainsi, au Nord, les 670 millions de tonnes gaspillées chaque année le sont essentiellement à cause de problème de distribution et de consommation : aliments pas assez calibrés pour être vendus, gâchis dans les supermarchés, réfrigérateurs trop pleins, etc. Cela alors que, rien que dans l'Union européenne, 79 millions de citoyens vivent en dessous du seuil de pauvreté et 16 millions dépendent de l'aide alimentaire. Les Français, en moyenne, jettent 20 kilos de déchets alimentaires chaque année, dont 7 kilos de produits encore emballés.

Au Sud, les 630 millions de tonnes gaspillées chaque année le sont d'abord en raison du manque criant de structures de conservation de la nourriture et de l'acheminement chaotique des récoltes. Avec, comme conséquence, des famines récurrentes notamment dans les pays du Sahel. Les conséquences de ce gâchis ne sont pas que sociales et économiques. Elles sont également écologiques. Ainsi, le rapport 2013 de la FAO montre que ce gaspillage porte également un grave préjudice aux ressources naturelles (eau, terres, biodiversité) dont l'humanité dépend pour se nourrir. « L'empreinte carbone de la nourriture produite mais jamais consommée est estimée à 3 300 milliards de tonnes de $CO_2$ », soit l'équivalent d'à peu près la moitié des émissions de gaz à effet de serre des États-Unis ou de la Chine !

IDÉE REÇUE

## En France, l'hôpital gaspille plus que la cantine !

Si vous croyez que ce sont des gamins chahuteurs qui gaspillent le plus la nourriture en propulsant des petites cuillères remplies de purée sur les murs de la cantine, hé bien, vous avez tout faux. Selon le très officiel rapport « Pertes et gaspillage alimentaires » publié par le ministère de l'Agriculture en 2011, c'est à l'hôpital que se trouvent les plus grosses sources de gaspillage, presque le double qu'à la cantine !

Voici le palmarès français du gâchis selon le ratio g/pers/repas, soit le nombre de grammes gaspillés par personne et par repas :

- Établissements médico-sociaux et de santé : 264 g/pers/repas
- Restauration traditionnelle : 230 g/pers/repas
- Restauration gastronomique : 229 g/pers/repas
- Restauration rapide : 175 g/pers/repas
- Cantine scolaire : 147 g/pers/repas
- Cantine d'entreprise : 125 g/pers/repas

À quand des restaurants au « kilo », comme au Brésil, où chaque consommateur paye au gramme près ce qu'il consomme ?

## Les solutions « anti-gaspi »

Les solutions sont nombreuses et variées. D'abord, réhabiliter les légumes sains et difformes (en Europe, 20 à 30 % des fruits et des légumes partent au rebut pour des raisons de calibrage, forme, couleur…). Ensuite, proposer à la vente des produits « prépérimés » moins chers et éduquer les consommateurs à ne pas confondre la date limite de consommation (DLC) – impérative – avec la date limite d'utilisation (DLUO) – une simple recommandation sans conséquence sanitaire. Enfin, par exemple, participer aux nombreuses initiatives associatives qui, telles que Disco Soup ou encore les Tentes de glaneurs, ramassent sur les marchés des denrées « abîmées » mais saines, et les proposent ensuite aux plus démunis, sous forme de soupe géante conviviale ou de panier-repas. Sans oublier les distributions effectuées par toutes les organisations caritatives (Banque alimentaire, Restos du cœur, Secours catholique…). Le mieux étant d'adopter soi-même ces comportements économes dans sa cuisine.

De son côté, la FAO a mis en place une campagne mondiale « Think-Eat-Save » qui a pour but de coordonner tous les efforts de réduction des pertes et des gaspillages alimentaires. Elle a été relayée au niveau français sous le titre « Pensez, mangez, préservez : dites non au gaspillage alimentaire », campagne qui recense tout un tas d'initiatives menées aussi bien par les pouvoirs publics que les associations, les grandes surfaces ou les leaders de la restauration collective. Le tout sous la pression du Parlement européen qui a voté, début 2012, une résolution demandant à chacun des 27 pays de l'Union européenne d'adopter des mesures pour réduire de moitié le gaspillage alimentaire d'ici 2025.

### Pesto de fanes de radis

Tout est bon dans le… radis. Mais oui, comme de nombreux autres légumes à « fanes », on peut consommer sa racine, mais aussi ses feuilles. Les jeunes sont moins fortes en goût que celles restées un peu trop de temps au potager.

Le pesto de fanes de radis aux noisettes est une alternative sympathique au pesto classique italien. À tartiner sur des toasts à l'apéritif, à mélanger à des pâtes ou à mettre dans des tartes salées, ne jetez plus vos fanes de radis et tentez l'expérience de ce pesto !

- 60 g de fanes de radis
- 60 g de noisettes
- 50 g de parmesan
- 3 cuillères à soupe d'huile d'olive
- 1 gousse d'ail
- sel

Placez dans le mixeur tous les ingrédients et mixez jusqu'à obtenir un pesto homogène.

Réservez-le au frais en attendant de le servir

## Obésité et malnutrition

Les images sont fortes et paradoxales. D'un côté des fast-foods avec hamburger, frites, soda, nourriture grasse, qu'on trouve désormais à chaque coin de rue de nombreuses villes du monde. De l'autre des sacs de riz qu'on s'arrache sur le tarmac d'un aéroport dans des pays frappés par des catastrophes humanitaires. D'un côté une sous-alimentation qui frappe environ un milliard d'êtres humains, de l'autre une montée du surpoids et de l'obésité qui touche désormais plus de personnes !

Bien sûr, il ne faut pas confondre « malnutrition » et « sous-alimentation ». Le premier terme correspond à un défaut d'apports nutritionnels adaptés (trop ou pas assez, mais surtout de mauvaise qualité) tandis que le second est essentiellement lié à la quantité de nourriture journalière. On peut donc être malnutri et obèse ! C'est là, l'un des paradoxes de la faim.

Début 2014, d'après une étude publiée dans la revue médicale *The Lancet*, le nombre de personnes obèses ou en surpoids s'élèverait à 2,1 milliards de personnes, soit près du tiers de l'humanité ! Un chiffre à comparer avec le dernier chiffre connu de personnes souffrant de la faim dans le monde : 842 millions de personnes, soit une baisse de 156 millions depuis 1990, selon le rapport 2013 du programme alimentaire mondial des Nations-Unies.

Pourquoi une telle explosion du nombre d'obèses ? Notamment parce que ce phénomène, longtemps l'apanage du mode de consommation américain, est en train de se répandre à vitesse grand V dans les pays émergents. Ainsi, une autre étude de l'ONG britannique, *The Overseas Development Institute*, précise qu'entre 1980 et 2008, soit en moins de trente ans, le nombre des personnes obèses a quadruplé dans les pays en développement, passant de 205 millions à 904 millions ! La « surcharge pondérale » est devenue massive, notamment dans des pays comme la Chine ou encore le Mexique (voir en encadré le palmarès mondial). En Chine, l'administration générale des sports a effectué, en août 2013, un sondage auprès de 43 000 chinois vivant dans dix provinces, montrant que plus d'un tiers (34,4 %) des 20-69 ans étaient obèses ! Au Mexique, une étude de l'ONG El Poder del Consumidor (le pouvoir du consommateur) estime qu'un Mexicain consomme en moyenne 163 litres de soda par an, un record mondial ! Cependant, tout n'est pas si simple en matière de santé : l'accumulation de polluants dans la chaîne alimentaire pourrait jouer un rôle considérable dans cette véritable épidémie d'obésité. À tel point que l'Organisation mondiale de la Santé estime que l'obésité – avec son lot de diabète et de maladies cardiovasculaires – est devenue le cinquième facteur de risque de décès au niveau mondial (3,4 millions de décès dans le monde en 2010).

Nourrir le monde ? Ou moins et mieux se nourrir pour nourrir le monde ? La question mérite sérieusement d'être posée à chaque chips que nous avalons, avachis sur un canapé.

## Les Américains ne sont plus les plus gros…

Selon le rapport 2013 de l'Organisation mondiale de l'Agriculture et de l'Alimentation (FAO), les Américains ne sont plus les champions mondiaux de l'obésité. Avec un pourcentage de 31,5 % d'adultes obèses, ils ont été devancés par des pays comme le Mexique (32,8 %), l'Afrique du Sud (33,5 %), et même l'Égypte (34,6 %).

Encore plus surprenant, on constate que presque tous les pays producteurs de pétrole – et émetteurs de gaz à effet de serre – sont tous au-dessus des États-Unis avec des taux d'obésité supérieurs à 32 % : 32,6 % pour le Bahreïn, 33,1 % pour le Qatar, 33, 7 % pour les Émirats arabes unis, et même 42, 8 % pour le Koweït. Autre constat troublant : ce sont les habitants des îles qui sont désormais les plus gros. Avec 45,1 % pour les habitants des îles Kiribati – dont l'existence même est menacée par la montée du niveau de la mer, mais aussi 55,5 % pour ceux de Samoa et 64,1 % pour les Îles Cook (le record mondial !).

La France, elle, avec un petit 15,6 % – un taux toutefois en augmentation régulière – fait figure de bon élève nutritionnel. Peut-être parce que le rite du repas familial, trois fois par jour, reste bien ancré dans nos mœurs…

# Une question de régime ?

Quand quelqu'un est en surcharge pondérale, il consulte son médecin qui généralement va lui conseiller de suivre un régime. L'idée étant de partir des besoins réels du corps humain. Hé bien, pour la planète, c'est un peu la même chose : il faudrait qu'elle suive, elle aussi, un régime en toute connaissance de ses besoins et de ceux de ses habitants. Et pourquoi pas en se basant sur « la disponibilité alimentaire journalière moyenne » estimée à 3 000 kilocalories par jour et par personne selon la FAO. Ce chiffre est une moyenne entre les 4 000 kcal par jour réellement disponibles dans les pays industrialisés de l'OCDE et les moins de 2 500 kcal pour une grande partie du monde, notamment en Afrique subsaharienne.

Partant de ces données, l'étude Agrimonde (INRA, CIRAD, 2006) a établi deux scénarios : le premier scénario repose sur une poursuite du modèle productiviste agricole. Autrement dit : on continue d'exploiter à outrance, en poussant les rendements grâce aux engrais et pesticides chimiques, aux OGM, etc. Selon ces concepteurs, une croissance des rendements de 88 % (!) permettrait d'atteindre une moyenne de 3 590 kcal/jour par habitant. Ce scénario pose deux problèmes majeurs : d'une part, une disparité toujours importante entre les 4 000 kcal des pays du Nord et les 3 000 kcal du Sud, d'autre part, des dégradations environnementales importantes. C'est dire que ce scénario n'est pas envisageable sur le long terme.

Le second scénario est plus économe. Avec une croissance plus mesurée des rendements (+ 28 %), davantage en harmonie avec les écosystèmes, il permettrait d'atteindre une moyenne de 3 000 kcal/jour par habitant, équitablement réparties sur toute la surface du globe. Mais il nécessite deux conditions : tout d'abord, réduire de 30 % à 20 % les produits d'origine animale dans l'apport calorique des pays occidentaux. Normal : les animaux ont besoin de végétaux pour vivre et pour « construire » les calories que leur viande, œufs, lait, vont représenter. Ainsi, 1 calorie bœuf « coûte » 9 calories végétales, 7 pour le cochon, 3 pour le poulet. Des calories végétales et des espaces de culture qui pourraient être utilisés autrement pour l'homme. Il s'agit d'une véritable révolution : la résolution de la question de la faim dans le monde ne serait donc pas dévolue aux ingénieurs et aux agriculteurs, mais plutôt… à nos assiettes. Se mettre au régime ne serait donc pas si futile, à condition bien sûr de ne pas suivre les régimes hyperprotéinés, de toute façon aussi nuisibles pour notre santé que pour la planète.

### L'agriculture émet (aussi) beaucoup de gaz à effet de serre

Si elle concourt à nourrir le monde, l'agriculture participe aussi à son réchauffement : elle émet des gaz à effet de serre, notamment du protoxyde d'azote (utilisée en fertilisation) et du méthane (lors de la rumination et de la défécation du bétail). Au niveau mondial, l'agriculture est ainsi le quatrième secteur émetteur de GES (13,5 %), tout près de celui de la déforestation (17,4 %), qui a un lien certain avec certaines pratiques agricoles intensives…

En France, l'agriculture arrive en deuxième position (20,6 %) derrière le secteur des transports (26 %), même si les émissions ont baissé de 11 % entre 1990 et 2009.

## Changement climatique, perturbations agricoles

Les rendements de blé vont-ils augmenter ou diminuer ? Fera-t-on du champagne en Grande-Bretagne ? La culture de l'arabica disparaîtra-t-elle d'Afrique ? En agriculture, suivant les latitudes où nous vivons, le changement climatique pourrait entraîner soit une augmentation bénéfique de certaines productions, soit une baisse dramatique, mais aussi des

« migrations » d'un grand nombre de cultures. En mettant parfois en danger ce qu'on appelle la sécurité alimentaire de nombreuses populations, y compris la nôtre.

## La sécurité alimentaire mondiale menacée

L'agriculture est, en effet, en première ligne des impacts du réchauffement et souffre déjà du changement en cours. Selon le dernier rapport du GIEC, les rendements des grandes cultures (blé, maïs, riz) pourraient perdre en moyenne 2 % par décennie, alors que, pour répondre à la demande mondiale, il faudrait en augmenter la production de 14 % par décennie. Par exemple, dans certaines régions d'Europe, la perte de production de blé pourrait, sans mesures d'adaptation, atteindre 20 % d'ici à 2030. De son côté, la FAO prévoit des baisses de 40 à 90 % de la productivité des pâturages dans les zones semi-arides et arides et une forte augmentation du stress hydrique dans les systèmes de productions irriguées.

Et l'ensemble des scientifiques et des agronomes de pointer une liste impressionnante de conséquences pour les végétaux : accélération de la croissance de certains d'entre eux (pas forcément ceux que l'on voudrait), précocité de la floraison, avancée du calendrier des pratiques agricoles, baisse de la qualité de certaines productions, extension géographique des ravageurs de culture, déplacement vers le nord de certaines cultures, pression sur la ressource en eau et donc l'irrigation. Conséquence, pour le GIEC : tous les aspects de la sécurité alimentaire sont potentiellement concernés par le changement climatique, notamment l'accès à la nourriture et la stabilité des prix. D'ailleurs, les « émeutes de la faim » en 2008, puis les sécheresses successives (2010-2014) en Russie, aux États-Unis, en Australie et dans la corne de l'Afrique, ont montré la fragilité agricole de nombreux pays.

D'autres travaux, comme un rapport de la Banque Mondiale avec les scientifiques du Postdam Institute rendu public en juin 2013, ont montré qu'un réchauffement, même limité à 2 °C, pourrait avoir de sérieuses conséquences dans toutes les parties du monde. Avec trois exemples significatifs : en Afrique subsaharienne il fera augmenter de 25 à 90 % le taux de la population souffrant de malnutrition ; en Asie du Sud-Est, il fragilisera la population des deltas qui vivent de l'agriculture, de la pêche et de l'aquaculture en raison des inondations, de la salinité accrue de l'eau et de l'érosion côtière ; en Asie du Sud, il faudra deux fois plus de céréales d'ici à 2050 pour satisfaire les besoins en calories, en raison de la perturbation du cycle des moussons.

## Dust Bowl : le retour ?

Les États-Unis de Barack Obama sont-ils en train de revivre le Dust Bowl ? Ces gigantesques tempêtes de poussière, dues à une exploitation irraisonnée de sols surlabourés, avaient frappé les Grandes Plaines des États-Unis dans les années 1930, au moment de la Grande Dépression. Or, aujourd'hui, les fermes californiennes sont confrontées à une sécheresse historique, la plus importante depuis cette date. Il a fallu ces circonstances extrêmes pour que le président américain, Barack Obama, annonce qu'il allait créer sept « pôles climat » pour aider les agriculteurs à s'adapter à des conditions climatiques extrêmes.

## *La France s'en remet à Climator*

Et, en France, nous direz-vous ? Notre climat tempéré protégera-t-il notre agriculture de ces perturbations annoncées un peu partout dans le monde ? Le programme Climator qui a quand même vu travailler pendant trois ans (2007 à 2010) pas moins de 17 équipes de chercheurs issus de sept organismes de pointe (l'INRA, Météo France, le CNRS, les Chambres d'agriculture…) a cherché à mesurer les impacts futurs du changement climatique sur l'agriculture française. Prenons une culture emblématique : la vigne ! L'ensemble de son cycle de culture serait avancé de 20 à 40 jours. Selon le Climator, des sites comme Rennes ou Versailles deviendraient tout à fait aptes à la viticulture !

Par contre, avec des élévations de température évaluées à 5 °C pendant la période de maturation du raisin, des régions viticoles traditionnelles comme le Languedoc-Roussillon, le Bordelais ou encore la Bourgogne ont quelques soucis à se faire. Tout le monde a entendu parler de ces vendanges de plus en plus précoces qui débutent dès le début du mois de septembre. À tel point qu'un chercheur de l'INRA n'a pas hésité à prédire que si le réchauffement se poursuivait il n'y aurait plus de cognac à Cognac dans un siècle !

LE SAVIEZ-VOUS ?

On trouve désormais du « champagne » made in England ! À 30 kilomètres de Londres, dans le Surrey, le vignoble de Denbies est devenu, en effet, un grand producteur de vins pétillants, vinifiés selon la méthode champenoise. Sur plus de 100 hectares et avec plus de 15 cépages différents, ce vignoble est devenu l'un des plus importants de Grande-Bretagne, aidé à la fois par la douceur des hivers et des étés plus chauds. Denbies est même devenu une attraction touristique avec plus de 350 000 visiteurs par an.

TÉMOIN DU CLIMAT

## René Muré, France

### « Le raisin arrive à maturité beaucoup plus tôt. »

« Mon nom est René Muré. J'ai 60 ans et je suis propriétaire et gestionnaire du domaine du Clos Saint-Landelin. C'est un très vieux vignoble situé dans la partie la plus ensoleillée d'Alsace (France) sur un sol argileux et calcaire, exposé au sud. Je suis né dans cette région et ma famille fait du vin depuis 11 générations dans ce même endroit. Quant à moi, je fais du vin depuis 1973. »

**Les changements affectant le climat…**

« Dans les années 1970 et 1980, la floraison commençait vers le 15 juin, maintenant elle commence autour du 1er juin. En 2007, elle a commencé dès le 15 mai et en 2008 le 30 mai. La maturité des raisins se produit aussi beaucoup plus tôt, pendant les chaudes journées d'août plutôt qu'en septembre et se fait plus rapidement. Dans les années 1970 et 1980, la récolte commençait autour du 1er octobre, mais maintenant c'est autour du 15 septembre. »

**… modifient le vin**

« En conséquence, le niveau de sucre dans les raisins est plus élevé et le niveau d'acidité est plus bas qu'avant 1980. Les arômes de fruit dans les raisins ont moins de temps pour se développer. Ils sont moins typiques des vins d'Alsace. Les vins sont plus capiteux qu'avant. Ils comportent des sucres résiduels et sont moins acides. Mais de nos jours les consommateurs recherchent des vins frais et légers.

Pour la production de raisins pour les vins rouges, la maturité du sucre se fait avant la maturité des tanins. Il est donc plus difficile d'obtenir un bon équilibre dans les vins. »

**S'adapter au changement**

Dans notre activité il nous faut compter avec le réchauffement du globe et adapter la culture des vignes. L'avance de 15 jours correspond à une différence de 2° à 3° de latitude, si on considère la position moyenne du soleil. Il nous faut tester différentes variétés de raisins, des variétés du sud telles que la Syrah, le cabernet, le grenache (pour les vins rouges) ou la marsanne, la roussanne, le grenache blanc (pour les vins blancs).

L'INAO (Institut national des appellations d'origine), organisme national français qui supervise l'industrie vinicole, doit tenir compte de l'évolution du climat et adapter sa réglementation. »

# *Blé, riz, maïs : cultures en danger*

Le déplacement des aires de répartition viticole prêterait presque à rire, sauf si on envisage aussi les conséquences pour des cultures plus indispensables à la sécurité alimentaire du monde : le blé, le riz et le maïs.

Ainsi, en 2009, l'Institut international de recherches sur les politiques alimentaires (IFPRI) a mené une analyse sur l'impact du changement climatique sur 32 produits de culture et d'élevage dans 281 régions du monde. Il distingue les cultures pluviales de celles irriguées, selon les pays en développement et les pays développés. Alors que le riz pluvial pourrait augmenter son rendement de 17,3 % dans les pays développés, il baisserait de 1,3 % dans les pays du Sud.

Depuis, d'autres études sont venues aggraver ce diagnostic déjà pessimiste. Publiée par la revue *Nature Climate Change* le 28 janvier 2012, l'une d'elle a montré qu'une hausse moyenne des températures de 2 °C diminuerait de 20 % les rendements de blé, notamment dans la vallée du Gange en Inde. D'autres, comme celle de la CCAFS (Climate Change, Agriculture and Food Security), estiment que, au niveau mondial la production de blé, riz et maïs pourrait chuter de 13 à 20 % d'ici 2050. Même celle de la pomme de terre serait affectée. Logiquement, la FAO recommande aux petits paysans du Sud de se tourner résolument vers d'autres cultures comme les pois et les lentilles, le mil et le sorgho, toutes beaucoup moins consommatrices en eau. Ce que certains agriculteurs français ont commencé à faire aussi.

## La fin de l'arabica en Afrique ?

Les amateurs de café vont-ils devoir faire le deuil de l'arabica ? Une étude scientifique anglo-éthiopienne, publiée en novembre 2012, montre que le célèbre arabica sauvage pourrait disparaître en Éthiopie et au Soudan du Sud, où il est abondamment cultivé. Basée sur trois scénarios de réchauffement (+ 2,4 °C, + 2,8 °C et + 3,4 °C), l'étude montre que la productivité des lieux propices à la culture de l'arabica pourrait baisser de 65 % à 99,7 % d'ici 2080. En effet, les graines de café ont besoin pour pousser d'une température constante entre 19 °C et 25 °C. Un drame gustatif – le robusta est nettement moins agréable – mais aussi économique : les cultures d'arabica représentent plus de 60 % de la production mondiale de café…

LE SAVIEZ-VOUS ?

La culture du sorgho augmente lentement mais sûrement en France. Longtemps inférieure à 40 000 hectares, elle a atteint les 58 000 hectares en 2013, une augmentation de 20 % par rapport à 2012. Cette céréale, qui pousse essentiellement en Afrique, en bordure du Sahara, a l'immense avantage de consommer 40 % moins d'eau que le maïs. C'est pour cette raison qu'elle intéresse de plus en plus les agriculteurs du Sud-Ouest qui l'utilisent essentiellement comme un complément fourrager pour l'alimentation du bétail. Pour le moment…

TÉMOIN DU CLIMAT

## Émile Jean, Madagascar

### « Nous perdons une partie de nos récoltes de manioc. »

« Je m'appelle Émile Jean et je vis au nord de Tsiandriona. Mon village appartient à la communauté rurale de Itampolo, tout au sud de Madagascar, j'ai 53 ans et me suis marié selon nos traditions. Nous avons 11 enfants, 6 garçons et 5 filles. Ils ont entre 6 et 35 ans. Nous vivons dans 3 maisons de 1 pièce. Une maison où l'on dort, une cuisine et une maison pour stocker nos récoltes. Je suis issu de la tribu Mahafaly et du clan Temitongia. Mon village se trouve entre la forêt du plateau inférieur de Mahafaly et l'océan. Je suis agriculteur comme mon père et son père avant lui ; il y a également quelques pêcheurs dans notre village. Je plante du maïs et des légumes. La moitié de ce que nous faisons pousser est pour nous et nous vendons le reste. Comme tout Mahafaly, j'ai un couple de zébus.

Depuis quelques années nous perdons une partie de nos récoltes de manioc parce que la pluie arrive trop tard. Nous avons aussi actuellement davantage d'insectes.

Autrefois nous plantions aussi à la saison sèche. Ceci nous aidait à pallier le manque de nourriture entre les saisons pluvieuses. Ce n'est plus possible. Nous perdons nos graines si nous le faisons… Autrefois, il pleuvait beaucoup en janvier et maintenant plus du tout.

Quand mon grand-père était jeune, il n'y avait pas plus d'une ou deux mauvaises années en 20 ans, environ une mauvaise année tous les 7 ans. Maintenant, c'est tous les 2 ans. Il se peut même que nous ayons deux mauvaises années de suite. L'année 2010 pourrait être la pire de toutes. Nous sommes très inquiets.

Le prix du bétail est très bas alors que les prix des autres produits ont doublé. À cause de cela, je bois du rohondroho le matin à la place du café. C'est comme du café mais plus fort. »

# *Pêche en eaux troubles*

Le poisson avec du riz va-t-il devenir un plat de luxe ? On peut se poser la question en lisant les conclusions d'un colloque organisé par la FAO en juillet 2008, avec plus de 200 scientifiques venus du monde entier. Analysant les effets du réchauffement continu des océans, des variations de la salinité ainsi que la diminution des récifs coralliens, la FAO et ses scientifiques estiment qu'une baisse des prises est probable. Sans même parler des nombreux problèmes posés par la surpêche, avec des conséquences notables pour les communautés de pêcheurs dans les pays pauvres. Ceci alors que les aliments issus de la mer représentent plus de 20 % de la prise moyenne de protéines animales par habitant pour plus de 2,8 milliards de personnes.

Et si les poissons se mettaient à la fois à migrer vers les pôles et à rapetisser ? La première hypothèse a été soulevée par une étude menée en 2013 conjointement par l'Université du Texas à Austin et l'Institut marin de l'université de Plymouth, publiée dans *Nature Climate Change* en août 2013. En analysant plus de 1 735 changements dans la vie sous-marine dûs au déplacement du phytoplancton, ces chercheurs ont montré que les populations de poissons dits « osseux » (c'est-à-dire ceux dont le squelette est plus ou moins ossifié, soit la grande majorité des espèces marines) se déplacent vers les pôles en moyenne de 75 km par décennie, contre 6 km pour les poissons de rivière. Ceci alors que la température moyenne des eaux de surface des océans augmente trois fois moins vite que celle des terres. Quant à la diminution de la taille des poissons, elle résulterait d'une perte en oxygène de l'eau des océans, toujours à cause de la hausse des températures – une énergie indispensable à la croissance des poissons. Les chercheurs de l'université de Colombie-Britannique estiment ainsi, dans une étude publiée en octobre 2012, que le poids maximal moyen des poissons devrait diminuer de 14 à 24 % d'ici 2050.

### Le krill, minuscule et fragile crevette

Elle ne mesure que six centimètres et ne pèse que deux grammes... Pourtant, cette petite crevette translucide est une des bases de la chaîne alimentaire marine. Baleines, manchots, phoques et des centaines d'autres espèces marines s'en délectent. En aquaculture, les ressources en petits poissons sont à ce point atteintes qu'elle est devenue également un des mets favoris des poissons d'élevage (les saumons notamment). Les Norvégiens en utilisent plus de 250 tonnes par jour. Autant dire que la surexploitation des stocks, conjuguée au réchauffement climatique, menace directement l'existence de cette petite crevette, qui vit une bonne partie du temps sous la glace, et constitue la base de l'alimentation de nombreuses espèces. À tel point que l'Antartic Krill Conservation Project (AKP) estime que la population de krill aurait déjà diminué de 80 % ! Et si on mangeait moins de poissons ?

## Des terres uniquement pour l'alimentation ?

Si la population de la Terre augmente et que les rendements agricoles sont trop perturbés par le changement climatique, faut-il pour autant accroître le nombre de terres cultivées dans le monde ? La question paraît de bon sens mais les réponses sont à nuancer suivant les autres usages qu'on veut en faire. Avec des implications éthiques importantes. La première étant : si l'on utilise toutes les terres pour l'alimentation, où se logera la biodiversité sauvage, nécessaire à l'équilibre de la vie sur Terre ?

## Y a-t-il encore des terres potentiellement cultivables ?

C'est la question préalable avant de voir quel serait leur meilleur usage. Selon la FAO, qui tient à jour des statistiques mondiales sur la question – et donc d'un point de vue purement mathématique –, la réponse est oui. Ainsi, sur les 13 milliards de terres émergées, près de 38 % (soit 4,9 milliards d'hectares) sont occupées par l'agriculture et 30 % (3,9 milliards) par la forêt. Le solde, soit 4,2 milliards d'hectares, correspond à des terres difficilement utilisables à ces fins (la banquise, par exemple…), à des eaux intérieures (lacs, fleuves, rivières), et aux terres artificialisées (villes, routes, parkings…). Sur les 4,9 milliards d'hectares dédiés à l'agriculture, 1,6 milliard sont réservés à des cultures permanentes et 3,2 milliards pour les prairies et les pâturages permanents.

En théorie – et en théorie seulement –, il y aurait donc de la marge pour mettre en culture d'autres terres. Oui, mais… Comme nous l'avons vu dans d'autres chapitres de ce livre – celui sur la forêt (chapitre 4) et les sols (chapitre 6) –, chaque espace terrestre joue un rôle dans la grande machine à réguler le climat. Ainsi, continuer à pratiquer la déforestation en Amazonie jouerait un double rôle négatif : d'abord en supprimant des arbres qui sont autant de pièges à $CO_2$, ensuite en installant à la place des monocultures d'exportation (maïs, soja) destinées principalement à l'élevage, grand émetteur de gaz à effet de serre.

## L'accaparement des terres, une réalité dangereuse

Depuis la crise économique et la flambée des prix alimentaires en 2008, un nouveau phénomène mondial est apparu : des pays importateurs de denrées alimentaires (la Chine et les pays du golfe Persique en tête) mais aussi des multinationales se sont mis à acheter des terres à tour de bras (en Afrique d'abord mais aussi en Asie du Sud-Est et en Amérique Latine) pour sécuriser leurs approvisionnements. Avec des conséquences très néfastes : développement de monocultures d'exportation, concurrence directe avec les cultures vivrières, spéculation foncière. Une sorte de Monopoly agricole mondial.

Heureusement, ces annonces choquantes ont suscité une importante mobilisation. Les paysanneries locales, aidées par de nombreuses ONG (Oxfam, CCFD/Terre Solidaire, le réseau GRAIN…) se sont mobilisées contre ce qu'elles appellent, à juste titre, « l'accaparement des terres ». Un des projets les plus emblématiques – celui de Daewoo, la firme sud-coréenne, d'acheter 1,3 million d'hectares à Madagascar pour produire du maïs et de l'huile de palme à destination du marché coréen – n'a non seulement jamais vu le jour, mais il a provoqué la destitution du président malgache Ravalomanana.

De fait, entre les annonces spectaculaires et les investissements effectivement réalisés, il est difficile d'avoir un ordre de grandeur fiable de ce phénomène. Ainsi, selon Land Matrix, un réseau mondial d'observation, sur les 2 017 transactions annoncées sur la période 2000/2012 et qui concernaient 83,2 millions d'hectares, seules 403 auraient vu le jour, soit tout de même 26,2 millions d'hectares. D'autres modes de calculs, mis en avant par un organisme public comme le CIRAD ou encore l'ONG CCFD/Terre Solidaire parlent plutôt de 200 millions d'hectares concernés. Un chiffre qui inclut d'autres usages que strictement agricoles : agroforesterie, mines ou encore tourisme.

## Les agrocarburants, fausse bonne solution…

La question des agrocarburants (carburants issus de plantes cultivées) est intimement liée à la question de l'accaparement des terres. En effet, le portail foncier Land Matrix a montré dans son dernier rapport que sur la totalité des transactions foncières, un à deux tiers des investissements étaient liés aux agrocarburants. En 2012, une étude encore plus précise du Département britannique du développement international (DFID) indique que les principales cultures mises en place à la suite de ces acquisitions foncières étaient – dans l'ordre – le jatropha, le palmier à huile et la canne à sucre – toutes trois utilisées dans la production d'agrocarburants.

Les justifications des promoteurs des agrocarburants se paraient au début de toutes les vertus : il s'agissait selon eux de remplacer avec l'éthanol ou le biodiesel le pétrole issu des énergies fossiles. Mais dès le début, cet argument a été contesté sur le plan éthique : est-il moral de remplacer l'alimentation vivrière des consommateurs des pays pauvres par des cultures destinées à devenir du carburant pour les consommateurs des pays riches ? De plus, petit à petit, de nombreuses études ont montré que les agrocarburants dits de « première génération » (voir l'encadré) présentaient en réalité un bilan environnemental désastreux. Car, les premiers calculs effectués par leurs zélateurs négligeaient à la fois l'usage d'engrais azotés pour ces cultures et ce qu'on appelle le « changement indirect de l'affectation des sols », c'est-à-dire la destruction de l'écosystème qui était en place pour en faire une terre agricole (déforestation, assèchement des tourbières, drainage de zones humides). Autant de massacres écologiques et de nouvelles émissions de gaz à effet de serre…

Ainsi, alors que l'Union européenne était très engagée dans la promotion des agrocarburants – elle s'était fixé un objectif de 10 % de ces énergies renouvelables dans les transports pour 2020 –, elle a fait marche arrière. En effet, une étude de 2011 de l'Institut international de recherche sur les politiques alimentaires (IFPRI) a démontré que la mise en œuvre de cet objectif aboutirait d'une part à la conversion à l'agriculture de près de deux millions d'hectares de terre (Afrique, Amérique Latine, anciens pays de l'Est) et d'autre part que les deux tiers des gains attendus en matière d'émission de $CO_2$ seraient absorbés par les changements d'affectation des sols concernés. Pire, en 2012, une compilation scientifique menée par l'ADEME et l'INRA a démontré que les agrocarburants produits à partir de colza et de soja émettaient même plus de gaz à effet de serre que ceux à partir d'énergies fossiles ! Résultat, en 2013, l'Union européenne a fixé des critères de « durabilité » à la production des agrocarburants et envisage de ramener ses objectifs de 10 à 5 %. En attendant l'arrivée des agrocarburants dits de seconde génération et surtout de troisième génération, jugés beaucoup moins nocifs pour l'environnement.

Du côté de la FAO qui, au début, tentait d'établir une balance égale entre les aspects positifs et négatifs des agrocarburants, le doute s'est également installé. En juin 2013, le volumineux rapport de son panel d'experts notait déjà que l'introduction des agrocarburants entraînait dans 60 pays « un durcissement de la compétition pour les cultures alimentaires, pour la terre et pour l'eau ». Jean Ziegler, l'ancien rapporteur spécial de l'ONU sur le droit à l'alimentation de 2000-2008, ne s'embarrassait pas de langage diplomatique en signant, en novembre 2013, une tribune au titre sans ambiguïté : « Arrêtons les agrocarburants : ils polluent et, en plus, ils affament ».

## Première, deuxième et troisième génération

En une décennie, la production mondiale d'agrocarburants a été multipliée par cinq, passant de 20 milliards de litres par an en 2001 à plus de 100 milliards par an en 2011, ce qui ne représente toutefois que 1 % de la production mondiale de carburants. Les deux principaux producteurs sont les États-Unis et le Brésil. Il faut toutefois distinguer ceux de « première », « deuxième » et « troisième génération ». Notamment en terme d'environnement.

**Première génération.** Ce sont les agrocarburants issus de cultures agricoles : colza, soja, tournesol et palme pour le biodiesel ; canne à sucre, betterave, maïs et blé pour l'éthanol. Leur bilan environnemental est désastreux

**Seconde génération.** Ils sont produits à partir de déchets ou de résidus végétaux comme les tiges de canne à sucre. Ils ne représentent à l'heure actuelle que 0,15 % du total des agrocarburants et leur bilan environnemental est, pour le moment, inconnu.

**Troisième génération.** Ils sont produits à partir des algues. Ce sont les plus prometteurs pour l'environnement mais ils n'en sont qu'au stade expérimental.

## L'agroforesterie : finies les tronçonneuses ?

Peut-on réconcilier l'arbre et l'agriculture ? Après des siècles de défrichage, de déforestation et de remembrement, c'est tout le pari un peu paradoxal de l'agroforesterie. Cette expression, née d'un néologisme anglais datant des années 1970, propose un modèle d'exploitation des terres agricoles associant des plantations d'arbres aux cultures et aux pâturages. Et, contrairement aux agrocarburants, elle s'inscrit, elle, dans une véritable remise en question des excès de l'agriculture productiviste.

L'agroforesterie a de profondes racines, si vous nous permettez le jeu de mots. Celles d'un temps où les haies bocagères et les arbres faisaient partie du système agricole. Hélas, le remembrement, la mécanisation, et les tronçonneuses sont passés par là… En France, selon l'INRA, on serait passé de 600 millions d'arbres dans les parcelles agricoles en 1940 à 200 millions aujourd'hui. Heureusement, le mouvement commence à s'inverser. En effet, sous la menace du changement climatique, les agronomes ont redécouvert que l'arbre a un effet protecteur bénéfique : effet brise-vent, lutte contre l'érosion des sols, atténuation des inondations et des sécheresses, abri de la biodiversité… Et cela sans porter atteinte au rendement des cultures. Bien au contraire… Une autre étude de l'INRA, en 2013, a associé dans un champ noyer et blé, et établi qu'un seul hectare d'agroforesterie produit autant de bois et de produits agricoles que 0,8 hectare d'agriculture et 0,6 hectare de forêts. Un gain énorme, sans aucun intrant mais avec un stockage d'importantes quantités de carbone : 1 à 2 tonnes par hectare et par an pour 50 à 100 arbres à l'hectare.

Cette pratique vertueuse est désormais favorisée par le ministère de l'Agriculture en France (avec un objectif de 5 000 hectares d'agroforesterie par an), éligible aux primes européennes de la PAC et, cerise sur le gâteau, encouragée par la FAO au niveau mondial. Début 2013, l'Organisation des Nations-Unies pour l'alimentation et l'agriculture a, en effet, publié un guide vantant tous ses mérites. Notamment celui d'atténuer les émissions de gaz à effet de serre en ralentissant la conversion des forêts en terre agricole et en séquestrant le carbone dans les exploitations. Un enjeu considérable pour la FAO qui note que « dans la mesure où près de la moitié des terres agricoles de la planète possèdent une couverture arborée d'au moins 10 %, l'agroforesterie peut fournir des moyens de subsistance à des millions de personnes ».

# Changer de modèle agricole

Si vous êtes un peu démoralisés par la lecture du début de ce chapitre et au contraire revigorés par les perspectives offertes par l'agroforesterie, sachez qu'il y a mieux à faire qu'attendre les bras croisés les conséquences du changement climatique sur l'agriculture. Des alternatives existent pour un modèle agricole plus durable, capable d'adaptation à la hausse des températures tout en étant plus respectueux des écosystèmes. Petit inventaire de solutions facilement applicables.

## Quand l'ONU se convertit à l'agroécologie

Passer d'une agriculture intensive à une agroécologie pour aider à nourrir la planète et sauver le climat, c'est possible. Tel fut en substance le message d'Olivier de Schutter en 2011, rapporteur spécial de l'ONU sur le droit à l'alimentation. Un vrai coup de tonnerre car, jusqu'à présent, le terme d'agroécologie était uniquement connu des milieux écologistes, notamment des adeptes de Pierre Rabhi, pionnier de cette agriculture sur ses terres arides de l'Ariège. Elle désigne une méthode qui vise à concilier deux sciences : l'agronomie et l'écologie. Notamment en (ré) introduisant des méthodes culturales qui respectent à la fois les sols et préservent les écosystèmes.

### L'agroécologie, une longue histoire

Passionné par l'agriculture traditionnelle encore pratiquée par de nombreux paysans d'Amérique Latine et professeur d'agroécologie à l'université de Berkeley, Miguel Altieri en donna la définition suivante : « l'agroécologie est la science de la gestion des ressources naturelles au bénéfice des plus démunis confrontés à un environnement défavorable ». Car c'est là l'une des grandes forces de l'agroécologie : elle mobilise un secteur beaucoup plus large que les partisans de l'agriculture bio.

De fait, l'agroécologie regroupe différents types d'agricultures qui peuvent aller de « l'agroforesterie » au « tout biologique » et à « l'agriculture écologiquement intensive » en passant par l'« agriculture de conservation », « l'agriculture paysanne », « la permaculture », ou même encore de nombreux éléments de « l'agriculture familiale ». Le point commun entre toutes ces agricultures est de proposer de retrouver le lien avec le sol, en passant progressivement d'un cocktail chimique – engrais, pesticides – à un autre beaucoup plus naturel et respectueux de l'environnement : vers de terre, insectes, bactéries… Ce qu'on appelait, autrefois, « le bon sens paysan ». Et, en réhabilitant également la rotation des cultures, les couverts végétaux et le semis direct.

Pour Olivier de Schutter, il n'y a pas à hésiter : « l'agroécologie peut à la fois doubler la production alimentaire mondiale en 10 ans tout en facilitant l'adaptation au changement climatique ». En effet, selon le rapporteur de l'ONU, cette meilleure gestion des sols permet un meilleur stockage du carbone et de mieux supporter les épisodes de sécheresse et d'inondations. Et ce ne sont pas que des belles paroles. Olivier de Schutter s'est appuyé notamment sur une étude pilotée par l'Université d'Essex en Grande-Bretagne qui a analysé 286 projets menés dans 57 pays en développement, soit un total de 37 millions d'hectares. Résultat : les projets agroécologiques ont permis une augmentation des rendements de 80 % en moyenne, dont 116 % pour tous les projets africains. Alors qu'est-ce qu'on attend pour passer à ce nouveau modèle agricole ?

### Une nouvelle PAC, vert pâle…

On allait voir ce qu'on allait voir… « Les aides au verdissement seront les plus sécurisées », n'hésitait pas à déclarer en 2012 Dacian Cialos, le commissaire européen à l'agriculture – un ingénieur agronome qui avait fait des études… d'écologie ! – au début des négociations marathon de la nouvelle Politique agricole commune (PAC). Las, la nouvelle PAC (2014 /2020) qui est chargée de répartir 60 milliards d'euros, soit 40 % du budget communautaire, entre les agriculteurs des 27 pays européens, a beaucoup déçu. Ainsi si elle permettra de dédier 30 % des aides directes à des pratiques bénéfiques au climat et à l'environnement, de nombreuses dérogations sont prévues dans le texte final. Alors que la Commission avait défini trois critères d'éco conditionnalité – le maintien de prairies permanentes, la diversification des cultures et la préservation de 7 % de surfaces d'intérêts écologiques dans chaque exploitation –, elles ont été considérablement rognées.

## *Selon la FAO, la bio pourrait nourrir le monde*

Bien que faisant partie de l'agroécologie, l'agriculture biologique a une histoire singulière. Née dans les années 1920 avec le scientifique et philosophe autrichien Rudolf Steiner, qui jeta les bases de l'agriculture biodynamique, elle fut longtemps méprisée par les tenants de l'agriculture intensive. Popularisée par les mouvements issus de mai-68 et la mode du « retour à la terre », elle se caractérise essentiellement par le refus de toute chimie de synthèse et des pratiques culturales autonomes (compost, cultures associées, lutte biologique contre les insectes, etc.). Il ne s'agit pas pour autant d'un retour en arrière, mais plutôt de mettre nos avancées scientifiques à contribution pour cultiver sans détruire.

Perçue (à tort) comme une agriculture marginale réservée aux pays développés, la FAO lui donna toutes ses lettres de noblesse dans un rapport publié en 2007. Déjà, les chiffres publiés impressionnèrent, puisque la FAO notait que la bio était pratiquée dans 120 pays, concernait 31 millions d'hectares pour un chiffre d'affaires de 40 milliards de dollars. Pas mal pour des marginaux et une agriculture dite de « niche » ! Mais surtout, la FAO reconnaissait, pour la première fois, que l'agriculture biologique pouvait, elle aussi, nourrir le monde, ce que lui conteste toujours les partisans de l'agriculture conventionnelle.

Son bilan environnemental est de plus nettement supérieur à celui de l'agriculture intensive, notamment en termes de gaz à effet de serre. Selon différents travaux organisés par la FAO, les émissions de protoxyde d'azote et de méthane provenant des sols agricoles, de pâturages, ou de tourbières sèches peuvent être évitées par des pratiques de gestion biologique. De nombreuses expérimentations de terrain, partout dans le monde, montrent que la fertilisation biologique – si on la compare à la fertilisation minérale – augmente le carbone biologique du sol, permettant une plus grande séquestration de $CO_2$ de l'atmosphère dans le sol. Un institut de recherche suisse estimait, dans une étude publiée en 2012, que les sols cultivés en agriculture biologique capturaient 3,5 tonnes de plus de carbone par hectare que les sols cultivés en agriculture conventionnelle !

## Bio : le retard de la France

En 2007, le Grenelle de l'Environnement avait mis la barre très haut en affichant un objectif de 6 % de surfaces agricoles cultivées en 2012 et même de 20 % à l'horizon 2020. Selon les chiffres de l'Agence Bio en 2013, on en était à seulement 4 %, soit un peu plus d'un million d'hectares. Cela malgré une hausse du nombre d'exploitations de 104 % et de la surface cultivée de 85 % par rapport à 2007. Par conséquent, les pouvoirs publics ont revu leur objectif à la baisse et le nouveau plan du ministère de l'agriculture baptisé « Ambition Bio 2017 » prévoit, plus modestement, un doublement des surfaces bio d'ici 2017, soit 8 %. Un taux qui ne permettra sans doute pas de rattraper notre retard, tandis que caracolent en tête trois pays européens : l'Autriche, l'Italie ou encore l'Allemagne. Cela alors que la consommation des produits bio ne cesse d'augmenter en France : + 9 % en 2013. D'où le recours à des importations...

## Relocaliser l'économie

En matière d'émissions de gaz à effet de serre du transport de fret, une grande partie du combat se situe, finalement, à notre porte. Tout au long du circuit logistique, c'est bien au niveau des transports nationaux et régionaux des produits de consommation qu'est émis l'essentiel des gaz à effet de serre, puisque ces déplacements s'effectuent dans leur immense majorité par la route. Par quel biais atteindre la bonne trajectoire de réduction des émissions des transports des produits que nous consommons au quotidien ? Par la relocalisation de l'économie, affirment les écologistes. Ils n'ont pas tort. Est-il bien normal que l'Union européenne soit le premier importateur de fruits et légumes au monde ? Nos régions ne disposent-elles pas des terres et du savoir-faire qui permettraient d'assurer une grande partie de notre consommation ? Est-il bien normal qu'un pays comme l'Italie, par exemple (mais la France est également concernée…) importe chaque année plusieurs dizaines de milliers de tonnes de produits dérivés de tomates cultivées en Chine (sauce, pulpe…), par ailleurs redistribués sous un emballage estampillé « made in Italy ». La concurrence déloyale exercée par ces pays dont les productions échappent à toute réglementation sociale et environnementale, casse l'emploi local. Bon an mal an, notre pays importe 150 000 tonnes de pommes ! Combien d'emplois locaux perdus ?

Relocaliser l'économie consiste à soutenir les filières bonnes à la fois pour l'emploi et l'environnement. Les fruits et légumes et par extension, de nombreux produits alimentaires, pourraient être relocalisés sans peine. D'ailleurs, de nombreux acteurs du secteur s'y emploient, à commencer par les producteurs qui s'allient pour alimenter localement les cantines scolaires et autres restaurations collectives, ou à l'inverse les consommateurs qui groupent leurs commandes auprès d'exploitants agricoles implantés à proximité. Quel potentiel de réduction des émissions de $CO_2$ liées au transport de ces denrées ? On estime qu'en France, un camion en circulation sur trois transporte de l'agroalimentaire…

## Circuits courts et locaux

En 2012, 25 % des produits bio consommés en France étaient importés, selon l'estimation de l'Agence Bio. Ça ne serait pas un problème s'ils arrivaient par bateau à voile, mais c'est rarement le cas. Alors, que choisir ? Un régime équilibré, végétarien, local, biologique… ?

Le menu qui a le moins d'impact sur la planète est un peu de tout cela à la fois. Une étude menée au Royaume-Uni montre qu'une alimentation équilibrée a une empreinte écologique 22 % plus faible que le régime alimentaire national moyen. Le même pourcentage sépare un menu végétarien équilibré du menu non végétarien équilibré. Ces écarts sont déjà substantiels, mais la différence majeure se joue entre l'empreinte d'une alimentation totalement locale et une alimentation totalement importée. La première a une empreinte 57 % inférieure à la seconde.

Choisir des aliments de saison produits dans sa région permet en outre de soutenir l'économie locale, tout en réduisant l'impact carbone et en valorisant le travail des producteurs.

Certains sont tellement convaincus de la nécessité de « relocaliser » leur alimentation qu'ils sont devenus « locavores », ne s'alimentant qu'avec des produits dont l'origine n'est pas éloignée de plus de 160 km de leur lieu d'habitation. Le monde anglo-saxon a aussi inventé la notion de food miles (kilomètre alimentaire). En Grande-Bretagne, elle est officiellement utilisée comme indicateur.

Mais attention à l'effet pervers d'un parcours de ferme en ferme pour y faire son marché : que d'efforts écologiques ruinés par ces transports ! Des chercheurs britanniques ont montré que si tous leurs concitoyens faisaient leurs courses à pied ou à vélo, cela compenserait les coûts environnementaux pourtant considérables dus à l'agriculture conventionnelle.

## *AMAP et compagnie*

Mais qu'est-ce qu'un « circuit court » ? Certains y voient un circuit qui fait peu de kilomètres entre le lieu de production et le lieu de vente, d'autres un circuit qui compte peu d'intermédiaires. L'un et l'autre sont compatibles, mais ce n'est pas toujours le cas. Un agriculteur qui vend sa production sur son exploitation est évidemment le meilleur exemple de circuit court.

D'où un nouveau concept, apparu au début des années 2000 : les AMAP.

La première Association pour le maintien de l'agriculture paysanne (AMAP) voit le jour en France, en 2001, dans la région Midi-Pyrénées. Il s'agit de créer un lien direct entre des paysans et des consommateurs qui s'engagent à acheter la production des premiers à un prix équitable et en payant d'avance. Cette idée vient du Japon où, dans les années 1960, suite à la catastrophe de Minameta en 1957 et ses poissons empoisonnés au mercure, des « teikei » (coopération en japonais) furent mises en place par des consommateurs japonais avec des agriculteurs leur garantissant des aliments sans produits chimiques. En France, la charte des AMAP s'inspire à la fois des principes de l'agriculture paysanne et du cahier des charges de l'agriculture biologique. Avec une préoccupation environnementale forte, notamment en créant une relation de proximité permettant de limiter le bilan carbone des produits proposés. Notamment en s'attachant à la saisonnalité des fruits et légumes et à diminuer les coûts de transport. Un panier hebdomadaire, comportant un grand nombre de légumes anciens, revient en général autour de 15 euros.

Le succès est, en tout cas, au rendez-vous, puisque aujourd'hui le réseau des AMAP revendique plus de 1 600 structures, touchant 50 000 familles et près de 200 000 consommateurs. Et, rançon du succès, il y a souvent une liste d'attente pour pouvoir adhérer à une AMAP.

D'autres formules, moins militantes, ont également vu le jour. On y trouve pêle-mêle des paniers paysans (hors charte des AMAP), des ventes directes à la ferme, des services en libre cueillette, des magasins collectifs, des marchés traditionnels ou fermiers et aujourd'hui les « drive-fermier » et autres ventes par Internet. Si elles établissent un lien direct entre consommateurs et producteurs, elles ne sont pas forcément toutes bénéfiques en termes d'impacts sur l'environnement. Car si les produits poussent à grand renfort de produits hautement carbonés (engrais, serres chauffées, etc.), le bilan carbone est nul ou mauvais : à titre d'exemple, l'ADEME cite le cas d'une salade cultivée en Allemagne, sous serre en hiver, qui aura, en termes de $CO_2$ émis, un bilan deux fois plus élevé que le même légume importé d'Espagne où il est cultivé en plein air (510 g/eq $CO_2$ par salade contre 240 g eq/$CO_2$). Local oui, mais des produits de saison (et bio si possible) !

## Êtes-vous locavore ?

Sous ce terme un peu mystérieux – élu pourtant « mot de l'année » par l'université d'Oxford en 2007 – se cache un mouvement de consommateurs né à San Francisco en 2005. Il s'agissait de proposer à des habitants de se nourrir exclusivement de produits venant d'un rayon de 100 miles (environ 160 kilomètres) autour de leur domicile. Ceci afin de diminuer le temps de transports de ces produits et donc les gaz à effet de serre.

### *Même les cantines s'y mettent*

La restauration collective est certainement le secteur où les marges de progression pour introduire des circuits plus courts sont les plus grandes. Déjà, le Grenelle de l'Environnement s'était engagé à introduire 20 % de produits biologiques dans les cantines scolaires d'ici à 2012. Même si le chiffre réel aujourd'hui dépasse à peine les 2 %, de nombreuses cantines ont introduit dans leur menu, ne serait-ce qu'un jour par semaine, des produits « bios », « locaux », voire « végétariens ». Des conseils généraux (Gers, Deux-Sèvres, Ardèche…) ont même passé des accords innovants avec des groupements de producteurs. Des initiatives qui favorisent le retour du maraîchage à proximité de plusieurs grandes agglomérations françaises comme Bordeaux, Toulouse ou encore Nantes.

## Du carbone dans le panier de la ménagère…

« En 2009, chaque Français a acheté en moyenne 700 kg d'aliments, de boissons et de produits de droguerie, parfumerie et hygiène », nous enseigne le Commissariat général au développement durable. Résultat : 1,4 tonne de gaz à effet de serre émis par individu ! Ceci dit, le panier moyen montre de fortes disparités : les 56 kg de viandes achetés dans l'année émettent 4 fois plus de carbone que les 140 kg de fruits et légumes. Mais au fait, comment une côtelette ou une botte de radis peuvent-elles « émettre » du carbone ? Au gré des étapes du cycle de vie du produit interviennent des engrais issus de l'industrie pétrochimique (y compris pour produire l'alimentation du bétail), de nombreux engins agricoles et véhicules de transports, des entrepôts frigorifiques, des ateliers de transformation, des emballages, des déchets qu'il faut éliminer, etc. Du pétrole, du gaz, de l'électricité sont mobilisés tout au long du parcours, dont les consommations émettent du $CO_2$, tandis que protoxyde d'azote et méthane d'origine agricole s'échappent dans l'atmosphère. Passerelle entre le producteur et le consommateur, le « panier de la ménagère » (ou plutôt, en moins machiste, le « panier de consommation courante ») peut certainement aider à lutter contre le changement climatique.

## … et dans mon assiette !

« En changeant nos habitudes alimentaires », affirme le Réseau Action Climat (RAC), « nous pourrons réduire notre contribution à l'effet de serre ». En consommant des aliments de saison et produits localement, si possible bio, en évitant les emballages inutiles, en équilibrant notre régime alimentaire, en limitant la consommation de plats congelés, en faisant les courses à proximité de chez nous, en veillant à ne pas gaspiller… autant d'actions de bon sens dont plusieurs, au passage, contribuent à l'économie et aux emplois locaux.

Sur un plan plus concret, le RAC compare quatre menus, qui intègrent plus ou moins de viande, de laitages, de fruits et légumes. À richesse calorique équivalente, la facture carbone varie de un à dix. Autre exemple puisé à la même source : « 1 kg de fraises d'hiver peut nécessiter l'équivalent de 5 litres de gasoil pour arriver dans notre assiette ». Mieux vaut patienter jusqu'à l'arrivée sur les étals de fruits de saison, beaucoup plus riches en goût car mûri sur pied !

## Diminuer les intrants : c'est possible !

Sans devenir tout de suite un adepte de l'agroécologie ou de l'agriculture bio, il est possible de diminuer, tout de suite, la part des intrants (engrais, pesticides, eau) dans l'agriculture dite conventionnelle. C'est ce que par exemple, la Banque mondiale appelle « l'agriculture intelligente » et que la FAO dans son plan « Agriculture mondiale : horizon 2015/2030 » encourage. En rappelant que, si l'usage de ceux-ci s'est beaucoup accru ces trente dernières années, beaucoup de ces engrais se perdent par volatilisation et par lessivage de sols.

Beaucoup de pratiques agricoles permettent d'être plus économes dans leurs usages : adhérer au plan de réduction volontaire d'utilisation des produits phytosanitaires, instaurer le goutte à goutte pour limiter sa consommation d'eau dans une serre ou une terre irriguée, planter des variétés différentes sur la même parcelle afin de limiter les risques climatiques, rétablir une forme de polyculture (élevage + céréales), etc. Tout vaut le coup d'être tenté quand on sait que la fabrication des engrais chimiques est extrêmement dépensière en énergie. Par exemple, la production d'une unité d'azote nécessite entre 1,2 et 1,5 unité de fioul… Et si la prise de conscience d'un agriculteur n'est pas toujours écologique, elle peut être souvent économique…

### L'abeille, sentinelle de l'environnement et des … pesticides

« L'abeille, sentinelle de l'environnement » : depuis plusieurs années, l'UNAF, le principal syndicat apicole français (22 000 apiculteurs, dont 700 professionnels), a mis en place ce programme de sensibilisation du grand public. En effet, alors que l'abeille est indispensable à la pollinisation – 35 % de la production alimentaire mondiale en dépend sans parler de la biodiversité –, tous les pays du monde sont victimes du syndrome d'effondrement des colonies d'abeilles.

Même si les causes en sont multiples – varroa, monoculture intensive, frelon asiatique –, l'usage massif des pesticides, notamment les fameux néonicotinoïdes, y est pour beaucoup. Ainsi, en France la production de miel est passée de 33 000 tonnes en 1995, date de l'introduction de ces néonicotinoïdes dans les grandes cultures (colza, tournesol), à moins de 15 000 tonnes en 2013. Les apiculteurs réclament l'interdiction totale de ces pesticides ainsi que l'adoption d'un programme « Bee Friendly » (amis des abeilles), un label européen pour promouvoir des produits vraiment respectueux des abeilles.

### Diminuer la production de viande

Tous les nouveaux modèles agricoles insistent sur un point : il va falloir passer d'un système productiviste basé sur la production de protéines animales à un autre plus raisonné et rééquilibré au profit de la production végétale, liée aux cultures vivrières. Non seulement pour des raisons nutritionnelles mais aussi pour des raisons environnementales majeures. À la base de cette prise de conscience, une étude de la FAO, publiée en 2006, qui indiquait que l'élevage était responsable de 18 % des émissions annuelles des gaz à effet de serre dans le monde. Plus que tous les moyens de transport réunis ! Pour arriver à ce chiffre (énorme), la FAO additionnait toute une série d'émissions directes ou indirectes : de la fabrication des engrais à la culture des aliments pour bétail en passant par le transport et la conservation de toutes ces viandes. Sans oublier le gros point noir de la déforestation. Ainsi au Brésil, des pans entiers de l'Amazonie cèdent la place à la monoculture du soja au Brésil, transporté ensuite en bateau pour servir d'aliment pour les vaches en Europe. Une absurdité parmi d'autres… La France importe 4,7 millions de tonnes de soja, dont 70 % viennent du Brésil.

En 2009, lors du sommet de Copenhague, un groupe de personnalités françaises connues pour leur engagement écologique (Jean-Marie Pelt, Allain Bougrain-Dubourg, Pierre Rabhi, Corinne Lepage…) a fait sensation en informant qu'elles se mettaient « en grève de la viande » pendant toute la durée du sommet ! D'autres réclament depuis longtemps l'instauration « d'un jour sans viande ». Il y a même désormais une journée internationale sans viande, chaque 20 mars. Il est vrai que, ramené à chaque consommateur, le bilan carbone de la viande est particulièrement désastreux. Des experts reconnus en la matière comme Jean-Marc Jancovici ont calculé que produire un kilo de bœuf engendre de 50 à 100 fois plus d'émissions de gaz à effet de serre que de produire un kilo de blé. Un site comme « Viande info » avance des équivalences qui font réfléchir : 1 kg de veau = 220 km en voiture ; 1 kilo de bœuf = 70 km en voiture ; 1 kilo de porc = 30 km en voiture.

D'autres sites, comme celui de Vegetix, association végétarienne belge, affirment même qu'une vache laitière émet en un an presque autant de gaz à effet de serre qu'un 4 × 4 lorsqu'il parcourt 10 000 kilomètres ! Sans même parler du bilan eau, tout aussi accablant. Ainsi, selon une étude publiée en décembre 2011 par l'Académie des sciences américaines, la production d'un kilo de bœuf nécessite 15 500 litres d'eau, contre 3 000 litres pour le riz… L'urgence est d'autant plus grande à diminuer notre production de protéines animales que, selon la FAO toujours, la consommation de viande devrait doubler dans les 50 ans à venir : de 229 millions de tonnes en 1999/2001, elle devrait atteindre 465 millions de tonnes en 2050, tandis que celle du lait devrait grimper de 580 à 1 043 millions de tonnes. Insoutenable écologiquement.

### Tous Végétariens ?

Dès 2007, le président du GIEC, l'Indien Rajendra Pachauri, prix Nobel de la Paix, avait déclaré qu'il fallait manger de moins en moins de viande pour lutter contre le changement climatique. En 2008, Paul Mc Cartney, l'ancien Beatles, lançait l'opération « un jour sans viande ». Il citait l'étude de la FAO, mentionnée plus haut, selon laquelle l'élevage serait responsable de 18 % des émissions des gaz à effet de serre, davantage que les transports.

Même si Pachauri et Mc Cartney ont en commun d'être végétariens, ce n'est pas là un point de vue d'extrémistes. Nous consommons objectivement trop de viande et réduire cette consommation ne nous fera pas de mal, au contraire. En effet, un Français consomme 1,675 kg de viande par semaine (soit 87 kg/an, 240 g/jour). Faites le calcul : il suffit d'en manger 1 ou 2 fois par jour… Or, d'après de nombreux médecins, 400 g de viande par semaine suffisent ! Autrement dit, de 2 à 4 repas de viande par semaine ! Si chacun commençait par un repas végétarien par semaine, pour progressivement consommer un repas végétarien par jour, nous aurions déjà bien avancé la cause des changements climatiques.

### Des insectes bientôt à table et…

Vous reprendrez bien un peu de ces délicieux grillons ? À moins que vous ne préfériez vous resservir de ces craquants criquets accompagnés de vers de farine ? Cette conversation pourrait bientôt devenir banale à table. En effet, pour faire face au défi de nourrir bientôt 9 milliards d'humains, les plus hautes instances mondiales envisagent sérieusement le recours à la production d'insectes comestibles. En 2013, la FAO a ainsi produit un rapport intitulé : « La contribution des insectes à la sécurité alimentaire, aux moyens de subsistance et à l'environnement ».

## Êtes-vous entomovore ?

Un entomovore est quelqu'un qui consomme des insectes pour se nourrir. Si les réticences culturelles sont très fortes en Occident pour ce type de nourriture – la FAO parle même à ce propos de « dégoût du consommateur » – il n'en est pas de même dans d'autres parties du monde. Ainsi on estime que deux milliards de personnes sont entomovores, notamment en Asie, Afrique et en Amérique Latine. Parmi les 1 900 espèces les plus consommées dans le monde, on trouve les coléoptères (31 %), les chenilles (18 %), les abeilles, les guêpes et les fourmis (14 %). Ensuite viennent les sauterelles, les criquets et les grillons (13 %), les cigales, les chrysomèles, les hémiptères, les cicadelles et les cochenilles (10 %), les termites (3 %), les libellules (3 %) et les mouches (2 %)… Bon appétit !

### *... sans gaz à effet de serre !*

En dehors de leur qualité gustative – pour être honnêtes, les auteurs de ce livre n'y ont pas encore goûté – les insectes, selon la FAO, présentent à la fois de nombreux avantages nutritionnels, ainsi que des impacts très faibles sur l'environnement. Côté santé, la FAO note que les insectes « sont nutritifs, avec une teneur élevée en protéines, matières grasses ou minéraux ».
Côté environnement, le bénéfice est considérable. L'étude de la FAO révèle notamment que deux kilogrammes d'aliments sont seulement nécessaires pour produire un kilo d'insectes, contre huit pour un kilo de bœuf. Et les chercheurs de l'université de Wageningen (Pays-Bas) ont montré, dans une récente étude, que l'élevage d'insectes comestibles produisait beaucoup moins de gaz polluant comme le méthane et l'oxyde de nitrate que les élevages porcins. Ainsi, produire un kilo de vers de farine entraînerait 10 à 100 fois moins d'émissions de gaz à effet de serre que produire un kilo de viande de porc. D'ailleurs, l'Université de Wageningen s'est associée à la FAO pour coorganiser en mai 2014 une conférence mondiale intitulée « Les insectes pour alimenter le monde ». Rien que cela... Dans le cas des insectes, on préfère quand même imaginer une jolie ferme biologique avec des papillons qu'un élevage industriel de coléoptères, bien entendu...

LE SAVIEZ-VOUS ?

## Calculez l'empreinte écologique de son alimentation

Combien de fois par semaine mangez-vous de la viande ? Consommez-vous des fruits et des légumes de saison ? Grignotez-vous entre les repas ? Faites-vous vos courses à pied ou en voiture ? En quatorze questions, le WWF vous propose, en répondant à un test sur son site, de calculer l'empreinte écologique de votre propre alimentation.

En sachant que l'empreinte écologique idéale d'un être humain pour satisfaire l'ensemble de ses besoins (habitat, énergie, services, transports, alimentation) est de 1,8 hectare. Or l'empreinte écologique alimentaire des Français est déjà, a elle seule, de 1,79 hectare ! Autrement dit, si tout le monde mangeait comme un Français moyen, il faudrait utiliser l'ensemble de la planète Terre, uniquement pour couvrir nos besoins alimentaires. Or, idéalement, pour permettre à tous les habitants de la planète de se nourrir convenablement, l'empreinte alimentaire de chaque individu devrait être de 0,9 hectare...

Aussi, pour éviter de culpabiliser inutilement nos lecteurs, le rédacteur principal de ce livre a voulu faire le test. Résultat ? « 1,38 hectare consommé ». Mieux que le français dit moyen, mais encore loin du 0,9 recommandé. Nous sommes comme vous, chers Nuls : il faut que nous digérions ce « gros » livre et ses quelques centaines de pages sur le changement climatique. Mais, promis, on va faire des efforts !

# Cinquième partie

# La partie des Dix

## *Dans cette partie*

- 10 hommes et femmes pour changer le monde
- 10 espèces sensibles au réchauffement climatique
- 10 idées fausses sur le changement climatique
- 10 questions pour faire votre propre bilan carbone
- 10 villes en avance
- 10 gestes pour réduire votre consommation énergétique

# Chapitre 14

# Dix témoins, dix solutions

## Pierre Rabhi, agroécologiste

### Enseigner l'agroécologie pour se passer du pétrole

*Pierre Rabhi vit depuis les années 1970 en Ardèche où il a mis au point un système d'agroécologie. Il est le fondateur du mouvement « Terre et Humanisme » ainsi que de « Colibris », qui visent tous deux à promouvoir une écologie citoyenne.*

« Ma façon de lutter contre le réchauffement climatique, c'est de persévérer dans l'enseignement de l'agroécologie. Cette technique – que j'ai mise au point ici, dans ma ferme sur les terres arides de l'Ardèche – propose une gestion des sols basée sur le respect de l'environnement. Elle permet de rompre avec l'agriculture conventionnelle, grande utilisatrice d'engrais et donc de pétrole et de gaz à effet de serre. On estime, en effet, qu'il faut 1,7 litre de pétrole pour produire 1 kg d'engrais, ce qui équivaut à 2 kg de $CO_2$ rejetés dans l'atmosphère.

L'approche agroécologique permet, au contraire, de se libérer du pétrole et de toute la chimie des pesticides. Elle est basée sur une multitude d'éléments naturels : la régénération des sols, la rotation des cultures, les économies d'eau et donc la résistance à la sécheresse, l'équilibre entre culture et élevage, la lutte contre l'érosion et la déforestation, l'association des plantes, le respect de la biodiversité, le recyclage des matières organiques avec le compost… Je l'ai expérimentée du nord au sud, d'est en ouest, et cela marche ! Aussi bien en Afrique noire (Burkina Faso), au Maghreb (Maroc et Tunisie), en Europe de l'Est (dans les 500 monastères orthodoxes de Roumanie) qu'en France. Chaque année plus de 200 personnes venues du monde entier fréquentent nos stages pratiques de "Terre et humanisme". Ce n'est d'ailleurs pas qu'une technique, mais aussi une philosophie. Celle d'un art de vie où chacun est invité à prendre conscience de ses responsabilités à l'égard de la terre nourricière et de la nature. En quelque sorte une approche spirituelle bien loin de la société d'hyperconsommation. Ce que j'appelle aussi la sobriété heureuse ».

- Pour aller plus loin : « Terre et humanisme », Mas de Baulieu, BP 19, 07320 Lablachère, tel : 04.75.36.64.01 ; site internet : *www.terre-humanisme.org*

## Lin Li, directrice adjointe du WWF Chine

### Diminuer notre empreinte écologique

*En poste à Pékin, Lin Li est la directrice adjointe du WWF Chine. Elle participe à de nombreux groupes de travail sur les investissements environnementaux en Chine.*

« Pour moi, la priorité absolue c'est de diminuer notre empreinte écologique car nous n'avons qu'une seule planète. Le dernier indice Planète vivante qu'a publié le WWF montre très clairement que nous consommons nos ressources naturelles plus que nous le devrions. Ainsi dans mon pays, la Chine, qui est devenue la deuxième économie mondiale, notre empreinte écologique progresse très vite et représente désormais, avec une population de plus d'un milliard d'habitants, 30 % de celle des États-Unis.

Notre priorité est donc de passer à une économie, sinon décarbonisée, du moins qui utilise moins de carbone. J'espère que le prochain plan chinois, prévu pour la période de 2016 à 2020, traduira cette orientation aussi bien au niveau des villes, des entreprises, de la finance et de l'état, notamment par le développement des énergies renouvelables mais aussi la promotion d'un habitat plus économe. Chez nous, en effet, l'urbanisation progresse à pas de géant. Ce n'est pas forcément la priorité de tous les Chinois : les plus riches sont attirés par la consommation de produits de luxe et les plus pauvres veulent tout simplement gagner leur vie. Je fais partie d'une nouvelle génération urbaine qui réfléchit davantage à réduire son empreinte écologique : utiliser moins la voiture, prendre le métro à Pékin, imprimer ses feuilles recto verso, utiliser des lampes basse consommation. Chez nous, ces comportements sont encore un peu minoritaires, mais cela progresse. »

# Jean-Marie Pelt, botaniste

## Planter des arbres, faire progresser l'écologie urbaine

*Botaniste de formation, Jean-Marie Pelt est l'auteur de nombreux ouvrages sur les plantes et le fondateur de l'Institut européen d'écologie à Metz. Il est aussi chroniqueur à l'émission « $CO_2$ mon amour » sur France Inter.*

« Je suis pour la plantation d'arbres, pas seulement en tant que botaniste, mais aussi parce qu'ils remplissent deux fonctions essentielles dans la lutte contre le changement climatique. D'abord, ils fixent le gaz carbonique de l'air et ensuite, une fois vieux, ils permettent de construire des maisons ou des meubles en bois, ce qui permet de fixer le carbone pendant très longtemps. Ils ont également une grande utilité dans la dépollution de l'air. J'ai toujours été admiratif de ce qu'avait fait la ville de Chicago au début du siècle. Quand il s'est agi, au début du XXe siècle, de démolir les entrepôts désaffectés autour du lac, au lieu de construire des immeubles, la municipalité a décidé d'y planter de nombreux arbres et de tout laisser en espace ouvert. Aujourd'hui ces arbres, qui ont grandi, stockent 716 000 tonnes de carbone et en absorbent, chaque année, 25 000 tonnes. Pour moi, c'est un exemple d'écologie urbaine que je m'attache à populariser. À Metz, où j'ai été premier adjoint, nous avons ainsi multiplié par cinq le nombre d'espaces verts en 35 ans. Des exemples que devraient suivre d'autres villes qui cèdent à la mode du "tout minéral", notamment quand elles aménagent leur grande place, comme si elles avaient désormais peur du végétal.

Dans mon propre jardin, situé à la campagne, je vis entouré d'arbres de toute sorte : des érables, des épicéas, des tilleuls, et aussi, en bon lorrain, un verger de mirabelles et de quetsches que j'ai moi-même planté. Outre la beauté de les observer, ils m'ont procuré, durant la grande sécheresse, une grande fraîcheur et de l'oxygène. Ce dont le monde va avoir de plus en plus besoin. »

- Pour aller plus loin : lire son livre, *La Terre en héritage*, Fayard, 2000.

# Claude Lorius, glaciologue

## Éduquer les jeunes générations

*Héros légendaire d'un des premiers hivernages en Antarctique en 1957, Claude Lorius démontra la présence du gaz carbonique dans des carottages de glace. Depuis, par ses nombreux livres notamment sur l'anthropocène, ce lauréat du prix « Blue Planet » en 2008 n'a cessé d'alerter l'opinion publique sur le changement climatique.*

« Je pense que le plus important aujourd'hui est d'éduquer les jeunes générations à l'environnement, au climat, notamment par les manuels scolaires. De tous les honneurs que j'ai reçus, celui qui m'a fait le plus plaisir, c'est lorsqu'une maison d'édition française a reproduit, en 1996, dans un livre de géographie à destination des classes de seconde, un de mes textes sur les carottages que j'avais menés à la base russe de Vostok, où le record de froid de la Terre a été enregistré. Il était illustré par une courbe issue de nos travaux qui montre la corrélation indiscutable entre la hausse des températures et la présence de $CO_2$. Ce dernier est bien le marqueur de toutes nos activités humaines aussi bien quand on brûle des arbres, quand on met un moteur en marche ou lorsqu'on inaugure une usine. Il faudra aussi former les professeurs de SVT à l'enseignement du changement climatique, qui est une chose infiniment complexe.

D'ailleurs, maintenant que j'ai dépassé les 80 ans, le plus important pour moi c'est de continuer à témoigner par mes livres ou des films comme celui que je suis en train de tourner avec Luc Jacquet, le réalisateur de *La Marche de l'empereur*, sur l'Antarctique où je viens de retourner. Moi qui suis devenu pessimiste par la force des choses, quand je donne des conférences dans les lycées, notamment dans la région de Grenoble où j'habite, cela me redonne un peu d'optimisme. On sent chez les jeunes, une envie d'agir. C'est leur avenir qui se joue ».

- Pour aller plus loin, voir son livre : *Voyage dans l'anthropocène*, Actes Sud, 2010, et *Entre la glace et le ciel*, film documentaire de Luc Jacquet (sortie prévue au printemps 2015).

# Gilles Clément, jardinier planétaire

## Développer les transports en commun, surtout le train

*Ingénieur horticole de formation et enseignant à l'École nationale supérieure du paysage de Versailles et au Collège de France, Gilles Clément est l'inventeur à la fois du concept de jardin planétaire et de jardin en mouvement qu'il a expérimenté aussi bien dans des parcs publics (jardin André Citroën à Paris) que chez lui, à Crozant, dans la Creuse.*

« Dans le Limousin, où j'ai une maison et un jardin, le climat se continentalise de plus en plus. En 2012, nous avons eu un hiver très froid (jusqu'à – 22 °C) et un été de nouveau caniculaire (+ 42 °C) : ce qui fait un écart thermique de 64 degrés, difficile à encaisser pour les plantes. Dans mon jardin creusois, celui que j'appelle des Berces, je peux moi-même observer que certains végétaux, notamment les arbres, souffrent du changement climatique. Il n'est d'ailleurs pas exclu que nos espèces emblématiques comme les chênes et les châtaigniers reculent vers le Nord de plus de 200 kilomètres. Et que d'autres espèces, plus méditerranéennes prennent leur place. C'est pour cela que dans mon travail je répugne à employer le terme d'"espèces invasives". Non, ce sont plutôt des plantes "venues d'ailleurs" qui font preuve d'intelligence en s'adaptant à ces changements.

Moi qui habite une partie de l'année dans un département rural, où les déplacements sont difficiles, je veille pourtant à y venir en train. Je pense, en effet, qu'il faut mettre le développement des transports en commun au cœur de toute politique publique. Quand je me déplace un peu partout dans le monde, je suis frappé par l'extraordinaire explosion de la circulation automobile, grande dévoreuse de pétrole, cette énergie fossile dont il va nous falloir apprendre à se passer. Partout, ce ne sont que des autoroutes, des échangeurs, des parkings surdimensionnés avec deux problèmes qui y sont liés : les émissions de gaz carbonique et l'emprise sur les sols. Même si tout mode de transports publics (métro, bus, tramway, etc.) doit être soutenu, je privilégierai tout ce qui est sur rail, pour sa régularité et aussi la faculté qu'il offre pour observer les paysages ».

- Pour aller plus loin : `www.gillesclement.com`

# Gilles Bœuf, biologiste

## Encourager les sciences participatives et citoyennes

*Directeur du prestigieux Muséum d'Histoire naturelle à Paris depuis 2009, Gilles Bœuf est un passionné de l'étude de la biodiversité. Ce professeur à l'Université Pierre et Marie Curie a ainsi effectué plus de cent missions à l'étranger, dans une quarantaine de pays.*

« Une des plus grandes enquêtes récentes sur les effets du changement climatique sur les aires de répartition des oiseaux et des papillons en Europe a été possible grâce à 10 000 quidams amateurs qui ont passé plus d'un million et demi d'heures à les observer ! D'où l'idée que j'essaie de mettre en pratique ici au Muséum, notamment avec le réseau Vigie-Nature, pour développer ce qu'on appelle les sciences participatives et citoyennes. D'ailleurs c'est une grande tradition du Muséum. À la fin du XIX^e siècle, mes prédécesseurs avaient édicté une instruction “pour les voyageurs naturalistes et pour les employés dans les colonies sur la manière de recueillir, de conserver et d'envoyer les objets d'histoire naturelle”.

Aujourd'hui, grâce à la fois à Internet et aux réseaux des grandes associations d'environnement (le WWF, les ornithologues de la LPO, les botanistes de Tela Botanica…) nous pouvons faire mieux et plus vite. J'ai fait un rapport dans ce sens aux pouvoirs publics français. Car face à la menace d'une sixième grande extinction des espèces (à cause à la fois de la destruction et de la pollution des milieux naturels, de la surexploitation des stocks, des espèces invasives, mais aussi désormais du changement climatique), il y a un besoin de mieux connaître la biodiversité et de voir comment elle réagit. Des espèces vont-elles s'adapter ? Vont-elles disparaître ? Les citoyens, passionnés de nature, peuvent aider les scientifiques à y voir plus clair, à élaborer des indicateurs. Tous les ans, je suis impatient de voir les témoignages du réseau des 15 000 correspondants du MNHN sur l'arrivée des premières hirondelles dans leur région. Leurs comportements nous dit, en effet, beaucoup de choses sur les effets du réchauffement ».

- Pour aller plus loin : le réseau Vigie-nature sur le site du Muséum d'Histoire naturelle : `http://vigienature.mnhn.fr/`

# Chico Whitaker, cofondateur du Forum Social Mondial

## Se libérer de la logique économique dominante

*Architecte de formation, Chico Whitaker est l'un des fondateurs du forum social mondial en 2001 à Porto Alegre. Ancien secrétaire de la commission brésilienne « Justice et paix », il a été membre du parti des travailleurs, fondé par Lula.*

« Pour répondre à leurs besoins, les êtres humains découvrent toujours de nouvelles possibilités et technologies. Ils agissent ainsi sur les interactions physiques, chimiques et biologiques qui assurent la vie ou la mettent en cause. Cela apparaît clairement pour ce qui concerne le réchauffement climatique. Mais si nous pouvons agir dans un mauvais sens, nous pouvons aussi le faire dans le bon sens. À l'instar de la décision prise lors de la conférence de l'ONU à Kyoto en 1997, de diminuer les rejets dans l'atmosphère du dioxyde de carbone ($CO_2$).

Mais la logique économique dominante a transformé la nécessité de répondre à nos besoins, en un objectif de gagner de l'argent. Des intérêts énormes, insatiables, comme ceux des producteurs de pétrole, principal émetteur de $CO_2$, empêchent les gouvernements d'agir. Ou ceux des exploitants forestiers, qui abattent des arbres qui absorberaient le carbone en excès. Cette logique est un piège, dont il faut sortir.

D'ici là, nous pouvons diminuer notre contribution personnelle à ces déséquilibres, en utilisant moins l'automobile et donc les carburants fossiles, ou en devenant moins consuméristes, pour diminuer la production industrielle et ses besoins en électricité provenant des centrales à charbon, ou en plantant des arbres partout, etc. Ce n'est pas facile si nous restons isolés. Nous pouvons alors décider de nous associer à des réseaux comme ceux de "Simplicité volontaire" [réseau né au Québec basé sur des valeurs humanistes, écologistes, de bienveillance et spirituelles, NdE] ou ceux qui informent sur les mécanismes du réchauffement.

Mais c'est la pression sociale qui, elle seule, peut faire prévaloir les besoins humains face aux intérêts de l'argent. Il faut des actions collectives pour construire des États capables d'agir par la loi et par l'éducation, face à l'impératif éthique qui se pose pour la survie de l'humanité ».

- Pour aller plus loin : www.forumsocialmundial.org.br

# Agnès B et Etienne Bourgois, à la tête de Tara Expéditions

## Rapprocher le grand public de la science

*Créateurs de mode, Agnès B et son fils Etienne Bourgois ont mis en place, depuis mai 2004, la fondation Tara Expeditions qui organise des missions scientifiques et éducatives avec la goélette* Tara. *Ces expéditions ont principalement pour sujet les Océans et le changement climatique.*

« Nous sommes un des maillons qui peut faire le lien entre la science et le grand public. Le bateau, l'aventure et l'universalité du projet Tara – huit expéditions autour du monde qui ont mené la goélette au Groenland, en Antarctique, en Patagonie, en Géorgie du Sud et dans l'océan arctique – rapprochent le grand public de la science. Les changements nécessaires pour la planète ne se feront pas sans une participation de la société civile, notamment sur les thèmes qui concernent les Océans.

Aux grandes questions comme les quotas de la pêche, la gouvernance de la haute mer, les aires marines protégées, s'ajoutent de nouveaux défis et urgences comme l'acidification des océans, la régulation des nouvelles routes de l'Arctique et la multiplication des zones océaniques d'oxygène. La dégradation des conditions écologiques des océans, accentuée par le réchauffement climatique, constitue, en effet, une des menaces les plus graves sur l'avenir de l'humanité. Il s'agit de garantir l'avenir de l'homme sur la planète et l'équilibre de l'écosystème Terre.

Hélas, l'"agenda bleu" des océans n'est pas encore assez connu du grand public comme peut l'être l'agenda vert des forêts, la biodiversité… Tara s'efforce depuis son début de combler ce vide et de communiquer de façon simple, directe et artistique sur ce grand enjeu. Au sein de l'entreprise Agnès B, nous essayons également de participer à ce travail de longue haleine qu'est le développement durable. Par exemple, nous ne détruisons jamais nos marchandises, nous les recyclons, nous échangeons le plus possible par visioconférences, nous travaillons sur nos emballages et nous avons mis en place un comité vert ».

- Pour en savoir plus : le site `www.oceans.taraexpeditions.org`

# Olivier de Schutter, ancien rapporteur de l'ONU

## Transformer l'agriculture pour répondre au défi climatique

*Professeur de droit international à l'université catholique de Louvain en Belgique, Olivier de Schutter a été rapporteur spécial pour le droit à l'alimentation pour les Nations-Unies de 2008 à 2014.*

« Depuis les années 1920, la modernisation de l'agriculture a été pensée sous la forme de son industrialisation progressive : s'ajoutent aux engrais et pesticides, la mécanisation poussée dans le champ et une irrigation recourant à l'électricité. Les conséquences sont connues : en ne prenant en compte que le travail dans le champ, l'agriculture est responsable de 14 % des émissions des gaz à effet de serre d'origine humaine. L'agriculture d'aujourd'hui issue de la pétrochimie détruit rapidement les écosystèmes dont elle dépend, et entretient une assuétude à des énergies condamnées à se raréfier, et dont les prix seront à l'avenir à la fois plus volatils et plus élevés. L'Afrique importe 90 % de ses engrais chimiques, et une plus forte proportion encore des minéraux qui sont destinés à fertiliser les sols : c'est une base fragile sur laquelle bâtir une prétendue sécurité alimentaire.

Il faut sortir de l'impasse actuelle en utilisant de manière plus efficiente les ressources naturelles. L'agroécologie, croisement de la science agronomique et de l'écologie, conçoit l'agriculture non pas comme un processus qui transforme des intrants (engrais et pesticides) en productions agricoles, mais comme un cycle. Elle reconnaît la complexité inhérente aux systèmes naturels, et vise à une complémentarité agro-sylvo-pastorale que la modernisation de l'agriculture a progressivement abandonnée. Les applications de l'agroécologie sont diverses : récolte d'eau de pluie, engrais organiques, polyculture sur de petites parcelles, agroforesterie (les arbres fixent l'azote et fertilisent le sol)… Elles sont aussi efficaces. Une étude sur 286 projets d'agriculture durable dans 57 pays en développement, couvrant 37 millions d'hectares, montre que l'augmentation du rendement à l'hectare était, en moyenne, de 79 %. L'agroécologie est une manière de répondre au défi du changement climatique autant qu'à celui de la faim dans le monde ».

# Jane Goodall, primatologue

## Sauver en priorité les forêts tropicales

*Née à Londres en 1934, Jane Goodall est partie à l'âge de 23 ans rejoindre le Pr Luis Leakey en Afrique. Ses observations des chimpanzés dans la réserve de Gombe sur les rives du lac Tanganyika la feront mondialement connaître. À la tête de l'institut Jane Goodall, elle parcourt désormais le monde plus de 300 jours par an pour sauver les derniers grands singes.*

« Il faut en priorité sauver les forêts tropicales. Parce qu'en les sauvant, nous ferons une triple action positive. Nous protégerons d'abord l'habitat des grands singes, mais nous protégerons ensuite la biodiversité globale de ces forêts et nous permettrons enfin d'absorber le gaz carbonique de l'atmosphère. Je suis allée à beaucoup de conférences environnementales – de Rio à Copenhague en passant par Cancún – pour porter ce message simple aux dirigeants du monde : en luttant contre la déforestation, vous protégez les chimpanzés, les bonobos, les orangs-outans, les gorilles et vous permettez d'absorber le $CO_2$… En Afrique, où je travaille depuis plus de 50 ans à créer des sanctuaires dans les parcs nationaux, il y a encore beaucoup de forêts sauvages. La seule solution à court terme pour ne pas les exploiter c'est que la majorité de ces pays pauvres reçoivent de l'argent des pays riches, y compris des grandes compagnies chinoises, pour ne pas y toucher.

Je suis également une militante de la diminution de la consommation de viande. Car le système agricole intensif maltraite à la fois les animaux et envoie beaucoup d'autres gaz à effet de serre dans l'atmosphère, notamment le méthane. C'est pour cette double raison que je suis devenue végétarienne et je m'en porte beaucoup mieux. Dans mes conférences, j'essaye de responsabiliser les jeunes générations : réfléchissez à ce que vous mangez, à ce que vous achetez, à l'énergie que vous consommez. Chacune de nos actions, même la plus petite, peut aider à changer le monde, à lutter contre le changement climatique et à préserver l'environnement ».

- Pour en savoir : voir son site `www.janegoodall.fr` et son livre *Nous sommes ce que nous mangeons*, Actes Sud, 2012.

# Chapitre 15

# Dix espèces sensibles au réchauffement climatique

## Le koala (Phascolarctos cinereus)

### Modification de l'habitat et de la qualité des feuilles d'eucalyptus

Le mammifère souffre des vagues de chaleur et de la sécheresse, susceptibles d'être rendues plus fréquentes par le changement climatique. Le koala résiste mal à des températures élevées et a besoin de feuilles d'eucalyptus avec un certain taux d'humidité et de nutriment. C'est un animal qui ne migre pas et ne peut chercher des conditions de vie meilleures.

## Le renard arctique (Vulpes lagopus)

### Compétition avec le renard roux et raréfaction de ses proies

Le renard est victime de modification de son habitat et de la diminution de la taille et de la densité de ses proies principales, les lemmings. Il est aujourd'hui menacé par la présence du renard roux qui colonise de plus en plus son territoire.

## Les tortues luth (Dermochelis coriacea)

### Modification des conditions de nidification et du sex-ratio

Le changement climatique menace sérieusement les populations de tortues marines. Comme pour toutes les tortues marines, la détermination du sexe dépend de la température du nid. Si les températures globales augmentent, la proportion de mâles et de femelles en sera affectée. La population risque d'être déstabilisée.

## Le tigre du Bengale (Panthera tigris tigris)

### Élévation du niveau de la mer et augmentation des cyclones

L'élévation progressive du niveau des mers menace d'engloutir toutes les forêts de mangroves, rendant les populations humaines vulnérables aux tsunamis et menaçant d'extinction les tigres du Bengale.

## Le saumon atlantique (Salmo salar)

### Exigence de température pour chaque stade de vie et disponibilité des proies

Son habitat d'eau douce connaît de grandes fluctuations de régime et une hausse des températures menaçante pour certains stades de son cycle, tandis que les petits invertébrés et poissons dont il se nourrit peuvent se déplacer en milieu marin.

## Le pika américain (Ochotona princeps)

### Des sommets de moins en moins froids

Sensible aux modifications climatiques, le pika américain, petit mammifère proche du lièvre, cherche par tous les moyens à fuir la chaleur pour se réfugier sur les hauteurs. Las ! Son habitat naturel actuel est aujourd'hui trop chaud et l'espèce ne dispose pas des capacités idoines pour migrer vers des contrées moins hostiles.

# L'éléphant d'Afrique (Elephas africana)

### Régression des populations à cause de la sécheresse et des feux de forêt

Le réchauffement va conduire à une augmentation de la fréquence et de l'intensité des périodes de sécheresse. Les feux de forêt pourraient réduire les disponibilités en nourriture.

# L'ours blanc (Ursus maritimus)

### Régression du territoire de chasse hivernal : la banquise

Les ours polaires dépendent du succès de leur chasse au printemps et au début de l'été pour survivre, se reproduire et allaiter leurs petits pendant le reste de l'année. La disparition de la glace de mer réduit d'autant leur territoire de chasse au phoque.

# Le manchot empereur (Aptenodytes forsteri)

### Destruction des sites de ponte et diminution de la nourriture

La réduction des réserves de krill, principale nourriture, et la destruction des sites de pontes par la fonte des glaces mettent en péril les colonies de manchots empereur. Si les températures mondiales augmentent encore de 2 °C, toutes les colonies d'empereurs au nord du 70° de latitude sud (soit près de 40 % d'entre elles) ne seront plus viables.

# Le poisson-clown (Amphiprion percula)

### Blanchissement des coraux et acidification de la mer

Les poissons-clown vivent en symbiose avec les anémones de mer, lesquelles ont besoin de récifs coralliens. Pour repérer les anémones, ils doivent percevoir leurs signaux olfactifs et ceux des prédateurs dont ils doivent se cacher. À cause de l'acidification des océans, ces signaux sont perturbés.

# Chapitre 16

# Dix idées fausses sur le changement climatique

## *Le changement climatique est une invention des écologistes.*

Parmi les scientifiques, l'existence du réchauffement climatique n'est plus mise en doute. D'ailleurs, les constats suffisent bien souvent. La variation dite « normale » de la température au niveau mondial est de l'ordre de 0,1 °C tous les 1 000 ans. Or l'augmentation observée pour le seul XX$^{e}$ siècle est de + 0,74 °C, et de + 0,9 °C pour la France.

Seules les incertitudes sur son ampleur subsistent (si on continue dans la même direction, on pourrait atteindre une augmentation de + 2,6 à+ 4,8 °C), et sous quelle forme, quand et où il interviendra précisément.

## *Le changement climatique n'est pas un phénomène nouveau, et la nature a toujours su s'y adapter.*

La variabilité du climat a toujours existé et s'est déroulée sur des échelles de temps qui nous dépassent totalement si on les compare à la vie humaine. Ce qui a laissé le temps à la nature de s'adapter tranquillement. Or le changement climatique actuel se caractérise par sa rapidité. Il impose déjà et imposera à de nombreuses espèces de s'adapter ou se déplacer. Mais une grande partie des espèces ne sera pas capable de le faire suffisamment rapidement, surtout si les milieux naturels et les écosystèmes continuent d'être dégradés. D'où la nécessité de préserver les milieux naturels pour qu'ils conservent ou retrouvent un potentiel d'adaptation aux impacts du changement climatique.

## Lutter contre la couche d'ozone, c'est lutter contre le changement climatique.

Lutter contre le trou dans la couche d'ozone n'a aucun lien avec la lutte contre changement climatique. Il y a l'ozone naturel qui se situe dans les hautes couches de l'atmosphère (la stratosphère) et le « mauvais » ozone des basses couches provoqué par la pollution automobile et industrielle. Le « bon » et le « mauvais » ozone ne se rencontrent pas. Cependant, les conséquences négatives de l'un s'additionnent à celles qui agissent sur l'autre. Autrement dit, en prenant votre voiture, vous créez du « mauvais » ozone et plus de GES qui empêchent la régénérescence de la bonne couche d'ozone.

## Une augmentation de température de 3 °C, pourquoi s'en plaindre ?

Il nous reste en effet à peine une chance sur deux de rester en dessous du seuil de 2 °C, celui en dessous duquel la majorité des scientifiques s'accorde à dire que les évènements sont encore maîtrisables. L'humanité pourra globalement s'adapter, même si pour certains pays, comme les petites îles des Maldives, c'est déjà la disparition pure et simple de la carte qui menace. Mais, après 2 °C, on entre dans un inconnu très inquiétant. Pour atteindre cet objectif de +2 °C, il faudrait stabiliser la concentration de $CO_2$ dans l'atmosphère, autrement dit que tous les pays industrialisés réduisent de 40 % leurs émissions de GES d'ici 2020.

## Si je pollue, je peux me racheter en plantant un arbre. Il absorbera efficacement mes excès de GES.

À condition que cette action reste complémentaire de la protection des forêts anciennes et remarquables puisque les grands et vieux arbres sont ceux qui recèlent les stocks de carbone les plus importants et durables. Ensuite, à condition que les plantations ne se fassent pas n'importe comment ni n'importe où. Une plantation d'arbres d'espèces diversifiées et d'âges différents peut par exemple concourir à la restauration de forêts ou de milieux dégradés.

## Les forêts absorberont le surplus de $CO_2$.

Une forêt est considérée comme un puits de carbone si elle absorbe davantage de $CO_2$ qu'elle n'en rejette. Chaque année les forêts en absorbent entre 1 et 3 milliards de tonnes (Gt), grâce à leur croissance. Mais une quantité quasi équivalente (2 Gt) est émise du fait de la déforestation. Bref, on ne peut pas compter sur elles pour assumer les 6 Gt de $CO_2$ émis par les activités humaines (hors déforestation) chaque année. Le salut ne viendra pas des forêts si on ne les respecte pas.

## C'est triste que des espèces disparaissent en raison du changement climatique mais cela n'empêchera pas l'homme de survivre.

C'est oublier un peu vite que notre vie quotidienne est rythmée par la biodiversité et les services qu'elle nous rend, forts nombreux et, dans leur immense majorité, essentiels à la vie (ressources naturelles pour se nourrir, se loger, se soigner…), à notre bien-être et notre rapport au monde. Or si le tissu de la vie s'effiloche et se dégrade, si la biodiversité – et la diversité des espèces avec elle – s'appauvrit, comment l'homme peut-il survivre sans une nature en bonne santé ?

## Un rural émet plus de carbone qu'un urbain.

La ville avec sa concentration de nombreux habitants, ses économies d'échelle, ses surfaces de logements moins grandes et ses transports en commun pourrait laisser penser que les urbains émettent moins de carbone. Or, les émissions de $CO_2$ sont en réalité plus importantes qu'en milieu rural. Car le mode de vie en ville, les usages et activités y sont différents, les sollicitations multiples, la consommation de biens et services bien plus importante, lesquels recèlent leur propre contenu énergétique. Ainsi donc, la ville climato-compatible de demain devra faire mieux (en termes de services) avec moins d'émissions (carbonées).

## Au regard de leur développement économique et géographique, c'est aux pays émergents d'agir en priorité.

Les pays riches et les pays les moins avancés sont loin d'être égaux face aux menaces climatiques : les pays industrialisés, historiquement responsables de l'effet de serre additionnel et dont le revenu moyen par habitant est élevé, doivent-ils réduire les premiers leurs émissions et aider les pays en voie de développement, les plus touchés et les moins à même de s'en prémunir, à s'adapter ? C'est en tout cas l'enjeu des négociations internationales de parvenir à un accord mondial pour le climat.

## Nous sommes trop nombreux et n'arriverons pas à nourrir tout le monde.

Les ressources alimentaires sont suffisantes pour nourrir la population mondiale. Le problème est plus une question d'accessibilité que de disponibilité de nourriture. La vraie question est comment mieux répartir les ressources alimentaires et faire face aux incertitudes climatiques.

Les choix et les habitudes alimentaires ont un impact important sur les émissions de gaz à effet de serre. De son côté, le changement climatique a lui aussi de fortes conséquences sur l'agriculture. À travers nos choix alimentaires (carnivore, végétarien, entomovore), nous pouvons non seulement réduire ces émissions de gaz à effet de serre, mais aussi favoriser l'adaptation de ce secteur au changement climatique et ainsi mieux répartir les ressources alimentaires dans le monde. Pour nourrir tout le monde… Et stopper le gaspillage alimentaire, aux conséquences sociales, économiques et également écologiques désastreuses. Ce gaspillage porte un grave préjudice aux ressources naturelles (eau, terres, biodiversité) dont l'humanité dépend pour se nourrir.

# Chapitre 17

# Dix questions pour faire votre propre bilan carbone

Répondez à chacune des 10 questions suivantes et notez le nombre de points obtenus en fonction de la réponse choisie. Puis faites le total de ces points et reportez-vous à l'encadré situé à la fin de ce chapitre pour découvrir le nombre de planètes nécessaires pour satisfaire vos seuls besoins en énergie.

## 1. Vous habitez :

| | |
|---|---|
| Dans un studio (1 pièce) | 9 |
| Dans un appartement ou une petite maison avec 1-2 chambres | 15 |
| Dans un grand appartement ou une maison avec 3 ou 4 chambres | 21 |
| Dans une très grande maison avec plus de 4 chambres | 27 |

## 2. Vous jetez (il s'agit de sacs de 30 litres) :

| | |
|---|---|
| Plus de 4 sacs-poubelle par semaine | 39 |
| 3 sacs-poubelle par semaine | 27 |
| 2 sacs-poubelle par semaine | 18 |
| 1 sac-poubelle par semaine | 9 |

## 3. Vous imprimez :

| | *sur du papier classique* | *sur du papier recyclé* |
|---|---|---|
| Presque rien | 27 | 9 |
| De temps en temps | 30 | 12 |
| Vous faites beaucoup d'impressions | 33 | 15 |
| Vous imprimez systématiquement | 36 | 24 |

## 4. Quand vous vous lavez, vous prenez :

| | |
|---|---|
| Le plus souvent une douche | 3 |
| Le plus souvent un bain | 6 |
| Toujours un bain | 9 |

## 5. Votre logement est chauffé :

| | *Studio* | *Appartement, petite maison avec 1 ou 2 chambres* | *Grand appartement ou maison moyenne avec 3 ou 4 chambres* | *Grande maison ou appartement de plus de 4 chambres* |
|---|---|---|---|---|
| Avec du fioul | 45 | 90 | 120 | 150 |
| Avec du gaz | 30 | 60 | 90 | 120 |
| Avec de l'électricité | 90 | 150 | 210 | 270 |
| Avec du bois | 12 | 20 | 30 | 35 |

## 6. Appareils électriques et éclairage :

| | |
|---|---|
| Les appareils sont débranchés et les lumières sont toujours éteintes dans les pièces inoccupées. | 30 |
| Les appareils sont en veille quand ils ne sont pas utilisés et les lumières restent parfois allumées. | 45 |
| Les appareils restent en marche même s'ils ne sont pas utilisés et les lumières sont tout le temps allumées | 60 |

## 7. Vous mangez :

| | |
|---|---|
| Surtout des fruits et légumes frais, produits dans votre région | 24 |
| Des fruits et légumes frais de votre région mais aussi des surgelés ou des aliments en conserve | 27 |
| Des fruits et des légumes surgelés ou qui ne sont pas de saison (cultivés sous serre ou venant de pays lointains) | 30 |
| Surtout des plats tout prêts ou vous allez souvent au restaurant (au moins 4 fois par semaine). | 33 |

## 8. Pour les vacances, vous...

| | *en train, tram, bus* | *en voiture* | *en avion* |
|---|---|---|---|
| restez chez vous | 0 | 0 | 0 |
| partez en France | 9 | 12 | 15 |
| partez dans un pays européen | 18 | 21 | 24 |
| partez en dehors de l'Europe | 21 | 24 | 27 |
| partez à l'autre bout de la Terre ! | 57 | 69 | 66 |

## 9. Vous allez au travail...

| | |
|---|---|
| En voiture, seul | 12 |
| En voiture avec d'autres passagers | 6 |
| À vélo ou à pied | 0 |
| En transports en commun (bus ou car, métro, RER, tram) | 3 |

## 10. Pour les autres déplacements, vous utilisez le plus souvent :

| | |
|---|---|
| Un 4 × 4 | 150 |
| Une petite voiture (4 ou 5 places) | 75 |
| Une grande voiture (plus de 5 places) | 120 |
| Les transports en commun (bus, métro, RER, tram) | 30 |
| Le vélo ou à pied | 0 |

### Vos résultats

- Entre 97 et 194 points = 1 planète
- Entre 195 et 291 points = 2 planètes
- Entre 292 et 338 points = 3 planètes
- Entre 339 et 485 points = 4 planètes
- Entre 486 et 582 points = 5 planètes
- Entre 583 et 679 points = 6 planètes
- Entre 680 et 776 points = 7 planètes

# Chapitre 18

# Dix villes en avance

## Copenhague, Danemark

### Ville du vélo

Dans une ville où 50 % des personnes vont travailler ou étudier en vélo, Copenhague mise aussi sur la proximité des arrêts de transport en commun avec une distance maximale de 350 mètres pour toutes les habitations. Le $CO_2$ sera bientôt plus qu'un mauvais souvenir, car la ville s'est fixé l'objectif ambitieux d'être la première ville du monde « zéro carbone » d'ici 2025. Elle planche aussi sérieusement, suite à de violents épisodes de pluies torrentielles, sur sa résilience au changement climatique : surélévation des entrées de métro, campagnes de sensibilisation des habitants, bassins de rétention des eaux de pluie, organisation des services de secours, etc. La ville met tout en œuvre pour réussir son pari.

## Curitiba, Brésil

### Troc écolo des déchets

Curitiba est souvent citée comme modèle de revitalisation durable d'une ville. Les énergies renouvelables y sont en effet très développées (84 % de l'électricité est hydraulique). La ville a mis en place une politique de transport ambitieuse, avec un réseau de bus rapide en site propre qui quadrille la ville secondé par une ligne de métro de 17 km. La ville encourage la réduction des déchets, 6 800 tonnes de déchets sont collectées en plus chaque année, notamment via une initiative qui porte ses fruits : les habitants échangent leurs déchets contre de la nourriture et des tickets de bus. Enfin, Curitiba a évité dans les années 1960-1970 la canalisation et l'enrochement de ses rivières, le long desquelles des parcs urbains ont été conçus, qui font le bonheur des citadins et écrêtent les crues. Selon l'architecte de la ville Jaime Lerner : « Une ville doit ressembler à une tortue. Cet animal représente la métaphore de la qualité de vie ». Le reptile vit, vaque à ses occupations et se déplace avec sa carapace. Si l'on casse cette carapace, l'animal meurt. Une ville court le même danger. Si l'on sépare habitations, bureaux et lieux de loisirs, la ville s'éteint.

## Cascais, Portugal

### Un plan d'urgence canicule

Dans les villes de petite taille, on agit aussi. Plus connue pour son tourisme balnéaire, la ville de Cascais s'est lancée depuis plusieurs années déjà dans un vaste plan d'adaptation aux changements climatiques. Elle a mis en place, après avoir analysé la mortalité liée aux pics de chaleur, un plan d'action d'urgence en cas de canicule, identifiant les personnes à risques et les vigies locales à même de veiller sur ces dernières. La ville est également soucieuse de lutter contre les pics de chaleur et crues, en pratiquant la restauration des trames vertes et bleues, le nettoyage des petites rivières et le rétablissement des connections « vertes » qui pénètrent jusqu'au centre de la ville.

## Séoul, Corée du Sud

### Objectifs 20-40-20 pour 2030

Durant la dernière décennie, Séoul, qui était devenue irrespirable du fait de la circulation automobile, a pris des mesures drastiques pour réduire sa dépendance aux énergies fossiles. La ville ambitionne ainsi d'être parmi les plus vertes au monde, avec un triple objectif pour 2030 : réduire sa consommation d'énergie de 20 %, les gaz à effet de serre de 40 % et augmenter la part de fourniture en énergies renouvelables à 20 %. Parmi les mesures prises pour atteindre cet objectif, citons la réduction du prix du ticket de métro ou de bus, la construction de 7 nouvelles lignes de train pour desservir les villes satellites, le développement de 100 km de pistes cyclables, le déploiement de grandes campagnes de sensibilisation envers les habitants, une réglementation énergie pour les bâtiments. Enfin, Séoul a restauré la rivière Cheonggyecheon sur plus de 8 km, ce qui contribue à la prévention des risques de crue.

# Vancouver, Canada

## Élue capitale innovante face au changement climatique

La ville de Vancouver veut devenir la ville la plus « verte » du monde en 2020 ; rien de moins, avec une réduction de 80 % des émissions de GES en 2050 par rapport à 1990.

Elle affiche déjà les émissions de GES par personne les plus basses des grandes villes d'Amérique du Nord, et ce malgré des prix de l'énergie très bas. Au programme : des bâtiments neufs neutres en carbone en 2030, une planification « écodense » de la ville, avec des modes de transport doux, la récupération des gaz de décharge et le développement de centrales de cogénération qui produisent à la fois de l'électricité et de la chaleur.

Vancouver a été récompensée pour ses engagements et élue par un jury international « Capitale gagnante » du Concours Earth Hour City Challenge en 2013 organisé par le WWF face à 63 autres villes du monde.

# Freiburg, Allemagne

## Ville des « courtes distances »

La ville de Freiburg est pionnière dans le développement de la filière solaire (fabrication, installation, mais aussi recherche et formations), et pour sa politique d'urbanisme et d'habitat économe en énergie.

Les quartiers de Vauban et de Riesefeld sont encore aujourd'hui des réalisations exemplaires liant qualité de vie des habitants, efficacité énergétique des habitations, passives ou très basse consommation, et réduction de la place de la voiture au profit du tramway et des transports doux. Ces mesures se développent dans l'ensemble de la ville. La ville veut ainsi diminuer les déplacements inutiles avec un concept de « ville des courtes distances » pour que chaque domicile soit à proximité des services, commerces, etc. Elle s'oppose ainsi systématiquement au développement de surfaces commerciales en périphérie en faveur du maintien des commerces de proximité.

# San Francisco, États-Unis

## L'efficacité énergétique avant tout

La ville connue pour ses tramways pittoresques grimpant ses fortes pentes a développé un système de transport public dense et propre, avec plus de la moitié de la flotte roulant sur rail constituée de véhicules « zéro émission ». Elle s'est aussi donné des objectifs ambitieux de réduction des émissions de gaz à effet de serre : 40 % en 2025 en comparaison avec 1990, et 80 % en 2050.

Un programme de mesures d'efficacité énergétique, parmi lesquelles on trouve le déploiement d'équipements économes dans les habitations et les entreprises et l'obligation d'audits énergétiques pour les surfaces commerciales, a permis de réduire la consommation électrique de la ville de 29 mégawatts, de quoi alimenter 29 000 foyers. Bémol à ces nombreuses initiatives, l'étalement urbain autour de la ville se traduit par une dépendance complète à l'automobile pour les habitants de la banlieue.

# La ville du Cap, Afrique du Sud

## Lauréate du concours Earth Hour City Challenge

La ville a adopté un plan climat d'atténuation et d'adaptation qui fixe des objectifs concrets annuellement redéfinis de rénovation des bâtiments, de développement des transports en commun et des énergies renouvelables, d'urbanisme. Elle s'adresse aussi aux acteurs économiques du secteur énergie et propose un forum d'échanges des bonnes pratiques des bâtiments commerciaux qui réunit chaque trimestre près de 200 participants.

Le Cap a remporté en 2014 le concours Earth Hour City Challenge face à 163 villes candidates.

# Malmö, Suède

## Quartier durable et priorité aux cyclistes

Ancien centre industriel avec une forte mixité sociale, Malmö qui connaît une forte crise économique au début des années 1990 a été redynamisée grâce à l'aménagement de quartiers durables connus dans le monde entier.

Construits sur une friche industrielle, les 1 000 logements du quartier Bo01 ont été conçus pour consommer et produire 100 % d'énergie renouvelable locale. Celui d'Augustenborg doit sa réussite à une rénovation énergétique exemplaire, des actions de végétalisation des toits de grande ampleur ainsi qu'un réseau de drainage naturel des eaux de pluie qui a permis de réduire de moitié la quantité de ruissellement d'eaux pluviales. Fort du succès de ces deux écoquartiers, ces mesures d'adaptation au changement climatique sont déployées sur l'ensemble de la ville, avec l'application d'un coefficient de végétalisation à chaque îlot d'habitations.

La ville a également développé des modes de transport doux. Elle a choisi de réduire le nombre de places de stationnement pour les remplacer par un système de covoiturage. Elle devance aussi, par le nombre de pistes cyclables (470 km), sa voisine Copenhague. Ainsi 40 % des déplacements domicile-travail et école sont faits en vélo.

Elle s'est fixé l'ambitieux objectif d'être neutre en carbone d'ici à 2020 avec un approvisionnement à 100 % en énergie renouvelable en 2030. Elle compte notamment sur l'expansion de l'énergie éolienne car Malmö dispose de conditions de vents favorables.

## Sydney, Australie

### Les corridors écologiques

Sydney s'est fixé l'objectif le plus ambitieux de réduction de GES de l'Australie : 70 % en 2030 par rapport à 2006. La mise en place d'une politique de recyclage de déchets volontariste devrait permettre d'y contribuer, les biodéchets seront ainsi transformés en méthane et compost pour les fermes alentours. Une campagne de sensibilisation par le biais de séminaires, d'ateliers et la création d'outils pédagogiques est destinée aux entreprises afin qu'elles proposent des solutions techniques et de financements d'économie d'énergie aux bailleurs et aux locataires.

Sydney travaille aussi à l'adaptation au changement climatique et à la qualité de vie de ses résidents, en proposant un aménagement de la ville permettant à chacun d'habiter à moins de 250 mètres de marche d'un corridor écologique, lui-même relié à un des grands parcs urbains de la ville. Ces espaces verts permettent de rafraîchir la ville et de se rafraîchir durant les périodes de canicule. La ville a aussi mis en place une collecte de données pour suivre l'influence de la présence des arbres et de la couleur des pavés sur les températures !

# Chapitre 19

# Dix gestes simples

Jusqu'à 30 % de réduction des gaz à effet de serre, à l'échelle européenne, c'est possible mais aussi facile. Voici dix gestes simples pour y parvenir.

## Adoptez le réflexe thermos !

Utilisez une thermos pour conserver au chaud du thé ou du café.

- Émissions économisées : **8 kg de $CO_2$/an**

## Mangez frais !

Choisissez des fruits et légumes frais au lieu de surgelés.

- Émissions économisées : **58 kg de $CO_2$/an**

## Pensez au couvercle !

Cuisinez toujours avec un couvercle sur les casseroles et les poêles.

- Émissions économisées : **50 kg de $CO_2$/an** sur une cuisinière à gaz et **71 kg de $CO_2$/an** sur une plaque électrique.

## Recyclez le papier

Remplacez le papier blanc par du papier recyclé.

- Émissions économisées : **113 kg de $CO_2$/an**

## Je dégivre, tu dégivres, il…

Réduisez la consommation d'électricité de votre congélateur en éliminant le givre présent sur ses parois.

- Émissions économisées : **158 kg de $CO_2$/an**

## Mangez des protéines végétales

Réduisez de 300 grammes par semaine (soit deux steaks) votre consommation de viande de bœuf ; à la place, optez pour des protéines végétales (soja, pois, haricots, lentilles) ou de la volaille et de la viande de porc dont la production émet moins de gaz à effet de serre.

- Émissions économisées : **180 kg de $CO_2$/an**

## - 3 minutes sous la douche !

Passez 3 minutes de moins sous la douche.

- Économie : **301 kg de $CO_2$/an**

## - 1 °C chez vous !

Diminuez la température de chauffage de 1 °C chez vous…

- Émissions économisées selon le type de chauffage : **244 kg de $CO_2$/an** (gaz) ; **328 kg de $CO_2$/an** (mazout) ; **340 kg de $CO_2$/an** (électricité), soit une moyenne par habitant en France de **306 kg de $CO_2$/an** !

## Ne chauffez que l'indispensable…

Ne chauffez que les pièces de la maison qui sont utilisées.

- Émissions économisées selon le type de chauffage : **290 kg de $CO_2$/an** (gaz) ; **390 kg de $CO_2$/an** (mazout) ; **405 kg de $CO_2$/an** (électricité), soit une moyenne par habitant en France de **364 kg de $CO_2$/an**

# Stop à l'air conditionné !

N'utilisez pas l'air conditionné dans la voiture : ouvrez plutôt les fenêtres !

- Émissions économisées : **420 kg de $CO_2$/an**

Arrêtez de respirer !
— 500 kg $CO_2$/an

## Postface

# Sauver le climat, l'incroyable odyssée du XXI$^{e}$ siècle

Depuis les débuts de l'ère industrielle au XIX$^{e}$ siècle, le monde s'est engagé dans une aventure bien particulière. De la machine à vapeur aux centrales électriques, l'Humanité a entrepris de tirer son développement des ressources fossiles, exerçant du même coup des pressions croissantes sur la planète, sa biosphère et son atmosphère. Cette Odyssée énergétique a vu sa cadence s'accélérer ces quarante dernières années et de nouveaux défis sont apparus. La population mondiale a maintenant passé le cap des 7 milliards d'habitants, une classe moyenne mondiale est née. En parallèle, les émissions de gaz à effet de serre rejetées dans l'atmosphère ont considérablement augmenté, principalement, à cause de la combustion d'énergies fossiles, impactant directement l'évolution du climat. L'homme a ainsi modifié le climat sur Terre et continuera à le faire tant que son modèle énergétique restera inchangé. La planète doit aujourd'hui faire face à une hausse de température moyenne de 0,8 °C depuis 1950. Au rythme actuel, elle est embarquée sur une trajectoire de hausse de 3,7 à 4,8 °C d'ici à la fin du siècle.

L'homme se considérait comme prisonnier du climat et de son milieu naturel. Pour la première fois, c'est le climat qui est à la merci de l'action humaine. C'est ce que Paul Crutzen, prix Nobel de Chimie, appelle l'anthropocène, une nouvelle ère où l'influence de l'homme sur le système terrestre est devenue prédominante. Le paradoxe est que nous nous sentons impuissants devant notre propre puissance. On ne peut s'empêcher de penser à la tragédie d'Eschyle où Zeus conseille à Prométhée enchaîné : « Connais-toi toi-même et, t'adaptant aux faits, prends des façons nouvelles ». Hélas Prométhée, pour son malheur, ne veut rien entendre.

Aujourd'hui, ce n'est plus Zeus mais la science qui nous alerte sans équivoque sur les retournements d'équilibres et les effets de seuils qui approchent à grands pas, au risque de dépasser nos capacités d'adaptation. Face à ce péril, nous semblons incapables d'agir de façon collective et concertée, incapables de changer. Si la science peut démontrer que la planète est une et indivisible et pointer les risques, leurs origines et leurs conséquences, elle ne peut imposer aux hommes d'agir.

Pourtant, l'action collective paie comme l'ont démontré par le passé la signature du traité sur l'Antarctique en 1959 ou la lutte contre le trou dans la couche d'ozone plus récemment. Il n'y a pas de fatalité et il convient de renouer avec l'ambition de faire s'unir une nouvelle fois savoir, anticipation, sens de l'intérêt collectif et sagesse. Pour que cette union réussisse, il faut sensibiliser le plus grand nombre, particuliers, monde économique, collectivités, pouvoirs publics et mieux éduquer les jeunes à ce défi de civilisation qu'est la question climatique.

Pour sauvegarder son avenir, l'humanité doit limiter la hausse des températures en dessous de 2 °C. Au-delà, les conséquences seraient dramatiques pour tous les habitants de la planète. C'est assurément un changement de cap qui doit s'opérer, vers de nouveaux modèles de développement sobres en carbone. C'est le nouvel épisode de l'odyssée pour le XXI^e siècle !

La course est loin d'être perdue. Il est encore temps d'agir.

Pour y arriver, il va falloir penser autrement notre mode de vie. Sauver le climat, c'est avant tout un formidable appel à la créativité de chacune et chacun, à l'intelligence collective pour réinventer nos modèles de société. Si l'activité humaine est la source reconnue de la crise climatique, elle peut aussi en être la solution. Savoirs, technologies, financements, gouvernance : l'humanité a les moyens de changer son destin et nous ne pourrons pas dire que nous ne savions pas.

Dès à présent, des nouvelles, porteuses d'espoir, apparaissent un peu partout. La Chine investit massivement dans les technologies bas carbone et invente la notion de « civilisation écologique ». En Europe, le mouvement des villes en transition mêle actions de terrain et solidarité internationale pour réduire la dépendance aux énergies fossiles. Le monde des ONG n'est pas en reste. En 2013, pour la 6^e édition d'Earth Hour (« Une heure pour la planète »), le WWF a mobilisé près de 2 milliards d'hommes et de femmes dans 7 000 villes et 154 pays autour de l'idée qu'il est urgent d'agir contre le péril climatique. L'apathie n'est nullement une fatalité.

À quelques mois de la Conférence sur le climat qui se tiendra fin 2015 en France, de nombreux signes démontrent que les choses évoluent. Il nous faut accélérer ce changement, réussir cette conférence qui doit fixer les règles pour les nations et les peuples d'une véritable transition énergétique.

Chacun de nous peut être un acteur de cette grande métamorphose qui est en marche.

*Le Changement climatique pour les Nuls* est un excellent guide pour nous accompagner dans cette Odyssée du XXI^e siècle. Gardons cet élan, amplifions le mouvement. Sauver le climat, c'est préserver l'homme.

**Isabelle Autissier**
Présidente du WWF-France

**Philippe Germa**
Directeur général du WWF-France

# Bibliographie

Cette bibliographie a été conçue pour vous permettre à la fois de vous documenter plus avant sur la question du changement climatique en général mais aussi de pouvoir retrouver facilement les références précises des ouvrages ou des revues cités dans le corps de l'ouvrage. Cette bibliographie est donc construite selon le plan de l'ouvrage afin de vous en rendre la consultation plus aisée. Bonne lecture !

## Première partie

### Chapitre 1

#### Sur l'histoire du climat et de la météo


Ancot Pascal, *Histoire du Climat*, Perrin, 2003.

Bard Édouard, *L'Homme et le Climat : une liaison dangereuse*, « Découvertes » Gallimard, 2005.

Chémery Laure, *Petit Atlas des climats*, Larousse, 2003.

D.Cox John et Poitou Jean, *Climat et Météo pour les Nuls*, First, 2006

Jeandel Catherine et Mosseri Rémy, *Le Climat à découvert*, CNRS Éditions, 2011

De Felice Pierre, *Histoire de la climatologie*, L' Harmattan, 2006.

Fierro Alfred, *Histoire de la Météorologie*, Denoël, 1991.

Le Roy-Ladurie Emmanuel, *Les Fluctuations du climat. De l'an mil à aujourd'hui*, Fayard, 2011.

Le Roy Ladurie Emmanuel, *Histoire humaine et comparée du climat*, Fayard, 2004, 2006 et 2009.

### Sur l'absorption de carbone par les organismes photosynthétiques

Field Christopher B., Randerson Michael J. et Falkowski Paul, « *Primary production of the biosphereintegrating terrestrial and oceanic components* », in *Science*, vol. 281, n° 5374, juillet 1998.

## Chapitre 2

### Sur le changement climatique (ouvrages généraux)

Denhez Frédéric, *Atlas du changement climatique*, Autrement, 3e édition, 2009.

Denhez Fréderic, *Une brève histoire du climat*, L'Œil neuf, 2008.

Dubois Philippe et Lefèvre Pierre, *Un Nouveau Climat,* La Martinière, 2003.

Huet Sylvestre, *Quel climat pour demain ?*, Calmann-Lévy, 2000.

Jouzel Jean, Lorius Claude et Raynaud Dominique, *Planète blanche. Les glaces, le climat, l'environnement,* Odile Jacob, 2007.

Jouzel Jean, Deboise Anne, *Le Climat : jeu dangereux,* Dunod, 2007.

Le Treut Hervé, *Nouveau Climat sur la Terre. Comprendre, Prédire, Réagir,* Flammarion, 2009.

Le Treut Hervé et Jancovici Jean-Marc, *L'Effet de serre. Allons-nous changer le climat ?*, Flammarion, 2001.

Masson-Delmotte Valérie, *Climat : le vrai et le faux*, Le Pommier, 2011.

### Sur l'anthropocène

Bonneuil Christophe et Fressoz Jean-Baptiste, *L'Événement anthropocène*, Seuil, 2013.

Lorius Claude, *Voyage dans l'anthropocène*, Actes Sud, 2010.

### Sur les climato sceptiques

Foucart Stéphane, *Le Populisme climatique*, Denoël, 2010.

Huet Sylvestre, *L'imposteur c'est lui, Réponse à Claude Allègre*, Stock, 2010.

Leray Florence, *Le Négationnisme climatique*, Golias, 2011.

Oreskes Naomi, *Les Marchands de doute*, Pommier, 2012.

## Sur le trou de la couche d'ozone

Hauglustaine Didier, *Le trou dans la couche d'ozone est-il rebouché ?*, Pommier, 2007.

## Sur les hivers sous Louis XIV

Le Roy-Ladurie Emmanuel, *Histoire humaine et comparée du climat*, Fayard, Paris, 2004, 2006 et 2009.

## Sur les pets de dinosaure

Wilkinson David M., Nisbet Euan G. et Ruxton Graeme D., « Could methane produced by sauropod dinosaurs have helped drive Mesozoic climate warmth? », in *Current Biology*, vol. 22, n° 9, 8 mai 2012.

## Sur la durée de vie et les sources des GES

GIEC, *Bilan 2007 des changements climatiques. Contribution des Groupes de travail I, II et III au quatrième Rapport d'évaluation du Groupe d'experts intergouvernemental sur l'évolution du climat* [Équipe de rédaction principale, Pachauri R.K. et Reisinger A. (publié sous la direction de ~)], GIEC, Genève, Suisse, 2007.

## Sur l'empreinte écologique

GFN et WWF, *Rapport Planète Vivante*, 2012.

## Sur le déséquilibre des équilibres

Jean-Stéphane Devisse et le petit livret du RAC, *Le Changement climatique*, RAC, 2007.

## Sur les conséquences économiques du changement climatique

Nicholas Stern, *Économie du changement climatique*, 2006 [Rapport remis au gouvernement britannique].

## Sur le climat à travers les âges

Nie Junsheng, King John et Fang Xiaomin, *Late Pliocene-early Pleistocene 100-ka problem*, 2008.

# Deuxième partie

## Chapitre 3

### Sur l'énergie dissipée par les océans

Webster P. J., Holland G. J., Curry J. A. et Chang H.-R., 2005 : « Changes in Tropical Cyclone Number, Duration, and Intensity in a Warming Environment », in *Science*, vol. 309 (5742), 1844-1846.

### Sur le rôle des océans dans l'absorption des températures

Exposition, « L'Océan, le climat et nous », Cité des Sciences de la Villette, en partenariat avec l'Ifremer (avril 2011-juin 2012).

Bard Édouard, *L'Océan, le climat et nous, un équilibre fragile ?*, Le Pommier, 2011.

La citation de Matthew Fontaine Maury est tirée de *The physical geography of the sea*, 1855.

### Sur la fonte des glaces et le réchauffement des océans

Centre de données américain sur la neige et la glace américain (DSNIC), « data center » consultable sur *nsdic.org.*

GIEC, 5e rapport publié en 2013 et 2014, disponible sur le site du ministère français de l'écologie (`http://www.developpement-durable.gouv.fr`).

### Sur les températures en Antarctique

Étude de l'Université d'État de l'Ohio (Etats-Unis) publiée dans la revue Nature Geoscience du 24 décembre 2012.

Communication d'Éric Rignot, scientifique du Jet Propulsion Laboratory de la Nasa, au Congrès de l'American Geophysical Union (AGU), le 9 décembre 2011 à San Francisco (États-Unis).

GIEC, 5e rapport, *op.cit.*

### Sur les réfugiés climatiques

Collectif Argos, *Réfugiés climatiques*, Infolio, 2007.

Duvat Virginie et Magnan Alexandre, *Ces îles qui pourraient disparaître*, Pommier, 2012.

## Sur les villes potentiellement submergées par les flots

Informations publiées dans le magazine *Science et Vie*, juillet 2008, numéro spécial « Et si la mer montait de 3 mètres… » basées sur le rapport du GIEC (2007), l'étude de l'OCDE (2007) sur « les populations et les richesses exposées en 2070 au risque de tempêtes » et les travaux de Stéphane Hallegate, chercheur au Cired (France) et de Peter Wrad, géologue et paléontologue de l'Université de Seattle (États-Unis).

La citation de Michel Rocard est tirée d'une interview à *La Vie* du 7 juillet 2011.

## Sur la population mondiale en zone côtière

Étude de l'OCDE, sur « les populations et les richesses exposées en 2070 au risque de tempête », 2007.

## Sur l'acidification des océans

Communiqué du CNRS le 7 septembre 2009 et exposition « L'Océan, le climat et nous » à la Cité des Sciences de La Villette, en partenariat avec l'Ifremer (avril 2011/juin 2012).

## Sur le triangle de corail

WWF/The University of Queensland, « The Coral Triangle and Climate Change. Ecosystems, People and Societies at risk », 2008.

## Sur le sperme de corail

Communication de Rebecca Spinder, responsable du projet à l'Australien Institute of Marine Science/Smithsonian Institute, janvier 2012.

## Sur la production de phytoplancton

Oregon State University, *Global Warming will reduce ocean productivity*, 2006

## Sur la masse des planctons « calcaires »

Howard William, chercheur de l'Antarctic Climate and Ecosystems Cooperative Research (Australie), publié dans *Nature Geoscience*, 8 mars 2009.

### Sur la menace pesant sur les carapaces

Laboratoire marin de Plymouth, « Hot, Sour and Bretahless : Ocean under stress », 2010.

## Chapitre 4

La citation de Wangari Maathai est tirée d'une interview à l'hebdomadaire *La Vie* du 6 juillet 2006.

### Sur la diminution des précipitations en Amazonie

IRD, « Variabilité des pluies sur le bassin amazonien », avec des universités d'Amérique latine, 2010.

### Sur la biodiversité des forêts tropicales

Hallé Francis et Jacquet Luc, *Il était une forêt*, Actes Sud, 2013.

Hallé Francis, *Sauver les forêts tropicales*, Actes Sud, 2014.

FAO, rapport du 12 décembre 2005.

### Sur la résilience des écosystèmes

Thompson I., Mackey B., McNulty S. and Mosseler A., *Forest Resilience, Biodiversity, and Climate Change: A synthesis of the biodiversity/resilience/ stability relationship in forest ecosystems*, CBD Technical Series vol. 43, Secretariat of the Convention on Biological Diversity, Montréal, 2009.

Kapos V., Ravilious C., Campbell A. et alii, *Carbon and biodiversity: a demonstration atlas*, UNEP-WCMC, Cambridge, Royaume-Uni, 2008.

### Sur le rôle des forêts dans le stockage du carbone

WWF, « Les forêts et le climat : Redd + à la croisée des chemins », rapport de 2011.

INRA de Nancy et d'Orléans à partir des données de l'Inventaire forestier national, 27 février 2007.

### Sur les menaces pesant sur les espèces forestières

WWF, « Bois mort, forêts vivantes », rapport 2004.

### Sur le déstockage du carbone des forêts européennes

« CarboEurope », étude sur les impacts de la sécheresse de 2003, publiée dans *Nature*, 22 septembre 2005.

### Sur le rôle des fumées d'incendie dans la surmortalité

Conférence annuelle de la Société américaine pour l'avancement de la science (AAAS) à Vancouver, les 18 et 19 février 2012.

### Sur la migration du sapin beaunier

Rapport du Conseil canadien des ministres des forêts, 2008-2009.

## Chapitre 5

### Sur l'eau (ouvrages généraux)

Blanchon David, *Atlas mondial de l'eau*, Autrement, 2009.

Frérot Antoine, *L'eau. Pour une culture de la responsabilité*, Autrement, 2009.

### Sur les pluies diluviennes en Angleterre

Pardup Pall, université d'Oxford, in *Nature*, 17 février 2011.

### Sur la fonte des glaciers

Hussenet Emmanuel, L*e Nouveau Monde, Regard sur le disparition des banquises et sur le sens des choses, Les Cavaliers de l'orage*, 2012.

Vincent Christian, Le Meur Emmanuel, Six Delphine, Possenti Philippe, Lefebvre Eric, et Funk Martin, « Climate warming revealed by englacial temperatures at Col du Dome (4250 m, Mont Blanc area)", in Geophysical Research Letters, 2007.

Étude franco-norvégienne in Cryosphere, août 2013

Whar, John, Université du Colorado, « La fonte des glaciers de l'Himalaya », in Nature, 8 février 2012

Enquête du Guardian publiée le 10 février 2012.

Huss, M., « Extrapolating glacier mass balance to the mountain-range scale: The European Alps 1900-2100 », in *The Cryosphere*, 2012.

### Sur les voleurs de glace au Chili

UNISDR, communiqué de presse du 2 février 2012.

### Sur les zones humides

Zones humides infos, n° 59 et 60, 1er trimestre 2008, édité par la SPN.

### Sur la mer d'Aral

FAO, « Irrigation development in countries of the former Soviet Union », rapport préparé pour AQUASTAT, système d'information sur l'eau dans l'agriculture et le développement rural, 1998.

### Sur les zones humides côtières et les ouragans

Constanza R., Pérez-Maqueo O., Martinez M.L., Sutton P., Anderson S.J. et Mulder K., « The Value of Coastal Wetlands for Hurricane Protection », 2008.

Documents du Ramsar sur les impacts du changement climatique, 2009.

### Sur la proportion de la population mondiale vivant en zone à risque jusqu'en 2080

Jouzel Jean, Lorius Claude, Raynaud Dominique, *Planète blanche : Les glaces, le climat et l'environnement*, Odile Jacob, 2008.

### Sur la Loire

ONEMA, Séminaire sur « Le changement climatique, impacts sur les milieux aquatiques et conséquences pour la gestion », organisé les 29 et 30 juin 2009 à Paris avec le MEDD (*www.onema.fr/Seminaire-CC*).

### Sur la reproduction des saumons

`http://www.inra.fr/annee_darwin/evolution_et_ecologie/changement_climatique/le_climat_change_le_saumon_peut_il_s_adapter`

### Sur le Rhône

Agence de Bassin RMC, séminaire « Impacts du changement climatique dans le domaine de l'eau sur les bassins Rhône-Méditerranée et Corse », 19 septembre 2012.

### Sur l'eau dans le monde

OMS, Statistiques à l'occasion de la journée mondiale de l'eau, le 22 mars 2014.

ONU, rapport mondial des Nations-Unies sur l'eau, 2006 à l'occasion de la définition des Objectifs du Millénaire.

### Sur les extrêmes climatiques

Coumou, Dim et Rahmstorf, Stefan, « A decade of weather extremes », in *Nature Climate Change 2*, 491–496, 25 mars 2012.

### Sur la hausse de la pollution de l'air dans les zones urbanisées

Noyes P. D., McElwee M. K. et al., « The toxicology of climate change: Environmental contaminants in a warming world », *Environment International*, 2009.

### Sur la pollution aquatique

Secrétariat de la Convention de Stockholm sur les polluants organiques persistants du PNUE, « Étude sur les relations entre le climat et les polluants chimiques », mars 2010.

### Sur la prolifération des méduses

Robert Calgano et Jacqueline Goy, *Méduses à la conquête des océans*, le Rocher, 2014

### Sur les glissements de terrain

Petley D., « Global patterns of loss of life from landslides », *Geology*, 2012, 40(10) : 927.

## Chapitre 6

### Sur les sols (ouvrages généraux)

Bourguignon Claude, Les sols, les champs, la terre,(Sang de la Terre, 2012)

### Sur les sols et les stocks de carbone

Rapport officiel de la conférence : « Changement climatique : les sols peuvent-ils jouer un rôle décisif ? » organisé à Bruxelles, le 12 juin 2008 par la Commission Européenne.

### Sur le carbone échappé des sols britanniques

Bellamy, Pat et Loveland, Peter, du « National Soil Ressources Institute » de l'université de Cranfield (Grande-Bretagne), étude publiée par la revue *Nature* du 8 septembre 2005.

### Sur l'assèchement des tourbières

Wetlands, université allemande de Greifswald, « The Global Peatland $CO_2$ Picture », novembre 2009.

### Sur l'artificialisation et la désertification des sols en France

GisSol, État des sols en France, INRA, 2011

`http://www.solagro.org/site/350.html`

`http://www.cirad.fr/publications-ressources/science-pour-tous/dossiers/la-desertification/les-enjeux`

### Sur l'érosion

Étude conjointe de la FAO et de l'UNEP en 2000.

### Sur le pergélisol

PNUE, « Policy Implications of Warming Permafrost », rapport du 27 novembre 2012.

### Sur les terres salinisées

`http://www.agrireseau.qc.ca/agroenvironnement/documents/Salinisation_irrigation.pdf`

`ftp://ftp.fao.org/agl/iptrid/salinity_brochure_fr.pdf`

## Sur le charbon

Programme des Nations Unies pour le développement, Projet d'exploitation du méthane d'origine houillère (mai 1991-décembre 1997) :

http://www.gefweb.org/Outreach/outreach-Publications/Project_factsheet/China-coal-3-cc-undp-fre-ld.pdf

http://www.wwf.ch/fr/savoir/climat/changement/charbon/

## Sur l'extraction pétrolière

World Rainforest Movement, bulletin 86, septembre 2004.

## Sur les réserves de l'Arctique

USGS, projections sur « Les réserves de pétrole et de gaz de l'Arctique », 2008.

## Sur les sables bitumeux

Swart Neil et Weawer Andrew, Université de Victoria, in Nature Climate Change, 23 février 2012.

Campagne de Greenpeace Canada, « Les sables bitumineux du Canada et les changements climatiques », 2012/2013.

*La tribune de Desmond Tutu a été publiée par le Guardian, le 10 avril 2014.*

## Sur le gaz de schiste

Fox Josh, documentaire *Gasland*, 2010.

Centre de recherche Tyndall sur les changements climatiques, Université de Manchester, « Shale gas report final », janvier 2011.

## Sur l'uranium

Greenpeace, « La face cachée de l'uranium », avril 2005.

## Chapitre 7

### Sur les effectifs d'hirondelles

Suivi STOC-EPS, données centralisées au CRBPO (Centres de Recherches sur la Biologie des Populations d'Oiseaux).

### Sur le nombre d'espèces

Bœuf Gilles, président du Muséum national d'histoire naturelle, « Pourquoi, une année 2010, année internationale de la biodiversité ? » in *Politique et Parlementaire*, octobre 2010.

### Sur les extinctions

WWF, *Living Planet Report*, 2012.

*Rapport de synthèse de l'Évaluation des Écosystèmes pour le Millénaire*, version française pour les décideurs, mars 2005.

`http://www.uicn.fr/La-Liste-Rouge-des-especes.html`

Dubois Philippe, *Vers l'ultime extinction*, La Martinière, 2004.

### Sur les migrations d'espèces

Étude de sept pays européens publiée par la revue *Science* (août 2011) et complétée par la revue *Nature Climate Change* du 8 janvier 2012.

### Sur la sensibilité au changement climatique des espèces menacées

UICN, *Sensibilité des espèces aux impacts des changements climatiques*, 2008.

### Sur les pandas

Tuanmu M.-N. et al., « Climate-change impacts on understorey bamboo species and giant pandas in China's Qinling Mountains » in *Nature Climate Change*, publié en ligne le 11 november 2012.

### Sur les albatros

Centre d'études biologiques de Chizé (CEBC) in *Science*, 13 janvier 2012.

### Sur les services rendus par la nature, et leur diminution

Millenium Ecosytem Assessment (MEA), ONU, 2005.

### Sur notre santé

Besancenot, Jean-Pierre, *Notre santé à l'épreuve du changement climatique*, Delachaux et Niestlé ,2007.

# Troisième partie

## Chapitre 8

### Sur l'empreinte carbone

« Le point sur l'empreinte carbone de la consommation des Français, évolution de 1990 à 2007 », n° 114 de la revue du Commissariat général au développement durable, mars 2012.

### Sur les subventions

Réseau Action Climat « Stop aux subventions à la pollution », décembre 20012, www.stopsubventionspollution.fr

### Sur la disparition

Diamond Jared, *Effondrement*, Gallimard, Paris, 2006. Voir aussi son entretien au *Monde*, le 29 septembre 2012.

Oreskes Naomi, *L'Effondrement de la civilisation occidentale*, Les liens qui libèrent, Paris, 2014, et son interview dans *Histoire de l'Occident*, un atlas *La Vie/Le Monde*, 2014.

### Sur les limites de la croissance

Gadrey Jean, *Les Nouveaux Indicateurs de richesse*, La Découverte, Paris, 2005.

Meadows Denis, *Les Limites à la croissance*, Rue de l'échiquier, Paris, 2012.

### Sur la décroissance et la sobriété heureuse

Latouche Serge, *Le Pari de la décroissance*, Fayard, Paris, 2006.

Latouche Serge, *Petit traité de la décroissance sereine*, Mille et une nuits, Paris, 2007.

Latouche Serge, *Vers une société d'abondance frugale*, Mille et une nuits, Paris, 2011.

Latouche Serge, « Pour une société de décroissance », tribune dans *Le Monde diplomatique* de novembre 2003, développé dans *Petit traité de la décroissance sereine*, Mille et une nuits, Paris, 2007.

Jackson Tim, « Notre modèle actuel de croissance crée des dommages irréversibles sur l'environnement », interview dans *Le Monde* du 4 janvier 2011.

Jackson Tim, *Prospérité sans croissance : la transition vers une économie durable*, De Boeck, 2010.

Rabhi Pierre, *Vers la sobriété heureuse*, Actes Sud, Arles, 2010.

Rahbi, « L'agroécologie » in *L'Atlas des Utopies*, *La Vie/Le Monde*, Paris, 2012 et « La décroissance et la sobriété heureuse comme alternative à la crise », interview dans le journal d'Arte du 3 octobre 2012.

### Sur technologie et écologie

Philippe Bihouix, *L'Âge des lowtech : vers une civilisation techniquement soutenable*, Seuil, 2014.

Greenpeace, « How dirty is your data ? », étude comparative des *datas centers*, 2011.

Hamilton Clive, Le*s Apprentis Sorciers du climat : raisons et déraisons de la géo-ingénierie*, Seuil, Paris, 2013.

WWF, *Guide pour un système d'information écoresponsable*, 2011.

### Sur les nanotechnologies

Lenglet, Roger, *Nano Toxiques. Une enquête*, Actes Sud, Arles, 2014.

ANSES, « Rapport sur les nanomatériaux » du 15 mai 2014.

## Sur l'enfouissement du $CO_2$

INERIS, Étude du 20 novembre 2012.

« L'Europe veut accélérer l'enfouissement du $CO_2$ », in *Le Monde* du 4 avril 2013.

## Sur les emplois de demain

Quirion Philippe, « 30 % de $CO_2$ = 684 000 emplois, l'équation gagnante pour la France », étude pour le WWF France, 2008.

## Sur la sécurité énergétique

Lamy Jean, « D'un G8 à l'autre, sécurité énergétique et changement climatique », in *Politique étrangère*, n° 1, 2006.

## Sur le charbon

WRI, rapport publié le 19 novembre 2012.

Greenpeace, *Point of no return. The massive climate threats we must avoid*, 2013.

## Sur le nucléaire

Hors-série du *Monde* : « Nucléaire, la situation après Fukushima », 2011.

## Sur les agrocarburants

Fondation Nicolas Hulot et Réseau Action Climat, « Agrocarburants, cartographie des enjeux », septembre 2008.

Nicolino Fabrice, *La Faim, la Bagnole, le Blé et Nous*, Fayard, 2007

## Sur l'économie sociale et solidaire

Rifkin Jeremy, *La Troisième Révolution industrielle. Comment le pouvoir latéral va transformer l'énergie, l'économie et le monde*, Les Liens qui libèrent, Paris, 2012.

Gadrey Jean, « La prospérité sans la croissance ? » in *Alternatives économiques* hors série n° 83, 4e trimestre 2009.

### Sur le verre consigné

Métivier Simon, Bonduelle Antoine et E & E Consultant, *Gisement d'économie d'énergie dans l'industrie*, septembre 2011.

### Sur l'économie fonctionnelle

Haake Julia, Gueorguievsky Basile, *L'Entreprise légère*, Delachaux et Niestlé, Paris, 2010.

### Sur les compensations

*LaRevueDurable* n° 30, juillet-août-septembre 2008.

### Mais aussi

Association Négawatt, *Manifeste Négawat*, Actes Sud, Arles, 2012 et *Changeons d'énergies, transition mode d'emploi*, Actes Sud, Arles, 2013.

Barbé Bertrand, Mérenne-Schoumaker Bernadette, *Atlas des énergies mondiales*, Autrement, Paris, 2011.

Rifkin Jeremy, *L'Économie hydrogène*, La Découverte, Paris, 2013.

## Chapitre 9

### Sur la solidarité obligatoire

Cangussu Miriam, Garcia Tomaz, Diaz Emeline, Tuuhia Vaia, Verbrugge Geneviève, Radanne Pierre, Association 4D, « Note de décryptage des enjeux de la conférence Rio+ 20 », 2012.

Radanne Pierre, cité dans « Environnement : La lente gestation d'une organisation mondiale » in *L'Atlas du monde de demain*, *La Vie-Le Monde*, Paris, 2013.

### Sur Stockholm

Association des Journalistes et Écrivains pour la Nature et l'Écologie, « De Stockholm à Rio : 40 ans de Sommets de la Terre », dossier spécial du *Canard Sauvage*, n° 102.

Pour lire l'intégralité de la *Déclaration finale de la première Conférence des Nations-Unies sur l'environnement* : *htpp://unep.org*

## Sur Copenhague et les sommets climatiques

Serres Michel, « Climat, la catastrophe annoncée » in *Hors Série Le Monde/Histoire*, 2013.

## Sur l'Inde et l'équité

Agarwal A. and Narain S., *Global Warming in an Unequal World*, New Delhi: Centre for Science and Environment, 1991.

## Sur le réflexe sécuritaire

Schwartz Peter et Randall Doug, *An abrupt climate change scenario and its implications for United States national security*, 2006

## Sur la Nouvelle-Calédonie

IRD, « L'énergie dans le développement de la Nouvelle-Calédonie », rapport de 2010.

## Sur le marché carbone

Gloagen O. et Arberola E. « CDC Climat Recherche » in *Point Climat* n° 32, 2013.

Leguet B. (Caisse des Dépôts et Consignations) « EU ETS et marchés ETS émergeants : perspectives », communication au laboratoire EDDEN, 2014.

Rober Aline, « Carbone Connexion, le casse du siècle », Max Milo, 2012.

## Sur la baisse de la consommation de carburant en Allemagne

Brown Lester R., *Le Plan B pour un pacte écologique mondial*, Calmann-Levy-Souffle court, Paris, 2007. La période en question est 1999-2001.

## Sur la taxe des carburants

Ademe, « Fiscalité comparée de l'énergie et du $CO_2$ en Europe et en France », *Stratégie & études* n° 20, 2009.

Crifo Patricia, Glachant Matthieu, Hallegatte Stéphane, Laurent Eloi, Raphaël Gilbert, *L'Économie verte contre la crise, 30 propositions pour une France plus soutenable*, PUF, Paris, 2012.

Mathy Sandrine (CNRS/PACTE/EDDEN), « Présentation des résultats du programme de recherche ENCI-LowCarb », 2012.

### Sur le facteur 4

Lovins Amory B., Lovins Hunter et von Weizsäcker Ernst Ulrich, *Facteur 4 : deux fois plus de bien-être en consommant deux fois moins de ressources*, 1997.

CGEDD, « Le facteur 4 en France : la division par 4 des émissions de gaz à effet de serre à l'horizon 2050 », rapport de février 2013.

## Chapitre 10

### Sur le plastique en mer

Courteau R. (Office Parlementaire d'évaluation des choix scientifiques et technologiques), « La pollution de la Méditerranée : état et perspectives à l'horizon 2030 », 2011.

### Sur le bois illégal

WWF, « Illegal wood for the European market, an analysis of the UE import and export of illegal wood and related products », 2008.

### Sur l'huile de palme

United States Department of Agriculture – Foreign Agricultural Service, « Palm Oil: World Supply and Distribution », 2014.

### Sur le carbone stocké en Amazonie

Lewis Simon, université de Leeds, Grande-Bretagne, et Brando Paulo M. (IPAM, Brésil), « The 2010 Amazon Drought » in *Science*, 4 février 2011.

Davidson Eric, « Woods Hole Research Center », in *Nature* du 18 janvier 2012.

# Quatrième partie

## Chapitre 11

### Sur la facture énergétique

Les chiffres sont ceux du Commissariat général au développement durable, service de l'observation et des statistiques – Bilan énergétique de la France pour 2011 (juillet 2012).

### Sur les risques économiques

*KPMG, « Climate change your business – KPMG's review of the business risks and economic impacts at sector level », 2008.*

### Sur les énergies renouvelables

Observ'er, *État des énergies renouvelables en Europe*, édition 2012

### Sur la consommation mondiale de pétrole

CNUCED, *Coup d'œil sur les produits de base*, édition spéciale sur l'énergie n° 3, février 2012.

### Sur le cas des banques

Vigéo, WWF, « Entreprises et changement climatique, défis sectoriels et perspectives pour une approche globale », 2009.

### Sur les émissions « oubliées »

Les chiffres officiels sont ceux du ministère de l'Écologie, du Développement durable et de l'Énergie – Dossier du débat sur la transition énergétique, 2013.

### Sur la désalinisation

Dickie Phil, « Making Water: Desalinisation: option or distraction for a thirsty world? », étude réalisée en juin 2007 pour le WWF, citée par *Sciences et Vie*, n° 1090 de juillet 2008.

### Sur les moteurs électriques

Métivier Simon, Bonduelle Antoine et E & E Consultant, *Gisement d'économie d'énergie dans l'industrie*, septembre 2011.

### Sur l'industrie du papier

Voir les brochures « Climate Savers » du WWF.

### Sur le ciment

Lafarge, « Développement durable, nos ambitions pour 2020 », 2012.

### Sur les mesures pouvant réduire la consommation de gazole

Ministère de l'Écologie, de l'Énergie, du Développement durable et de l'Aménagement du territoire (MEEDDAT) & ADEME, « Objectif $CO_2$ : les transporteurs s'engagent », mars 2009.

### Sur les économies de la Poste

Haake Julia, Gueorguievsky Basile, *L'Entreprise légère*, Delachaux et Niestlé, Paris, 2010.

## Chapitre 12

### Sur la consommation énergétique des villes

International Institute of Environment and Development, « Cities and Greenhouse Gas Emissions: Moving Forward », 2011.

WWF, *Les 4 commandements pour un urbanisme désirable*, 2013.

WWF, *Les 5 commandements pour habiter heureux*, 2013.

### Sur les visions de Panhard

La citation de René Panhard est tirée de *Quelles automobiles dans trente ans ?* par Bertholon P., Direction du design industriel, Renault, Colloque « Se déplacer au quotidien dans trente ans », Paris, 23 et 23 mars 1994.

### Sur Grenoble

Grenoble Facteur 4, « Suivi des Consommations d'énergie, des gaz à effet de serre et des énergies renouvelables 2005-2011 », 2012.

### Sur le coût d'une voiture individuelle en périphérie

DGCCRF, Eco n° 14, avril 2013.

### Sur la proportion de trajets en voiture

Ministre de l'Écologie, du Développement Durable et de l'Énergie, « Repères chiffes-clés du transport », 2013.

### Sur la performance énergétique des logements français

Ex'Im, « La performance énergétique des logements français », 2011.

### Sur la précarité énergétique

INSEE, « La précarité énergétique : avoir froid ou dépenser trop pour se chauffer », Première n° 1351, 2011.

### Sur l'effet sur l'emploi de la transition énergétique

Quirion Philippe (CIRED), « L'effet net sur l'emploi de la transition énergétique en France : une analyse input-output du scénario negaWatt », 2013.

### Sur les conséquences d'une hausse des niveaux des mers

Réseau Action Climat, « Hausse du niveau des mers : comprendre et agir », 2013.

Commissariat général au Développement durable, « Urbanisation et consommation de l'espace, une question de mesure », 2012.

### Sur la voiture à Lyon

SYTRAL-Grand Lyon, « Enquête Ménages Déplacements de l'aire métropolitaine lyonnaise », 2006.

### Sur la voiture comme solution

Crozet Yves, entretien dans le numéro 2 de la revue *Millénaire3* `http://www.millenaire3.com/uploads/tx_ressm3/M3_n2_Web.pdf`, 2012.

### Sur les écoquartiers

Delcroix Julie et Rohmer Hélène, « Urbanisme pour une ville désirable », WWF France, 2010.

### Sur le vélo comme solution

European Cyclists Federation, « Cycle more often 2 cool down the planet ! Quantifying $CO_2$ saving of cycling », 2011.

## Pour les enquêtes d'opinion de l'ADEME sur les énergies renouvelables, voir :

http://www.developpement-durable.gouv.fr/IMG/pdf/annexe_10.pdf

### Les 30 propositions d'Énergie-Cités sont disponibles en ligne ici

http://www.energy-cities.eu

### Pour en savoir plus sur Énergies Partagées

http://www.energie-partagee.org

### Sur Enercoop

http://www.enercoop.fr/

### Les chiffres de l'Observatoire permanent de l'amélioration énergétique du logement sont tirés de

OPEN (l'Observatoire permanent de l'amélioration énergétique du logement), Campagne 2010, ADEME, 2011.

### Les chiffres du Conseil régional de Picardie sont disponibles ici

http://www.picardie.fr/La-Region-cree-le-Service-Public

### Sur le lien entre l'urbanisation et la biodiversité

CBD, SEI et Iclei, « Cities and Biodiversity Outlook, A Global Assessment of the Links between Urbanization, Biodiversity, and Ecosystem Services », 2012.

ADEME, ministère de l'Écologie, du Développement durable et de l'Énergie, « Repenser les villes dans la société post carbone », 2013.

### L'interview de Cyria Emilianoff est tirée de

*L'Usine à GES* n° 96, 2013.

### Sur la ville intelligente

SGParis 2013 – La ville intelligente de demain nous conduit à modifier notre système de pensée centralisé, le point de vue de Gérard Magnin, délégué général d'Énergie Cités, 2013.

### Sur les quartiers durables WWF

WWF, *Pour une planète vivante – Réduire l'empreinte écologique avec les quartiers durables*, 2008.

### Sur les tomates « made in Italy »

Question à la Commission au Parlement européen du 11 avril 2011.

Commissariat général au développement durable, *Observation et statistiques* n° 121, avril 2012.

Réseau Action Climat-France, *Des gaz à effet de serre dans mon assiette ?*, 2010.

### Sur la nourriture gaspillée

Article du figaro.fr : « 50 % de la nourriture mondiale finit à la poubelle », *lefigaro.fr*, consulté le 11 janvier 2013.

ADEME, Enquête Composition des ordures ménagères et assimilées, 2010.

### Sur les sacs plastiques

*La Revue Durable* n° 28, février-mars-avril 2008.

## Chapitre 13

### Sur l'expansion démographique

Étude de l'Université d'Oregon, 2010 (blog du 18 janvier 2010, d'Audrey Garric, journaliste au *Monde*).

*Good Planet*, *Comment nourrir 7 milliards d'hommes ?*, La Martinière, 2011.

Pearce Fred, *L'apocalypse démographique n'aura pas lieu*, La Martinière, 2011.

Sourouille Michel, *Moins nombreux, plus heureux*, Sang de la Terre, 2014.

Weisman Alan, Com*pte à rebours. Jusqu'où pourrons-nous être trop nombreux sur Terre ?*, Flammarion, 2013.

### Sur la malnutrition

Ziegler Jean, « Destruction massive, géopolitique de la faim », Seuil, 2011.

### Sur la nourriture gaspillée

FAO, Global food losses and food waste, 2011.

FAO, Food Wastage Footprint Impacts on Natural Ressources, 2013.

La campagne « Think-Eat-Save » de la FAO est consultable ici : `http://www.thinkeatsave.or/fr`

Lhoste Bruno, *La Grande (sur)-Bouffe*, Rue de l'échiquier, 2011.

### Les deux scénarios de l'étude Agrimonde sont longuement développés dans

Marion Guillou et Gérard Matheron, *9 milliards d'hommes à nourrir*, François Bourin, 2011.

### Les chiffres de la FAO sur la production agricole

FAO, « Profil FAO sur le changement climatique », rapport 009 : `htpp://www.fao.org/climatechange/fr`

Institut international de recherches sur les politiques alimentaires (IFPRI), « Changement climatique : Impact sur l'agriculture et coûts de l'adaptation », rapport 2009.

L'étude publiée par la revue Nature Climate Change le 28 janvier 2012 est disponible ici : `http://www.nature.com/nclimate/journal/v2/n3/full/nclimate1356.html`

### Sur l'agriculture biologique

Caplat Jacques, *L'Agriculture biologique pour nourrir l'humanité*, Actes Sud, 2012.

Dufumier Marc, F*amine au Sud, malbouffe au Nord. Comment la bio peut nous sauver,* Nil, 2012.

FAO, « Round Table on Organic Agriculture et Climate Change », 2010-2011.

FAO, « Organic farming enhances soil carbon stocks », 17 octobre 2012.

### Sur l'agroécologie

Rabhi Pierre, *L'Agroécologie pour nos enfants*, Actes Sud, 2013.

Robin Marie-Dominique, *Les Moissons du futur. Comment l'agroécologie peut nourrir le monde*, La Découverte, 2012.

Schutter Olivier de, « Agroécologie et droit à l'alimentation », rapport de l'ONU, mars 2011.

### Sur la disparition de l'arabica

Royal Botanic Gardens de Kew, « The impact of Climate change on Indigenous Arabica Coffe », in *PLOS One*, 7 novembre 2012.

### Sur les terres cultivables

Les chiffres de la FAO sont tirés de la base de données FAOSTAT, repris dans Guillou et Matheron, *op.cit.*

### Les données de Land Matrix sont disponibles ici

`http://landmatrix.org/en/`

### Sur l'autre mode de calcul, voir le wedbdocumentaire du CCFD « Terres » ici

`http://ccfd-terresolidaire.org/infos/souverainete/accaparement-des-terres/terres`

### Sur les agrocarburants, voir

Groupe d'experts de haut niveau auprès de la FAO, « Agrocarburants et sécurité alimentaire », Rome, juin 2013.

Nicolino Fabrice, *La Faim, la Bagnole, le Blé et Nous*, Fayard, 2007.

Institut international de recherche sur les politiques alimentaires (IFPRI), Rapport « Assessing land use change consequences europeen biofuel policies ».

Ziegler Jean, « Arrêtons les agrocarburants : ils polluent et, en plus, ils affament », in *Libération*, 26 novembre 2013.

### Sur l'agroforesterie

INRA, « L'agroforesterie élargit le champ des possibles », communiqué de presse du 6 juin 2013.

FAO, « La FAO promeut l'agroforesterie, source de développement respectueuse de l'environnement », communiqué de presse du 5 février 2013.

### Sur la diminution nécessaire de la production de viande

Nicolino Fabrice, *Bidoche, l'industrie de la viande menace le monde*, Les Liens qui libérent, 2009.

FAO, « Livestock Long Shadow », rapport de 2006.

WWF, « La viande a un arrière-goût de déforestation », rapport de mars 2012.

Université californienne d'Oakland, « The water footprint of humanity », juin 2011.

Voir également le site de Jean-Marc Jancovici : `http://www.manicore.com`

Et celui de Végétix : `http://unjoursansviande.be`

### Sur les circuits courts

Level Anne-Sophie, *Le guide du Locavore : pour mieux consommer local*, Eyrolles, 2010.

Weidknett Annie, *AMAP, histoires et expériences*, Loubatières, 2011.

### Sur la consommation d'insectes

FAO, « La contribution des insectes à la sécurité alimentaire, aux moyens de subsistance et à l'environnement », rapport de 2013.

### Le test d'empreinte écologique de l'alimentation est à faire sur

`http://goutons-un-monde-meilleur.fr/actualites/empreinte-ecologique-alimentation/`

## Chapitre 14

### Sur le rendement à l'hectare, cité par Olivier Schutter

*Jules Pretty et al., « Resource Conserving Agriculture Increases Yields in Developing Countries »*, in *Environmental Science & Technology,* vol. 40, 2006.

# Chapitre 15

Dr Matson Tammie, Rapport WWF « Les espèces face au changement climatique », 2009.

# Chapitre 17

Questions du kit pédagogique WWF-Ligue de l'Enseignement sur l'empreinte écologique : www.planeteenjeux.com

Sur le site du WWF : www.wwf.fr/enseignants : « Apprendre à voir l'énergie autrement », ateliers pédagogiques pour les 8-12 ans.

# Chapitre 18

EEA (2012), l'Agence européenne pour l'environnement, *Urban adaptation to climate change in Europe. Challenges and opportunities for cities together with supportive national and European policies. European Environment Agency*, Rapport N° 2/2012.

Secretariat of the Convention on Biological Diversity, *Cities and Biodiversity Outlook*, Montreal, 2012.

## Sites Internet

**The Economist Intelligence Unit, The Green City Index (GCI)**

Étude « Index des villes vertes » qui mesure les performances environnementales de plus de 120 villes en Europe, Amérique latine, États-Unis et Canada, Asie et Afrique.

http://www.siemens.com/entry/cc/en/greencityindex.htm

**WWF**, Urban solutions for a living planet, rapport WWF 2012/2013

Ce site présente plus de 100 initiatives innovantes de villes pour réduire leur empreinte écologique et protéger la biodiversité.

http://wwf.panda.org/what_we_do/footprint/cities/urban_solutions

**ICLEI,** Local Governments for Sustainability

International Council for Local Environmental Initiative (Conseil international pour les initiatives environnementales locales)

L'ICLEI est une association représentée par plus de 1 200 collectivités au sein des Nations Unies, et chargée de mettre en place et soutenir des projets de développement durable au niveau des collectivités locales. C'est le réseau mondial des villes durables.

`http://www.iclei.org`

**C40 Cities**, Climate Leadership Group

Réseau mondial de villes engagées dans la lutte contre le changement climatique.

`http://www.c40.org`

**Energy Cities** est l'association européenne des autorités locales en transition énergétique.

`http://www.energy-cities.eu`

# Et pour l'ensemble du livre

## Quelques sites pour s'informer et agir au quotidien

- **Celui du Guardian :** `www.guardian.co.uk`, quotidien anglo-saxon couvrant beaucoup les problèmes d'environnement.
- **Celui du Monde :** `www.lemonde.fr`, quotidien français avec sa rubrique « Planète ».
- **Celui de l'AJEC 21** : `www.ajec21`. L'Association française des journalistes de l'environnement et du climat est née d'un regroupement ponctuel des deux grandes associations françaises de journalistes environnementaux (l'AJE et les JNE) dans la perspective de donner le maximum d'informations avant et pendant la grande conférence sur le climat (COP 21), prévue en décembre 2015 à Paris.
- **Celui du CNRS :** `www.cnrs.fr`

  Pour une bonne approche de vulgarisation scientifique des phénomènes climatiques.
- **Celui de Météo-France :** `www.meteofrance.com`

  Pour une mise à jour des phénomènes météorologiques les plus récents.

- **Celui du Réseau Action Climat France:** www.rac-f.org

  Ce site a répertorié dans sa web-bibliothèque les 100 rapports et articles indispensables sur le changement climatique.

- **Celui du GIEC :** http://www.ipcc.ch/home_languages_main_french.shtml

  Pour aller à la source des rapports du groupe d'experts intergouvernementaux sur l'évolution du climat (en anglais : International Panel on Climate Change, IPCC).

- **Celui du WWF :** www.wwf.fr

  Pour s'informer, participer à ses actions militantes et calculer sa propre empreinte écologique.

# Et deux vidéos

- 131 années de réchauffement en 26 secondes : www.giss.nasa.gov

  Pour frapper les esprits, la Nasa a réalisé une vidéo de 26 secondes pour illustrer l'évolution des températures depuis 1884. On y voit notre globe terrestre passer du bleu/jaune du début du XXe siècle à un jaune/rouge de plus en plus prononcé à partir des années 1980. Selon la Nasa, notre bonne vieille Terre a connu, depuis 2000, neuf des ses dix années les plus chaudes jamais enregistrées. Les données météorologiques agrégées par l'agence spatiale américaine proviennent d'un millier de stations météos réparties dans le monde.

- Un film d'animation pour tout comprendre/ http://www.cnrs.fr/cw/dossiers/dosclim/

  Vous n'avez pas tout compris ? Pas de panique ! Les auteurs du *Changement climatique pour les nuls* vous offrent une session de rattrapage en vous conseillant d'aller sur le site du CNRS où vous découvrirez un remarquable film d'animation sur « Le climat sur terre ». Une vidéo d'une trentaine de minutes, où photos satellites, graphiques clairs et textes pédagogiques sont au service d'une vulgarisation de la science. Et devrait vous convaincre définitivement que si la machine climatique est compliquée à comprendre, elle est vitale pour la vie sur terre.

# Index

## A

## B



## C

## D

## E

## K



## L



## M

## N



## O

## P

## T



## U



## V